혼자서 국내 여행

혼자서 국내 여행

지은이 이학균
초판 1쇄 발행일 2024년 6월 5일
개정증보판 발행일 2025년 4월 5일

기획 및 발행 유명종
편집 이지혜
디자인 이다혜, 이민
조판 신우인쇄
용지 에스에이치페이퍼
인쇄 신우인쇄

발행처 디스커버리미디어
출판등록 제 2021-000025(2004. 02. 11)
주소 서울시 마포구 연남로5길 32, 202호
전화 02-587-5558

ISBN 979-11-88829-50-7 13980

* 사진 및 자료를 제공해 준 모든 분께 감사드립니다.

온전히 나를 만나는 시간,
혼자 떠나는 사람들을 위한 여행책

혼자서 국내 여행

이학균 지음

디스커버리미디어

천사의
보금자리

작가의 말

여행은 파동이다.
낯섦이 마음을 흔들고
새로움이 심장을 자극한다.

여행은 설렘이다.
낯선 환경이
비현실적인 풍경이
나를, 당신을 중독시킨다.

하루쯤은
나를 위한 특별한 여행을 떠나보자.
낯선 길 위에 나를 던져 놓자.
그러면, 평소 보지 못한 내가 보일 것이다.
내가 슬프면 토닥토닥 어깨 두드려 주고
내가 기쁘면 환한 미소로 같이 기뻐하자.
하루쯤은 그렇게
풍경 한가운데에 나를 놓고
거울을 보듯 나를 바라보자.

2025년 4월
이학균

<혼자서 국내 여행>의 특징과 활용법

독자 여러분의 혼자 떠나는 국내 여행이 더 즐겁고, 더 특별하길 바라며 이 책의 특징과 구성, 그리고 활용법을 소개한다. <혼자서 국내 여행>이 친절한 여행 가이드이자 멋진 동행이 되길 기대한다.

❶ 10가지 독자 공감 맞춤 여행 제안

혼자 떠나는 즐거움, 취향 따라 골라서 떠나세요!

어떤 여행을 원하시나요? 어디를 갈까, 고민이세요? 그렇다면 이 책의 맨 앞에서 제안하는 '독자 공감 맞춤 여행'을 꼭 주목해 주세요. 위로와 힐링, 풍경 여행, 마음 여행, 사계절 꽃 명소, 예술 체험, 뉴트로 여행, 서점 산책, 미식 여행, 카페 투어, 오래된 것의 아름다움 등 독자의 취향과 관심도를 반영하여 열 가지 독자 공감 맞춤 여행을 엄선해 제안합니다. 이제 여러분의 취향 따라 마음에 드는 곳을 골라서 떠나보세요.

❷ 전국 최고 명소 다 담았다

빅데이터 분석으로 최고 명소 선정, 전통 명소부터 요즘 뜨는 핫플까지!

<혼자서 국내 여행>은 빅데이터에 기반한 가이드북입니다. 빅데이터는 우리에게 전국 최고 명소는 어디인지, 나홀로 여행족은 어디를 선호하는지, 요즘 뜨는 핫 플레이스는 어디인지 알려줍니다. <혼자서 국내 여행>은 빅데이터를 바탕으로 국내에서 인기가 가장 많은 시·군·구를 기준으로 53개 지역을 선정했습니다. 그리고 다시 각 지역에서 가장 인가 많은 명소를 네 곳씩 엄선했습니다. 전국 최고 명소는 이 책에 다 있습니다.

❸ 맛집과 카페도 최고만 취재

현지인 맛집부터 여행자 맛집까지, 전망 좋은 카페부터 베이커리 카페까지!

미식 여행을 원하시나요? 그렇다면 이 책의 맛집 정보를 펼쳐보세요. 명소와 마찬가지로, 빅데이터를 기반으로 선정한 53개 지역의 최고 맛집을 소개합니다. 현지인이 인정하는 음식점부터 인기 절정의 여행자 맛집까지 꼼꼼하게 취재했습니다. 카페 정보도 알찹니다. 전망 좋은 카페부터 디저트로 이름난 카페까지 일목요연하게 소개합니다. <혼자서 국내 여행> 옆에 끼고 미식 여행과 카페 투어, 빵지 순례를 떠나보세요.

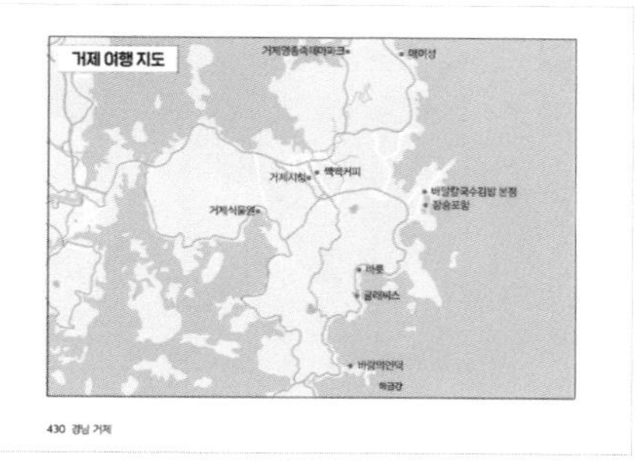

❹ 모든 시·군·구 여행지도 수록

지역별 명소, 맛집, 카페 모두 표기

기차역, 버스터미널, 고속도로 IC도 수록한 <혼자서 국내 여행>은 53개 시·군·구의 여행 지도를 모두 실었습니다. 지역별 여행 지도엔 이 책에 수록한 모든 명소와 맛집, 카페와 베이커리를 빠짐없이 담았습니다. 그뿐만 아니라 기차역과 버스터미널, 고속도로와 고속도로 IC 같은 교통 관련 장소를 표기하여 여행 동선을 파악하고 명소 등 각 스폿의 위치를 이해하는 데 도움을 받을 수 있도록 했습니다. 53개 여행 지도가 여러분을 위한 나침반이 되어주리라 믿습니다.

목 차

작가의 말 9

일러두기 10

PART 1

독자 공감 맞춤 여행 10
– 혼자 떠나는 즐거움

① 토닥토닥, 나를 위로하는 힐링 여행 22

② 풍경 여행, 감탄사가 절로 나온다 24

③ 마음 여행, 산사에서 안식 찾기 26

④ 형형색색, 마음이 화사해지는 꽃 여행 28

⑤ 감성 터치, 마음이 행복해지는 예술 산책 30

⑥ 낭만 체험, 감성 깊은 뉴트로 여행 32

⑦ 시간을 더듬다, 오래된 것의 아름다움 34

⑧ 서점 산책, 잠시 책의 숲에서 36

⑨ 미식 여행, 최고 맛집을 찾아가는 즐거움 38

⑩ 카페 투어, 빵과 커피 향에 풍덩 40

PART 2

강원도

강원도 속초
청초호와 칠성조선소 44
속초관광수산시장 47
외옹치바다향기로 48
동아서점 49
청초수물회 50
김영애할머니순두부 50
보사노바커피로스터스 51

강원도 강릉
안반데기 52
하슬라아트월드 55
경포해수욕장 56
강릉선교장 57
동화가든 58
벌집 58
곳 59
엔드투앤드 59

강원도 평창
대관령양떼목장 60
청옥산육백마지기 63
발왕산케이블카와 기스카이워크 64
월정사와 전나무숲길 65
방림메밀막국수 평창본점 66
황태회관 66
카페연월일 67
엘림커피 본점 67

강원도 원주
뮤지엄산 68
소금산그랜드밸리 71
치악산황장목숲길과 구룡사 72
명주사고판화박물관 73
한성본가 74
오가네막국수 74
사니다카페 75
카페로톤다 75

강원도 영월
젊은달와이파크 76
영월한반도지형 79
동강사진박물관 80
청령포와 영월장릉 81
장릉보리밥집 82
박가네 82
카페느리게 83
카페달 83

강원도 춘천
이상원미술관 84
소양강스카이워크 87
삼악산호수케이블카 88
제이드가든 89
샘밭막국수 90
춘천통나무집닭갈비 90
산토리니 91
카페감자밭 91

강원도 인제
속삭이는자작나무숲 92
백담사 95
곰배령 96
필례약수터와 필례약수숲길 97
백담황태구이 98
매화촌해장국 98
38Coffee 99
뜨레돌체 99

강원도 철원
한탄강주상절리길잔도 100
고석정 103
소이산 104
한여울길1코스 105
어랑손만둣국 106
평이담백뼈칼국수 철원점 106
카페은하수 107
인경화이트하우스 107

PART 3

서울·경기도·인천

서울 종로구

석파정서울미술관 110
환기미술관 113
청운공원과 윤동주문학관 114
목인박물관목석원 115
자하손만두 116
부암동돈가스집1979 116
더숲초소책방 117
창의문뜰 117

서울 성북구

길상사 118
우리옛돌박물관 121
성북동 고택 여행 122
북악산도성길 123
금왕돈까스 본점 124
선동보리밥 124
수연산방 125
성북동빵공장 125

서울 성동구

서울숲 126
디뮤지엄 129
성수연방 130
LCDC SEOUL 131
난포 132
소바식당 132
브레디포스트 성수점 133
블루보틀성수 133

경기도 남양주

물의정원 134
정약용유적지 137
수종사 138
두물머리 139
기와집순두부 조안본점 140
죽여주는동치미국수 140
고당 141
카페대너리스 141

경기도 가평

아침고요수목원 142
남이섬 145
쁘띠프랑스 & 피노키오와다빈치 146
경기도잣향기푸른숲 147
온정리닭갈비금강막국수 본점 148
언덕마루가평잣두부집 148
골든트리 149
코미호미 149

경기도 파주1

헤이리예술마을 150
지혜의숲 153
프로방스마을 154
미메시스아트뮤지엄 155
통일동산두부마을 156
심학산도토리국수 156
더티트렁크 157
라플란드 157

경기도 파주2

마장호수출렁다리와 둘레길 158
국립아세안자연휴양림 161
보광사 162
벽초지수목원 163
출렁다리쌈밥 164
보타니 164
레드브릿지 165
필무드 165

경기도 포천
비둘기낭폭포와 한탄강하늘다리 166
한탄강지질공원센터 169
화적연 170
산정호수 171
산비탈손두부 172
지장산막국수 본점 172
가비가배 173
산정호수빵명장 173

경기도 광명
광명동굴 174
광명전통시장 177
충현박물관 178
기형도문학관 179
구름산추어탕 본점 180
홍두깨칼국수 180
명장시대 181
소하고택 181

경기도 수원
수원화성 182
화성행궁 185
지동시장 186
월화원 187
이태리동 188
원조엄마네 188
정지영커피로스터즈 장안문점 189
카페디아즈 189

경기도 광주
화담숲 190
천진암성지 193
영은미술관 194
곤지암도자공원 195
최미자소머리국밥 196
동동국수 196
라꾸에스타 197
파타타 197

경기도 여주
신륵사 198
영릉(英陵)과 영릉(寧陵) 201
루덴시아테마파크 202
명성황후생가 203
걸구쟁이네 204
여주옹심이 204
연양정원 205
홀츠가르텐 205

인천 중구
개항장누리길 206
제물포구락부와 인천시민애집 209
월미바다열차 210
인천아트플랫폼 211
옛날짜장만사성 212
명월집 212
카페팟알 213
아키라커피 213

인천 강화
조양방직 214
강화풍물시장 217
성공회강화성당 218
고려궁지와 고려궁성곽길 219
서문김밥 220
밴댕이가득한집 220
아뜨드스윗 221
희소식 221

PART 4

충청북도·충청남도

충북 단양
단양강잔도 224
만천하스카이워크 227
도담삼봉 228
온달관광지 229
도담삼봉가마솥손두부 230
보리곳간 230
카페산 231
구름 위의 산책 231

충남 아산
외암민속마을 232
공세리성당 235
피나클랜드수목원 236
세계꽃식물원 237
신정식당 238
감꽃마을토종순대 238
이내 239
인주한옥점 239

충남 당진
신리성지 240
당진면천읍성 243
아미미술관 244
아그로랜드태신목장 245
장춘닭개장 246
우렁이박사 246
해어름 247
카페피어라 247

충남 서산
개심사 248
해미읍성 251
서산마애삼존불 252
보원사지 253
해미호떡 254
해미읍성왕꽈배기 254
영성각 본점 255
진저보이해미 255

충남 태안
신두리해안사구 256
천리포수목원 259
만리포해수욕장 260
태안해양유물전시관 261
시골밥상 262
호호아줌마 262
몽산포제빵소 263
해피준카페 263

충남 보령
개화예술공원 264
대천해수욕장 267
죽도상화원 268
보령충청수영성 269
하니쌈밥 270
바닷가탕집 270
리리스카페 271
코랄커피 271

충남 공주
공산성 272
국립공주박물관 275
마곡사 276
동학사 277
곰골식당 278
시장정육점식당 278
라루체 279
베이커리밤마을 279

충남 부여
궁남지 280
국립부여박물관 283
부소산성과 낙화암 284
백제문화단지 285
장원막국수 286
구드래돌쌈밥 286
시골통닭 287
at267 287

충남 논산
강경근대거리 288
옥녀봉과 소금문학관 291
선샤인랜드 292
돈암서원 293
만나식당 294
황산옥 294
커피인터뷰강경 295
레이크힐제빵소 295

충남 서천
신성리갈대밭 296
판교시간이멈춘마을 299
장항송림산림욕장과 스카이워크 300
마량리동백나무숲 301
수정냉면 302
소문난해물칼국수 302
블룸카페 303
카페화산 303

PART 5

전라북도 · 전라남도

전북 전주
전주한옥마을 306
전동성당 309
경기전 310
최명희문학관 311
다우랑 312
조점례남문피순대 312
베테랑칼국수 313
외할머니솜씨 313

전북 완주
아원고택 314
오성제 317
위봉산성 318
산속등대 319
화심순두부 본점 320
자연을닮은사람들 320
오스갤러리 321
카페라온 321

전북 군산
선유도 322
선유도해수욕장 325
초원사진관 326
군산근대역사문화거리 327
지린성 328
한일옥 328
이성당 329
중동호떡 329

전북 고창
고창읍성 330
선운사와 도솔암 333
보리나라학원농장 334
책마을해리 335
고창면옥 고창본점 336
뭉치네풍천장어전문 336
넓은들 337
땡스덕베르베르의 집 337

전북 남원
김병종미술관 338
광한루원 341
뱀사골계곡 342
서도역 343
서남만찬 344
부산집 344
아담원 345
명문제과 345

전남 담양
죽녹원 346
메타세쿼이아가로수길 349
메타프로방스 350
소쇄원 351
덕인관 352
뚝방국수 352
카페소예르 353
카페옥담 353

전남 구례
노고단 354
천개의향나무숲 357
쌍산재 358
오산사성암 359
섬진강재첩국수 360
부부식당 360
목월빵집 361
라플라타 361

전남 목포
목포근대역사관 1관 & 2관 362
목포해상케이블카 365
서산동시화마을 366
갓바위와 갓바위문화타운 367
조선쫄복탕 368
독천골 368
대반동201 369
커피창고로 369

전남 신안
퍼플섬과 퍼플교 370
신안증도태평염전과 태평염생식물원 373
1004섬분재정원 374
기동삼거리벽화 375
증도안성식당 376
갯마을식당 376
농부애빵마시쿠만 377
소금항카페 377

전남 진도
운림산방 378
이충무공승전공원과 진도타워 381
나절로미술관 382
세방낙조 383
그냥경양식 384
콩밭에 384
도캐 385
나노로그스토어 385

전남 강진
백련사와 동백 386
다산초당 389
무위사 390
가우도 391
병영서가네 392
벙커 392
가출 393

PART 6
부산 · 대구 · 경상북도 · 경상남도

부산 해운대구
해운대블루라인파크 396
F1963 399
해운대해수욕장 400
부산엑스더스카이 401
금수복국 해운대본점 402
해운대기와집대구탕 402
옵스 해운대점 403
스노잉클라우드 403

대구 중구
김광석다시그리기길 404
계산성당 407
청라언덕 408
근대문화골목 409
미성당납작만두 본점 410
유창반점 410
대봉정 411
더남산커피앤디저트 411

대구 군위

사유원 412
화본역 415
삼국유사테마파크 416
리틀 포레스트 촬영지 417
군위이로운한우 418
신등갈비 418
스틸301 419
카페우즈 419

경북 경주

동궁과 월지 420
대릉원 423
첨성대 424
불국사 425
교리김밥 본점 426
맷돌순두부 426
황남빵 427
이스트앵글 427

경북 안동

안동하회마을 428
월영교 431
낙강물길공원 432
도산서원 433
일직식당 434
헛제사밥까치구멍집 434
옥야식당 435
맘모스베이커리 435

경북 영주1

부석사 436
소수서원 439
영주선비촌 440
희방사와 희방폭포 441
풍기인삼갈비 442
순흥전통묵집 442
정도너츠 본점 443
애플빈커피 443

경북 영주2

무섬외나무다리 444
무섬마을 447
관사골벽화마을 448
영주근대역사문화거리 449
흥부가 450
영주축협한우프라자 본점 451
사느레정원 451

경남 산청

수선사 452
남사예담촌 455
정취암 456
덕천서원 457
돌담 458
예담원 458
방목리카페 459
카페묵실 459

경남 남해

원예예술촌 460
남해독일마을 463
보리암과 금산 464
설리스카이워크 465
시골할매막걸리 466
우리식당 466
크란츠러카페 467
박원숙의커피앤스토리 467

경남 거제

바람의언덕 468
매미성 471
거제맹종죽테마파크 472
거제식물원 473
바릇 474
배말칼국수김밥 본점 474
글래씨스 475
짹짹커피 475

찾아보기 476

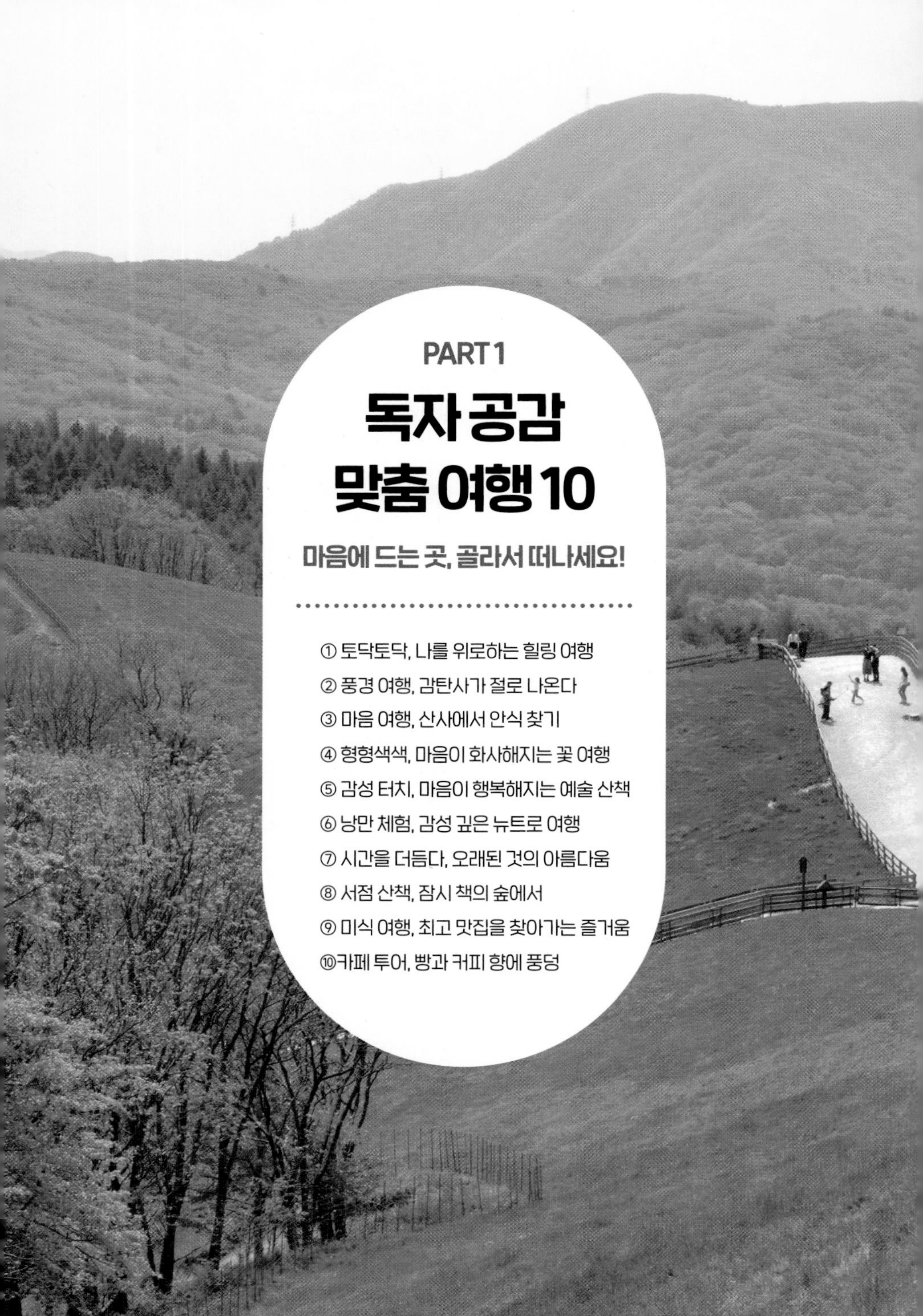

PART 1

독자 공감 맞춤 여행 10

마음에 드는 곳, 골라서 떠나세요!

① 토닥토닥, 나를 위로하는 힐링 여행
② 풍경 여행, 감탄사가 절로 나온다
③ 마음 여행, 산사에서 안식 찾기
④ 형형색색, 마음이 화사해지는 꽃 여행
⑤ 감성 터치, 마음이 행복해지는 예술 산책
⑥ 낭만 체험, 감성 깊은 뉴트로 여행
⑦ 시간을 더듬다, 오래된 것의 아름다움
⑧ 서점 산책, 잠시 책의 숲에서
⑨ 미식 여행, 최고 맛집을 찾아가는 즐거움
⑩카페 투어, 빵과 커피 향에 풍덩

01 토닥토닥, 나를 위로하는 힐링 여행

그럴 때 있지 않은가?
아무것도 하지 않고 그냥 푹 쉬고 싶을 때,
혹은 어디 아늑한 곳을 찾아 일상에 지친 나를 안아주고 싶을 때 있지 않은가?
괜찮아, 괜찮아! 토닥토닥, 스스로 위로해 주기 좋은 곳을 소개한다.

속삭이는자작나무숲

p92

강원도 인제군 원대리 숲속에서 매양 당신을 기다리는 나무가 있다. 피부는 백옥 같고 키는 훤칠하다. 이 멋진 자작나무의 꽃말은 "당신을 기다립니다."이다.

아침고요수목원

p142

가평의 축령산 기슭에 숨바꼭질하듯 숨어있다. 잣나무 숲이 빽빽하여 가는 길도 아름답고, 산 아래 비밀 화원은 동화 속을 걷는 듯 즐겁고 꿈결인 듯 신비롭다.

아원고택

p314

카페, 책방, 갤러리, 한옥 스테이를 융합한 복합 공간이다. 완주군 소양면 오성한옥마을에 있다. 숙박동 만휴당에서 바라보는 연못과 종남산 풍경이 매력적이다.

죽녹원

p346

우리나라 최고의 대나무 테마 정원이다. 주제가 다른 8개의 산책로로 구성되어 있다. 사부작사부작, 보드라운 흙길을 걸었을 뿐인데, 마음에 깊은 행복감이 찾아든다.

쌍산재

p358

TV 예능 <윤스테이> 촬영 후 구례의 핫 플레이스로 떠올랐다. 아담한 한옥, 돌계단, 대나무 숲길, 정자 풍경이 하나같이 운치가 넘친다. 아름답고, 우아하다.

사유원

p412

수목원이자 산지 정원이다. 보기 드물게 자연과 수준 높은 건축을 더불어 체험할 수 있는 매력적인 곳이다. 사유원은 내면 여행의 성지이다. 사유원에서는 조금 느리게 걷고, 조금 천천히 사색하길 권한다.

02 풍경 여행, 감탄사가 절로 나온다

풍경은 때로 예술이나 마음이 따듯한 사람처럼 우리에게 감동을 준다.
이국적이어서, 장엄해서, 낯설어서, 신비로워서, 압도적이어서
당신의 내면에 큰 울림을 줄 아름다운 풍경을 한곳에 모았다.

대관령양떼목장 p60

여기 우리나라 맞아? 대관령양떼목장에 들어서면, 순간 이동을 해 스위스의 목장 마을에 온 기분이 든다. 목가적인 서정과 이국적인 감성을 더불어 느낄 수 있다.

안반데기 p52

경이롭다. 입이 떡 벌어지고, 감탄사가 절로 나온다. 해발 1,100m! 북한산 정상보다 더 높은 곳에 광활한 채소밭이 펼쳐져 있다. 채소밭 크기가 무려 60만 평이다.

신두리해안사구 p256

우리나라에도 사막이 있다. 태안 바닷가에 펼쳐진 넓은 모래언덕. 수십, 수만 년 동안 바다에서 불어온 바람이 쌓아 올린 진귀한 풍경이다. 신비롭고 이국적이다.

선유도 p322

군산과 부안 앞바다 떠 있는 섬의 무리를 고군산군도라고 부른다. 선유도가 고군산군도의 중심이다. 장자도와 대장봉에서 보면 실제로 신선이 놀 만큼 아름답다.

태평염생식물원 p373

태평염전과 더불어 슬로시티 증도의 보물이다. 함초와 칠면초 등 염생식물 70여 종이 자란다. 소금밭전망대에서 보면 형형색색 식물원이 거대한 채색화 같다.

바람의언덕 p468

거제시 남부, 해금강의 관문 도장포 마을에 있다. 언덕에 올라서면 쉬지 않고 바람이 불지만, 섬·등대·유람선·푸른 바다……, 눈앞 풍경이 모든 바람을 압도한다.

03 마음 여행, 산사에서 안식 찾기

마음을 편안하게 해주는 소리가 있다.
물소리, 바람 소리, 그리고 풍경소리와 목탁 치는 소리. 이뿐이 아니다.
절로 가는 길은 대부분 고즈넉해서 산사에 닿기 전에 마음에 평안이 먼저 찾아들기도 한다.
산사로 마음 여행을 떠나보자.

월정사 p65

전나무숲길이 아름다운 절이다. 일주문부터 금강교까지 아름드리 전나무가 숲길을 만들고 있다. 숲길에 접어드는 순간, 사람들은 누구나 행복한 고요에 젖는다.

길상사 p118

일주문을 지나면 공기가 확 바뀐다. 도심 사찰인데 마치 산 속에 들어와 있는 것 같다. 법정 스님과 시인 백석, 그리고 백석이 사랑한 여인 김영한을 떠올려 보자.

개심사 p248

마음을 여는 절, 개심사는 자연 미인을 닮았다. 절이 깃든 계곡 이름도 인상적이다. 세심동. 마음을 씻는 곳이라는 뜻이다. 개심사는 마음을 열고, 마음을 씻는 곳이다.

마곡사 p276

"저녁 종소리가 안개를 헤치고 나와 내 귀에 와서 모든 번뇌를 해탈하라고 권고를 들려주는 듯하였다." 독립운동을 하기 전, 20대 청년 김구가 이곳에서 스님이 되었다.

무위사 p390

월출산 아래에 있다. 사찰 이름처럼 무위의 세계로 들어온 듯 조용하고 아늑해서 좋다. 극락보전이 절의 중심이다. 더하거나 뺄 것이 없는 건축적 완결미를 보여준다.

부석사 p436

한국 불교 건축의 절정이다. 부석사에 간 사람은 누구나 두 번 감동한다. 무량수전의 아름다움에 탄성을 지르고, 하늘 아래 펼쳐진 산하의 절경에 다시 감탄한다.

04 형형색색, 마음이 화사해지는 꽃 여행

꽃 싫어하는 사람 있을까?
다행히 우리나라는 봄부터 겨울까지 형형색색 화양연화 같은 꽃이 핀다.
동백부터 유채까지, 연꽃부터 단풍과 갈대까지
색채의 미가 펼쳐지는 전국의 화원 같은 꽃 명소를 소개한다.

마량리동백나무숲 p301

낙화가 이렇게 아름다울 수 있을까? 충남 서천의 마량리에 봄이 오면 붉은 동백이 낙화를 시작한다. 3월 중순부터 4월 말 사이에 가면 선홍빛 동백꽃이 황홀하다.

보리나라학원농장 p334

전북 고창에 있는 30만여 평의 관광농원이다. 봄철엔 유채와 청보리가 춤추고, 여름에는 해바라기꽃 잔치가 열린다. 가을에는 소금을 뿌려놓은 듯 천지가 메밀꽃이다.

궁남지 p280

궁남지는 백제 때 왕의 연못이자 정원이다. 매년 7~8월이면 궁남지 서동공원 3만여 평에 연꽃이 가득 피어난다. 사람들은 연꽃처럼 우아한 표정으로 사진을 찍는다.

장항송림산림욕장 p300

송림이 무려 8만 평이다. 8월이면 수령 50~70년을 자랑하는 곰솔 아래로 맥문동이 만개한다. 푸른 곰솔과 보랏빛 맥문동이 빚어내는 색의 향연이 화려하고 신비롭다.

화담숲 p190

경기도 광주에 있는 친환경 생태 수목원이다. 봄부터 가을까지 아름답지만, 절정은 가을이다. 480여 단풍나무가 빚어내는 형형색색 단풍이 숨이 막힐 만큼 아름답다.

신성리갈대밭 p296

갈대는 가을이 되어야 제 아름다움을 온전히 드러낸다. 가을이 되면, 금강 옆 갈대밭이 파도처럼 넘실거린다. 석양 무렵에 갈대밭은 아름다움의 절정을 이룬다.

05 감성 터치, 마음이 행복해지는 예술 산책

이중섭을 좋아하나요? 아니면, 김환기는요?
여행의 목적지가 꼭 명소일 필요는 없다.
미식 투어도 좋고, 예술 산책은 내면에 울림을 주어 더 좋다.
조금은 가볍게, 하지만 우아하게 예술 체험하기 좋은 미술관 여섯 곳을 소개한다.

뮤지엄산

p68

최고 수준의 조형미를 보여주는 건축과 예술이, 원주의 골프장 옆 해발 275m 산 위에서 당신을 기다린다. 미술관을 둘러보고 나면 행복감이 부드럽게 몸을 감싼다.

하슬라아트월드

p55

강릉 정동진 쪽 산 위에 있다. 하슬라아트월드로 들어서면 새로운 세계가 열리는 것 같다. 푸른 바다를 배경으로 조각공원, 미술관, 박물관이 차례로 반겨준다.

이상원미술관

p84

숲속 미술관이다. 춘천시 서북쪽 화악산 기슭에 숨바꼭질하듯 숨어 있다. 미술관, 레스토랑, 숙박시설, 예술 공방을 갖추고 있다. 보름달 같은 건물이 퍽 인상적이다.

석파정서울미술관

p110

인왕산 자락에 깃들어 있다. 앞으로는 북악산과 부암동이 풍경화처럼 펼쳐진다. 이중섭 등 근현대 거장의 작품과 국내외 유명 작가의 기획전을 감상할 수 있다.

헤이리예술마을

p150

예술과 문화의 향기에 푹 빠지기에 딱 좋은 곳이다. 걸음을 옮길 때마다 갤러리와 북카페, 공방과 박물관이 반갑게 맞이해 준다. 건축여행 장소로도 손색이 없다.

기동삼거리벽화

p375

신안군 암태도의 기동삼거리. 노부부가 담장에서 웃고 있다. 머리카락 대신 동백을 그려 넣었다. 담장 안 동백나무에 꽃이 피면 벽화는 더 아름답고 풍성해진다.

06 낭만 체험, 감성 깊은 뉴트로 여행

유행가 가사처럼 옛날이 그리울 때가 있다.
그 시절이 비록 힘들고 외로웠지만, 그 안에 우리네 삶의 초상이 점점이
박혀 있기 때문이리라. 추억의 서정이 피어오르는 70~80년대로,
혹은 100년 전 근대의 골목으로 시간여행을 떠나자.

인천개항장누리길

p206

1883년 인천에 '개항장'이 조성되었다. 이때부터 동서양 강대국의 대사관, 호텔, 성당이 생겼다. 개항장누리길을 걸으며 흑백영화 같은 뉴트로 감성을 느낄 수 있다.

강경근대거리

p288

강경은 조선 후기 3대 상업 도시였다. 강경근대거리엔 과거의 영광을 증언하는 건물이 곳곳에 남아있다. 영화세트장 같은 거리를 자박자박 걸어서 다니기에 좋다.

전동성당

p309

한국의 첫 순교자를 기리는 성당이다. 비잔틴과 로마네스크 양식을 혼합한 건축물로 국내에서 가장 아름다운 성당으로 꼽힌다. 특히 안팎의 곡선미가 남다르다.

군산근대역사문화거리

p327

군산은 채만식 소설 <탁류>의 무대이다. 근대역사문화거리엔 소설에 나오는 은행 건물이 여전히 자리를 지키고 있다. 세관, 일본식 가옥 등도 옛 모습 그대로다.

해운대블루라인파크

p396

동해남부선 폐선로에 레트로 감성이 넘치는 해변열차가 나타났다. 해변열차에 타면 해운대, 동백섬, 광안대교, 이기대, 오륙도가 차례로 다가와 당신에게 안긴다.

김광석다시그리기길

p404

노래하는 사람 김광석. 미소는 쓸쓸해 보이고, 목소리엔 깊은 서정이 담겨 있었다. 김광석이 그리우면 대구로 가자. 그의 노래를 들으면 이내 마음이 따뜻해질 것이다.

07 시간을 더듬다, 오래된 것의 아름다움

공간도, 사물도 오래된 것은 그것만의 특별함이 있다.
그 안에 시간과 이야기가 켜켜이 쌓여있기 때문이리라.
목인박물관 목석원, 수원화성, 경주의 동궁과 월지…….
세월의 깊이감과 우아한 아름다움의 세계로 초대한다.

목인박물관목석원 p115

인왕산 기슭, 한양도성 아래에 있다. 목석원의 백미는 야외 전시장이다. 다양한 문인석, 무인석, 동자석을 전시해 놓았는데, 처음부터 거기에 있었던 듯 자연스럽다.

수원화성 p182

조선 후기의 토목과 건축 기술을 모두 쏟아부은 걸작이다. 수원화성은 걷기 좋은 곳이다. 화서문-장안문-화홍문-방화수류정-활터에 이르는 성곽길이 특히 아름답다

공산성 p272

공주에 있는 백제 때 궁성이다. 의자왕이 나당연합군에 마지막까지 저항한 곳이다. 백제의 아픔을 떠올리며 성곽길을 걸을 수 있다. 금강은 지금도 무심히 흐른다.

전주한옥마을 p306

기와집 730여 채가 밀집한 전국 최대 한옥촌이다. 태조 이성계와 연관이 깊은 경기전·오목대· 이목대, 오래된 전동성당 등 옛이야기를 품은 공간이 풍성하다.

동궁과 월지 p420

신라 조경예술의 절정을 보여주는 곳이다. 왕자의 거처였으나 연회 장소로도 사용했다. 야경이 더 아름다운 곳으로, 어둠이 내리면 동궁과 월지로 낭만 야행을 떠나자.

안동하회마을 p428

600년 전통 마을로, 세계문화유산이자 안동의 대표 브랜드이다. 초가와 기와집의 조화가 아름다운 마을을 걷노라면 조선 시대로 돌아간 듯 기분이 특별하다.

08 서점 산책, 잠시 책의 숲에서

포르투의 렐루서점, 런던의 던트북스, 파리의 셰익스피어 앤드 컴퍼니,
부에노스아이레스의 엘 아떼네오 그란 스플렌디드…….
아름답고 독특해 명소가 된 세계적인 서점들이다.
그들처럼 명소가 되길 기대하며 책의 향기에 빠져도 좋을 서점 네 곳을 소개한다.

동아서점 p49

속초에서 가장 오래된 서점이다. 1956년 처음 문을 열었으니까, 역사가 어느덧 70년을 헤아린다. 동아서점은 단순히 책을 파는 곳이 아니라 속초를 대표하는 문화 아지트이다. 마음 편히 책을 읽을 수 있는 공간을 만든 게 인상적이다. 속초를 여행 중이라면 잠시 짬을 내 들러보자. 동아서점이 당신의 속초 여행에 아름다운 느낌표를 찍어 줄 것이다.

더숲초소책방 p117

경찰초소가 책방으로 변신했다. 더숲초소책방은 인왕산 중턱 인왕산로 옆에 있다. 원래는 청와대를 방호할 목적으로 지은 경찰초소였으나 2020년 서점으로 다시 태어났다. 초소책방의 가장 큰 매력은 멋진 경치이다. 와! 책방 옥상에 오르면 탄성이 절로 나온다. 남산타워와 그 아래 서울 도심이 손에 잡힐 듯 가까이 다가온다. 빵과 커피도 판매한다.

지혜의숲 p153

책의 물성과 아날로그 감성 즐기기 좋은 곳이다. 지혜의숲은 책을 주제로 꾸민 복합 공간이다. 도서관, 서점, 카페, 게스트하우스 등을 갖추고 있다. 보유한 장서만 수십만 권인 거대한 책의 숲이다. 서가 전체 길이가 무려 3.1km이다. 지혜의숲에선 원하는 책을 마음껏 읽으며 자신만의 시간을 즐길 수 있다. 하루쯤 책 속에 빠져 지내보길 권한다.

책마을해리 p335

고창군 해리면의 월봉초등학교에 들어선 책 마을이다. 책만 읽으며 하루를 보내기 좋은 복합 공간으로 출판사, 북카페, 책방, 도서관, 글쓰기 카페 등을 갖추고 있다. 책 마을에 들어가기 위해서는 입장료 8,000원을 내거나 책 한 권을 구매해야 한다. 교실, 운동장, 복도, 조형물 등을 바라보고 있으면 학창 시절 추억이 떠올라 입가에 살며시 미소가 번진다.

09 미식 여행, 최고 맛집을 찾아가는 즐거움

여행은 보고 먹고 체험하며 감각하는 것이다.
여행의 즐거움의 반이 보는 것이라면, 나머지 반은 음식 체험이 아닐까?
독자 여러분의 미식 여행을 돕기 위해 이 책에 담은 수많은 음식점 중에서
최고 맛집 여섯 군데를 골라 소개한다.

청초수물회 p50

청초호가 내려다보이는 뷰 맛집이자 속초에서 손꼽히는 물회 음식점이다. 싱싱한 물회 맛이 입은 물론 마음도 행복하게 해준다. 전복죽, 성게알비빔밥도 많이 찾는다.

동화가든 p58

국내 최초로 짬뽕순두부를 개발한 강릉 초당두부마을 맛집이다. 짬뽕 맛이 나는 국물에 순두부가 듬뿍 들어가 있다. 첫맛은 얼큰하고 뒷맛은 시원하면서 고소하다.

자하손만두 p116

미쉐린 가이드 서울에 해마다 추천 맛집에 오르는 만두 전문점이다. 맛이 깊고 담백해 만두 본래의 맛에 집중할 수 있어서 좋다. 구수한 사골국물이 그 맛을 더해준다.

조점례남문피순대 p312

전주 남부시장에 있는 순대 맛집으로, 45년을 지켜온 터줏대감이다. 고소하고 쫄깃한 식감과 부드럽고 깊은 뒷맛이 오래 남는다. 초장에 찍어 먹어도 맛있다.

한일옥 p328

군산에서 손꼽히는 맛집이다. 대표 메뉴는 한일옥을 전국적인 맛집으로 만들어 준 소고기뭇국이다. 무와 소고기, 대파가 전부지만, 마성의 맛이라 많은 사람이 찾는다.

교리김밥 p426

경주의 유명한 김밥 맛집이다. 다른 김밥집과 달리 양념하지 않은 맨밥을 사용한다. 밥이 전체의 30% 정도로 밥보다 나머지 재료, 특히 달걀 지단이 풍부하게 들어간다.

10 카페 투어, 빵과 커피 향 속에 풍덩

쉬는 것도 여행이다. 보고 먹고 체험했다면 이번에는 잠시 카페를 찾아 여독을 풀자.
이 책에 소개한 많은 카페와 베이커리, 디저트 카페 중에서
전망이 좋거나 커피 또는 디저트에 대한 평가가 좋은 곳 여섯 군데를 골랐다.

칠성조선소

p44

속초의 복합 공간 칠성조선소 안에 있는 같은 이름의 카페이다. 레저용 보트를 만들던 공장을 개조해 카페로 만들었다. 창문으로 청초호가 푸르게 펼쳐진다.

산토리니

p91

춘천 구봉산 카페거리의 원조 카페이자 대표 카페이다. 전망대와 산토리니를 연상시키는 흰색과 파란색이 어우러진 종탑이 이 카페의 시그니처 풍경이다.

브레디포스트 성수점

p133

브레첼 전문점이다. 외관이 유럽의 어느 카페에 와 있는 것 같다. 실내는 감각적이면서도 레트로 감성이 묻어난다. 다양한 종류의 브레첼을 판매한다. 에티오피아 커피와 더불어 여유로운 시간을 보내기 좋다.

블루보틀성수

p133

한국에서 낸 블루보틀 커피 1호 매장이다. 심플하면서도 공간에 여백이 많아 마음을 편안하게 해준다. 커피 맛이야 이미 검증이 끝났으니 덧붙이면 사족이 될 것이다.

더티트렁크

p157

파주 출판도시 근처에 있는 이국적인 대형 브런치 카페이다. 바깥 풍경이 아니라 카페 내부가 아름다워서 유명해진 곳이다. 빈티지하고 이국적인 분위기가 돋보인다.

조양방직

p214

강화도의 폐업한 방직공장을 거대한 카페로 변모시켰다. 오래된 건물과 빈티지 소품, 앤티크 조형물이 인상적이다. 카페를 넘어 한 시대를 품은 생활사 박물관 같다.

PART 2

강원도

청초호의 은빛 윤슬
산들산들 부는 바람
커피 향 가득한 복합문화공간

청초호와 칠성조선소

강원도 속초시 중앙로46번길 45
033-633-2309
11:00~19:00(연중무휴)
₩ 5,000원~8,000원
근처 엑스포 제4공영주차장 이용(석봉도자기미술관 앞)
찾아가기 속초고속버스터미널에서 택시 8분

푸른 호수를 품었다. 여기에 오래된 것이 주는 편안함까지 갖췄다. 카페와 서점, 전시 공간을 갖춘 복합문화공간 칠성조선소의 시작은 1952년으로 거슬러 올라간다. 목선을 제작해 한동안 호황을 누렸다. 하지만 90년대부터 철선과 플라스틱 배가 등장하면서 위기를 맞았다. 목선과 철선을 제작하고, 배를 수리하면서 위기를 버텼으나 2017년 결국 폐업을 하였다. 그냥 사라질 뻔한 칠성조선소는 2018년 문화공간으로 다시 태어났다. 정문으로 들어서면 청초호가 먼저 눈에 들어온다. 산들산들 부는 바람이 호수에 푸른 잔물결을 일으킨다. 바람이 고소한 커피 향을 날라다 준다. 호수 구경은 잠시 미루고 카페로 향한다. 카페는 조선소 제일 안쪽 2층 건물에 있다. 이곳은 원래 레저용 보트를 만들었던 공장이었다. 공장을 개조해 카페로 만들었다. 1층 주문대 앞이 제법 붐빈다. 사람들은 대부분 커피를 들고 2층으로 올라간다. 공간이 꽤 널찍하다. 커다란 창문으로 다시 청초호가 펼쳐진다. 파란 하늘과 어우러져 바다 같은 느낌을 준다. 창가에 앉으면 호수 경치를 맘껏 즐길 수 있다. 호수 너머로 솟은 고층 건물들이 의외로 청초호와 잘 어울린다. 카페 천장이 높아 개방감이 좋다. 사람이 많아도 답답하지 않다.

카페의 여유를 충분히 즐겼다면 이제, 남은 커피를 들고 밖으로 나오면 된다. 산책하듯 이곳저곳을 구경하는 재미가 쏠쏠하다. 정문 입구의 벽돌 건물은 배를 만들고 수리하던 곳이었다. 지금은 칠성조선소의 역사와 흔적을 살펴볼 수 있는 전시관이 들어섰다. 정문에서 호수 쪽으로 조금 걸음을 옮기면 우측으로 작은 양옥이 보인다. 가족들이 살던 집이었지만 지금은 작은 서점이 들어섰다. 서점과 카페, 전시공간에서 종종 아트페어와 미술 작품 전시회도 열린다.

날씨가 좋다면, 카페와 서점 사이 넓은 공터로 가자. 배를 만들 때 사용했던 침목이 의자를 대신해 준다. 이곳이 제일 오래 머물고 싶은 공간이다. 청초호의 은빛 윤슬, 호수에서 불어오는 바람, 바람이 만들어 주는 음악 같은 물결 소리……. 천천히 커피를 마시고 있으면 내 마음도 호수처럼 잔잔해진다.

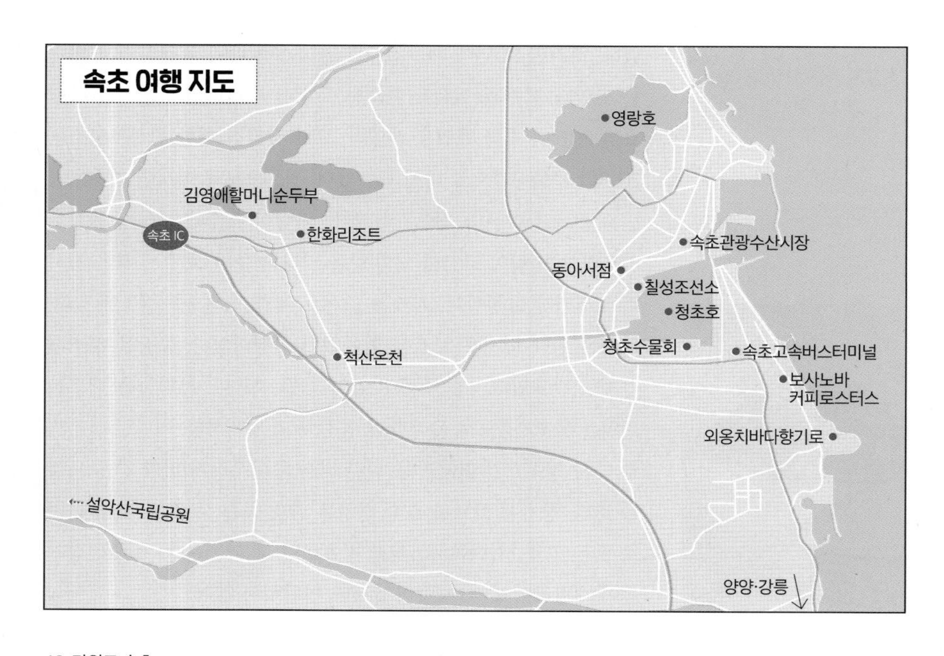

ONE MORE **여기도 좋아요!** 

속초관광수산시장

강원도 속초시 중앙로147번길 12
033-635-8433
08:00~24:00(영업시간, 휴무 점포별 상이)
₩ 점포별, 음식별 상이 속초관광수산시장 대형주차장
찾아가기 속초고속버스터미널에서 택시 8분

먹거리 천국

속초관광수산시장은 원래 속초의 전통적인 수산물 시장이었지만 이제는 지역을 대표하는 관광지가 되었다. 속초관광수산시장에 가면 구경하는 즐거움과 먹는 즐거움을 동시에 맛볼 수 있다. 중앙시장 상가를 중심으로 다양한 품목을 파는 상가들이 모여있다. 중앙시장 1층엔 다양한 먹거리 가게와 채소 가게, 포목점이 있다. 2층에는 의류와 잡화점이, 지하에는 건어물과 젓갈류, 활어회 가게들이 몰려있다.

중앙시장 옆에는 아바이순대와 오징어순대를 파는 순대 골목이 있고, 바삭하고 달콤한 닭강정을 파는 닭전 골목, 청과 골목 등이 있다. 주말이면 발 디딜 틈이 없을 정도로 많은 인파가 몰린다. 시장으로 들어서면 고소하고 맛있는 냄새가 먼저 다가온다. 입안에 저절로 침이 고인다. 대게와 홍게, 아바이순대와 오징어순대, 닭강정 등이 인기 메뉴이다. 사람들이 길게 늘어선 모습을 심심치 않게 보게 된다. 이런 집은 맛으로 소문난 곳이라 실패할 확률이 적은 편이다. 나만의 맛집을 찾고자 한다면 천천히 가게를 탐색하는 것도 좋다. 시장을 돌아다니며 구경하는 재미도 쏠쏠하다. 가게를 정했다면 시장에서 먹어도 좋고, 음식을 포장해서 숙소에서 편안히 즐겨도 좋다.

외옹치바다향기로

강원도 속초시 대포동 585-5 033-639-2362
06:00~20:00(동절기에는 07:00~18:00, 연중무휴)
₩ 무료 외옹치항 주차장
찾아가기 속초고속버스터미널에서 택시 5분

푸른 동해를 당신 품 안에

군사시설이라 60여 년간 민간인 통제구역이었다가 2018년에야 일반에 공개된 바닷길이다. 외옹치항은 대포항 북쪽에 있는 작은 항구이다. 대포항의 유명세에 눌려있다가 외옹치바다향기로 개통 덕에 세상에 이름을 알렸다. 외옹치바다향기로는 외옹치항에서 속초해수욕장까지 약 1.7km에 이르는 바다 산책로이다. 속초해수욕장이나 외옹치항에서 출발할 수 있다. 가볍게 해안을 산책하고 싶다면 속초해수욕장에서 출발하여 일부 구간을 걷는 것이 좋고, 숨겨진 비경과 다이나믹한 해안 풍경을 원한다면 외옹치항에서 출발하는 것이 좋다.
외옹치항에서 출발하면 동그랗게 바다로 튀어나온 야산을 따라 돌게 된다. 야산 위엔 롯데리조트가 서 있다. 이 코스는 바다 위로 난 데크 길을 걸으며 아름다운 해안 풍경을 경험할 수 있다. 발아래는 푸른 동해이고, 야산엔 아름다운 해송이 자란다. 바람이 데리고 온 파도는 철썩철썩 음악 소리를 내며 당신을 반겨준다. 민간인 통제 시절에 설치한 철책선도 볼 수도 있다. 편도 소요 시간은 30분, 왕복은 1시간 남짓 걸린다. 내내 바다를 가슴에 품고 걷고 나면 어느새 당신의 마음도 맑고 푸르게 빛날 것이다.

동아서점

◎ 강원도 속초시 수복로 108 ☏ 033-632-1555
◷ 09:00~21:00(일요일 휴무)
₩ 도서별 상이 🚗 주차 가능
ⓘ **찾아가기** 속초고속버스터미널에서 택시 7분

해안 도시의 문화 아지트

속초에서 가장 오래된 서점이자 이 도시를 대표하는 문화 발전소이다. 1956년 처음 문을 열었으니까 어느덧 70년을 헤아린다. 할아버지와 아버지를 거쳐 지금은 아들 김영건 대표가 운영하고 있다. 그 사이 동아서점은 많은 변화를 겪었다. 2000년대에 들어서면서 우리나라의 서점이 대부분 그렇듯 침체기를 겪었다. 2014년 김영건 대표가 서점을 이어받았다. 이때부터 동아서점의 혁신이 시작되었다. 속초시청 옆 중앙동에서 더 번화한 교동으로 자리를 옮겼다. 건물도 다시 지었다. 이름 빼고는 다 바꿨다.

가장 큰 변화는 서점의 성격을 바꾼 것이다. 단순히 책을 파는 곳이 아니라 속초를 대표하는 문화 아지트로 변모시켰다. 서점 내부는 마치 카페 같다. 햇빛을 내부 깊숙이 끌어들인 점이 퍽 인상적이다. 마음 편히 책을 읽을 수 있는 공간을 만든 것도 돋보인다. 이용자가 메모를 남길 수 있는 책상도 마련해 놓았다. 독서 모임과 북토크, 워크숍, 전시, 공연, 강연도 정기적으로 열린다. 서점 입구엔 동아서점의 굿즈 매대도 만들었다. 바다 풍경에 눈이 즐거웠다면, 잠시 짬을 내 마음도 즐겁게 해주자. 동아서점이 당신의 속초 여행에 아름다운 느낌표를 찍어 줄 것이다.

RESTAURANT

청초수물회

◎ 강원도 속초시 엑스포로 12-36
☏ 0507-1425-5051 ◷ 10:00~20:50(연중무휴)
₩ 15,000원~30,000원 🚗 전용 주차장
ⓘ **찾아가기** 속초고속버스터미널에서 택시 4분

싱싱한 동해의 맛

청초호가 보이는 뷰 맛집이자 속초에서 손꼽히는 물회 맛집이다. 식당으로 들어가면 창문 너머로 청초호와 파란 하늘이 가득 펼쳐진다. 2005년 속초에서 물회를 선보인 곳도, 물회에 육수를 사용한 것도 이 집이 처음이다. 육수는 진하게 우려낸 사골국물에 전통 장 등을 배합한 후 7일간 숙성하여 만든다. 잘 숙성된 육수와 신선한 재료가 빚어내는 물회는 맛이 단연 최고이다. 시원하고 달짝지근하면서도 뒷맛이 개운하다. 여기에 입에 착 감기는 맛이 일품이다. 동해의 싱싱한 맛이 입은 물론 마음도 행복하게 해준다. 전복죽, 성게알비빔밥, 대게살비빔밥도 많이 찾는다.

RESTAURANT

김영애할머니순두부

◎ 강원도 속초시 원암학사평길 183
☏ 033-635-9520 ◷ 07:00~14:00(화요일 휴무)
₩ 12,000원 🚗 전용 주차장
ⓘ **찾아가기** 속초고속버스터미널에서 택시 16분

씹을수록 고소하다

속초 시내에서 미시령으로 가는 국도를 따라가면 학사평마을이 나온다. 80여 개 순두부 식당이 촌을 이루고 있는데 그중에서도 김영애할머니순두부가 제일 유명하다. 1965년 처음 문을 연 이래 지금까지 그 맛을 유지하고 있는 노포로 메뉴는 오로지 순두부뿐이다. 순두부는 몽글몽글하고 부드럽다. 첫맛은 슴슴하지만 씹을수록 고소하고 단맛이 난다. 순두부 맛의 반은 간장 맛이다. 살짝 단맛이 도는 간장이 순두부의 맛을 한껏 높여준다. 늘 손님이 많아 여유롭게 식사하기는 힘들지만, 먹고 나면 그래도 오길 잘했다는 생각이 절로 든다. 오후 두 시까지만 영업한다.

CAFE & BAKERY

보사노바커피로스터스

⊙ 강원도 속초시 해오름로 161
☏ 0507-1428-0053 ◷ 08:00~22:00(연중무휴)
₩ 5,000원~7,000원 🚗 전용 주차장
ⓘ **찾아가기** 속초고속버스터미널에서 택시 2분, 도보 8분

바다와 대관람차가 보이는 풍경

요즘 속초해수욕장이 뜨고 있다. 이국적인 대관람차와 매력적인 해수욕장 조형물, 해안 산책길 바다향기로 덕이 크다. 보사노바커피로스터스는 속초해수욕장 중간 즈음 길 건너편에 있다. 카페는 3층 건물이다. 밝은 미색 계통 외관이 깔끔한 느낌을 준다. 내부는 모던하고 세련미가 넘친다. 한 층씩 올라갈 때마다 큰 통창으로 보이는 전망이 시선을 사로잡는다. 워낙 많은 사람이 찾는 곳이라 먼저 좋은 자리를 잡은 후 커피를 주문하는 것이 낫다. 마땅한 좌석이 없으면 루프톱으로 올라가자. 날이 좋은 날이면 실내보다 먼저 이곳을 찾는 사람도 많다. 우아한 송림과 그 너머로 펼쳐지는 바다, 그리고 대관람차의 이국적인 풍경에 금세 마음을 빼앗길 것이다. 커피와 디저트도 풍경만큼이나 맛이 좋다.

해발 1,100m 고랭지 채소밭
이국적인 풍경을 완성해 주는
새하얀 풍력발전기

안반데기

- 강원도 강릉시 왕산면 안반데기길 428
- 033-655-5119
- 제한 없음(연중무휴)
- 안반데기 주차장
- **찾아가기** 영동고속도로 대관령IC에서 자동차로 1시간
- http://www.안반데기.kr/

경이롭다. 입이 떡 벌어지고, 감탄사가 절로 나온다.

해발 1,100m! 북한산 정상보다 더 높은 곳에 광활한 고랭지 채소밭이 펼쳐져 있다. 강릉시 왕산면 대기4리, 흔히 '하늘 아래 첫 동네'로 불리는 '안반데기'이다. 약 200만㎡, 채소밭 크기가 무려 60만 평이다. 규모가 서울월드컵경기장 30개를 옮겨놓은 것과 같다. 더욱 놀라운 것은 이 높고, 이 넓은 채소밭을 불도저나 굴착기가 아니라 삽과 곡괭이로 일구었다는 사실이다.

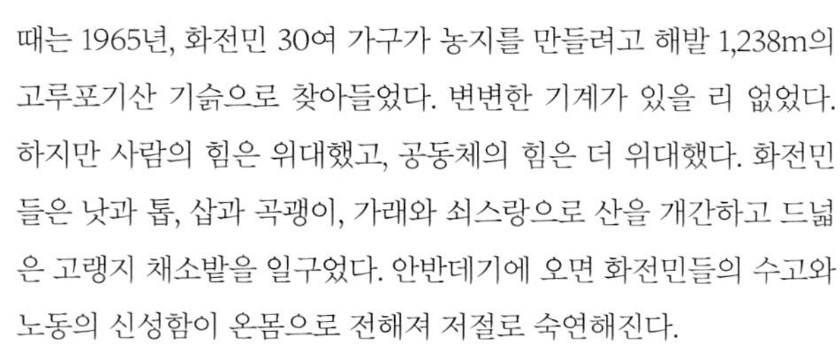

때는 1965년, 화전민 30여 가구가 농지를 만들려고 해발 1,238m의 고루포기산 기슭으로 찾아들었다. 변변한 기계가 있을 리 없었다. 하지만 사람의 힘은 위대했고, 공동체의 힘은 더 위대했다. 화전민들은 낫과 톱, 삽과 곡괭이, 가래와 쇠스랑으로 산을 개간하고 드넓은 고랭지 채소밭을 일구었다. 안반데기에 오면 화전민들의 수고와 노동의 신성함이 온몸으로 전해져 저절로 숙연해진다.

안반데기는 계절마다 다른 표정과 풍경을 보여준다. 봄에는 호밀초원이 푸르게 펼쳐지고, 늦봄엔 감자꽃이 안반데기를 산정화원으로 바꾸어 놓는다. 여름엔 배추가 광활한 고랭지를 온통 싱싱한 초록으로 물들인다. 배추 수확이 끝난 가을도 절경이다. 가을엔 속살처

럼 황토가 그대로 드러나는데, 도로로 자연스럽게 구획된 모습이 거대한 미술작품을 보는 듯 미학적이다. 안반데기가 고랭지 밭이 아니라 위대한 대지예술처럼 보인다. 경이롭고 비현실적이다. 저 건너편의 새하얀 풍력발전기가 배경처럼 서서 대지예술에 화룡점정을 찍어준다.

요즘엔 이곳에서 '차박'을 하거나 별을 보러 오는 사람이 많다. 꼭 밤이 아니더라도 안반데기는 특별한 풍경으로 사람을 위로해 준다. 마음이 답답하고 삶에 지쳤다면 안반데기로 가자. 특별히 무엇을 하지 않아도 좋다. 고랭지 채소밭을 조용히 바라보고 있으면, 아무것도 하지 않고 그저 채소밭을 보며 멍하니 앉아만 있어도 마음을 누르던 고민이, 티끌 같은 상념이 싹 사라질 것이다. 괜찮아, 괜찮아! 산마을에 찾아든 저녁노을이 당신의 어깨를 따뜻하게 토닥여 줄 것이다.

*안반데기의 '안반'은 오목한 떡메 받침대를, '데기'는 언덕을 뜻한다. 풀어쓰면 오목한 언덕이라는 뜻이다.

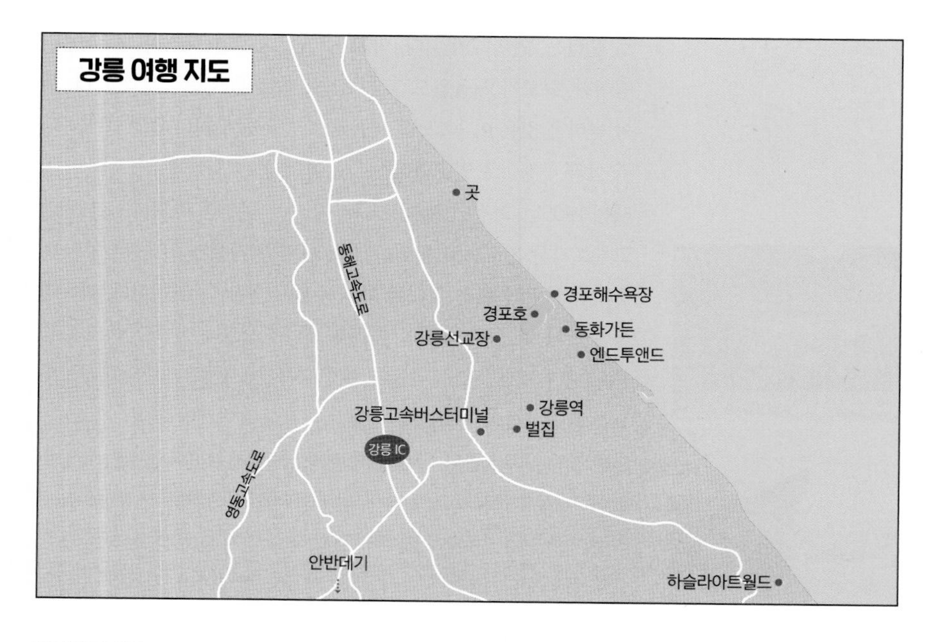

하슬라아트월드

◎ 강원도 강릉시 강동면 율곡로 1441
☏ 033-644-9411 ◷ 09:00~18:00(연중무휴)
₩ 11,000원~21,000원 🚗 전용 주차장
ⓘ **찾아가기** ① 강릉역에서 택시 22분
② 강릉역 건너편에서 112, 113번 버스 승차, 총 40분 소요

매혹적인 오션 뷰 예술 언덕

강릉에서 정동진 쪽으로 15km쯤 내려가면 산 위에 우뚝 선 건물이 보인다. 하슬라아트월드이다. 하슬라는 신라 때에 사용됐던 강릉의 옛 지명으로 '해와 밝음'을 뜻하는 순우리말이다. 강릉 출신 미술가 부부가 3만 3,000여 평의 산기슭을 예술적 감성으로 채워 넣었다. 예술이 있는 공간이라기보다 대지 전체가 예술이란 말이 더 잘 어울린다. 비탈면을 그대로 살려 조성한 점도 인상적이다. 2003년 조각공원을 시작으로, 2009년 뮤지엄 호텔(24개 객실), 2010년 현대미술관, 2011년 피노키오 박물관과 마리오네트 미술관을 차례로 개관하였다.

하슬라아트월드로 들어서면 새로운 세계가 열리는 느낌이 든다. 조각공원은 멋진 바다가 배경이다. 동해 뷰라서 가슴이 뻥 뚫린다. 여러 조각품과 대지 미술을 감상할 수 있다. 현대미술관은 호텔 로비에서부터 미로처럼 연결돼 있다. 지상에서 지하로, 다시 지상으로 등산하듯 오르내려야 한다. 간간이 파란 바다와 은빛 햇살이 시선을 유혹한다. 실내 전시시설을 이동할 때는 터널을 통과하거나 겨우 한 명 지날 정도의 좁은 통로를 지난다. 작은 모험을 떠나는 것 같아 설렘과 작은 흥분감을 느낄 수 있다.

경포해수욕장

강원도 강릉시 강문동 산1-1 0507-1320-4901
상시 개방(연중무휴) 전용 주차장
찾아가기 ① 강릉역에서 택시 15분 ② 강릉역에서 202-1번 버스 승차, 총 30분 소요

추억을 소환해 주는 푸른 해변

누구나 경포해수욕장에 대한 추억 하나쯤 가지고 있을 것이다. 아름답고 긴 이 해변은 한때 수학여행과 대학 MT, 가족 여행의 성지였다. 빛바랜 앨범을 펼치면 그 속에 화양연화 시절의 당신이 환하게 웃고 있을 것이다. 경포해수욕장은 그런 곳이다. 옛 추억을 소환해 기억 저편으로 걸어가게 해주는 곳이다. 경포해수욕장을 봐야 비로소 강릉을 보았다고 할 수 있는 곳, 경포해변은 그런 곳이다.

특별히 새로운 것은 없다. 해운대처럼 고층빌딩 있는 것도 아니고, 대천해수욕장처럼 머드 축제가 열리는 것도 아니지만, 그러함에도 경포해수욕장은 사람들에게 부드러운 위안을 준다. 모래 위에 앉아 수평선을 바라보고 있노라면 일상의 고민과 피로를 파도가 다가와 조용히 씻어내 준다. 해변을 조용히 걸어보라. 내친김에 경포호 산책로까지 걸어도 좋겠다. 아니면 해수욕장 남쪽으로 가도 좋다. 경포 인공폭포에서 강문해변 방향으로 약 2㎞의 목재 산책로가 있다. 400여 그루의 해송이 숲을 이룬 솔향기공원이 산책의 즐거움을 듬뿍 안겨준다. 솔숲을 걷는 동안 당신의 기억 속에 아름다운 추억 한편이 또 쌓이게 될 것이다.

강릉선교장

강원도 강릉시 운정길 63 033-648-5303
09:00~18:00(동절기 17:00, 연중무휴)
₩ 2,000원~5,000원 전용 주차장
찾아가기 강릉역에서 택시 9분

한옥의 아름다움을 다 갖췄다

강릉은 뿌리가 깊은 도시이다. 국보로 지정된 강릉 객사, 사임당과 율곡 이이의 이야기를 품은 오죽헌, 초당동의 허균과 허난설헌 기념관이 이를 웅변해 준다. 마지막으로 선교장(船橋莊)이 고도 강릉의 품격을 완성해준다. 선교장은 조선 시대 사대부의 살림집이다. 세종의 형 효령대군의 11대손 이내번(1703~1781)이 지었다. 99칸의 전형적인 사대부 가문의 상류 주택이다. 300여 년 동안 원형이 잘 보존되고 있다. 주변의 자연과 조화롭고, 후손이 실제로 살고 있어서 더 의미가 깊다. 1967년부터 민가 주택으로는 처음으로 국가민속문화재로 지정해 나라에서 보호하고 있다.

선교장을 한글로 풀어쓰면 '배다리 집'이다. 예전엔 경포호가 선교장 앞까지 뻗쳐 있었다. 선교장에 가려면 배로 만든 다리를 건너야 했다. 그래서 이름이 '배다리 집'이다. 선교장 앞 넓은 뜰은 경포호를 메꾸어 만들었다. 선교장은 안채, 동별당, 서별당, 사랑채인 열화당, 정자인 활래정 등으로 구성돼 있다. 백미는 인공 연못 위에 지은 활래정이다. 여름철 연꽃이 활짝 필 때가 최고 절경이다. 서양식 차양을 단 열화당도 인상적이다. 대한제국 시절 선교장에 머문 러시아 공사가 환대에 대한 답례로 선물한 것이다.

RESTAURANT

동화가든

강원도 강릉시 초당순두부길77번길 15
033-652-9885 07:00~19:30
₩ 10,000원~15,000원 전용 주차장
찾아가기 강릉역에서 택시 11분

짬뽕순두부의 원조

허균의 아버지 허엽(1517~1580)이 삼척 부사 시절 소금 대신 바닷물을 간수로 이용해 직접 두부를 만들었다. 일반 두부보다 맛이 부드럽고 고소하였다. 부사가 만든 두부가 맛있다고 소문이 나자, 강릉 사람들이 그의 호를 붙여 초당두부로 불렀다. 초당두부마을에는 소문난 두부 전문점이 많다. 그중에서도 다소 특별한 메뉴를 파는 곳이 동화가든이다. 국내 최초로 짬뽕순두부를 개발한 원조집이다. 짬뽕 맛이 나는 국물에 순두부가 듬뿍 들어가 있다. 의외의 조합 같지만, 맛은 꽤 조화롭다. 첫맛은 얼큰하고 뒷맛은 시원하면서 고소하다. 새로운 맛은 이렇듯 창조적인 도전이 주는 선물이다.

RESTAURANT

벌집

강원도 강릉시 경강로2069번길 15
033-648-0866 10:30~18:20(화요일 휴무)
₩ 9,000원 길가 및 우리주차장 2
찾아가기 강릉역에서 택시 6분

오래 기억에 남을 칼국수

장칼국수는 초당두부와 더불어 강릉의 대표적인 향토 음식이다. 장칼국수란 고추장으로 육수를 낸 칼국수를 말한다. 육수 거리가 부족한 강원도 해안가 주민들이 얼큰하게 한 끼 즐기기 위해 개발한 음식이다. 벌집은 임당동에 있는 50년을 헤아리는 맛집이다. 옛 문화 여인숙의 한옥 건물을 그대로 사용한다. 마당을 가운데 두고 작은 방이 빙 둘러있는 모습이 벌집 같은데, 가게 구조에서 힌트를 얻어 식당 이름을 지었다. 빨간 국물에 김과 고기 고명이 올라간 칼국수가 먹음직스럽다. 맛은 칼칼하고 개운하다. 고기가 씹혀 뒷맛도 좋다. 단점은 30분은 족히 기다려야 한다는 점이다.

CAFE & BAKERY

곳

◎ 강원도 강릉시 사천면 진리해변길 143
☎ 033-646-4500 ◷ 09:00~21:00(연중무휴)
₩ 5,000원~7,000원 🚗 전용 주차장
ⓘ **찾아가기** 강릉역에서 택시 18분

오션 뷰 베이커리 카페

테라로사와 박이추커피공장은 한 번쯤 가보았을 테니, 이번에는 아주 멋진 오션 뷰 카페로 발길을 돌려보자. 경포해변에서 5km쯤 북쪽으로 올라가면 사천진항 근처에서 멋진 베이커리 카페 곳이 나온다. 사천진항은 조용하고 한적한 곳이라 고즈넉한 분위기를 즐기기에 더없이 좋다. 카페 안으로 들어가면 유리창 너머로 푸른 바다가 와락 다가온다. 1층이나 2층도 좋지만, 이왕이면 옥상의 천국의 계단부터 다녀오자. 하늘에 떠 있는 기분을 만끽할 수 있다. 멋진 사진을 남겼다면 지금부터는 카페에 앉아 동해를 온전히 즐기자. 풍경이 아름다우니 커피와 디저트 맛이 배가 된다.

CAFE & BAKERY

엔드투앤드

◎ 강원도 강릉시 창해로 245 ☎ 0507-1491-7724
◷ 10:00~22:00(연중무휴)
₩ 5,000원~7,000원 🚗 전용 주차장
ⓘ **찾아가기** 강릉역에서 택시 6분

정원이 있는 풍경

2000년 이후, 한국의 1세대 커피문화를 이끈 바리스타들이 정착하면서 강릉은 커피의 도시가 되었다. 강문해변의 엔드투앤드는 커피의 도시에 뒤늦게 합류했지만, 리조트를 연상시키는 멋진 카페 덕분에 금세 유명해졌다. 게스트하우스 건물 1층이 주문하는 곳이다. 주문 후 밖으로 나오면 커피를 마실 수 있는 실내와 야외공간이 반겨준다. 유리온실을 연상시키는 실내는 우드와 화이트 톤으로 꾸며 분위기가 깔끔하고 차분하다. 사방이 통창이어서 아름다운 정원을 감상하며 커피를 즐길 수 있다. 분수와 예술적으로 생긴 소나무로 장식한 정원도 매력적이다. 날씨가 좋은 날에는 정원을 추천한다.

부드러운 능선
바람 따라 하늘거리는 목초
한가로이 풀을 뜯는 양 떼
스위스 목장 마을에 온 듯

이국적인 정취,
서정시 같은 목장 풍경

대관령양떼목장

- 강원도 평창군 대관령면 대관령마루길 483-32
- 033-335-1966
- 09:00~17:00(1~2월), 09:00~17:30(3월).
  09:00~18:00(4월,9월), 09:00~18:30(5월~8월)
- ₩ 5,000원~9,000원 / 전용 주차장
- **찾아가기** 영동고속도로 대관령 IC에서 자동차로 7분

선자령! 백두대간의 주 능선 가운데 하나로, 해발 높이는 1,157m이다. 분명 산인데 무슨 무슨 '산'이나 무슨 무슨 '봉'이 아니라 특이하게 '고개'라는 이름을 얻었다. 능선이 부드러워 퍽 운치가 넘치는 선자령은 제 품에 멋진 목장을 안고 있다. 규모는 약 7만 평. 아주 적절한 규모이다.

"여기 우리나라 맞아?"

대관령 양떼목장은 첫인상부터 이국적이다. 양떼목장에 들어서는 순간, 새로운 세상이 열린다. 파란 하늘과 푸른 언덕이 눈을 시원하게 해준다. 흔히 보는 풍경이 아니다. 갑자기 순간 이동을 해 평창이 아니라 스위스나 뉴질랜드의 목장 마을에 온 것 같다. 이런 이국성이 사람들을 양떼목장으로 불러들인다.

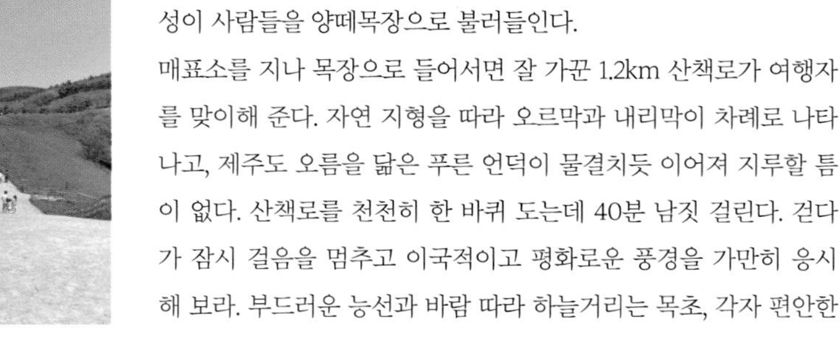

매표소를 지나 목장으로 들어서면 잘 가꾼 1.2km 산책로가 여행자를 맞이해 준다. 자연 지형을 따라 오르막과 내리막이 차례로 나타나고, 제주도 오름을 닮은 푸른 언덕이 물결치듯 이어져 지루할 틈이 없다. 산책로를 천천히 한 바퀴 도는데 40분 남짓 걸린다. 걷다가 잠시 걸음을 멈추고 이국적이고 평화로운 풍경을 가만히 응시해 보라. 부드러운 능선과 바람 따라 하늘거리는 목초, 각자 편안한

자세로 한가로이 풀을 뜯는 양들이 차례로 눈에 들어온다. 부드럽게 곡선을 그리며 나아가는 산책로는 목책과 풀밭과 어우러져 목가적인 서정을 불러일으킨다. 그리고, 언덕 위에 전망대처럼 높이 선 작은 목조 구조물이 목장 풍경을 완성해 준다. 이 모든 것을 눈에 넣고 나면 문득, 일상에서 경험하지 못한 낭만과 평화로움, 이국적인 감성이 한꺼번에 느껴져 가슴이 벅차오른다.
산책로에선 잊지 말고 패션모델처럼 멋진 자세를 취해보자. 어느 배경으로 찍어도 아름다운 사진을 얻을 수 있어서, 산책의 즐거움이 한층 높아진다. 산책로를 내려오면 먹이 주기 체험장이 나온다. 직접 체험에 참여해도 좋지만, 아이들이 체험하는 모습만 봐도 저절로 즐거워진다.

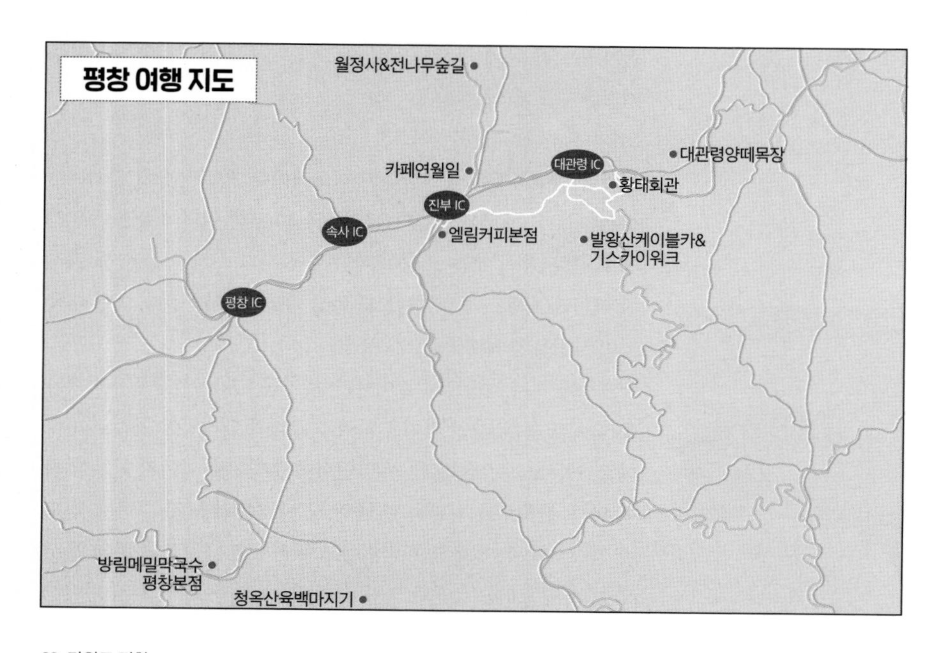

ONE MORE 여기도 좋아요! 

청옥산육백마지기

◎ 강원도 평창군 미탄면 청옥산길 583-76
☏ 033-330-2771 ◷ 상시 개방(연중무휴)
₩ 무료 🚗 주차 가능
ⓘ **찾아가기** 평창군 미탄면 소재지에서 자동차로 30분

하늘 아래 첫 고랭지 채소밭

강릉시 왕산면의 안반데기와 쌍벽을 이루는 고랭지 채소밭이다. 1960년대에 화전민들이 거친 땅을 개간해 만든 우리나라의 첫 고랭지 채소밭이다. 넓이는 약 59만㎡, 서울월드컵경기장 9개쯤 옮겨놓은 것과 비슷하다. 규모는 안반데기가 세 배쯤 크지만, 위치와 풍경은 비슷하다. 다만, 청옥산육백마지기의 높이는 해발 1,256m로, 안반데기보다 150여m가 더 높다.

육백마지기로 가는 길은 미탄면 소재지에서 시작된다. 회동리 또는 평안리를 거쳐 구불구불 오르막길을 가야 한다. 거리는 10km 조금 넘지만 길이 험해 자동차로 30분은 가야 한다. 내내 긴장을 늦출 수 없다. 하지만 차에서 내리는 순간 고랭지 풍경이 긴장감을 한꺼번에 날려준다. 구름이 흐르는 채소밭과 하얀 풍력발전기가 어우러진 풍경은 더없이 신비롭고 비현실적일 만큼 장관이다. 그리고 하나 더! 마치 산수화처럼 겹겹이 쌓이며 멀어져가는 산봉우리들이 그림보다 더 아름답고 장엄하다. 겹치고 이어지는 능선들, 산등성이를 넘는 구름과 바람, 그리고 파란 하늘과 짙푸른 녹음이 한꺼번에 펼쳐진다. 아름답고 장쾌하고 이국적이어서 한시도 눈을 뗄 수가 없다.

발왕산케이블카와 기스카이워크

◎ 강원도 평창군 대관령면 올림픽로 715
☎ 033-330-7423 ◷ 09:00~17:00(연중무휴)
₩ 21,000원~25,000원 🚗 전용 주차장
ⓘ **찾아가기** ①영동고속도로 대관령 IC에서 자동차로 10분
②경강선 진부역에서 택시 18분

하늘을 날고 하늘 위를 걷다

평창올림픽 스키 경기가 열렸던 발왕산1458m을 케이블카로 오를 수 있다. 평창군 진부면과 대관령면 경계에 있는 발왕산은 오대산과 태백산에 버금가는 큰 산이다. 남한에서 12번째로 높다. 산 남쪽 기슭에 용평리조트가 있다. 발왕산케이블카는 용평리조트의 여러 레저 시설 중 하나이다. 편도 길이 3.7km이고, 산 아래 탑승장에서 18분 남짓이면 상부 정류장에 닿는다. 케이블카는 생각보다 꽤 속도감이 느껴진다. 하늘을 나는 기분이 제법 짜릿하다. 정상에 가까워질수록 멋진 풍경에 흠뻑 빠져들게 된다.

케이블카에서 내리면 정류장 위에 설치한 발왕산 기스카이워크로 향하자. 국내에서 가장 높은 스카이워크로, 보기만 해도 아찔하다. 투명한 바닥을 걸으면 심장이 쫄깃해지고, 시선을 멀리 던지면 첩첩산중의 웅장함과 푸른 동해의 장쾌함을 동시에 즐길 수 있다. 정상부에 있는 천년주목숲길도 기억하자. 3.2km의 무장애 데크길로 산책을 즐기며 천년 주목의 기운을 흠뻑 받을 수 있다. 종종 포토 존이 있어서 인생 사진도 남길 수 있다. 시간 여유가 있다면 500여 m를 걸어 발왕산 정상에 오르는 것도 좋겠다.

월정사와 전나무숲길

◎ 강원도 평창군 진부면 오대산로 374-8 ☏ 033-339-6800
◷ 일출 2시간 전~일몰 전까지(연중무휴)
₩ 3,000원~9,000원 🚗 월정사 주차장
ⓘ **찾아가기** ①영동고속도로 진부 IC에서 자동차로 16분
②경강선 진부역에서 택시 17분

명품 숲길 힐링 산책

월정사는 오대산 동쪽 계곡 울창한 산림 속에 있다. 643년 중국 유학에서 돌아온 자장율사가 창건했다. 월정사 앞으로 맑고 시린 오대천이 흐른다. 오대천을 건너면 이윽고 월정사이다. 경내의 중심은 마당의 팔각구층석탑이다. 탑을 중심으로 지형에 순응하여 전각을 좌우로 길게 배치했다. 월정사의 백미는 팔각구층석탑이다. 송의 영향을 받은 고려 시대 탑으로 높이가 15m에 이르지만, 균형미와 건축미가 뛰어나다. 월정사 전각은 한국전쟁 때 모두 불탔다. 지금의 건물은 전쟁 이후에 다시 지은 것이다. 월정사만큼 유명한 게 월정사 전나무숲길이다. 월정사, 하면 대부분 절이나 탑보다 전나무숲을 먼저 떠올린다. 절이 아니라 이 숲길을 걷기 위해 찾는 사람도 많다. 숲길은 일주문부터 금강교까지 약 1km 남짓 이어진다. 길 양옆으로 아름드리 전나무 1,800여 그루가 빼곡하게 자라고 있다. 숲길에 들어서면 근심과 걱정이 눈 녹듯 사라진다. 사람들은 고요에 젖게 된다. 사부작사부작 보드라운 흙길을 걸었을 뿐인데, 마음은 깊은 행복감으로 충만하다. 몇 번을 걸어도 지루하지 않은 명품 숲길이다.

RESTAURANT

방림메밀막국수 평창본점

강원도 평창군 방림면 서동로 1323
033-332-1151 10:00~19:00(연중무휴)
₩ 8,000원~29,000원 길 건너 천변 공영주차장
찾아가기 영동고속도로 대관령 IC에서 자동차로 4분

만화 '식객'에 나온 바로 그 집

평창은 소설 <메밀꽃 필 무렵>의 무대이다. 메밀 산지 평창에 오면 막국수를 먹어야 한다. 방림메밀막국수는 허영만의 만화 <식객>에 소개된 맛집이다. 방송에도 여러 번 나왔다. 1968년부터 영업을 시작했으니까 60년 역사를 바라본다. 방림면 방림리에 본점이 있으나, 교통이 편리하고 명소와 가까운 대관령면 횡계리의 대관령점을 더 많이 찾는다. 식당 입구에 <식객>의 한 페이지를 프린팅하여 세워 놓았다. 메밀물막국수, 메밀비빔막국수, 메밀묵사발, 메밀찐만두, 수육을 즐길 수 있다. 막국수는 메밀 함량이 70%이고, 육수는 황태와 20여 가지의 재료를 더해 만든다. 국물이 시원하고 아주 깔끔하다.

RESTAURANT

황태회관

강원도 평창군 대관령면 눈마을길 19 033-335-5795
06:00~22:00(연중무휴) ₩ 9,000원~45,000원
가게 앞, 길 건너 천변 공영주차장
찾아가기 영동고속도로 대관령 IC에서 자동차로 4분

덕장에서 직접 말린다

상호에서 알 수 있듯이 대관령면 횡계리에 있는 황태 전문 식당이다. 방림메밀막국수 평창대관령점 길 건너편에 있다. 식당은 널찍하고 깨끗하며 천정이 높아 개방감이 좋다. 내부가 넓고 좌석이 많아 단체 손님도 많이 찾는다. 주메뉴인 황태구이를 주문하면 아홉 가지 밑반찬이 나온다. 황태구이 크기는 한 뼘 정도이다. 빨간 양념 위에 하얀 깨와 파란 쪽파를 얹어 보기에도 먹음직스럽다. 황태 특유의 부드럽고 쫄깃한 육질이 일품이다. 식당 주인이 직접 덕장에서 황태를 건조해 사용하기에 늘 최상의 맛을 유지하고 있다. 오삼불고기, 황태해장국, 황태찜도 많이 찾는다.

CAFE & BAKERY

카페연월일

◎ 강원도 평창군 진부면 진고개로 129
033-332-6488 09:30~21:00(연중무휴)
₩ 5,000원~7,000원 전용 주차장
ⓘ **찾아가기** 영동고속도로 진부 IC와 경강선 진부역에서 자동차로 6분

오래 머물고 싶은 채소밭 전망

카페연월일은 진부IC에서 월정사로 가는 진고개로 옆에 있다. 카페가 있을 것 같지 않은 곳에 예쁘게 자리 잡고 있다. 카페의 앞과 뒤로는 평야처럼 넓게 밭이 펼쳐져 있다. 밭 너머로는 오대산에서 내려온 산들이 키를 낮추며 남으로 방향을 잡는다. 카페는 2층 건물이다. 안으로 들어서면 산 밑까지 뻗은 넓은 밭이 창문을 가득 채운다. 채소밭 전망이 싱그럽고 아름답다. 2층으로 올라가면 밭과 산이 어우러진 멋진 풍경을 볼 수 있다. 그냥 이곳에 앉아있으면 평화롭다는 것을 실감하게 된다. 창밖의 푸른 기운이 카페 안까지 스며든다. 커피를 앞에 놓고 오래 머물고 싶은 곳이다.

CAFE & BAKERY

엘림커피 본점

◎ 강원도 평창군 진부면 땅골길 2-57 0507-1402-4050
10:00~20:00(연중무휴)
₩ 5,000원~15,000원 전용 주차장
ⓘ **찾아가기** ①영동고속도로 진부 IC와 경강선 진부역에서 자동차로 5분 ②진부시외버스터미널에서 택시로 3분

전원 풍경 즐기며 커피 한 잔

진부면 소재지 건너편 오대천변에 있다. 하얀 외벽에 붉은 기와를 얹은 유럽식 건물이 멀리서도 눈길을 끈다. 건물이 여러 동인데, 갑자기 동화 속에서 건물이 튀어나오는 것 같다. 카페 앞으로 오대산에서 출발한 오대천이 흐른다. 창가에 앉으면 오대천과 어우러진 진부면의 전원풍경을 즐길 수 있어서 좋다. 카페는 본관과 별관으로 나누어져 있다. 별관에서는 주문은 할 수 없고 커피만 마실 수 있다. 엘림커피엔 이곳에서만 마실 수 있는 특별한 커피가 있다. 평창의 특산물인 메밀과 아메리카노를 블렌딩하여 카페 주인이 개발한 메미리카노란 커피이다. 맛은 고소하고 부드럽다. 목 넘김이 좋은 커피다.

빛과 자연
풍경과 예술을 품은 미술관
저절로 행복해지는 건축 산책

뮤지엄산

강원도 원주시 지정면 오크밸리2길 260
0507-1430-9001
10:00~18:00(월요일 휴무)
₩ 15,000원~46,000원
전용 주차장
찾아가기 경강선 만종역에서 택시 19분

산 위에 있는 미술관이라서 이름이 '산'인 줄 알았다. 하지만 그게 아니다. 공간(Space), 예술(Art), 자연(Nature)의 영문 머리글자를 모아서 지었다. 풀어쓰면 자연과 예술이 있는 공간이라는 뜻이다. 실제로 그렇다. 하나같이 최고 수준의 조형미를 품고, 물과 돌, 나무와 숲, 건축과 예술이 당신을 기다린다.

뮤지엄산은 일본의 건축가 안도 다다오가 디자인했다. 그는 1980년대부터 노출콘크리트 방식으로 벽을 마감하는 아주 독특한 기법을 개발했다. 지금은 너무 많아 익숙하지만, 당시엔 획기적인 건축 기법이었다. 제주도의 본태박물관, 글라스하우스, 유민미술관도 그가 디자인했다. 뮤지엄 산이 완공된 건 2013년이다. 미술관은 골프장 그린과 그린 사이 해발 275m의 산 위에 있다. 웰컴센터부터 플라워가든, 워터가든, 본관, 명상관, 스톤가든, 제임스터렐관까지 모두 6개 구역으로 구성돼 있다. 길을 따라 연결되듯이 건축물들을 배치한 점이 눈에 띈다. 주차장을 벗어나면서 건축과 예술을 향한 여정이 시작된다. 웰컴센터를 지나면 파쇄석 가림막이 나오고 플라워가든을 지나면 워터가든이 반겨준다. 워터가든은 깊이 20cm의 얕은 연못이다. 연못은 물이 만든 아주 큰 거울 같다. 연못이 본관

을 또렷하게 비추는데, 건물이 마치 물 위에 떠 있는 듯 환상적이다.

안도 다다오는 건축 안으로 빛과 자연을 끌어들인다. 하지만 빛도 풍경도, 그리고 건축도 한 번에 다 보여주지 않는다. 보여줄 듯 가리고 그러다 다시 열어서 보여준다. 기승전결, 열림과 닫힘의 플롯을 구사하여 관객의 궁금증을 마지막까지 유발하게 한다. 신라 고분에서 영감을 얻은 스톤가든도 인상적이다. 커다란 반원형 돌 조형물이 워터가든의 연못이 그랬듯 여행자들이 걸음을 멈추고 생각에 잠시 잠기게 한다. 약 700m, 산책하듯 천천히 미술관을 둘러보고 나면 저절로 마음이 고즈넉해진다. 편안한 감정이 내면으로부터 올라오고, 마지막에는 행복감과 뿌듯한 충만감이 부드럽게 몸을 감싼다.

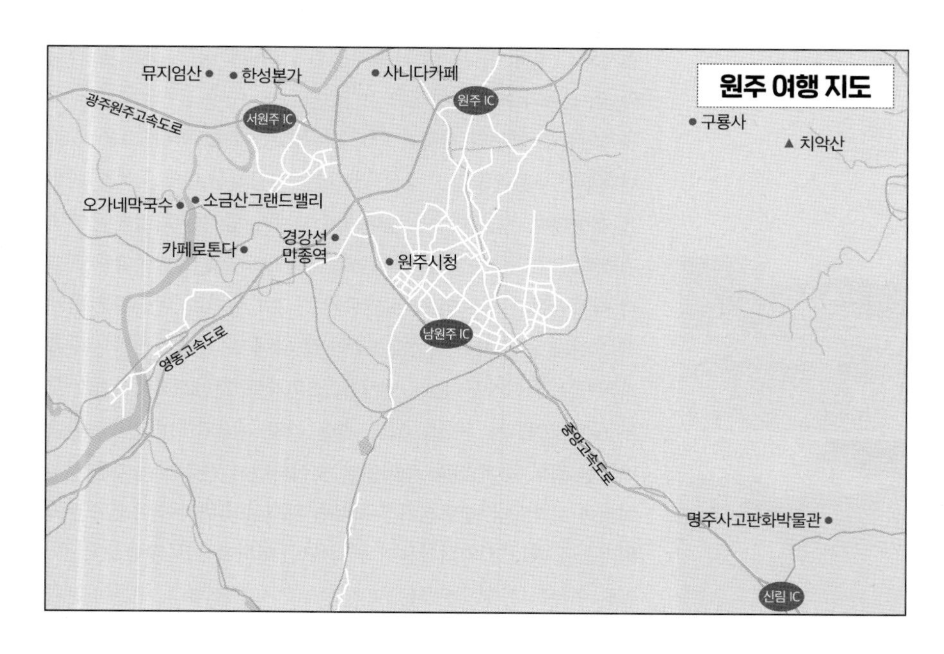

소금산그랜드밸리

강원도 원주시 지정면 소금산길 12
033-749-4860
09:00~18:00(동절기 17:00,월요일 휴무)
₩ 5,000원~9,000원 전용 주차장
찾아가기 서원주역에서 택시 3분

처음부터 마지막까지 아찔하다

간현관광지의 새 이름이다. 출렁다리, 하늘정원, 소금 잔도, 스카이타워, 울렁다리, 캠핑장, 나오라쇼 공연장 등으로 구성돼 있다. 2018년 출렁다리가 생기면서 원주 최고의 명소로 떠올랐다. 100m 높이의 기암절벽 위에 들어서 간현관광지의 수려한 풍경은 물론 스릴까지 즐길 수 있다. 길이는 200m, 폭 1.5m이다. 출렁다리 왼쪽으로 간현관광지와 삼산천, 소금산의 아찔한 기암절벽이 펼쳐진다.

소금산 잔도는 출렁다리 못지 않게 스릴이 넘친다. 200m 높이 절벽에 360m 길이로 선반 같은 잔도를 만들었다. 출렁다리와 하늘정원을 지나면 잔도가 나타난다. 잔도를 걸을 때마다 아슬아슬 심장이 쫄깃해진다. 잔도를 지나면 스카이타워와 울렁다리가 반겨준다. 스카이타워에선 소금산을 휘감아 도는 삼산천의 절경을 한눈에 감상할 수 있다. 울렁다리는 길이가 출렁다리의 두 배나 된다. 길이 404m, 높이 100m로 국내 최장 보행 현수교이다. 속이 울렁거릴 만큼 아찔하다. 나오라쇼 공연장에서는 밤마다 환상적인 음악 분수 쇼와 미디어아트 쇼가 펼쳐진다. 곧 케이블카도 들어설 예정이다.

치악산황장목숲길과 구룡사

강원도 원주시 소초면 구룡사로 500 033-732-4800
일출~일몰(연중무휴)
₩ 400원~3,000원 전용 주차장
찾아가기 경강선 횡성역에서 택시 19분

위풍당당한 소나무가 호위해 준다

황장목을 아는가? 직역하면 창자가 노란 나무라는 뜻인데, 줄기가 곧고 재질이 단단한 최고급 소나무를 말한다. 황장목은 조선 시대에 궁궐 건축, 병선 제작, 임금의 관을 만드는 데 사용했다. 황장목이 자라는 산엔 '황장금표'를 설치하여 엄격히 관리했다. 치악산에는 3개 구역에 황장금표가 있었는데, 지금은 구룡사 주차장 옆에 유일하게 하나가 남아있다. 치악산에는 황장목의 매력을 느끼며 걸을 수 있는 숲길이 있다. 매표소에서 구룡사까지 이어지는 1km 남짓한 치악산황장목숲길이다. 굵고 쭉쭉 뻗은 소나무들이 숲을 지키고 있다. 위풍당당한 소나무의 호위를 받으며 걷노라면 나도 모르게 마음이 웅장해진다.

계곡의 물소리는 기승전결의 교향곡 같다. 물은 고요히 흐르다가 어떤 곳에서는 다투어 흐른다. 어디에선 폭포 소리를 내는가 하면, 작은 연못에서는 잠시 숨을 고른 뒤 다시 아래로 내달린다. 물은 내려가고 나는 구룡사를 향해 숲길을 오른다. 이윽고 아홉 마리 용이 산다는 구룡사이다. 용은 간데없고, 용처럼 생긴 250년 된 은행나무가 홀로 절을 지키고 있다. 대웅전에서 바라보는 치악산 능선이 아름답다.

명주사고판화박물관

강원도 원주시 신림면 물안길 62 033-761-7885
10:00~18:00(동절기 17:00, 매주 월요일 휴무
₩ 입장료 3,000원~4,000원, 판화체험 10,000원~35,000원
전용 주차장

목판화 만들기의 즐거움

치악산국립공원 남쪽 기슭 명주사 안에 있다. 명주사는 절보다는 고판화박물관으로 더 유명한 곳이다. 절 자체는 그다지 볼 게 없다. 최근에 세운 깔끔한 석탑과 처마가 낮은 대웅전, 그리고 부속 건물들이 전부다. 절을 구경하는 것보다 절을 등진 채 치악산 자락을 조망하는 게 더 좋다. 하지만 고판화박물관을 제대로 대접해야 한다. 20년이 넘은 우리나라에서 유일한 판화 전문 박물관인 까닭이다. 박물관은 아담한 1층 양옥 건물이다. 안으로 들어가면 민화 같은 판화들이 전시돼 있다. 놀랄 정도로 정교하고 색감이 뛰어나다.
박물관은 강원도 문화재 7건을 포함해 우리나라 판화와 중국, 일본, 몽골, 티벳 등에서 수집한 유물 약 6,000여 점을 소장하고 있다. 고판화박물관이 더 특별한 건 문체부가 선정한 목판화만들기 체험 프로그램을 운영하기 때문이다. 스스로 그림을 그리고, 이를 목판에 새기고, 종이에 찍어내는 과정을 직접 체험할 수 있다. 목판화 티셔츠 만들기, 전통 책 만들기 프로그램에도 참여할 수 있다. 체험 시간은 각각 1~2시간이다. 체험 프로그램은 사전에 예약해야 한다.

RESTAURANT

한성본가

◎ 강원도 원주시 지정면 월송석화로 600
☏ 033-745-0600
◷ 10:30~21:00(설날, 추석 전날과 당일 휴무)
₩ 11,000원~30,000원 🚗 전용 주차장
ⓘ **찾아가기** 뮤지엄산에서 자동차로 3분

맛이 깊은 궁중한우탕

뮤지엄 산에서 멀지 않은 곳에 있다. 주변의 골프장을 찾는 사람들이 들르기에 딱 좋은 곳이다. 근처에는 비슷한 음식을 파는 식당이 여럿이다. 경쟁이 치열할수록 맛은 더 좋아진다. 이곳에선 소고기구이와 단품 음식을 먹을 수 있다. 소고기는 매장 옆 정육점에서 산 뒤 상차림 비를 내야 한다. 단품 식사는 매장에서 직접 주문한다. 궁중한우탕, 육회비빔밥, 생고기비빔막국수 등을 즐길 수 있다. 궁중한우탕의 인기가 좋다. 국물이 진하고 맛에 깊이가 있다. 큼지막한 고기와 대파, 버섯 등이 서로를 방해하지 않고 잘 어우러진다. 김치와 장아찌 등 밑반찬도 정갈하고 맛있다.

RESTAURANT

오가네막국수

◎ 강원도 원주시 지정면 소금산길 36 ☏ 0507-1374-5998
◷ 10:30~17:00(월요일 휴무) ₩ 10,000원~20,000원
🚗 소금산그랜드밸리 주차장
ⓘ **찾아가기** 소금산그랜드밸리 주차장에서 도보 1분

자꾸 생각나는 명태회 막국수

출렁다리부터 울렁다리까지, 소금산그랜드밸리를 한 바퀴 돌고 나면 배가 허전해진다. 이럴 때 찾아가면 좋은 곳이 바로 오가네막국수이다. 문을 연 지 25년 된 막국수 전문점이다. 명태회 막국수 인기가 제일 좋다. 막국수 위에 양념한 명태와 채소를 얹고, 김과 들깻가루를 듬뿍 뿌려 내온다. 막국수의 양은 적당하다. 양념이 잘 밴 명태회는 부드럽다. 단맛이 나는 듯하면서 입에 착 감기는 느낌이 아주 좋다. 들깨가 많이 들어가 고소하면서도 뒷맛이 제법 시원하다. 게다가 막국수와 섞이며 서로 상승작용을 해 맛이 더 풍부해진다. 메밀막국수, 감자옹심이, 편육도 즐길 수 있다.

CAFE & BAKERY

사니다카페

강원도 원주시 호저면 칠봉로 109-128
070-7776-4422 10:00~20:00(연중무휴)
₩ 6,000원~8,000원 전용 주차장
찾아가기 ①뮤지엄산에서 자동차로 22분
②경강선 만종역에서 자동차로 17분

산속에 깃든 힐링 카페

원주시 호저면 주산리의 산 정상부에 있는 베이커리 카페이다. 산에 카페가 있는 게 아니라 산 전체가 카페의 영역이다. 정원과 잔디광장, 연못과 폭포도 있다. 그야말로 모든 걸 다 갖췄다. 주차장에 차를 세우면 커피와 빵 냄새가 배웅을 나온다. 카페는 2층 건물이다. 주변으로 소나무가 울창하여 저절로 기분이 좋아진다. 넓은 창 너머로 보이는 테라스와 소나무가 액자 속에 든 그림 같다. 루프톱에 오르면 하늘에서 내려다보는 기분으로 사방 풍경을 다 즐길 수 있다. 커피와 빵뿐만 아니라 피자, 파스타, 스테이크도 즐길 수 있다.

CAFE & BAKERY

카페로톤다

강원도 원주시 조엄로 56-5 0507-1333-7686
11:00~19:00(연중무휴)
₩ 6,500원~9,000원 전용 주차장
찾아가기 ①소금산그랜드밸리에서 자동차로 5분
②서원주역에서 자동차로 3분

촬영 스폿이 많은 정원 카페

원주시 지정면 간현리의 산 아래에 있는 대형 정원 카페이다. 원통형 건물 쪽으로 들어가면 주문대가 나오고 이곳을 통과하면 건물이 양옆으로 갈라진다. 건물과 건물 사이에 연못이 있다. 하늘이 비치는 맑은 연못에 작은 배가 떠 있다. 연못과 작은 나무배가 한 폭의 그림이 된다. 사람들은 이곳을 배경으로 사진을 찍는다. 연못이 끝나는 곳에 카페 본관이 있다. 사방이 유리라서 개방감이 좋다. 정원 한편엔 인디언 텐트 같은 프라이빗한 공간이 있다. 연인들은 이곳을 많이 찾는다. 날이 좋으면 사람들은 야외 카페로 나간다. 파라솔 아래서 마시는 커피가 퍽 낭만적이다.

붉은 대나무를 연상시키는
강렬한 설치 미술
젊은이들은 점점 영월로 향한다

젊은달와이파크

- 강원도 영월군 주천면 송학주천로 1467-9
- 0507-1326-9411
- 10:00~18:00(연중무휴)
- 7,500원~15,000원
- 전용 주차장
- **찾아가기** 중앙고속도로 신림 IC에서 자동차로 25분

영월의 이미지는 오랫동안 '슬픔'이었다. 어린 왕 단종의 한이 서린 까닭이다. 동강과 사진 축제, 영화 촬영지로 관심을 받았지만, 단종을 넘어서지는 못했다. 강원도 산골, 외진 곳이라는 인식도 오래 이어졌다. 젊은달와이파크는 역사와 지리 서사가 만든 영월의 이미지를 새롭게 바꾸고 있다. 젊은달? 시적 허용인가? 낯선 단어 조합이 호기심을 자극하지만, 이름만 들어서는 무엇을 하는 곳인지 감이 잡히지 않는다. 젊은달와이파크 현대미술과 박물관과 공방, 카페가 들어선 복합예술공간이다. '젊은달'은 일종의 문자 조합이다. 영월의 '영'은 영어 'Young'으로 '월'은 한자 '月'로 명명하고 이를 한글로 표기한 것이다. 광고, 방송, SNS 등에서 요즘 흔히 보이는 언어유희쯤으로 이해하면 좋을 것 같다.

젊은달와이파크 덕에 요즘 영월이 점점 젊어지고 있다. 원래 술샘박물관이었다. 2014년 술을 주제로 박물관을 열었으나 운영이 제대로 안 됐다. 수년 동안 방치된 곳을 강릉 하슬라아트월드를 기획한 공간디자이너 최옥영이 '재생과 순환'이라는 주제로 공간을 재구성했다. 가장 눈길을 끄는 곳은 대나무를 쌓아놓은 듯한 붉은 색 설치작품이다. 젊은달와이파크를 알린 일등 공신이다. 붉은색 파이

프를 마치 대나무처럼 세워놓았는데 굳이 작가의 의도를 알지 못하더라도 강렬한 인상을 준다. 이것 말고도 눈길을 끄는 설치작품이 많다. 사진 찍기에 바쁠 정도로 묘한 매력을 가진 작품들이 많다. 젊은달와이파크는 붉은 대나무, 목성, 붉은 파빌리온 등 11개 공간으로 구성되어 있다. 각각의 공간에는 저마다의 특색있는 작품이 설치되어 있다. 동선을 입체적으로 설계해 실내외 전시 공간이 흐르는 물처럼 리듬감 있게 이어진다. 전시관의 마지막에는 술문화관이 관람객을 기다린다. 이곳이 술샘박물관이었다는 걸 기억하게 해주는 공간이다. 자연스럽게 젊은달와이파크의 서사를 과거와 이어주는 셈이다. 이로써 젊은달와이파크 스토리가 한결 풍부하고 입체적으로 살아났다.

영월한반도지형

강원도 영월군 한반도면 선암길 66-9 전용 주차장

찾아가기 중앙고속도로 신림 IC에서 자동차로 38분, 제천 IC에서 29분

복사한 듯 똑 닮았다

한반도지형이 영월에만 있는 것은 아니다. 무안군의 느러지, 정선군의 상정바위, 안동 천지갑산, 옥천 둔주봉 등에서도 한반도지형을 볼 수 있다. 그러함에도 한반도지형, 하면 영월이다. 영월 한반도지형이 유명한 것은 지질학적 가치도 있겠지만 무엇보다 우리나라 지형과 가장 많이 닮았기 때문이다. 한반도지형은 이 지역의 면 이름도 바꾸어 놓았다. 영월의 서쪽에 있다고 하여 '서면'이었으나 2009년 '한반도면'으로 바꾸었다.

한반도지형은 서강의 샛강인 평창강 하류에 있다. 실제로 보면 한반도를 똑 닮았다. 동쪽은 높고 서쪽이 낮은 동고서저의 지형은 물론이고, 백두대간 형상과 서해안 갯벌까지 그대로 복사해 놓은 것 같다. 주차장을 지나 계단과 숲을 사뿐사뿐 800m쯤 걸으면 갑자기 시야가 밝아지면서 산 아래로 한반도지형이 나타난다. 신기하고 신비롭다. 인공으로 만든 것이라면 이런 감동이 밀려오진 않을 것이다. 자연에 대한 경외감이 든다. 오래 보고 있으면 우주에서 우리나라를 내려다보는 느낌이 든다. 하산할 때는 조금 돌아 서강길로 가기를 추천한다. 풍경이 아름다운 데다 안내판에서 지형 공부도 할 수 있다.

동강사진박물관

◎ 강원도 영월군 영월읍 영월로 1909-10 ☏ 033-375-4554 ⓒ 09:00~18:00(연중무휴) ₩ 1,000원~2,000원
전용 주차장 ⓘ **찾아가기** 중앙고속도로 제천 IC에서 29분

동강국제사진제의 주요 무대

아는 사람만 아는 사실이지만, 영월은 사진의 도시이다. 2001년 영월군은 국내에서 처음으로 사진마을로 선포하고, 2002년부터는 해마다 동강국제사진제를 열고 있다. 4만 명이 채 안 되는 작은 기초단체에서 20년 넘게 사진 축제를 이어오고 있다는 건, 놀랍고도 고마운 일이다. 2005년에 문을 연 동강사진박물관은 국내 최초의 공립사진박물관이다. 동강사진박물관은 영월을 사진의 고장으로 자리매김해 준 상징적인 공간이다.

사진박물관은 영월군청 바로 앞에 있다. 부지는 3,000여 평이고, 건축 면적은 지하 1층과 지상 1, 2층을 합해 587평이다. 상설전시실과 기획전시실을 갖추고 있다. 상설전시실에선 사진에 대한 지식을 얻을 수 있는 자료들을 전시하고 있다. 사진의 기원, 사진의 원리, 카메라의 발전 과정 등을 연표, 글, 사진, 실물 클래식 카메라를 통해 배울 수 있다. 기획전시실에선 박물관 소장품과 매회 선정하는 동강사진상 수상 작가의 작품 등을 감상할 수 있다. 박물관 뒤쪽에는 산책로와 휴식 공간이 있다. 여기에서 영월 시내를 바라보며 커피 한 잔 마시는 것도 괜찮다. 박물관 건너편의 예술창작스튜디오에서도 사진 전시가 열린다. 함께 관람하길 권한다.

청령포와 영월장릉

◎ 강원도 영월군 영월읍 청령포로 133 ☎033-374-1317 ⏱ 09:00~18:00(연중무휴) ₩ 1,000원~3,000원 🚗 전용 주차장
ⓘ **찾아가기** 청령포 ①중앙고속도로 제천 IC에서 27분 ②영월버스터미널에서 택시 4분 장릉 ①중앙고속도로 제천 IC에서 29분 ②영월버스터미널에서 택시 4분

단종의 슬픔을 기억하며

영월을 대표하는 관광지는 역시 단종의 슬픔을 담은 청령포이다. 단종을 생각하면 애달프고 가슴 저리지만 역설적으로 소나무 숲은 아름답기 그지없다. 1457년 숙부 세조는 단종을 노산군으로 강등시켰다. 그해 단종은 청령포에 유배되었다. 동·남·북은 강물이, 서쪽엔 험준한 산과 암벽이 막고 있다. 그야말로 육지 속의 섬이다. 청령포를 휘돌아 가는 강물은 더없이 맑고 시리고, 청령포는 그저 고요하다. 청령포로 가기 위해서는 배를 타야 한다. 숲으로 들어서면 소나무에 가린 단종 어소가 나타난다. 숲속을 거닐다 보면 유난히 굵고 아름다운 나무가 나타나는데, 천연기념물로 지정된 관음송이다, 단종이 두 갈래로 갈라진 이 소나무에 걸터앉아 쉬었다는 이야기가 전해온다. 수령이 600년이다. 소나무는 600년 넘게 살았으나 단종은 1457년 늦가을, 사약을 받고 16세의 나이에 생을 마쳤다.
청령포에서 멀지 않은 곳에 단종의 묘 장릉이 있다. 단종역사관에서 비운의 소년 군주 단종을 좀 더 살펴볼 수 있다. 장릉은 일반 왕릉과는 달리 높은 산등성이에 능을 썼다. 장릉 입구에는 단종 사후 시신을 이곳에 묻은 엄흥도에게 내려진 정려각이 있다.

RESTAURANT

장릉보리밥집

강원도 영월군 영월읍 단종로 178-10 033-374-3986
11:30~18:00(연중무휴)
₩ 6,000원~18,000원 가게 앞 주차장
찾아가기 영월 장릉 매표소에서 도보 2분

추억을 먹는 즐거움

영월 장릉 앞에 있다. 오래된 가정집을 개조하여 만든 식당인데 대문 양옆으로 제법 우람한 나무가 문지기처럼 서 있다. 상호처럼 보리밥이 메인 메뉴이다. 도토리묵, 메밀부침, 감자부침, 더덕구이, 두부구이 등도 판매한다. 보리밥을 주문하면 꽃무늬가 그려진 알루미늄 쟁반에 음식이 나온다. 쌀과 보리가 섞인 밥에 포슬포슬한 감자가 들어있다. 반찬이 열 가지 정도 나오고 된장찌개와 상추가 함께 나온다. 반찬이 짜지 않아 좋고, 된장찌개는 맛이 구수하다. 고추장과 갖은 반찬, 된장찌개 두어 숟갈 넣어 비벼 먹으면 된다. 어릴 적 먹던 추억의 맛을 고스란히 재현한 밥상이다.

RESTAURANT

박가네

강원도 영월군 영월읍 중앙로 149 033-375-6900
10:00~20:00(연중무휴) ₩ 12,000원~25,000원
가게 옆 주차장 또는 덕포보건지소 주차장
찾아가기 ①영월역에서 도보 7분 ②영월버스터미널에서 택시 4분

영월 산채로 만든 '단종의 밥상'

'백반기행' 등 여러 방송에 나온 산채 맛집이다. 영월역 옆 덕포보건지소 길 건너편에 있다. 시그니처 메뉴는 어수리나물밥과 곤드레나물밥이다. 어수리나물은 봄철에 나는 산채로, 임금의 수라상에 올랐다고 해서 이런 이름을 얻었다. 단종이 어수리나물에서 정순왕후의 분 냄새가 난다고 했다고 전해진다. 박가네에서는 어수리나물밥 외에 '단종의 밥상'이라는 카테고리 안에 있는 어수리더덕정식, 어수리불고기정식 등도 먹을 수 있다. 곤드레나물밥의 인기는 '단종의 밥상' 못지않다. 곤드레나물 향이 좋기로 소문이 자자하다. 더덕과 함께 먹을 수 있는 곤드레더덕정식을 추천한다.

CAFE & BAKERY

카페느리게

강원도 영월군 영월읍 청령포로 37
010-8676-7770 11:00~21:00(목요일 휴무)
₩ 5,000원~7,000원 전용 주차장
ⓘ **찾아가기** 청령포에서 자동차로 1분

보리당고는 어떤 맛일까?

영월 시내에서 청령포로 가는 길에 있다. 짧지만 조금은 가파른 입구를 오르면 건물의 전면 대부분이 창문인 단층 건물이 나온다. 마당엔 예쁜 테이블을 놓았다. 실내는 기둥과 벽면, 그리고 커튼까지 모두 하얀색이다. 분위기가 밝고 깔끔하다. 카페에서 보이는 뷰가 시원하다. 옥수수슈페너와 보리당고. 지역 특성을 잘 살린 대표 메뉴가 인상적이다. 특히 보리당고의 비주얼이 독특하다. 보리를 베이스로 한 미숫가루에 수제크림을 넣고 잔 위에 고물을 뿌린 동그란 꼬치 떡을 꽂았다. 떡은 쫄깃하면서도 고물 덕에 아주 고소하다. 날씨가 좋은 날은 마당이나 루프톱에서 전망을 즐겨보자.

CAFE & BAKERY

카페달

강원도 영월군 주천면 송학주천로 1467-9 070-4230-3637
10:00~18:00(연중무휴)
₩ 4,000원~8,000원 전용 주차장
ⓘ **찾아가기** 중앙고속도로 신림 IC에서 자동차로 25분

창밖 풍경이 커피 맛을 높여준다

젊은달와이파크 안에 있다. 젊은달와이파크는 영월에 새로운 이미지를 불어넣었다. 단종과 동강, 그리고 산악 도시. 이 세 단어는 영월의 이미지를 가장 잘 꾸며주는 낱말이었다. 젊은달와이파크는 영월에 예술과 감성 이미지를 더해주었다. 실제로 젊은달와이파크는 세련되고 모던하며 우아하면서 아름다운 곳이다. 카페달은 젊은달와이파크와 분위기가 비슷하다. 붉은 대나무를 지나야 해서 기분이 특별해진다. 게다가 유리창 너머로 보이는 붉은 대나무와 청허루, 그리고 푸른 잔디까지 구경할 수 있다. 독특하고 특별한 메뉴는 없지만, 바깥 풍경이 커피 맛을 더욱 높여준다.

숲속에 깃든 미술관
창밖 풍경도 작품이 되는 곳
숲에서 체험하는 예술 테라피

숲과 예술이 나를 안아줄 때

이상원미술관

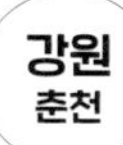

- 강원도 춘천시 사북면 화악지암길 99
- 033-255-9001
- 10:00~18:00(전시 작품 교체 시 휴무)
- 3,000원~6,000원(숙박과 체험비는 별도)
- 전용 주차장
- **찾아가기** ①춘천역에서 택시 25분 ②춘천역에서 사북 2 마을버스 이용. 총 40분 소요

이렇게 깊은 숲속에 미술관이 있다니! 이상원미술관은 위치부터 예상을 뛰어넘는다. 마치 숨바꼭질하듯 춘천시 서북쪽 화악산 기슭에 꼭꼭 숨어있다. 워낙 산속 깊숙한 곳이라 이런 곳에 미술관이 있다는 게 신기할 정도다. 앞으로는 맑은 계곡이 흐르고, 뒤에선 화악산이 미술관을 부드럽게 감싸고 있다. 전형적인 배산임수 지형이다.

이상원미술관은 2014년에 처음 문을 열었다. 대지 면적만 약 5천평으로 규모가 제법 크다. 미술관을 중심으로 레스토랑과 숙박시설, 예술 공방을 갖추고 있다. 미술관은 입구에서 가장 멀고 가장 높은 곳에 있다. 외관이 조금은 독특한 원형 건물이다. 보름달 같은 건물이 퍽 인상적이다. 외벽은 유리로 마감하였다.

이름에서 알 수 있듯이 미술관의 주인공은 이상원이다. 1935년 춘천에서 태어난 그는 독학으로 그림을 배웠다. 처음에는 극장 영화 간판을 그렸다. 이후 주한 미군의 초상화를 그려주었는데, 이때부터 명성을 얻어 국내외 유명 인사들의 초상화를 그렸다. 특히 안중근 의사의 영정을 그린 것으로 유명한데, 그의 나이 35세 때의 일이다. 이 무렵부터 그는 모든 걸 자파하고 순수 화가의 길을 걷기 시작했다. 독자적으로 극사실주의 기법을 터득하여 수많은 작품을 남

졌다. 마치 사진처럼 강렬하고 역동적인 그림을 보고 있으면 그 기운이 저절로 마음에 전해진다. 미술관은 이상원 작가의 작품 2,000여 점과 국내 작가의 작품 1,000여 점을 소장하고 있다. 미술관 채광이 좋아 창밖 풍경이 또 하나의 그림이 된다.

미술관을 지은 건 이상원 작가의 아들이다. 미술관에 아버지의 예술세계를 온전히 전하고 싶은 마음을 담았다. 미술관은 그러니까 한 예술가에 바치는 헌사인 셈이다. 미술관은 숙박시설도 운영하고 있다. 금속 공방, 도자 공방, 그림 공방도 있으므로 하루 이틀 머물며 예술 테라피를 경험해도 좋겠다. 틀림없이 예술에 흠뻑 취하는 특별한 여행이 될 것이다.

소양강스카이워크

강원도 춘천시 영서로 2663 033-240-1695
10:00~17:30(화요일 휴무, 단 강풍과 눈비 올때, 결빙시 휴무) ₩ 2,000원 인근 공영주차장
찾아가기 ①춘천역에서 택시 2분 ②춘천역 육교 앞에서 8번 버스 승차. 두 정거장 지나 소양강처녀상에서 하차

푸른 의암호의 잔물결

소양강스카이워크는 춘천을 호반 도시로 만들어 준 의암호에 있다. 2016년에 생겼으니까 우리나라 스카이워크의 원조 격이다. 상판을 케이블로 연결한 사장교 형태이다. 전체 길이는 174m이며, 그중 투명 유리 구간이 156m에 이르는 국내 최장 스카이워크이다. 입구의 원통형 조형물을 지나면 의암호 물빛을 발아래에 두고 걸을 수 있다. 앞으로 쭉 걸어가면 다리 마지막에 원형광장이 펼쳐진다. 멀리서 보면 마치 큰 새가 좌우 날개를 활짝 펼친 것 같다. 유리 바닥이 구름과 햇빛과 하늘을 그대로 담아 보여준다. 어느 곳에서 찍어도 멋진 사진을 얻을 수 있다. 원형광장 앞에는 금방이라도 뛰어오를 듯한 쏘가리 조형물이 생생하게 반겨준다.
소양강스카이워크 5분 거리에 '소양강 처녀상'과 노래비가 있다. 노랫말에 나오는 가상의 소양강 처녀를 상상해 형상화한 것이다. 여기에서도 멋진 사진을 남겨보자. 소양강스카이워크는 입장료를 내면 그만큼 춘천사랑 상품권으로 다시 돌려준다. 상품권은 춘천 시내 어느 곳에서나 사용할 수 있다. 스카이워크는 무료로 이용하는 것이나 다름없다.

삼악산호수케이블카

강원도 춘천시 스포츠타운길 245 033-250-5403
09:00~18:00(토 19:00까지, 연중무휴)
₩ 13,000원~23,000원 전용 주차장
찾아가기 ①춘천역에서 택시 2분
②춘천역에서 16번 버스 승차. 총 35분 소요

하늘을 나는 특별함

이번에는 하늘을 날아보자. 케이블카는 설렘을 준다. 새처럼 날고 싶은 인간의 욕망을 채워주는 까닭이다. 삼악산호수케이블카는 2021년 말에 개장하였다. 의암호 동쪽 삼천동에서 붕어섬과 의암호를 가로질러 삼악산(654m)까지 올라간다. 길이는 3.61km로 국내 최장 케이블카이다. 한국관광공사가 '한국 관광 100선'으로 선정한 춘천의 신흥 명소이다. 케이블카는 고도를 높이며 유리처럼 맑은 호수 위를 미끄러지듯 올라간다. 새가 나는 기분이 이런 것일까? 태양광 집광판이 꽉 채운 붕어섬을 지나면 케이블카는 고도를 점점 높인다. 케이블카 안이 아니라 하늘에 직접 떠 있는 기분이 들어 순간, 아찔해진다. 이때부터 의암호는 물론 춘천 시내가 한눈에 들어온다. 한창 하늘 아래 풍경을 즐기고 있을 즈음 정상에 도착한다. 하지만 여기서 끝이 아니다. 800여 m 데크 길을 등산하는 기분으로 천천히 올라가면 스카이워크전망대가 나온다. 케이블카에서 다 즐기지 못한 풍경이 시야 가득 들어온다. 호수는 잔잔하고 산은 내달린다. 그리고, 하늘에서 내려다보는 춘천 시가지는 더없이 평화롭다.

제이드가든

- 강원도 춘천시 남산면 햇골길 80 033-260-8300
- 09:00~18:00(연중무휴)
- ₩ 6,000원~11,000원
- 전용 주차장
- **찾아가기** 가평역에서 택시 9분

춘천에서 만나는 작은 유럽

진짜 유럽의 어느 전원마을에 온 것 같다. 제이드가든은 '숲속에서 만나는 작은 유럽'이라는 콘셉트로 2011년에 개장한 수목원이다. 규모는 약 16만㎡이다. 가평에서 춘천으로 가다가 경춘로를 벗어나 2차선 도로를 따라 조금 들어가면 유럽풍의 정문이 먼저 반겨준다. 방문자센터와 기념품 가게, 레스토랑이 들어선 연한 붉은색 벽돌집도 유럽의 전원에 온 듯한 기분을 느끼게 해준다. 담쟁이넝쿨이 건물에 운치를 더해준다. 제이드가든에 관한 기대감이 잔뜩 부풀어 오른다.

제이드가든은 계곡 사이의 지형을 따라 길게 이어진다. 인위를 절제하고 자연적인 지형을 그대로 살린 점이 퍽 인상적이다. 편하고 아늑하다. 이곳엔 드라이가든, 웨딩 가든 이끼원 등 모두 24개 테마 정원이 있다. 화려하고 인상이 강한 꽃과 나무를 최대한 배제해 수수하면서도 은은한 멋을 풍긴다. 제이드가든에는 3개의 산책로가 있다. 단풍나무길, 나무내음길, 숲속바람길이다. 모두 만족스럽지만, 골짜기 사이로 흐르는 시냇물을 따라 걷는 나무내음길을 추천한다. 걷는 내내 숲의 기운이 당신을 부드럽게 감싸줄 것이다.

RESTAURANT

샘밭막국수

◎ 강원도 춘천시 신북읍 신샘밭로 644 ☏ 033-242-1712
◷ 10:00~20:00(연중무휴)
₩ 9,000원~30,000원 🚗 전용 주차장
ⓘ **찾아가기** ①춘천역에서 택시 11분 ②춘천역에서 12번 버스 승차 후 천전3리에서 하차. 총 20분 소요

3대째 이어온다

샘밭막국수는 문을 연 지 어느덧 3대째, 50년이 넘은 노포이다. 춘천에서 유포리막국수와 쌍벽을 이루고 있다. 가게에 들어서면 현대적이면서도 고풍스러운 느낌을 가미한 내부가 인상적이다. 간접조명을 설치하여 따뜻한 분위기를 풍기며 꽃살 창문으로 미적인 요소를 가미하였다. 면은 메밀 80%와 밀가루 등 20%로 배합해 사용한다. 사골을 우려낸 육수와 동치미를 섞어 국물을 만든다. 육수는 맑고 시원하다. 면발은 가늘다. 쫄깃하면서도 씹기가 편해 부드럽게 넘어간다. 감자전과 녹두전, 편육도 맛이 좋아 일반적으로 한두 가지 선택해 막국수와 곁들여 먹는다.

RESTAURANT

춘천통나무집닭갈비

◎ 강원도 춘천시 신북읍 신샘밭로 763 ☏ 033-241-5999
◷ 10:30~21:30(연중무휴) ₩ 8,000원~15,000원
🚗 전용 주차장
ⓘ **찾아가기** ①춘천역에서 택시 14분 ②춘천역에서 12번 버스 승차 후 소양강댐사택에서 하차. 총 22분 소요

45년 한결같은 맛

춘천을 대표하는 향토 음식이다. 한 술집에서 양념에 재운 닭 갈빗살을 연탄불에 구워 먹은 게 시초이다. 석쇠에 굽는 방식과 철판에 채소를 넣고 익혀 먹는 방식이 있는데 최근에는 대부분 철판을 이용하고 있다. 춘천에서도 명동의 닭갈비 골목과 소양강댐으로 가는 길목에 있는 신북읍에 닭갈비 맛집이 몰려있다. 신북읍의 춘천통나무집닭갈비는 근처에 점포가 3개나 있을 만큼 규모 면에서 압도적이다. 본점과 3호점은 철판닭갈비를, 2호점에서는 숯불닭갈비를 판매한다. 압도적인 규모임에도 늘 손님으로 붐빈다. 웨이팅이 기본이지만, 그만큼 닭갈비 본연의 맛을 즐길 수 있다.

CAFE & BAKERY

산토리니

◎ 강원도 춘천시 동면 순환대로 1154-115
☏ 033-255-4366 ◷ 11:00~21:00(금·토 22:00, 연중무휴)
₩ 6,000원~8,000원 🚗 전용 주차장
ⓘ **찾아가기** 춘천역에서 택시 12~15분

구봉산 카페거리의 시그니처 풍경

카페는 단순히 커피를 마시는 곳을 넘어 이제 쉼과 힐링, 문화와 이미지를 향유하는 곳으로 발전했다. 춘천의 구봉산 카페거리가 바로 그런 곳이다. 이곳에서는 커피보다 풍경이 먼저 마음을 적셔준다. 어느 카페에서든 산과 호수가 감싸고 있는 춘천 시내를 한눈에 굽어볼 수 있다. 쿠폴라, 산토리니, 제이콥스 스테이션 등 전망 좋은 카페가 많지만, 제일 유명한 곳은 산토리니이다. 1993년 구봉산 전망대라는 이름의 포장마차 카페로 시작했으니까, 이 거리의 원조라고 할 수 있다. 전망 데크와 산토리니를 연상시키는 흰색과 파란색이 어우러진 종탑이 이 카페의 시그니처 풍경이다.

CAFE & BAKERY

카페감자밭

◎ 강원도 춘천시 신북읍 신샘밭로 674 ☏ 1566-3756
◷ 10:00~21:00(연중무휴)
₩ 4,000원~7,000원 🚗 전용 주차장
ⓘ **찾아가기** ①춘천역에서 택시 12분 ②춘천역에서 12번 버스 승차 후 상천초등학교에서 하차. 총 20분 소요

감자빵 먹고 가세요

'강원도' 하면 자연스럽게 감자와 옥수수가 떠오른다. 카페감자밭은 감자빵을 개발한 곳으로 유명하다. 이제는 감자빵 만큼이나 꽃밭과 야외정원도 널리 알려졌다. 대표메뉴는 당연히 감자빵이다. 많은 사람이 감자빵을 사기 위해 줄 서서 기다린다. 크기와 모양이 실제 감자와 아주 비슷하다. 쫀득쫀득한 반죽에 부드럽고 짭조름하게 간을 한 감자를 넣어 만들었다. 현장에서 커피와 함께 먹을 때 제일 맛있다. 날이 좋다면 야외정원으로 가는 것도 좋다. 인위적인 것을 최소화하여 자연스럽고 편안하다. 야외정원을 지나 조금 더 가면 맨드라미와 해바라기가 피는 꽃밭이 나온다.

하얀 피부, 훤칠한 몸매
곧게 뻗는 올곧은 성정
함께 있어야 더 아름다운 너를 닮고 싶다

속삭이는자작나무숲
(원대리자작나무숲)

강원
인제

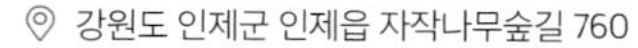

강원도 인제군 인제읍 자작나무숲길 760
033-463-0044
09:00~15:00(동절기 09:00~14:00 월, 화요일 휴무)
₩ 무료
전용 주차장
찾아가기 서울양양고속도로 인제 IC에서 자동차로 31분

"당신을 기다립니다."
인제군 원대리 깊은 숲속에서 당신을 기다리는 나무가 있다. 피부는 하얗고 몸매는 25m까지 자랄 만큼 훤칠하다. 게다가 남들 눈치 보지 않고 하늘을 향해 곧게 올라간다. 이런 멋진 나무가 봄 여름 가을 겨울 당신을 기다린다. 믿지 못하겠다고? 그렇지 않다. 4~5월에 귀걸이처럼 긴 원형의 꽃을 피워내는데, 놀랍게도 꽃말이 '당신을 기다립니다.'이다.
속삭이는자작나무숲은 원대리 깊은 산속에 숨바꼭질하듯 숨어있다. 1974년부터 1995년까지 138ha, 약 41만 평에 69만 그루를 심어 멋진 숲을 만들었다. 주차장에 차를 세우고 임도를 따라 가볍게 등산하듯 1시간쯤 걸으면 자작나무숲이 선물처럼 나타난다. 숲에 도착하면 마치 새로운 세상이 열린 듯한 느낌을 받는다. 특별히 무엇을 하지 않아도 저절로 마음에 평온이 찾아든다. 색깔이 곱고 훤칠하게 잘 생겼으니 어느 계절이나 인기가 많지만, 겨울이 되면 숲의 운치가 더욱 깊어진다. 숲에 들어가면 여러 산책코스가 당신을 기다린다. 어느 길로 갈까 너무 고민하지 않아도 된다. 마음 내키는 대로 걷다 보면 결국 모든 길을 만나게 된다. 다만, 겨울에 간다면

아이젠을 꼭 챙겨야 한다.

시인 백석은 자작나무로 메밀국수를 삶았다. 자작자작 제 몸을 태워 시인에게 일용할 양식을 만들어 주었을 것이다. 실제로, 자작나무는 자작자작 소리를 태워 탄다고 해서 이런 이름을 얻었다. 화엄사의 홍매, 창덕궁의 향나무, 남원의 지리산천년송……. 세상엔 혼자서도 빛나는 나무가 있다. 자작나무는 그 반대편에 있다. 자작나무는 혼자보다 함께 있을 때 더 매혹적이다. 더불어 어울릴 때 훨씬 아름답다. 어느 시인의 말처럼 자작나무는 혼자가 아니라 의지하고 서로 연대하여 백색의 사원, 백 년의 고요를 만든다. 그렇게 평화와 치유의 숲이 되어 우리를 품는다. 그렇게 부드럽게 우리의 어깨를 감싸며 '같이 있어야 더 아름답다'라고, 자작자작 말해준다. 곧음, 높이, 기품, 연대……. 자작나무에 배울 게 너무 많다.

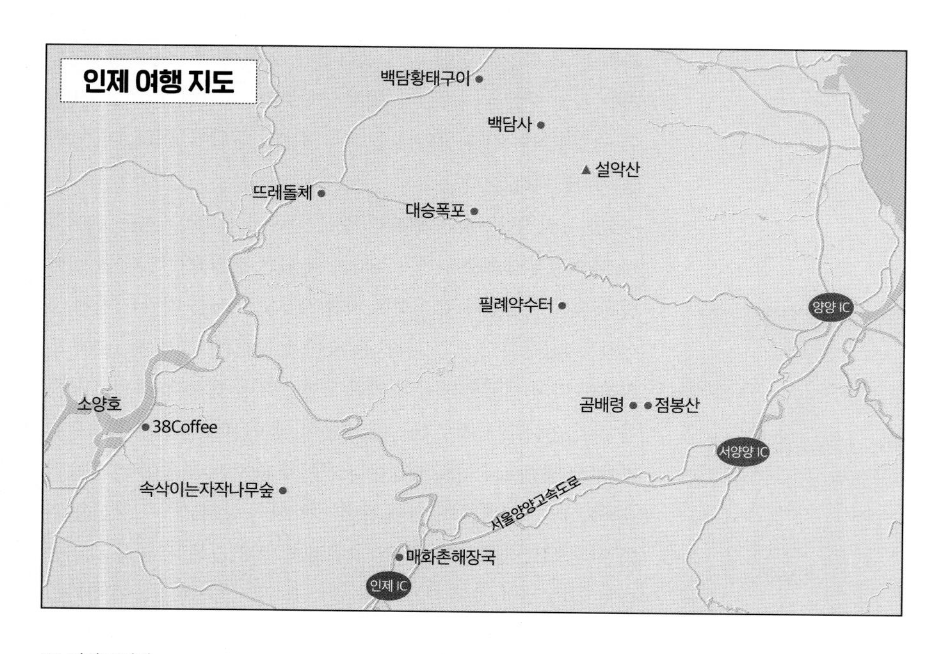

백담사

강원도 인제군 북면 백담로 746
033-462-6969
₩ 무료 용대리 공영주차장
찾아가기 용대리 공영주차장에서 셔틀버스 타고 17분 (30분 간격 운행, 편도 2,500원)

만해 한용운을 기억하며

설악산 서북쪽 기슭, 인제군 용대리에 있다. 신라 때 창건된 후 18세기까지 여러 차례 불에 타 설악산의 이곳 저곳으로 옮겨 다녔다. 이름도 여러 번 바뀌었다가 정조 때에야 지금의 이름을 얻었다. 백담사는 1900년대 초 민족시인이자 독립운동가인 한용운이 머물면서 유명해지기 시작했다. 한용운은 이곳에서 <불교 유신론>, <십현담주해>, <님의 침묵>을 집필하였다. 지금의 전각은 한국전쟁 때 소실되었다가 1957년에 다시 지은 것이다.

용대리에서 백담사까지 거리는 약 7km이다. 좁은 외길이라 승용차는 출입할 수 없다. 등산하거나 절에 가려면 용대리에서 셔틀버스를 타야 한다. 백담계곡은 버스를 타고 가면서 놓치지 말아야 할 절경이다. 백담사 앞 계곡에 빼곡히 서 있는 돌탑이 눈길을 끈다. 여행자들의 마음이 모이고 모여 쌓은 탑들이라 더 아름답고 의미도 깊다. 수심교와 금강문, 불이문을 지나면 백담사이다. 극락보전, 화엄실, 법화실 등이 방문객을 맞이해 준다. 만해기념관에서 한용운 삶을 돌아볼 수 있다. 만해가 머문 극락보전 옆 화엄실은 1988년부터 3년 동안 전두환이 유배 생활을 한 곳이기도 하다. 운명이 참 기묘한 전각이다.

곰배령

- 강원도 인제군 기린면 곰배령길 12(점봉산산림생태관리센터)
- 033-463-8166 09:00~16:00(월~화 휴무)
- ₩ 무료 점봉산산림생태관리센터 주차장
- https://www.foresttrip.go.kr
- **찾아가기** 서울양양고속도로 서양양 IC에서 자동차로 19분

신비로운 비밀 화원

천상의 화원이다. 복수초, 노루귀, 금강제비꽃, 고깔제비꽃, 은방울꽃, 하늘말나리, 쑥부쟁이……. 해발 1,100m. 땅보다 구름이 더 가까운 고산 평원에 계절을 바꾸어 가며 들꽃이 피어난다. 바람이 불면 하늘하늘 머리를 흔들고, 비가 내리면 두 팔을 활짝 벌린다. 해가 뜨면 햇빛을 받아들이고, 달이 뜨면 달빛으로 꽃을 피워낸다. 들풀과 야생화가 그렇게 매일매일 하양, 분홍, 노랑, 파랑, 주황, 초록으로 고산 평원을 신비롭고 매혹적인 비밀의 화원으로 만든다.

곰배령은 설악산 남쪽 점봉산에 있는 고개이다. 곰이 하늘로 배를 향한 채 누운 모습을 닮았다고 해서 이렇듯 정감 가는 이름을 얻었다. 곰의 배처럼 부드럽고 평평한 평원이 무려 5만 평이다. 얼마나 아름답고 매혹적이면 '죽기 전에 꼭 가야 할 산'으로 꼽혔을까. 원시림과 야생 화원, 주목군락, 고산 평원을 더불어 품은 곳이지만, 바로 그 이유로 곰배령은 아무에게나 접근을 허락하지 않는다. 숲나들e 홈페이지에서 예약한 사람만 오를 수 있다. 탐방센터에서 곰배령까지 거리는 왕복 약 11km로, 3~4시간쯤 걸린다. 산행 중간쯤 강선마을에 있는 가게에서 취나물전에 막걸리 한잔하는 걸 잊지 말자.

필례약수터와 필례약수숲길

강원도 인제군 필례약수길 19
033-460-2170(인제관광정보센터)
필례약수터 주차장
찾아가기 서울양양고속도로 인제 IC에서 자동차로 35분

가을마다 만산홍엽

필례약수터는 설악산 남서쪽 끝자락에 있다. 1930년대에 세상에 알려지기까지 아무도 모르는 숨겨진 약수터였다. 생수와 정수기가 일반화되어서 이제는 시들해졌지만, 한때 약수에 관한 관심이 높아서 약수터가 관광지로서 융숭한 대접을 받는 적이 있었다. 필례약수도 그랬다. 계곡 이름을 따서 필례약수라고 부른다. 예전에 필례계곡에서 영화 '태백산맥'을 촬영했다. 필례약수는 위장병과 피부병에 좋아 이름을 날렸지만, 지금은 불소와 철분 함량이 높아져 음용을 금지하고 있다.

요즘은 필례약수보다 필례약수길을 찾는 사람이 더 많다. 설악산 자락이라 길이 험하고 숲이 우거져 라이더들이 많이 찾는다. 특히 가을이면 단풍 색깔이 곱기로 유명해 사람들로 붐빈다. 이순원의 소설 <은비령>의 무대가 바로 이곳이다. 만산홍엽, 그야말로 가을이면 울긋불긋 나무들이 화려하게 치장한다. 빨간색과 주황색, 노란색이 어우러져 색의 향연을 펼친다. 단풍 터널이 황홀감이 느껴질 정도다. 필례약수터 주차장에 차를 세우고 천천히 내려오면서 단풍을 구경하는 것이 좋다.

RESTAURANT

백담황태구이

◎ 강원도 인제군 북면 백담로 24 ☏ 033-462-5870
◷ 06:30~19:30(연중무휴)
₩ 10,000원~15,000원 🚗 전용 주차장
ⓘ **찾아가기** 백담사 셔틀버스주차장에서 자동차로 1분

백담사 길목에 있는 맛집

황태는 말 그대로 살이 노란 명태이다. 겨울철에 명태를 덕장에 걸어 차가운 바람을 맞히며 얼고 녹기를 스무 번 이상 반복해서 말리면 황태가 된다. 백담사로 가는 길목인 용대리에 있는 백담황태구이는 이렇게 말린 황태로 음식을 만든다. 황태구이가 대표메뉴이다. 붉은 양념장을 바른 황태가 먹음직스럽다. 아주 연하고 부드럽다. 양념장이 맵지 않아 자꾸 손이 간다. 황태구이를 시키면 시원한 해장국과 순두부가 함께 나와 테이블이 푸짐하다. 반찬으로 이런저런 산나물이 나오는데 향이 살아있어 좋다. 식당 입구에 산나물을 비롯하여 다양한 현지 농수산물을 판매한다.

RESTAURANT

매화촌해장국

◎ 강원도 인제군 기린면 내린천로 3412 ☏ 033-462- 963
◷ 07:00~15:00 (주말엔 18시까지, 월요일 휴무)
₩ 10,000원~35,000원 🚗 전용 주차장
ⓘ **찾아가기** 서울양양고속도로 인제 IC에서 자동차로 1분

국물 맛이 좋고 향이 깊다

서울양양고속도로 인제 IC에서 가까워 곰배령 오고 가는 길에 들르기 좋다. 이 집의 해장국은 내장탕과 선짓국, 이렇게 두 가지이다. 둘 다 인기가 많지만, 내장탕에 관한 평가가 더 후하다. 반찬으로 메밀전, 섞박지, 배추김치, 고추장아찌 등이 나오는데 특히 김치와 섞박지의 맛이 기가 막힌다. 오래 묵힌 듯 맛이 깊으면서도 그렇게 시원할 수 없다. 한두 입 먹고 나면 입안에 여운이 길게 남는다. 해장국이 나오기 전에 벌써 식사를 한 듯 입이 즐거워진다. 국물이 맑은 내장탕 맛도 일품이다. 오래 끓여 잘 우러난 국물이 깊고 향이 좋다. 먹을수록 매력이 넘치는 맛이다.

CAFE & BAKERY

38Coffee

◎ 강원도 인제군 남면 설악로 1129
033-461-9966 08:30~18:00(토,일 19:00, 연중무휴)
₩ 4,000원~6,000원 전용 주차장
ⓘ **찾아가기** 서울양양고속도로 동홍천 IC에서 자동차로 33분

소양호가 보이는 풍경

상호처럼 위도 38선에 있는 호반 카페이다. 인제군 남면 소양호의 최상류 신남선착장 근처에 있다. 44번 국도를 따라 인제를 거쳐 속초로 가는 길목이다. 카페 앞에 커다란 38선 표지석이 있다. 카페는 아담하다. 원목 기둥과 천장이 인상적이다. 고개를 창가로 돌리면 멋진 뷰가 눈에 들어온다. 소양호다. 뒷마당에 마련한 야외 카페로 가면 더 가까이 소양호를 감상할 수 있다. 푸른 하늘과 맑고 깨끗한 소양호, 그리고 건너편의 산까지 모두 한 폭의 그림처럼 펼쳐진다. 이렇게 시원한 호수 뷰가 있다니! 감탄이 절로 나온다. 가만히 호수를 바라보면 마음이 절로 편안해진다.

CAFE & BAKERY

뜨레돌체

◎ 강원도 인제군 북면 설악로 3220 033-461-7755
11:00~19:00(토,일 21:00, 화요일휴무)
₩ 4,500원~7,000원 전용 주차장
ⓘ **찾아가기** 백담사 셔틀버스주차장에서 자동차로 10분

정원이 아름답다

인제군 북면 한계리에 있다. 여기에서 1km쯤 더 가면 한계령과 미시령 갈림길이다. 백담사 길목인 용대리까지는 자동차로 10분쯤 더 가야 한다. 외관이 깔끔한 'ㄱ'자 모양 건물과 잘 꾸민 정원이 인상적이다. 잔디가 깔린 정원엔 키 큰 정원수가 있고 정원에는 아담하고 귀여운 조형물들을 놓았다. 날씨가 좋은 계절엔 테라스에서 정원을 감상하며 커피를 즐길 수 있다. 실내엔 긴 탁자와 중형 테이블, 개별 테이블을 배치했다. 커피잔 세트를 실내 장식으로 활용한 점이 눈에 띈다. 카페 한쪽에서는 방향제와 캔들, 그리고 향수도 판매한다. 커피와 음료, 디저트를 즐길 수 있다.

수십만 년 동안
강물이 깎아 만든 30m 절벽
그 절벽 위에 만든 잔도
잔도는 아찔하고 풍경은 아름답다

한탄강주상절리길잔도

- 강원도 철원군 갈말읍 군탄리 산 174-3
- 순담매표소 0507-1431-2225, 드르니매표소 0507-1374-9825
- 09:00~18:00(동절기 17:00, 매주 화요일·설과 추석 당일 휴무)
- ₩ 2,000원~10,000원(입장료의 반은 철원사랑상품권으로 교환해줌)
- 전용 주차장
- **찾아가기** 신철원터미널에서 택시 7분

북한과 얼굴을 맞대고 있어서 그럴까? 아님, 워낙 추운 곳이라서 그럴까? 철원은 심리적으로도 가까운 곳이 아니다. 철원이라는 어감도 왠지 딱딱하고 전투적인 느낌이 든다. 하지만 철원은 그런 곳이 아니다. 단언컨대, 이건 100% 오해다. 철원에 가보면 누구나 이 사실을 실감한다. 목가적이고 전원풍이며, 여기에 낭만적인 곳이란 걸 철원의 자연이 말해준다. 게다가 2020년 한탄강 유역이 유네스코 세계지질공원으로 지정되면서 철원이 핫한 관광지로 떠오르고 있다. 그중에서도 대표적인 곳이 한탄강주상절리길잔도이다.

잔도란 한자 그대로 선반처럼 생긴 길이다. 중국 산악지대에서 많이 볼 수 있는데, 주로 절벽에 구멍을 내고 그 구멍에 받침대를 넣고 그 위에 나무판을 놓아 만든다. 최근 우리나라에서도 여러 지역에 잔도가 생겼다. 다행히 우리나라의 잔도는 모두 철로 만들어 중국 잔도보다 훨씬 안전하다.

한탄강주상절리길은 약 54~12만 년 전 화산이 폭발하면서 만들어졌다. 지금은 북한 땅인 평강군에서 화산이 폭발했는데, 그때 솟은 용암이 저지대로 흐르면서 철원, 포천, 연천 일대에 거대한 용암대지를 만들었다. 그 후 지대가 낮은 용암대지 위로 강이 흐르기 시작

했다. 수십만 년 동안 강물은 현무암층을 깎아 절벽, 폭포, 주상절리 같은 다양하고 아름다운 경관을 우리에게 선물해 주었다. 한탄강주상절리길잔도는 수직으로 깎아지른 암벽 지형을 따라 이어진다. 길이는 3.6km, 폭 1.5m이다. 지상에서 20~30m의 높이 절벽에 매달린 길이라 스릴이 넘치고 탄성이 절로 난다. 게다가 잔도에서 바라보는 한탄강 지형이 절경이다.

잔도 트레킹은 주상절리길 양쪽 끝인 순담매표소와 드르니매표소에서 시작할 수 있다. 어느 쪽에서 출발해도 멋진 지형과 신비로운 풍경을 만날 수 있다. 다만, 앞만 보고 걷지 말자. 가끔 뒤를 돌아볼 때마다 화산과 물과 시간이 만든 한탄강의 아름다운 풍경에 흠뻑 빠지게 될 것이다. 이곳에는 13개의 다리가 있다. 다리마다 예쁜 이름을 붙여 놓았는데, 이들 다리에서는 더 편하게, 더 넓은 시야로 지질공원의 절경을 감상할 수 있다.

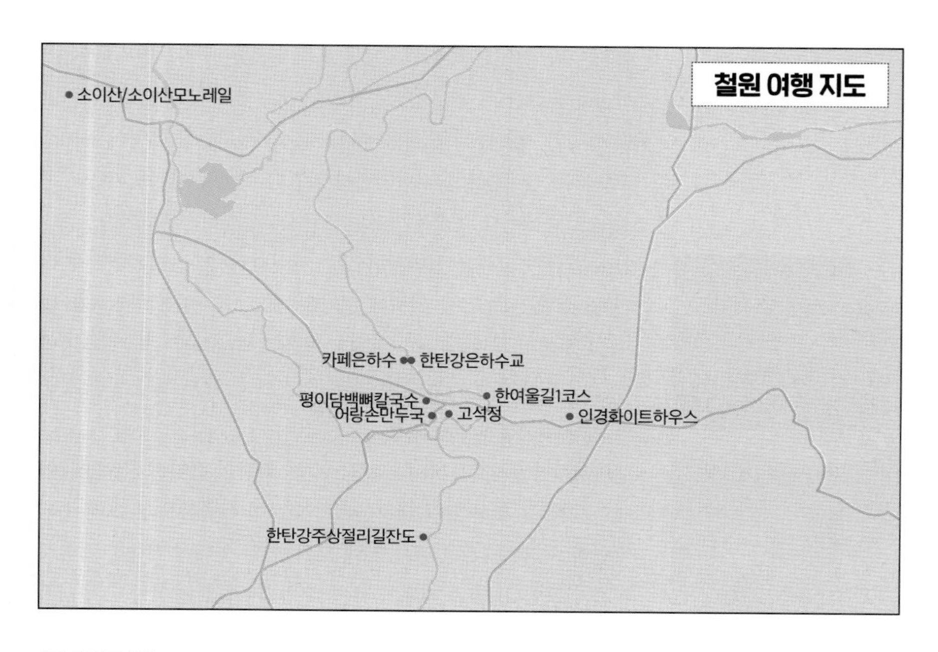

고석정

◎ 강원도 철원군 동송읍 태봉로 1825
☏ 033-450-5558
₩ 2,000원~5,000원(주차료)
🚗 전용 주차장
ⓘ **찾아가기** 신철원터미널에서 택시 10분

철원의 제일 경치

고석정은 한탄강 중류, 주상절리길잔도 위쪽에 있다. 한탄강 한복판에 치솟은 10여 m 높이의 기암과 계곡, 그 주변에 세운 정자를 아울러 고석정이라 부른다. 철원 제일의 명승지로 꼽히는 곳이다. 신라 진평왕이 처음 정자를 세우고 유람했다고 한다. 고려 충숙왕도 이곳에서 놀았다. 조선 명종 때의 의적 임꺽정의 활동무대도 고석정이었다. 정자는 조선과 한국전쟁을 거치며 불에 타 여러 번 다시 지었다. 지금의 정자는 수해로 떠내려가자 1997년에 재건했다.

고석정이 유명한 이유는 한탄강 위에 솟은 거대한 기암 덕이다. 이 바위는 남한의 유일한 현무암 분출 지대이다. 옥처럼 맑은 한탄강이 바위를 휘돌아 흐르고, 기암 위에는 소나무가 자라는 데 그 모습이 절경이다. 이 기암을 즐기는 가장 쉬운 방법은 정자에서 바라보는 것이고 통통배를 타고 돌아보는 방법도 있다. 통통배 선장이 고석정 절경과 스토리를 맛깔나게 설명해 준다. 경치가 좋아 임꺽정, 각시탈, 조선총잡이, 선덕여왕, 허준 등 많은 드라마를 촬영했다. 고석정 바로 옆에 넓게 펼쳐진 고석정 꽃밭도 같이 찾자. 인생 사진을 얻기 좋은 곳이다.

소이산

◎ 강원도 철원군 철원읍 사요리 산1
☎ 033-450-5151
노동당사 옆 철원역사문화공원 주차
ⓘ **찾아가기** 신철원터미널에서 택시 11분

철원평야 최고 전망대

소이산은 철원읍 사요리에 있는 해발 362m의 야트막한 야산이다. 고려 때부터 외적의 출현을 알리던 봉수대가 있던 곳으로 함경도 경흥, 함흥, 철원을 거쳐 한양으로 이어지던 경흥선 봉수로에 속해있었다. 그러나 노동당사에서 바라보는 소이산은 평범하기 그지없다. 동네에서 흔히 보던 산이랑 비슷하다. 하지만 정상에 오르면 이런 평가를 금방 취소하게 된다. 소이산을 오르는 방법은 두 가지다. 산 옆구리쯤에 있는 임도를 따라 걸어가거나 모노레일을 타면 된다. 걸으면 30분쯤 걸리고, 모노레일을 이용하면 약 1.8km의 거리를 10분 만에 올라간다. 모노레일을 예약하지 못했다면 걸어보는 것도 괜찮다. 정상 가는 길에 국군이 사용하던 벙커와 미군이 썼던 막사를 구경할 수 있다. 소이산은 막힌 곳 하나 없이 사방을 다 보여준다. 특히 철원평야가 가슴을 시원하게 해준다. 가슴이 절로 웅장해진다. 철원평야는 용암이 대지를 넓게 덮으면서 생겼다. 오랜 세월 용암이 부서지고 또 그 위에 흙이 쌓이면서 평야가 되었다. 철원평야 끝에 소이산만 높이 솟아있다. 전망하기 딱 좋은 곳이다.

한여울길1코스

강원도 철원군 갈말읍 내대리 550 033-450-5532
철원승일공원 주차장
찾아가기 신철원터미널에서 택시 9분

절경을 품은 지질 트레일

한여울길1코스는 유네스코가 지정한 한탄강지질공원에 있는 트레킹 코스이다. 고석정 옆 승일공원에서 상류 쪽으로 고석정, 한탄강 은하수교, 직탕폭포 등을 거쳐 구 양지리 통제소까지 한탄강 서쪽을 따라 11km를 걷는 길이다. 강의 동쪽엔 한여울길2코스가 있다. 1코스를 다 걸으려면 3시간, 왕복은 6시간 정도 걸린다. 걷기 위한 여행이 아니라면 일부만 걸어도 좋다. 추천하고 싶은 구간은 한탄강 은하수교에서 직탕폭포까지 걷는 길이다.

은하수교는 길이 180m, 폭 3m의 비대칭 현수교이다. 다리 이름으로 만든 형형색색 조형물과 은하수교를 배경으로 멋진 사진을 얻을 수 있다. 은하수교에서 멀지 않은 곳에 송대소가 있다. 송대소의 기암절벽과 주상절리는 한탄강의 최고 절경으로 꼽힌다. 강물이 송대소 입구에서 90도 꺾어 300m 남짓 흐르다가 다시 90도를 꺾어 남쪽으로 향한다. 그 모습이 절경이다. 송대소를 지나면 붉은 다리 태봉대교가 나오고, 조금 더 올라가면 직탕폭포가 나온다. 폭은 80m, 높이 3m에 지나지 않지만, 물 떨어지는 소리가 마치 천둥이 치는 것 같다. 가슴이 벅차오르고, 폭포를 보는 것만으로 힐링이 된다.

RESTAURANT

어랑손만둣국

◎ 강원도 철원군 동송읍 태봉로 1831 ☏ 033-455-0171
◷ 09:30~15:00(토,일 19:30, 화요일 휴무)
₩ 9,000원~40,000원 🚗 가게 앞 주차장
ⓘ **찾아가기** 고석정에서 도보 5분

담백함의 끝판왕

고석정 근처에 있는 함경도식 만둣국을 맛볼 수 있는 곳이다. 함경도식 만두는 담백한 것이 특징이다. 음식을 주문하면 김치, 깍두기, 멸치볶음, 그리고 특이하게 한입 크기의 동전 쥐포가 나온다. 동전 쥐포는 한 입 한 입 자꾸 주워 먹게 되는 마성의 맛이다. 이 집은 만두를 사골육수에 삶는다. 그 덕에 만두피와 만두소에까지 사골의 맛과 향이 스며들어 있다. 만두소를 고기와 애호박으로 채워서 그럴까? 만두 맛이 더없이 부드럽고 깔끔하다. 제대로 손만둣국을 먹은 기분이 든다. 씹을수록 맛이 개운하고 깔끔하다. 어랑손만둣국은 은근히 매력적인 맛집이다.

RESTAURANT

평이담백뼈칼국수 철원점

◎ 강원도 철원군 동송읍 태봉로 1833 ☏ 033-455-1002
◷ 11:00~19:30(토,일 20:00, 연중무휴)
₩ 11,500원~49,000원 🚗 가게 앞 주차장
ⓘ **찾아가기** 고석정에서 도보 5분

돼지 목뼈와 칼국수 조합

철원군 동송읍 고석정 교차로 근처에 있다. 뼈칼국수라는 독특한 메뉴로 인기를 얻은 맛집이다. 돼지 목뼈와 칼국수의 조합이 뜻밖이지만, 날이 좋은 계절에는 기다림을 각오해야 한다. 식당은 깔끔하다. 키오스크로 음식을 주문하면 고추와 양파, 쌈장, 그리고 김치와 고기를 찍어 먹을 소스가 나온다. 뼈칼국수는 커다란 유기그릇에 담겨 나온다. 고기가 많이 붙은 커다란 돼지 목뼈 두 개 위에 달걀 고명이 올라가 있다. 칼국수 국물은 맑으면서도 진하다. 고기를 발라 국수와 함께 먹으니 그 맛이 일품이다. 소스에 찍어 먹어도 좋다. 비빔칼국수와 고기부추만두도 많이 찾는다.

CAFE & BAKERY

카페은하수

◎ 강원도 철원군 동송읍 한탄강길 112
☏ 033-455-9139 ◷ 10:00~22:00(연중무휴)
₩ 5,000원~7,000원 🚗 전용 주차장
ⓘ **찾아가기** 고석정에서 자동차로 3분

한탄강과 은하수 다리가 보이는 풍경

이름이 참 예쁘다. 한탄강 은하수교 입구에 있어서 이렇게 지었다. 카페에 들어서려다 은하수교 쪽으로 자연스럽게 발길을 옮기는 사람이 많다. 은하수교를 보러 왔다가 카페에 들르는 사람도 있고 그 반대도 많은 편이다. 2층짜리 카페엔 넓은 정원이 있다. 깔끔하고 잘 가꾸었으나 은하수교에 밀리는 게 아쉽다. 상호처럼 그야말로 은하수교를 정원으로 둔 카페이다. 실내는 비교적 넓다. 2층으로 올라가면 은하수교를 제대로 볼 수 있다. 테라스가 있어서 날이 좋은 계절에는 많은 사람이 은하수교 뷰를 즐긴다. 여유 있는 공간에서 은하수교와 한탄강을 감상하는 맛이 커피와 디저트보다 더 맛있다.

CAFE & BAKERY

인경화이트하우스

◎ 강원도 철원군 갈말읍 두루미로 118 ☏ 0507-1486-1617
◷ 10:00~21:00(연중무휴)
₩ 5,000원~7,000원 🚗 전용 주차장
ⓘ **찾아가기** 고석정에서 자동차로 4분

마치 지중해의 정원 카페에 온 듯

철원군 갈말읍 문혜초등학교 건너편에 있는 지중해풍 대형 베이커리 카페이다. 주변은 평범한 시골 마을 풍경이지만, 하얀 아치 출입문을 지나면 새로운 세상이 열리는 것 같다. 이름에서 보여주듯 담장과 건물은 모두 하얀색이다. 정문으로 들어서면 꽃과 나무가 자라는 멋진 정원이 마중을 나온다. 아기자기하고 정교하게 잘 가꾸었다. 카페 안은 마치 꽃집이나 식물원 같다. 카페 여기저기에 꽃들이 활짝 피었다. 그뿐만 아니라 공간마다 분위기를 달리 꾸며 색다른 감동을 전해준다. 감탄을 연발하며 사진 찍기에 바쁘다. 커피 향과 빵 냄새, 여기에 꽃향기가 더해져 자리를 뜨고 싶지 않다.

PART 3

서울·경기도 인천

물 졸졸 흐르는 계곡
천년송 품은 흥선대원군의 별장
풍경처럼 펼쳐지는 부암동과 북악산

석파정서울미술관

서울시 종로구 창의문로11길 4-1
0507-1446-0100
10:00~18:00(석파정은 17:00, 월~화 휴무)
₩ 13,000원~20.000원
전용 주차장
찾아가기 지하철 3호선 경복궁역에서 버스 7분, 택시 5분

이 정도 입지면 단연 최상급이다. 소나무 숲과 인왕산 계곡, 거대한 바위 석파(石坡)가 멋진 배경이 되어준다. 앞으로는 북악산과 부암동이 풍경화처럼 펼쳐진다. 절경에 안긴 것도 특별한데 게다가 멋진 별장 석파정을 거느렸다. 이것으로 끝이 아니다. 고종, 영의정, 대원군……. 당시의 최고위층과 연결된 150여 년 전 스토리가 화룡점정을 찍는다.

석파정서울미술관 스토리는 조선 말기로 올라간다. 어느 날 흥선대원군이 창의문 밖 인왕산 자락에 있는 김흥근의 별장 삼계동정사에 놀러 갔다. 풍경과 풍수가 기가 막혔다. 안목이 깊은 대원군은 금세 삼계동정사에 반해버렸다. 대원군은 김흥근에게 별장을 자신에게 팔라고 요청했다. 거듭 요청했으나 김흥근은 꿈쩍도 하지 않았다. 그럴수록 더 탐났다. 대원군은 별장을 차지할 묘안을 찾아냈다. 어느 날 그는 아들 고종을 데리고 와 김흥근 별장에서 하룻밤을 묵었다. 철종 때 영의정을 지낼 만큼 김흥근의 권세도 대단했으나 왕 앞에서는 도리가 없었다. '절명시'를 쓴 우국지사 황현은 〈매천야록〉에 그때 일을 이렇게 기록하고 있다. "김흥근은 임금이 묵고

가신 곳에 신하가 살 수 없다며 흥선대원군에게 삼계동정사를 헌납했다."
별장 위쪽에 있는 너럭바위는 인왕산의 영험한 기운을 담고 있다고 하여 예전부터 치성 장소로 인기를 누렸다. 실제로 바위는 굉장히 우람하고 압도적이다. 생김새 때문에 코끼리 바위로 불리기도 한다. 대원군은 이 바위에서 영감을 얻어 별장 이름을 석파정으로 바꾸었다. 석파는 너럭바위가 있는 언덕이라는 뜻이다. 별장이 얼마나 맘에 들었는지 자신의 호도 석파라고 지었다. 흥선대원군이 죽은 뒤 석파정은 그의 후손들이 관리했으나 한국전쟁 후에는 보육원, 병원, 개인 소유로 전전했다. 유니온약품 안병광 회장이 인수해 2012년 별장 앞에 석파정서울미술관을 열었다. 이중섭을 비롯해 안 회장이 수집한 근현대 회화 거장들의 작품과 국내외 유명 작가의 기획전을 감상할 수 있다. 관람객은 미술관 3층을 통해 들어가 석파정과 너럭바위, 천년송, 야외 설치 작품 등을 구경할 수 있다.

ONE MORE **여기도 좋아요!**

환기미술관

서울시 종로구 자하문로40길 63
02-391-7701
10:00~18:00(월요일·명절 휴무)
₩ 9,000원~18,000원 미술관 주차장
찾아가기 지하철 3호선 경복궁역에서 버스 13분, 택시 5분

그림으로 쓴 서정시

부암동 석파정서울미술관 건너편에 있다. 김환기는 한국 추상미술의 선구자이다. 그리고 박수근과 더불어 우리나라 미술품 경매에서 늘 최고가를 기록하고 있다. 그는 1930년대부터 추상미술을 시도하여 한국의 모더니즘을 이끌었다. 1950년대에 이르러서는 자연을 소재로 한 밀도 높고 풍요로운 표현으로 한국적 정서를 아름답게 조형화하였다. 그의 예술은 1950년 중후반의 파리 시대와 1960년대를 관통한 뉴욕 시대에 절정에 이르렀다. 특히 1960년대 후반부터는 점, 선, 면을 조형적 요소로 활용하여 보편적이고 내밀한 서정 세계를 심화하였다. 이때 시적이며 명상적이며, 숭고한 추상의 세계를 완결했다. 환기미술관은 본관과 별관, 별관 뒤편의 아담한 예술가의 방으로 이루어져 있다. 본관과 별관에서는 그의 작품을 집중적으로 감상할 수 있다. 그의 작품은 하나하나가 은은하게 내적 울림을 주는 아름다운 서정시를 닮았다. 그의 작품을 가만히 보고 있으면 현실의 시공간을 떠나 꿈속을 걷는 듯 아련해진다. 예술가의 방에서는 화가가 사용했던 가구와 미술 도구, 활동 당시 전시회 포스터를 볼 수 있다. 카페와 아트숍은 본관에 있다.

청운공원과 윤동주문학관

윤동주문학관 서울시 종로구 창의문로 119
02-2148-4175
10:00~18:00(월요일, 1월 1일, 설날, 추석 연휴 휴무)
인근 유료주차장
찾아가기 지하철 3호선 경복궁역에서 버스 13분, 택시 5분

하늘과 바람과 별과 시

청운공원은 창의문(자하문) 아래 인왕산 자락에 있다. 1969년에 지은 청운아파트를 철거한 뒤 2006년 11월에 공원을 만들었다. '청운'이라는 이름은 청풍계곡과 백운동의 글자에서 따다 지은 것이다. 청운공원 안에 윤동주 시인의 언덕, 윤동주문학관, 청운문학도서관이 있다. 윤동주 시인의 언덕은 윤동주가 종로구 누상동에서 하숙한 인연으로 생겼다. 연희전문학교에 다니던 1941년 시인은 청운동과 누상동 일대를 산책하며 시상을 가다듬었다. 야트막한 언덕에 소나무가 있고 그 아래에 윤동주 시인의 언덕 표지석이 있다. 그 앞에는 '서시' 시비가 있다. 간도 용정에 있는 윤동주의 무덤에서 가져온 흙 한 줌을 이 언덕에 뿌렸다. 이곳에서 인왕산 쪽으로 조금 가면 '서시정'이라는 정자가 나오고, 길 아래쪽으로 조금 내려가면 한옥과 작은 연못이 아름다운 청운문학도서관이다. 윤동주 시인의 언덕에서 자하문 쪽으로 내려서면 윤동주문학관이 있다. 시인의 발자취와 시 세계를 느끼기 좋다. 특히 전시장에 있는 우물 모형이 시선을 끈다. 시인의 생가에서 가져온 우물 목판을 이용해 만들었다.

목인박물관목석원

서울시 종로구 창의문로5길 46-1 02-722-5055
10:30~19:00(동절기 18:00, 월요일·설과 추석 연휴 휴무)
₩5,000원~10,000원 인근 공영주차장
ⓘ **찾아가기** 창의문에서 도보 20분, 부암동주민센터에서 도보 15분

인왕산 기슭의 아름다운 야외전시장

원래 목인박물관은 인사동 골목에 있었다. 2019년 부암동 인왕산 도성길 아래 지금의 자리로 옮기면서 '목인박물관목석원'이라는 이름으로 문패를 바꿔 달았다. 목인 2천여 점과 석물 300여 점을 구경할 수 있다. 가는 길이 조금 복잡하다. 창의문에서 부암동주민센터까지 내려갔다가 왼쪽으로 방향을 틀어 인왕산 중턱에 있는 인왕산 도성길 바로 아래까지 약 500m 언덕을 더 걸어야 한다. 창의문에서 출발하면 약 20분쯤 걸린다. 숨을 가다듬으며 박물관으로 들어서면, 웰컴 티를 준다. 음료를 마시며 유리창 너머로 시선을 보낸다. 정원과 인왕산 풍경을 보니 언덕을 올라온 수고를 다 보상받은 기분이 든다. 목인박물관 목석원의 백미는 야외전시장이다. 한양도성이 보호하듯 전시장을 감싸주고 있는데, 도성과 인왕산, 야외전시장 풍경이 더없이 아름답다. 문인석, 무인석, 동자석 등 다양한 석물을 전시해 놓았는데, 처음부터 인왕산 거기에 있었던 듯 자연스럽다. 제주의 뜰과 해태 동산 같은 '테마 존'도 눈길을 끈다. 산책하듯 둘러보면 저절로 기분이 좋아져 오래 머물고 싶어진다.

RESTAURANT

자하손만두

서울시 종로구 백석동길 12
02-379-2648 11:00~21:00(월요일 휴무)
₩ 10,000원~77,000원 전용 주차장
찾아가기 지하철 3호선 경복궁역에서 버스 13분, 택시 5분

정갈하고 담백한 맛

서울에서 손꼽히는 만두 전문점이다. 미쉐린 가이드 서울에 해마다 추천 맛집으로 오른다. 창의문 삼거리에서 북악스카이웨이로 오르는 초입에 있다. 조금 가파른 진입로를 오르면 꽃과 정원수가 올망졸망하게 모여 손님을 반긴다. 이곳 손만두는 자극적인 맛에 길들은 사람에게는 조금 심심할 수 있다. 맛이 담백해 음식 본래의 맛에 집중할 수 있다. 구수한 사골국물이 그 맛을 더해준다. 식사 시간을 피해 가면 조금 여유롭게 음식을 먹을 수 있다. 무엇보다 창가에 앉을 수 있어서 좋다. 유리창 너머로 한양도성과 인왕산, 산골 동네 부암동을 바라보고 있으면 전망 좋은 카페에 온 기분이 든다.

RESTAURANT

부암동돈가스집1979

서울시 종로구 백석동길 5, 1층
02-395-3566 11:30~20:30(연중무휴)
₩ 10,000원~13,900원 인근 유료 또는 공영주차장
찾아가기 지하철 3호선 경복궁역에서 버스 13분, 택시 5분

추억 돋게 하는 옛날 돈가스

창의문 앞 삼거리에서 환기미술관으로 가는 도로 옆에 있다. 클럽에스프레소에서 북서쪽 대각선 방향이다. 식당이 위치한 땅이 도로보다 낮은 까닭에 식당 외관이 다 보이지 않는다. 상호에서 알 수 있듯이 이 집은 개업한 지 어느새 40년이 넘었다. 실내 분위기에서 레트로 감성이 묻어난다. 무늬 타일, 꽃무늬 벽지, 아치형 중문, 장식성을 살린 나무 의자……. 옛 단골집에 온 듯 인테리어가 편안하고 정겹다. 이곳의 대표 메뉴는 등심 왕돈가스이다. 오랜 전통이 인증하듯 돈가스 맛은 아주 좋다. 튀김옷은 바삭하고, 고기는 도톰하고 부드럽다. 게다가 양까지 많으니 더 바랄 게 없다.

CAFE & BAKERY

더숲초소책방

서울시 종로구 인왕산로 172
02-735-0206 08:00~21:00(연중무휴)
₩ 5,000원~7,500원 주차할 수 있으나 협소함
찾아가기 지하철 3호선 경복궁역에서 택시 5분,
윤동주문학관에서 도보 17분

남산 전망 북카페

인왕산 중턱의 인왕산로 옆에 있는 북카페이다. 경치가 좋아 2020년 오픈 때부터 인기를 끌고 있다. 이곳은 원래 약 50년 전 청와대 방호 목적으로 지은 경찰초소가 있었다. 초소책방의 가장 큰 특징은 개방성이다. 사방이 유리여서 안과 밖이 서로 연결된다. 경찰초소가 폐쇄와 감시의 공간이었다면 초소책방은 열림과 드러냄의 공간이다. 출입문도 여러 군데에 냈다. 카운터를 지나면 평대와 책장에 책이 가득하다. 계단을 오르면 옥상이 나온다. 와! 탄성이 절로 나온다. 남산타워와 그 아래 서울 도심이 손에 잡힐 듯 가까이 있다. 이렇게 멋진 곳에 북카페라니! 책을 한두 권 사는 것도 좋겠다.

CAFE & BAKERY

창의문뜰

서울시 종로구 백석동길 6-5 02-391-0012
10:30~20:00(월요일 휴무)
₩ 7,000~20,000원 인근 유료 또는 공영주차장
찾아가기 지하철 3호선 경복궁역에서 버스 13분, 택시 5분

자하문 옆 한옥 갤러리 카페

창의문(자하문)은 한양도성의 사소문 중 하나이다. 창의문뜰은 창의문에서 약 50m 거리에 있는 작은 카페다. 자하문을 통과하여 부암동 쪽으로 나오면 오른쪽 낮은 축대 위에 올라선 한옥이 보인다. 디귿 자 형태의 한옥이 아름답다. 생긴 지 오래되지 않았지만, 아담하고 아늑해 부암동의 조용한 분위기를 즐기기에 안성맞춤이다. 창가에 앉아 작은 마당을 바라보고 있으면 마음이 절로 고즈넉해진다. 이곳은 갤러리도 겸하고 있다. 카페 벽면에 멋진 그림이 전시되어 있다. 일반 갤러리와 마찬가지로 일정 기간 전시를 한 후 다른 작가의 작품으로 교체한다. 커피, 팥빙수, 수제 과일청 음료 등을 즐길 수 있다.

시인 백석의 연인 김영한
대원각 1천억 재산 법정에게 시주
요정이 절로 바뀐 반전 스토리

최고급 요정이 절로 바뀐 사연 **길상사**

서울시 성북구 선잠로5길 68
02-3672-5945
06:30~20:00(동절기 19:00, 연중무휴)
찾아가기 지하철 4호선 한성대입구역에서 택시 5분

길상사에 가면 부처보다 법정 스님과 시인 백석, 그리고 백석이 사랑한 여인 김영한이 먼저 떠오른다. 길상사는 원래 대원각이라는 최고급 요정이었다. 1970년대 대원각은 삼청각, 청운각과 더불어 서울 3대 요정 중 하나였다. 욕망과 비밀스러운 거래가 가득했던 요정이 무욕의 사찰로 변하다니! 놀라운 반전이다. 대원각 여주인 자야(子夜) 김영한과 법정 스님의 인연이 반전 스토리를 만들었다. 둘의 인연은 한참을 거슬러 올라간다.

1976년에 출간한 수필집 〈무소유〉는 법정 스님을 세상에 본격적으로 알린 책이었다. 법정의 글은 담백하면서도 깊이가 있고 따뜻했다. 〈무소유〉는 2010년 그가 세상을 떠날 때까지 긴 시간 동안 독자에게 사랑을 받았다. 김영한도 법정의 독자였다. 그는 〈무소유〉를 읽고 깊은 감명을 받았다. 여기서 잠깐, 백석과 김영한의 인연도 살펴보자. 일제강점기 김영한은 함흥 기생이었다. 짧은 기간이었지만 그녀는 시인 백석의 연인이었다. 그 시절 백석은 함흥고보에서 영어를 가르치고 있었다. 자야라는 호도 백석이 지어주었다. 1930년대 중반이었다. 백석의 시 〈나와 나타샤와 흰 당나귀〉에 나오는

'나타샤'가 김영한이라는 이야기가 있다. 한국전쟁 후 김영한은 서울로 와 대원각을 차려 큰돈을 벌었다.

이야기는 다시 1987년으로 옮겨간다. 그 무렵 김영한은 미국에 체류 중이었다. 마침 LA에 설법하러 온 법정을 만나 대원각 시주 이야기를 처음 꺼냈다. 8년여 동안 둘은 권유와 거절을 반복하다가 1995년 법정이 마침내 김영한의 청을 수락하였다. 7천여 평의 땅과 건물 40여 채를 시주했는데, 당시 가격이 무려 1천억 원이었다. 훗날 김영한은 "그 돈은 백석의 시 한 줄만도 못하다"라고 어느 인터뷰에 말했다. 김영한에게 백석은 영원한 연인이었다. 길상사 일주문을 지나면 갑자기 공기가 확 바뀐다. 도심 사찰인데 마치 산 속에 들어와 있는 것 같다. 길상사의 가장 깊숙한 곳으로 찾아든다. 진영각이다. 법정 스님을 닮은 듯 단정하고 깔끔하다. 영정과 친필원고에서 맑고 향기로웠던 스님의 체취를 느낄 수 있다. 마음이 평온해진다.

우리옛돌박물관

- 서울시 성북구 대사관로13길 66
- 02-986-1001
- 10:30~17:00(월요일 휴무)
- ₩1,000원~3,000원 전용 주차장
- **찾아가기** 지하철 4호선 한성대입구역에서 택시로 6분

돌에서 온기가 느껴진다

돌에서 따스함이 느껴진다면, 돌에서 사람의 온기가 느껴진다면 믿을 수 있을까? 돌에도 피가 돈다. 일찍이 청록파 시인 조지훈이 말했다. 시인은 토함산 석굴암을 보고는 숨결과 핏줄이 통하는 돌이 있음을 깨달았다. 놀랍게도 성북동의 우리옛돌박물관에서도 이런 기분을 체감할 수 있다. 옛 돌이란 무엇일까? 궁금증을 안고 박물관으로 들어서면 돌들이 일제히 깨어난다. 야외 전시관에서는 문인석, 동자석, 장군석이 제각기 다른 표정으로 관람객을 반긴다. 꽃을 든 염화미소상의 표정은 칠정을 다 버린 듯 더없이 편안해 보인다. 로비로 들어서면 커다란 금강역사 부조와 다소곳하게 서 있는 여인상이 당신을 맞이해준다. 동자관에서는 마치 이중섭과 장욱진의 그림에서 막 튀어나온 듯한 아이들이 천진난만한 표정을 짓고 있다. 벅수관에서는 다양한 돌장승을 구경할 수 있다. 조형미는 문인석보다 조금 떨어지지만, 표정에서 백성들의 희로애락을 느낄 수 있어서 좋다. 3층의 기획전시관을 거쳐 옥상으로 오르면 돌의 정원으로 펼쳐진다. 따스함과 정겨움, 해학과 진지함을 품은 석물들이 당신의 마음마저 따스하게 해준다. 게다가 돌의 정원은 서울의 숨은 전망 명소이다.

성북동 고택 여행

최순우옛집, 이종석별장, 수연산방, 심우장

옛 문인을 만나러 가는 길

성북동은 산책하듯 여행하기 좋은 곳이다. 성북동 안내지도를 들고 다니면 더 좋다. 한성대입구역에서 큰길을 따라 10분쯤 올라가면 최순우옛집이 나온다. 허물어질 위기에 놓인 걸 시민의 힘으로 지켜낸 시민문화유산 제1호이다. 최순우는 제4대 국립중앙박물관장을 지냈으나 우리에게는 <무량수전 배흘림기둥에 기대서서>라는 책으로 더 유명하다. 2006년 혜곡최순우기념관으로 문패를 바꿔 달았다. 최순우옛집에서 큰길로 나와 올라가면 선잠단지와 선잠박물관이 나온다. 이곳에서 성북초등학교 언덕을 오르면 신윤복의 미인도와 훈민정음해례본을 소장한 간송미술관이 나온다. 다시 큰길로 나와 조금 더 올라가면 덕수교회인데 교회 뒤쪽에 이종석별장이 있다. 1900년대 마포에서 젓갈 장사로 부자가 된 이종석이 지었다. 단출하면서도 단아하다. 잠시 숨을 돌리고 길 건너편으로 가면 수연산방이다. 1933년부터 11년 동안 소설가 이태준이 살았던 곳으로 지금은 전통찻집으로 운영되고 있다. 수연산방에서 도로를 건너 조금 걸으면 심우장이다. 만해의 친필원고와 논문집, 유품 등을 전시하고 있다. 성북동 산책은 심우장에서 막을 내린다.

북악산도성길

서울시 종로구 창경궁로 307 혜화문
찾아가기 지하철 4호선 한성대입구역에서 도보 3분

600년 고도 서울을 걷다

성의 북쪽 동네, 성북동이라는 이름을 준 것은 한양도성이다. 한양도성은 조선의 도읍을 방어하기 위해 쌓은 석성으로 길이가 18.6km이다. 산성과 평지성이 조화를 이룬 성곽을 따라 18.6km를 모두 걸을 수 있다. 편의상 도성을 동서남북 네 구간으로 나누어 놓았다. 북쪽 구간의 이름은 백악(북악)도성길이다. 혜화문에서 자하문까지 이어진다. 혜화문에서 자박자박 걷기 시작하여 북악산에 올랐다 자하문으로 내려와도 되고, 숙정문까지 갔다가 되돌아오거나, 삼청각 쪽으로 내려올 수도 있다. 북악산도성길은 혜화문에서 출발하지만, 성북역사문화센터까지는 성벽이 유실되었다. 성곽은 사라지고 그 위에 담장이 서 있거나 집들이 들어서 있다. 간혹 성곽의 돌이 보이기도 하는데, 풀과 이끼가 내려앉았다. 혜화문에서 숙정문까지는 경사가 아주 심하지 않다. 단풍나무가 많고 소나무 숲도 우거져 길이 아름답고 운치가 넘친다. 길을 오르며 서울을 조망하는 기분이 특별하다. 다양한 각도에서 멋진 사진을 남겨보자. 걷다 보면 성곽 돌에 새긴 글자를 종종 발견할 수 있다. 성곽 축조의 책임자 이름들이다. 한양도성은 일찍이 '실명제'를 도입해 만들었다.

RESTAURANT

금왕돈까스 본점

서울시 성북구 성북로 138
02-763-9366 10:30~21:00(월요일 휴무)
₩13,000원~15,000원 가게 앞 유료주차장
찾아가기 지하철 4호선 한성대입구역에서 택시 4분

추억을 소환해 주는 옛날 돈가스

성북구립미술관 옆에 있는 옛날 돈가스다. 금왕돈까스는 옛날 가족 외식의 추억을 소환하기에 좋은 곳이다. 붉은 벽돌집인데, 우아하거나 세련된 멋은 없다. 자리에 앉으면 독특하게 깍두기와 쌈장이 밑반찬으로 나온다. 돈가스를 먹는데, 왜 쌈장이 필요할까? 잠시 후 수프가 나오고 곧이어 쟁반처럼 큰 그릇에 올린 밥과 돈가스가 나온다. 접시 한쪽에 샐러드와 삶은 푸른 콩, 그리고 쌈장이 나온 이유를 알려주듯 풋고추 하나가 있다. 돈가스 크기가 어마어마하다. 더욱 놀라운 건 고기 맛이다. 야들야들하고 그렇게 부드러울 수가 없다. 유명 맛집은 다 그만한 이유가 있다. 풋고추와 돈가스의 조합도 독특하다.

RESTAURANT

선동보리밥

서울시 성북구 성북로 134-4
02-743-2096 10:30~20;30(월요일 휴무)
₩11,000원~23,000원 인근 공영주차장 이용
찾아가기 지하철 4호선 한성대입구역에서 택시 4분

담백하고 맛이 깊다

성북구립미술관 바로 옆에 있다. 큰 나무 아래에 소박하게 자리 잡았다. 시골집처럼 낮고 작다. 들어가는 길이 옆으로 살짝 비켜 있어서 운치가 있다. 가게 앞에는 장독대와 탁자가, 문 앞에는 백 년 가게 인증 판이 있다. 실제로는 1988년에 개업했다. 내부는 깔끔하게 잘 꾸며놓았다. 투박한 자기 그릇에 보리밥을 담아 내온다. 콩나물과 시금치, 무생채와 열무김치, 쌈용 채소와 된장찌개가 뒤따라 나온다. 큰 그릇에 여러 나물과 된장 두어 숟가락 넣은 후 고추장과 참기름 한 방울 넣어 쓱쓱 비벼 먹는다. 맛은 담백하다. 자극적이지 않아서 깊은 맛이 난다. 영양돌솥밥과 한우 불고기도 판매한다.

CAFE & BAKERY

수연산방

서울시 성북구 성북로26길 8 0507-1330-1736
11:30~17:50(토 20:00, 일 19:50, 월~화 휴무)
₩ 13,000원~26,000원 가게 앞 주차
ⓘ **찾아가기** 지하철 4호선 한성대입구역에서 택시 4분

소설가 이태준의 옛집

성북구립미술관에서 걸어서 1분 거리에 있다. 죽을 때까지 벼루를 가는 산속의 집, 풀어 설명하면 문인이 사는 산속의 집, 또는 서재라는 뜻이다. 소설가 이태준이 1933년부터 1943년까지 이곳에서 살았다. 지금은 외손녀가 찻집을 하고 있다. 이태준은 일제강점기를 대표하는 소설가였다. 군사독재 시절엔 그의 책이 모두 금서였으나 1988년 월북작가에 대한 규제가 풀리면서 빛을 보게 되었다. 출입문을 지나면 우물과 정원, 본채, 오두막과 별관이 차례로 눈에 들어온다. 본채 정문에 수연산방이라는 현판이 걸려 있다. 고색창연한 현판이 운치를 더해준다. 대추차, 인절미, 단호박 빙수가 맛있기로 유명하다.

CAFE & BAKERY

성북동빵공장

서울시 성북구 대사관로 40 B동 02-762-3450
10:00~21:50(연중무휴)
₩ 6,000원~10,000원 전용 주차장
ⓘ **찾아가기** 지하철 4호선 한성대입구역에서 택시 7분

성북동 빵지 순례 일번지

이름처럼 빵 공장 수준의 규모를 자랑한다. 성북동 꼭대기 대사관로 옆에 있다. 성북동면옥집 옆쪽에 빵집으로 내려가는 계단이 보인다. 도로에서는 건물이 제대로 보이지 않지만, 계단을 내려가면 비로소 3층 규모의 건물이 보인다. 1층으로 들어가면 정면에 계단식 좌석이 시선을 끈다. 고소한 커피 향과 향긋한 빵 냄새가 코를 자극한다. 1층엔 탁자가 없고, 모두 계단식 좌석이다. 베이커리 진열대, 막 가게로 들어오는 사람, 빵을 고르는 사람, 계산하는 사람……. 계단 좌석에 앉아 실내 풍경을 구경하는 재미가 쏠쏠하다. 조용하게 대화하고 싶을 땐 2층으로 올라가면 된다.

왕의 사냥터
소수를 위한 골프장 거쳐
시민의 숲으로 돌아오다

왕의 숲에서 시민의 공원으로 **서울숲**

- 서울시 성동구 뚝섬로 273
- 02-460-2905
- 연중무휴 상시개방
- ₩ 무료
- 서울숲 주차장
- **찾아가기** 지하철 수인분당선 서울숲역에서 택시 7분

런던에 하이드파크가 있고, 뉴욕에 센트럴파크가 있다면 서울엔 '서울숲'이 있다. 중랑천은 서울의 동쪽을 촉촉하게 적셔주고는 뚝섬에 이르러 한강의 품에 안긴다. 양평의 양수리처럼 두 물줄기, 중랑천과 한강이 합수하므로 뚝섬도 두물머리다. 한강과 중랑천이 흙을 데려오고 모래를 불러모아 예전부터 이곳엔 너른 들과 숲이 형성돼 있었다. 조선 시대에는 주로 말 방목장과 임금의 사냥터로 사용했다. 종종 왕이 뚝섬에서 군대를 사열하기도 했다. 20세기 들어 경마장과 골프장으로 활용하다가 2005년에 대규모 도시공원으로 다시 태어났다. 원래 숲이었으므로, 뚝섬은 먼 길을 돌고 돌아 제 모습을 되찾은 셈이다. 서울숲 면적은 약 15만 평이다. 문화예술공원, 자연생태숲, 자연체험학습원, 습지생태원 등 테마공원 네 개와 가족마당, 야외무대, 사슴 우리, 곤충식물원, 체육시설, 놀이터 등을 갖추고 있다.

산책로도 잘 만들어 놓았다. 다 걸으면 2시간 남짓 걸릴 만큼 길다. 특이하게 서울숲엔 정문이 따로 없다. 그냥 어디든 숲이 시작되면 그곳이 입구다. 게다가 강변북로 위에 놓은 다리를 건너면 뚝섬한강공원까지 갈 수 있다. 어디서든 접근할 수 있는 개방성, 이어주고 맺어주는 연결성이 서울숲을 더 매력적인 공간으로 만들어준다. 소나무, 섬잣나무, 계수나무, 참나무, 서어나무, 산벚나무……. 서울숲에는 95종의 나무 41만 5,795그루가 자란다. 그야말로 커다란 도시 숲이다. 서울숲에 들어오면 표지판을 보지 않게 된다. 걸음을 옮길 때마다 시야에 등장하는 아름다운 풍경에 취하여 계속 발걸음을 옮기게 된다. 굳이 어디를 가보겠다고 생각하지 않아도 좋다. 그냥 발길 닿는 대로, 마음이 가는 대로 걸으면 된다. 그렇게 걸으면 다양한 숲과 공원이, 연못과 습지가, 멋진 조형물과 아름다운 풍경이 당신을 반겨준다. 새소리와 아이들의 웃음소리가 꽃처럼 환하다. 자연의 품은 이렇듯 싱싱하고 포근하고 아늑하다.

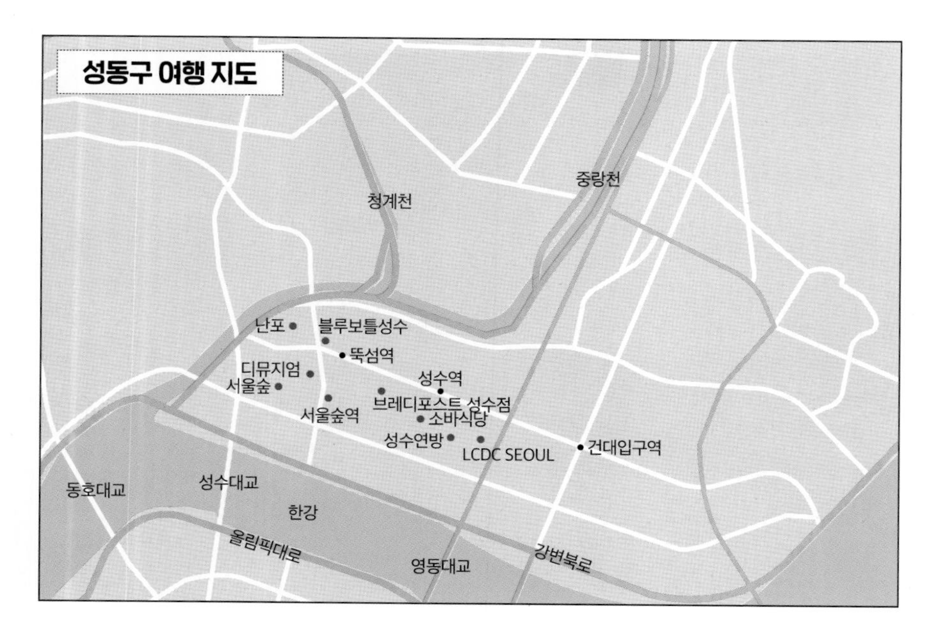

ONE MORE 여기도 좋아요!

디뮤지엄

서울시 성동구 왕십리로 83-21
02-6233-7200
11:00~18:00(금·토 19:00, 월요일 휴무)
₩ 12,000원(체험비 별도) 전용 주차장
찾아가기 지하철 수인분당선 서울숲역에서 직접 연결

서울숲 옆 문화 랜드마크

공장지대에서 도시재생을 통해 핫플레이스로 떠오른 성수동에 있다. 디뮤지엄은 2021년 한남동에서 서울숲 옆으로 이전했다. 디뮤지엄의 이전은 성수동의 변화된 위상을 잘 보여준다. 새로운 라이프스타일을 제안하는 전시는 물론, 어린이부터 시니어까지 참여할 수 있는 다채로운 전시, 교육, 문화 프로그램을 운영하고 있다. 디뮤지엄은 누구나 즐겁게 예술을 경험하고 향유하는 성수동의 문화 랜드마크이다. 입구에서부터 심플하면서도 세련되고 우아한 인테리어가 눈길을 끈다. 정교하고 효율적인 동선도 인상적이다. 관람 동선을 입체적인 느낌이 들도록 설계해 아기자기한 재미를 느끼며 관람을 할 수 있다. 미술관 맨 위층에는 로맨틱 가든이 있다. 꽃밭과 잔디정원, 잔디정원에 있는 형형색색 의자가 전시실 못지않은 예술적 분위기를 자아낸다. 벽면의 긴 LED 화면에서는 포토그래퍼이자 비디오그래퍼인 헨리 오 해드가 아내와 떠난 로드트립을 촬영한 동영상이 흘러나온다. 미술관 출구 쪽에 있는 뮤지엄숍에선 패션, 디자인, 라이프 스타일 소품 오브제와 유명 작가들의 굿즈를 판매한다.

성수연방

서울시 성동구 성수이로14길 14 010-8979-8122
10:00~22:00(영업시간, 가격, 휴무 입점 매장마다 상이)
전용 주차장
찾아가기 지하철 2호선 성수역 3번 출구에서 도보 5분

서점·맛집·카페·라이프스타일 편집숍

성수동은 뉴욕의 브루클린을 닮았다. 공장지대에서 힙한 문화지대로 변모한 브루클린처럼 성수동도 지금 한창 재생 스토리를 써내려 가고 있다. 브루클린이 강 건너 맨해튼을 바라보고 있는 것처럼 성수동도 한강을 사이에 두고 강남을 마주하고 있다. 성수연방은 성수동의 재생 이야기를 쓰고 있는 주역 중 하나이다. 원래 1970년대에 지은 화학공장이었으나 리노베이션을 통해 복합문화공간으로 다시 태어났다. 원래 있었던 건물과 건물 사이의 중정을 그대로 유지하면서 브리지를 추가하여 두 개 건물을 연결한 점이 인상적이다. 성수연방은 서점, 라이프스타일숍, F&B 매장과 스몰 브랜드를 위한 공유 생산 시설까지 갖춘 생활 문화 소사이어티 플랫폼이다. 큐레이팅 서점 '아크앤북', 라이프스타일 브랜드 '띵굴(Thingool)', 그리고 메이플탑·피자시즌·천상가옥 같은 다양한 맛집과 카페로 구성되어 있다. 특히 3층에 자리 잡은 카페테리아 겸 엔터테인먼트 공간인 '천상가옥'은 다양한 문화 프로그램을 진행한다. 휴식과 문화 체험을 더불어 할 수 있어서 좋다.

LCDC SEOUL

서울시 성동구 연무장17길 10 02-3409-5975
11:00~20:00(영업시간, 가격, 휴무 입점 매장마다 상이)
전용 주차장
찾아가기 지하철 2호선 성수역 3번 출구에서 도보 9분

먹고 마시고 쇼핑하는 즐거움

성수연방과 마찬가지로 재생으로 새롭게 태어난 복합문화공간이다. 원래는 1층에는 자동차 수리점이, 2층과 3층에는 신발 제조공장이 있었던 곳이다. 기존에 있던 두 개 건물에 새로운 건물 하나를 더 지어 세 개의 동으로 구성했다. 미니멀리즘에 기본을 둔 건축이 정적이면서도 무척 세련되었다. 건물 가운데에 있는 널따란 사각 중정이 특히 인상적이다. 시설물이나 장식 없이 비워 놓아 여백의 미의 절정을 보여준다. 사각 중정은 건물과 건물을 연결해 주는 기능도 한다. LCDC는 '이야기 속의 이야기'라는 프랑스어 'Le Conte des Contes'(르콩트 드콩트)의 머리글자를 조합한 것으로, 이탈리아 문학가 잠바티스타 바실래의 이야기 모음집에서 따왔다. 여러 단편이 모여 하나의 책을 구성하듯 크고 작은 독립된 브랜드들이 각 브랜드의 강점을 극대화하되 동시에 서로 협력하여 복합공간 LCDC SEOUL의 성장 이야기를 써가자는 의미를 담았다. 카페, 바, 베이커리, 라이프스타일 큐레이션 숍, 스몰 브랜드 숍 등이 입점해 있다. 먹고 마시고 구경하고 체험하고 구매하는 소소한 즐거움에 흠뻑 빠질 수 있다.

RESTAURANT

난포

⊙ 서울시 성동구 서울숲4길 18-8 지층
☏ 0507-1425-1540 ◷ 11:00~21:30(연중무휴)
₩ 12,000원~48,000원 🚗 인근 공영주차장 이용
ⓘ **찾아가기** 지하철 2호선 뚝섬역 8번 출구와 수인분당선 서울숲역 5번 출구에서 도보 5~6분

새로운 한식을 발견하는 즐거움

난포는 서울숲 북쪽 성수동 주택가의 퓨전 한식집이다. 한식의 새로움을 발견하게 해주는 매력적인 맛집이다. 2호선 뚝섬역과 수인분당선 서울숲역에서 약 500m 떨어진 3층 주택 반지하에 있다. 음식은 하나같이 눈으로 먼저 맛을 볼 수 있을 정도로 정갈하고 색의 조화가 뛰어나다. 많이 찾는 메뉴는 강된장쌈밥이다. 다진 소고기를 넣은 밥을 케일로 동그랗게 싼 뒤 강된장 위에 얹어 내온다. 슴슴한 케일 쌈밥에 강된장의 구수한 풍미와 감칠맛이 더해져 의외로 음식 궁합이 좋다. 제철회묵은지말이, 전복들깨국수, 돌문어간장국수 등도 인기가 좋다. 인기 맛집이라 웨이팅이 긴 편이다.

RESTAURANT

소바식당

⊙ 서울시 성동구 연무장7가길 6
☏ 02-6339-1552 ◷ 11:00~21:00(연중무휴)
₩ 10,000원~19,000원 🚗 인근 공영주차장 이용
ⓘ **찾아가기** 지하철 2호선 성수역 4번 출구에서 도보 3분

감칠맛이 어마어마하다

참 직설적인 상호이다. 가게 이름처럼 소바 맛집으로, 지하철 2호선 성수역 4번 출구에서 약 400m 주택가로 들어오면 찾을 수 있다. 양옥집 1층을 개조하여 만든 식당으로 일본 현지보다 맛있는 소바로 유명하다. 메밀 함량이 높은 생면을 이용해 소바를 만든다. 소바, 온면, 덮밥 등을 먹을 수 있다. 인기 메뉴는 전복단새우냉소바이다. 전복, 새우, 달걀이 들어간 영양 가득한 소바로, 감칠맛이 어마어마하다. 국물 한 입 먹으면 감탄이 절로 나온다. 쫄깃한 전복, 입에서 사르르 녹는 단새우, 오이의 아삭한 식감까지 무엇하나 흐트러짐이 없다. 이곳에서도 역시 웨이팅은 기본이다.

CAFE & BAKERY

브레디포스트 성수점

서울시 성동구 상원1길 5 　0507-1442-2058
10:00~20:00(연중무휴) ₩4,000원~10,000원
근처 성수문화복지회관 주차장 이용
찾아가기 지하철 2호선 뚝섬역 5번 출구에서 도보 4분

브레첼 전문 카페

하얀 외관에 상호와 메뉴 등을 영문으로 표기해 놓아 겉으로 보면 유럽의 어느 카페에 와 있는 것 같다. 소프트 브레첼의 매력을 마음껏 즐길 수 있는 브레첼 전문점이다. 당일 생산한 브레첼만 판매한다. 브레첼은 길쭉한 반죽을 꼬아서 만든, 모양이 독특한 빵의 일종이다. 기도하는 손 모양을 본뜬 것이라고 한다. 15세기쯤 독일에서 유래되었는데 원래는 수도원에서 즐겨 먹던 빵이었다. 실내는 레트로 감성이 묻어나는 나무 바닥과 탁자, 의자, 개성이 담긴 소품들이 감각적인 분위기를 연출해 주고 있다. 예능 프로그램에 브레첼 맛집으로 알려지면서 더 명성을 얻었다. 다양한 종류와 가격의 브레첼을 판매한다. 에티오피아 커피와 더불어 여유로운 시간을 보내기 좋다.

CAFE & BAKERY

블루보틀성수

서울시 성동구 아차산로 7 　02-6212-6998
08:00~20;30(연중무휴) ₩6,000원~8,000원
전용 주차장, 근처 공영 또는 유료주차장
찾아가기 지하철 2호선 뚝섬역 1번 출구에서 도보 1분

스페셜티 커피의 자부심

한국에서 낸 블루보틀 커피 1호 매장이다. 오픈 첫날에 대기 줄이 너무 길어 언론에 보도될 정도였다. 블루보틀 커피는 2002년 제임스 프리먼이 설립한 미국의 스페셜티 전문 커피 체인점이다. 스타벅스가 유통의 효율성과 공간 전략에 집중한다면 블루보틀은 커피의 퀄리티에 초점을 맞춘다. 블루보틀성수의 1층은 로스팅 룸이다. 커피는 지하 1층으로 내려가서 마실 수 있다. 실내는 심플하면서도 공간에 여백이 많아 마음을 편안하게 해준다. 커피 본연의 맛에 집중하겠다는 경영 철학에서 비롯된 실내 디자인이다. 커피 맛이야 이미 검증이 끝났으니 덧붙이면 사족이 될 것이다.

연꽃과 양귀비꽃 피어나고
물의 정령이 안개를 피워올리는 곳
북한강 보며 '물멍'하면
마음의 피로가 연기처럼 사라진다

북한강 변의
매혹적인 생태공원

물의정원

경기
남양주

경기도 남양주시 조안면 북한강로 398
₩ 무료(자전거 대여료는 유료)
물의 정원 주차장
찾아가기 경의중앙선 운길산역에서도 도보 5분

남한강과 북한강은 양평과 남양주에 이르러 비로소 하나가 된다. 물의 정원은 양수리 바로 위 북한강 서편에 있는 수변 생태공원이다. 전체 넓이가 15만 평에 이를 만큼 규모가 크다. 2012년 조성된 뒤 남양주시에서 손에 꼽히는 여행지로 떠올랐다. 정원 자체가 워낙 아름다운 데다가 북한강 바로 옆에 있어서 주변 경치도 빼어나다. 운길산역에서 가까워 걸어서 도착할 수 있을 만큼 접근성도 뛰어나다.

물의정원은 크게 화초단지, 연꽃군락지, 습지, 산책로, 유아숲체원, 물의정원의 상징인 뱃나들이교, 오래 걷고 싶은 숲길 등으로 구성돼 있다. 화초단지에서는 계절을 바꿔가며 예쁜 꽃들이 피어난다. 특히 5월에 피는 양귀비꽃과 9월에 피는 코스모스가 장관이다. 여름엔 연꽃군락지가 아름답다. 청초하고 우아한 연꽃이 강변 풍경의 격조를 한껏 높여준다. 뱃나들이교는 멀리서도 시선을 끌만큼 멋진 다리이다. 입구 쪽 정원과 화초단지를 연결하는 다리인데, 북한강자전거길이 이 다리를 지난다. 다리를 배경으로 사진을 찍으면 멋진 사진을 얻을 수 있다. 운치를 더해주는 나무들도 시선을 끈다.

강물에 빠질 듯 누운 나무가 있는가 하면, 그림이나 사진 작품에 나올법한 자태가 아름다운 나무가 물의정원을 더 빛내준다. 게다가 북한강에 안개라도 피어오르면 물의정원은 그야말로 신비한 동화의 나라로 변한다. 물의 정령이 당신을 신비롭고 몽환적인 비현실의 세계로 인도해 준다.

물의정원엔 곳곳이 산책로이다. 대부분 무장애 산책로라서 장애인과 노약자도 편안하게 산책을 즐길 수 있다. 강변을 산책하다가 잠시 쉬어가도 좋다. 벤치에 앉아 고요한 듯 잔잔하게 흘러가는 한강을 바라보면 여기까지 따라온 잡생각이 순식간에 싹 사라진다. 일상의 고민을 강물에 던져버리고 '물멍'을 하기에 이만한 곳이 드물다. 산책보다 조금 더 동적인 나들이를 하고 싶다면 자전거 하이킹을 해도 좋겠다. 자전거 타고 넓은 물의정원을 구경해도 좋고, 조금 더 욕심을 내 북한강자전거길 라이딩에 도전해도 특별한 경험이 될 것이다. 자전거는 운길산역 앞과 물의정원 입구에서 빌릴 수 있다.

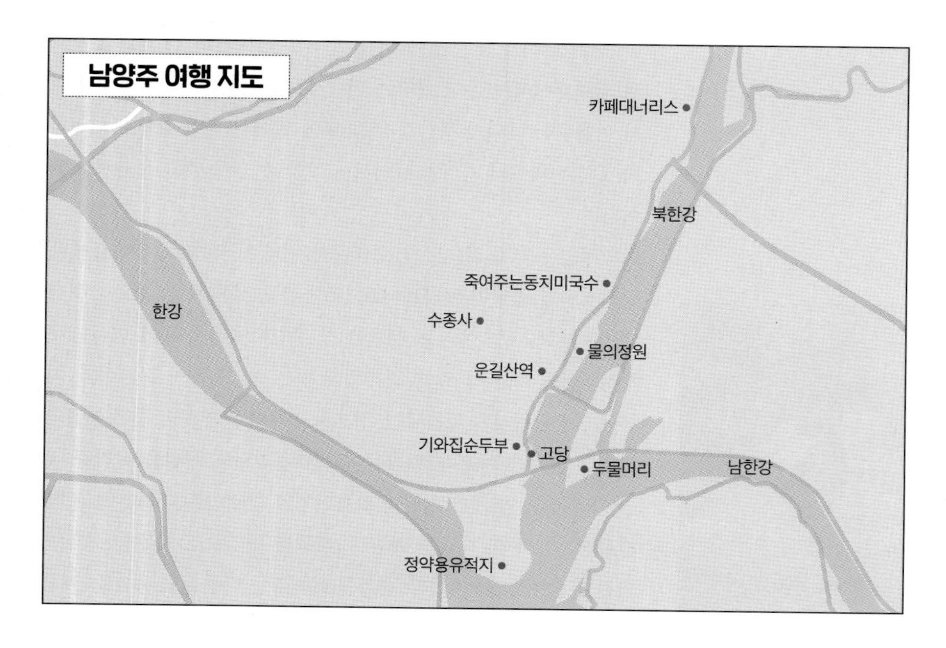

정약용유적지

경기도 남양주시 조안면 다산로747번길 11 031-590-4242
09:00~18:00(월요일 휴무)
₩ 무료 전용 주차장
찾아가기 경의중앙선 운길산역에서 58번 버스 승차. 총 25분 소요

개혁 지식인의 삶 따라가기

다산 정약용 하면, 많은 사람이 전남 강진의 다산초당을 먼저 떠올린다. 강진에서 20년 가까이 유배 생활을 하고, 저작물 대부분을 강진에서 생산했으니, 게다가 그의 호 또한 야생차가 자라는 만덕산 옆 '다산'에서 얻은 것이니, 그것은 어쩌면 당연한 일이다. 하지만 다산의 삶이 시작되고 75년 인생을 마무리한 곳은 남양주시 조안면의 능내이다. 정약용의 생가도 이곳에 있고, 묘지 또한 그 뒤에 있다. 정약용유적지 안에는 다산문화관과 다산기념관이 있다.

다산문화관은 다목적 공간이다. 다산에 관련된 역사영화를 상영하고 다산 관련 서적과 자료를 전시한다. 다산학 강좌와 다산문화제도 이곳을 중심으로 열린다. 다산기념관에 가면 정약용의 편지와 《목민심서》를 비롯한 저서를 구경할 수 있다. 수원화성을 쌓을 때 사용한 녹로와 거중기 축소 모형도 전시하고 있다. 기념관을 나오면 너른 잔디밭과 기와집이 보인다. 다산의 생가 여유당이다. 도덕경의 한 구절을 따와 당호를 지었는데, 여유는 항상 조심하고 경계하라는 뜻이다. 생가 뒤편엔 다산의 묘소가 있다. 실학박물관까지 둘러보면 유적지 산책이 마무리된다.

수종사

경기도 남양주시 조안면 북한강로433번길 186
031-576-8411 연중무휴
주차 불가
찾아가기 경의중앙선 운길산역에서 도보 60분

절 아래는 천하절경

"절간이 산머리에 위태롭게 붙어있다."

수종사는 다산의 절이다. 능내의 집과 가까워 청소년기부터 수시로 수종사를 드나들었다. 이곳에서 아예 눌러앉아 과거 공부를 하기도 했다. 다산의 표현대로 절은 운길산 비탈에 겨우 몸을 붙이고 있다. 산이 그리 높지는 않으나 오르는 길은 제법 가파르다. 일주문 지나 해탈문까지 오르막이지만, 초행길이라면 수종사 전망에 관한 기대감에 내내 설렘이 동반하게 될 것이다. 해탈문을 지나면 이윽고 수종사이다. 지금부터는 풍경 감상 시간이다. 절 마당 끝으로 가면 산 아래 풍경이 시야 가득 잡힌다. 두물머리도 손에 잡힐 듯 다가온다. 와, 아름답다. 북한강과 남한강! 금강산에서 출발한 물과 태백산에서 달려온 물이 두물머리에서 감격스럽게 포옹한다. 조선 초의 문신 서거정은 절 아래 풍경을 보고 '천하에서 제일가는 풍경'이라고 감탄했다. 수종사 전망을 즐겼다면 이번엔 세조가 하사했다는 절 밖의 아름드리 은행나무를 보러 가자. 당당하고 위엄이 넘친다. 실제 500년은 될 법하다. 다산도 지켜봤을 그 나무를 지금, 당신이 지켜보고 있다.

두물머리

◎ 경기도 양평군 양서면 양수리 711-1
연중무휴 · 공영주차장 이용
ⓘ **찾아가기** 경의중앙선 운길산역과 양수역에서 택시 6분

북한강, 남한강을 만나다

운길산에서 두물머리를 전망했다면, 이번에는 땅으로 내려가자. 멀리서 보는 것도 아름답지만, 가까이서 보면 더 많이, 더 깊이 즐길 수 있다. 두물머리는 이름이 말해주듯 북한강과 남한강, 두 개 물줄기가 만나는 곳이라는 뜻으로 한자로는 양수리라고 한다. 한자보다는 두물머리라는 우리 말이 훨씬 정감이 간다. 조선 시대엔 이곳에 나루터가 있었다. 남한강과 북한강 상류와 한양의 뚝섬과 마포나루를 이어주는 교통의 요지였다. 팔당댐이 생기고 한강을 따라 자동차도로가 나면서 나루터 기능은 완전히 상실됐다. 다만, 400년이 넘은 느티나무와 강가에 떠 있는 황토색 돛단배 한 척이 두물머리의 옛 영화를 소곤소곤 말해준다. 느티나무와 돛단배를 지나면 사진액자 조형물이 있다. 그곳에서 강물을 바라보든 느티나무를 바라보든 눈이 호사를 누릴 것이다. 그리고 소원 들어주는 나무의 둘레석에 앉아 잠시 머물러 보자. 돌의자에 앉아 눈에 보이는 풍경들을 마음껏 즐기면 된다. 둘레석에는 '당신과 나, 우리의 만남이 아름다운 물안개 되어 피어오릅니다'라는 문구가 새겨져 있다. 혼자라도 상관없다. 강물과 물안개가 멋진 친구가 되어 줄 테니까!

RESTAURANT

기와집순두부 조안본점

경기도 남양주시 조안면 북한강로 133 031-576-9009
10:30~20:30(연중무휴) ₩11,000원~32,000원
전용 주차장 **찾아가기** ①경의중앙선 운길산역에서 택시 4분 ② 경의중앙선 운길산역에서 58번, 땡큐 58-3번 버스 승차 후 조안면사무소에서 하차. 총 15~17분 소요

부드러움, 남다른 고소함

조안면사무소 근처 기와지붕과 담장이 멋스러운 오래된 맛집이다. 오래되고 손님이 많은 탓인지 한옥의 단정하고 우아한 이미지가 실내까지 연결되지 못하는 점은 못내 아쉽다. 하지만 실망하기는 아직 이르다. 이곳의 순두부는 그야말로 엄지척, 하게 만들기 때문이다. 밑반찬은 특별한 것이 없지만 순두부 하나만으로 모든 것을 상쇄하고도 남는다. 국산 콩을 사용하고 전통 방식으로 두부를 만들어서 그럴까? 이 집 순두부는 아주 부드럽다. 다른 집 순두부보다 순하고 연하여 넘기는 느낌 자체가 색다르다. 게다가 수시로 두부를 만들기 때문에 금방 뜬 순두부를 즐길 수 있다. 고소한 맛이 오래 남아 좋다.

RESTAURANT

죽여주는동치미국수

경기도 남양주시 조안면 북한강로 547 031-576-4020
10:00~20:00(월요일 휴무) ₩9,000원~20,000원
전용 주차장 **찾아가기** ①경의중앙선 운길산역에서 택시 4분 ② 경의중앙선 운길산역에서 58번, 땡큐 58-3번 버스 승차 후 연세중학교에서 하차. 총 8분 소요

자꾸 당기는 오묘한 맛

조안면 북한강로에 있는 오래된 맛집이다. 동치미국수와 만두로 사람들을 불러 모으더니, 몇 해 전 붉은 벽돌 건물로 새 단장을 했다. 입구의 기와 차양은 예전 형식을 그대로 채택해 아이덴티티를 일치시켰다. 동치미국수를 주문하면 살얼음이 뜬 백김치와 다진 청양고추가 조금 나온다. 반찬은 이게 전부다. 너무 단출하다고 당황하지 말자. 동치미국수가 모든 걸 채워준다. 국수 위에 무, 오이, 달걀, 그리고 얼음이 올라가 있다. 빨간 국물을 보면 매울 것 같지만 매운맛은 거의 없다. 단 듯 살짝 시큼한데 먹을수록 맛이 당긴다. 오묘한 맛이다. 청양고추를 넣으면 맵게 즐길 수 있다. 백김치 맛도 아주 좋다.

CAFE & BAKERY

고당

경기도 남양주시 조안면 북한강로 121 031-576-8090 11:00~22:00(연중무휴) ₩ 7,000원~21,000원 전용 주차장 ⓘ **찾아가기** ①경의중앙선 운길산역에서 택시 4분 ②경의중앙선 운길산역에서 58번, 땡큐 58-3번, 63번 버스 승차 후 조안면사무소에서 하차. 총 15~17분 소요

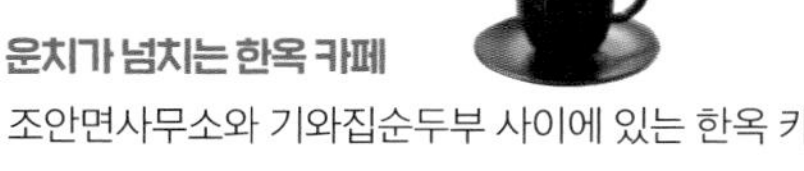

운치가 넘치는 한옥 카페

조안면사무소와 기와집순두부 사이에 있는 한옥 카페이다. 밖에서 보면 카페가 맞나 싶을 만큼 한옥이 위엄과 품격이 넘친다. 마당 정원수가 잘 가꾸어져 있어 어느 양반집에 초대받아 들어가는 느낌이 든다. 내부도 오래된 한옥의 느낌을 잘 살려놓아 운치가 넘친다, 자리를 잡고 앉으면 공간이 아늑해 저절로 마음이 설레는 듯 편안해진다. 몇 채 기와집이 모두 카페이다. 로스터리 커피와 디저트를 즐길 수 있다. 마당에 파라솔과 탁자가 있어 날이 좋으면 야외 카페를 이용해도 좋다. 카페 뒤편에 올라가면 원두막에서 카페와 주변을 조망할 수 있다. 카페 안팎 어디든 한옥의 고졸한 멋이 흐른다.

CAFE & BAKERY

카페대너리스

경기도 남양주시 조안면 북한강로 914 031-521-9700 10:00~24:00(연중무휴) ₩ 9,000원~20,000원 전용 주차장 ⓘ **찾아가기** ①경의중앙선 운길산역에서 택시 4분 ②경의중앙선 운길산역에서 58번, 땡큐 58-3번 버스 승차 후 뒷골정류장에서 하차. 총 15~17분 소요

정원이 아름다운 북한강 전망 카페

수도권제2순환고속도로(화도-양평) 조안나들목 근처에 있는 카페이다. 운길산역에서 북한강로를 따라 가평 방면으로 가다 보면 오른쪽으로 넝쿨나무 잎이 벽을 푸르게 장식하고 있는 건물이 보인다. 외관도 인상적이지만 카페 안팎에 꾸며놓은 정원이 더 매혹적이다. 수목원에 온 기분이 들어 절로 마음이 상쾌해진다. 이게 다가 아니다. 더 매력적인 건 북한강 전망이다. 안으로 들어가면 정원 아래로 북한강이 시원하게 펼쳐진다. 물안개라도 피어오르면 풍경이 그렇게 몽환적일 수 없다. 정원까지 가지 않아도 좋다. 카페에 앉으면 창문에 북한강이 그림처럼 박힌다. 커피와 베이커리 맛도 훌륭하다.

산 아래 비밀 화원
동화 속을 걷는 듯 즐겁고
꿈결인 듯 신비롭다

축령산이 숨겨놓은 비밀의 화원

아침고요수목원

경기 가평

- 경기도 가평군 상면 수목원로 432
- 1544-6703
- 10:00~21:00(토 23:00, 연중무휴)
- ₩ 7,500원~19,500원
- 전용 주차장
- **찾아가기** 경춘선 청평역에서 30-6, 30-7번 버스 승차 후 수목원에서 하차. 총 25~27분 소요

상전벽해란 옛말이 딱 어울리는 수목원이다. 아침고요수목원이 들어선 자리는 원래 화전이 있던 곳이다. 밭을 일구던 화전민은 떠났고, 그에 따라 화전도 황폐의 길을 걷고 있었다. 1993년 원예를 전공한 한 대학교수 눈에 이 땅이 들어왔다. 평소 꿈꾸던 정원을 이곳에 실현해 놓고 싶은 열망이 일었다. 꼬박 2년 동안 땅을 일구고, 꽃을 심고, 나무를 가꾸었다. 가꾸고 일구되 화전민이 일군 땅을 그대로 살려 지형이 조금 비스듬하다. 아침고요수목원은 마치 숨바꼭질하듯 축령산 동남쪽 기슭에 꼭꼭 숨어있다. 수목원도 아름답지만 가는 길도 무척 아름답다. 특히나 하늘을 밀어 올리려는 듯 높이 자란 잣나무 숲이 자주 시선을 끈다.

아침고요수목원은 비밀의 화원 같다. 야생화정원, 고향집정원, 고산암석원, 분재정원, 에덴정원, 시가 있는 산책로, 천년향, 석정원, 하경정원, 한국주제정원……. 수목원에는 10개가 넘는 정원이 있다. 야생화정원에는 우리나라에서 자생하는 들꽃이 가득하고, 하경정원은 우리나라 지형을 본떠 만들었다. 천년향은 아침광장에 서 있는 천년 된 향나무가 중심을 이룬다. 시가 있는 산책로에는 쭉쭉

뻗은 잣나무가 줄지어 관람객을 안내한다. 다양한 주제의 정원이 있지만, 애써 정원의 테마를 염두에 둘 필요는 없다. 정원마다 의미를 부여하기 위해 이름을 붙이고 주제를 정했지만, 자연을 느끼기 위해 온 사람들에게 주제는 그리 중요한 문제는 아니다. 그냥 기분 따라, 발길이 닿는 대로 걷다 보면 다양한 꽃들과 나무가 당신을 반겨줄 것이다. 오히려 중요한 건 관람객의 시선이다. 때로는 멀리서 조망하고, 또 때로는 눈을 낮추어 살피고 교감하고 대화하길 권한다.

수목원에 발을 들여놓는 순간부터, 당신은 동화 속을 걷는 듯 즐거워 자주 미소 짓고 가만가만 탄성을 지를 것이다. 봄엔 자연의 생명력을 파릇파릇 느끼기 좋다. 여름에는 화려한 꽃들이 한바탕 축제를 벌인다. 가을에는 축령산이 그려주는 자연의 수채화를 감탄하며 감상하게 될 것이다, 그리고 겨울에는 고요하고 평화로운 수목원이 조용히 당신을 기다린다. 게다가 잔디밭과 산책로도 이쁘고, 포토 스폿도 많아 관람하는 내내 지루할 틈이 없다.

ONE MORE 여기도 좋아요!

남이섬

◎ 경기도 가평군 가평읍 북한강변로 1024
☏ 031-580-8114 ◷ 08:00~21:00(연중무휴)
₩ 10,000원~16,000원 🚗 전용 주차장
ⓘ **찾아가기** ①경춘선 가평역에서 택시 4분 ②가평터미널에서 10-4번 버스 승차 후 남이섬 종점 하차. 남이섬선착장까지 도보 5분 이동. 총 20분 소요

동화 같은 낭만 공화국

남이섬은 북한강의 청평 호수 한가운데 떠 있는 14만 평의 반원 모양의 섬이다. 섬 북쪽 언덕 돌무더기에 남이 장군이 묻혔다는 민간설화 덕에 남이섬이라는 지명을 얻었다. 예전에는 대학생들의 MT와 직장인들의 야유회 장소로 유명했으나 지금은 세계인이 찾는 대한민국의 대표 관광지 가운데 하나가 되었다. 2002년 방영된 드라마 <겨울연가>는 남이섬의 명성을 높여준 일등 공신이다. 이때부터 남이섬은 국내를 넘어 아시아권 여행지로서 발돋움했다. 2006년 나미나라공화국이라는 국가 개념을 도입한 뒤 자연과 문화예술, 낭만이 공존하는 공간으로 새롭게 태어났다.

남이섬으로 가기 위해서는 배를 타야 하는데 그 과정을 입국심사를 받는 것처럼 하여 마치 해외로 나간 듯한 느낌을 준다. 남이섬의 대표 명소는 메타세쿼이아 길이다. 영화와 드라마에 여러 차례 나온 촬영 명소로 많은 사람이 배우 흉내를 내며 사진을 찍는다. 남이섬에서는 걸음의 속도를 늦추기를 권한다. 벚나무길, 은행나무길, 노래 박물관, 그림책 놀이터, 수시로 열리는 콘서트와 전시회, 그리고 맛있는 음식까지, 느리게 보아야 비로소 남이섬을 다 즐길 수 있다.

쁘띠프랑스 & 피노키오와다빈치

경기도 가평군 청평면 호반로 1063 031-584-8200
09:00~18:00(연중무휴)
₩ 10,000원~19,500원 전용 주차장
찾아가기 청평터미널에서 30-5번 버스 승차 후 쁘띠프랑스 하차. 총 50분 소요

한국에서 서유럽 여행하기

"가장 중요한 건 눈에 보이지 않아."

프랑스 소설 중에서 <어린 왕자>만큼 많은 사랑을 받은 책이 또 있을까? 아름다운 문장은 여전히 깊은 여운과 감동을 준다. 가평의 쁘띠프랑스는 어린 왕자 콘셉트로 만든 프랑스 마을이다. 건물이 하나같이 아름다워 실제로 프랑스에서 건물을 옮겨온 것 같다. 마을 이곳저곳에서 도자기와 인형, 오르골, 공예품, 고가구 등을 구경하며 프랑스 문화에 빠져들 수 있다. 프랑스의 정취를 느낄 수 있는 갤러리와 유럽의 명작 동화를 각색한 손 인형극까지 볼 수 있으니 이 또한 즐겁다. 프랑스에 어린 왕자가 있다면 이탈리아 마을에는 피노키오가 있다. 프랑스 마을 입구 오른쪽으로 성처럼 높이 서 있는 곳이 바로 이탈리아 마을이다. 이곳의 테마는 피노키오와 다빈치이다. 이탈리아식 건물 사이로 난 길을 걸어가면 마치 르네상스 시대의 이탈리아로 시간여행을 온 듯한 느낌을 받는다. 쁘띠프랑스보다 규모는 조금 작다. 하지만 다양한 피노키오 콘텐츠와 다빈치 전시관의 전시물에서 이탈리아 문화에 흠뻑 빠질 수 있다. 통합권을 끊으면 두 마을을 한 번에 구경할 수 있다.

경기도잣향기푸른숲

경기도 가평군 상면 축령로 289-146 031-8008-6769
09:00~18:00(동절기 09:00~17:00, 월요일·1월 1일·설날·추석 휴무) ₩ 300원~1,000원 전용 주차장
찾아가기 청평역에서 택시 16분

잣나무 숲에서 힐링을

가평의 축령산과 서리산 자락 해발 450m~600m에 있는 숲이다. 이곳은 우리나라에서 잣나무숲이 가장 우거진 곳이다. 수령 90년 이상인 나무들이 숲을 이루고 있는데, 돌아보는 곳마다 삼각형 잣나무가 쭉쭉 뻗어 있다. 잣나무들이 열병하듯 빽빽이 서 있는 모습이 장관이다. 숲속에 들어서면 잣나무들이 피톤치드를 뿌려주며 환영해 준다. 숲속에서 느끼는 상쾌함은 차원이 다르다. 가슴이 뻥 뚫리고 머릿속까지 시원하다. 잣나무는 상록수라서 계절에 따른 변화가 그리 크지는 않다. 하지만 외려 늘 푸른 그대로 서 있는 잣나무가 더 특별해 보인다.
경기도잣향기푸른숲에는 산자락을 따라 다양한 산책길이 나 있다. 어린이를 위한 20분 코스부터 2시간 코스까지 다양하다. 노약자와 장애인을 위한 무장애나눔길도 조성되어 있다. 여러 길 가운데 형편과 컨디션에 따라 코스를 정해서 걸으면 된다. 산책로를 걷다 보면 너와집과 귀틀집을 만날 수 있다. 1960~70년대 축령산에서 실제 살았던 화전민들의 가옥을 재현해 놓은 것이다. 또 봄부터 가을까지 다양한 체험 프로그램도 운영하고 있다. 산림치유 프로그램, 숲 해설 프로그램, 목공 체험 프로그램의 인기가 좋다.

RESTAURANT

온정리닭갈비 금강막국수 본점

경기도 가평군 상면 수목원로 16 031-584-5669
10:30~21:00(연중무휴)
₩ 15,000원~16,000원 전용 주차장
ⓘ **찾아가기** 아침고요수목원과 경기도 잣향기푸른숲에서 자동차로 7~8분

50년 넘은 숯불 닭갈비 맛집

보통 닭갈비는 철판에 볶거나 석쇠에 구워 먹는다. 이 집은 숯불을 이용해 석쇠에 구워 먹는 방식이다. 메뉴는 간장양념과 고추장 양념 두 가지 중에서 취향에 따라 주문할 수 있다. 보통은 간장과 고추장을 반반씩 주문한다. 메밀전, 상추 같은 밑반찬이 나오고 이어 초벌구이한 닭갈비가 나온다. 초벌구이한 고기라서 5분 정도만 익히면 바로 먹을 수 있다. 고기는 아주 부드럽다. 간장닭갈비는 간장 냄새가, 고추장양념닭갈비는 고추장 냄새가 거의 나지 않아 누구나 즐겁게 먹을 수 있다. 쌈 채소에 싸서 먹어도 좋지만, 메밀전에 싸 먹는 것도 추천한다. 막국수도 닭갈비만큼이나 맛이 좋다.

RESTAURANT

언덕마루가평잣두부집

경기도 가평군 상면 수목원로 248 0507-1372-5368
09:30~20:00(설날,추석,김장날 외 연중무휴)
₩ 9,000원~45,000원 전용 주차장 ⓘ **찾아가기** ①아침고요수목원에서 30-6번 버스 승차 후 두리개 정류장 하차. 총 7분 소요 ②아침고요수목원에서 자동차로 3분

이영자가 추천하는 잣두부 맛집

아침고요수목원에 가는 길의 마지막 고갯마루에 있는 두부 전문점이다. 가게가 위치한 지형을 따라 상호를 지은 모양이다. 잣은 가평의 특산물이다. 도로에 접한 작은 건물에서 이 잣을 이용해 만든 두부를 전문으로 판매한다. 두부를 만드는 곳이고 안쪽으로 가게가 있다. 두부에 하얗고 뽀얀 잣이 보석처럼 박혀 있다. 전골, 순두부, 생두부, 조림, 두부 보쌈 등을 판매한다. 세트 메뉴를 주문하면 이 집에서 판매하는 다양한 두부 메뉴를 골고루 먹을 수 있다. 두부는 잣이 씹혀 일반 두부보다 조금 더 고소하고 풍미가 좋다. 반찬도 간이 적당하고 단맛이 적어 담백하게 먹을 수 있다.

CAFE & BAKERY

골든트리

경기도 가평군 가평읍 금대리 130-18
0507-1388-9872
10:00~19:00(주말은 20:00까지, 연중무휴)
₩10,000원~13,000원 전용 주차장
찾아가기 가평역에서 자동차로 14분

우아하고 세련된 북한강 전망 카페

가평읍 금대리에 있는 북한강 뷰 카페이다. 카페는 아주 멋지고 세련되었다. 입구의 구상나무가 눈길을 끈다. 건물 입구 옆엔 얕은 연못이 있는데, 카페와 하늘을 비춘 모습이 아름답다. 이 카페의 손꼽히는 포토존이다. 카페 안으로 들어가면 넓은 창으로 보이는 북한강과 강 너머 산이 그림 같은 풍경을 연출해 준다. 인테리어는 모던하고 단순한 듯하면서 깔끔하고 우아하다. 날이 좋은 날엔 1층 테라스 자리의 인기가 좋다. 2층에 올라가면 전망이 더 좋다. 카페를 나와 강변으로 난 계단을 따라 내려가면 잔디 정원이 있다. 한번 더 내려가면 북한강이 발아래에서 찰랑거린다. 커피와 음료뿐 아니라 디저트도 즐길 수 있다.

CAFE & BAKERY

코미호미

경기도 가평군 가평읍 호반로 1646 0507-1307-3546
09:00~19:30(주말 09:00~20:00, 연중무휴)
₩7,000원~10,000원 전용 주차장
찾아가기 가평역에서 자동차로 12분, 서울양양고속도로 설악IC에서 자동차로 14분

후원이 아름다운 강변 카페

코미호미는 어느 한적한 시골의 전원주택 같은 카페이다. 카페 이름은 'come home'을 '코미호미'로 발음한 것이다. 카페로 들어서면 가정집 느낌이 물씬 풍긴다. 크기가 적당한 실내에 따스한 공기가 흐른다. 주문하고 뒷문으로 나가면, 육지로 쑥 들어온 북한강이 보인다. 마치 큰 호수 같다. 넓은 정원과 잘 어울린다. 강변 뷰도 멋지지만 코미호미의 후원도 매력적이다. 예전엔 밭이 아니었을까 싶을 정도로 뒷마당이 넓고 시원하다. 잔디광장, 예쁜 나무들, 무지개색 의자, 나무 위에 지은 통나무집, 그리고 파라솔과 야외 테이블…. 여유와 낭만이 폴폴 흐른다. 커피, 음료, 디저트 두루 판매한다.

책과 미술, 음악과 건축
그리고 커피 향이 반겨주는
매력적인 문화 콘텐츠 마을

헤이리예술마을

- 경기도 파주시 탄현면 헤이리마을길 70-21
- 031-946-8551
- 공간별로 이용 시간이 다르므로 홈페이지 참고(휴무 공간별 상이)
- 입장료 무료(공간별 입장료는 상이)
- 전용 주차장
- **찾아가기** 지하철 합정역 홀트아동복지회 앞에서 직행 2200번 승차 후 헤이리 4번 게이트에서 하차. 45분 소요

도시의 소음에서 잠시 벗어나고 싶은 날, 그렇다고 유명 관광지는 마뜩잖을 때, 헤이리 예술마을은 소풍 가듯 찾아가 예술과 문화의 향기에 푹 빠지기에 딱 좋은 곳이다. 한강과 임진강을 옆구리에 끼고 자유로를 달려 오두산 통일전망대를 지나면 이윽고 헤이리 예술마을이 나온다. 전국 6개 문화지구 중 한 곳이자 경기도의 유일한 문화지구이다. 자유로를 달리다 보면 도시에서 탈출하는 듯한 느낌이 들어 절로 마음이 가볍다.

2000년대 초반, 약 380명의 다양한 예술문화인들이 참여하여 집과 화랑, 공방과 박물관을 세우고, 길과 다리를 놓아 예술마을을 만들었다. 전체 넓이는 약 15만 평에 이르며, 마을 이름은 파주 지역의 전래 노동요인 '헤이리 소리'에서 따왔다. 마을엔 가볍게 산책하거나 커피 한잔을 즐기며 여유를 만끽하기에 좋은 카페가 곳곳에 있다. 독서를 즐길 수 있는 북카페에서 조용히 자신만의 시간을 가져보는 것도 좋다. 카페든 미술관이든 어느 한 지역에 몰려있지 않고 예술마을 곳곳에 숨어있다. 생각하지 못한 곳에서 다양한 공간이 반겨주기에 여행하는 재미가 남다르다. 미리 정보를 찾아보고

오면 더 많은 곳을 즐길 수 있다.

헤이리 예술마을의 아름다운 건축을 구경하는 재미도 쏠쏠하다. 이곳에서는 건물도 예술이기 때문이다. 모양이 같거나 비슷한 건물이 없고, 각각의 건물이 현대적일 뿐 아니라 땅의 형태를 거스르지 않으면서도 독특한 미적 감성을 담아내어 건축 여행 장소로도 손색이 없다. 예술마을에서는 다양한 문화 체험도 가능하다. 매년 가을에는 전시, 연주회, 미술 체험 등이 어우러진 축제가 열린다. 개별 미술관과 박물관, 공방에서는 듣고, 보고, 만드는 다채로운 체험 프로그램을 운영한다. 포토 스폿에서 인증 샷을 찍는 것도 좋지만 자신의 취향에 맞는 공간에서 체험의 즐거움에 빠져 보는 것도 좋다. 마을에는 펜션, 게스트하우스 같은 6곳 안팎의 숙박 시설도 있다. 시간 여유가 있다면 하룻밤 머물며 예술마을을 더 깊이 경험하는 것도 좋겠다. 예술마을의 밤이 오래 기억에 남을 것이다.

ONE MORE 여기도 좋아요!

지혜의숲

경기도 파주시 회동길 145 0507-1335-0144
10:00~20:00(연중무휴)
₩ 무료 전용 주차장
ⓘ **찾아가기** 지하철 합정역 홀트아동복지회 앞에서 직행 2200번 승차 후 헤이리 4번 게이트에서 하차. 45분 소요

책의 물성과 아날로그 감성 즐기기

요즘은 카페를 갖는 게 소망이라지만, 아날로그 세대는 책방을 하는 게 로망 중 하나였다. 책방이 아니라면 책이 가득한 '나만의 공간'이라도 갖는 게 꿈이었다. 지혜의숲은 젊은 날의 꿈을 소환하기 참 좋은 곳이다. 오랜만에 책의 아날로그 감성에 푹 빠져들 수 있다. 출입문을 들어서면 압도적인 서가가 시선을 압도한다. 높이 8m 서가에 책들이 꽂혀 있는데 단순히 서가가 아니라 아름다운 작품 같은 느낌을 준다. 책을 가득 채운 서가는 아름답고 신비하기까지 하다.

이런 서가가 입구에만 있는 게 아니다. 서가 전체 길이가 약 3.1km이다. 보유한 장서만 수십만 권인 거대한 책의 숲이다. 책의 물성이 제대로 살아있는 곳이다. 지혜의숲은 크게 세 구역으로 나뉜다. 1관은 학자, 지식인과 연구소에서 기증한 책들을 볼 수 있다. 사방이 서가라 편안한 느낌을 준다. 2관에서는 유명 출판사에서 발간한 책을 탁자에서 편하게 읽기 좋다. 3관은 게스트하우스인 지지향의 로비 층으로 박물관, 미술관에서 기증한 책을 볼 수 있다. 대출은 되지 않지만, 지혜의숲에선 원하는 책을 마음껏 읽으며 자신만의 시간을 즐길 수 있다. 책이라는 아날로그 문화 속에서 하루를 살아보는 것도 꽤 매력적인 일이다.

프로방스마을

경기도 파주시 탄현면 새오리로 69 0507-1363-6353
10:00~22:00(연중무휴)
₩ 무료(매장별 가격 상이) 전용 주차장
찾아가기 지하철 합정역 홀트아동복지회 앞에서 직행 2200번 승차. 맛고을·국립민속박물관에서 하차 후 도보 14분. 총 1시간 15분 소요

동화 속을 걷는 듯

프로방스는 프랑스 남동부의 지명이다. 화가 고흐가 말년에 약 2년을 프로방스의 아를에서 보내면서 전설적인 작품을 많이 남겼다. 전원 풍경과 다양한 색감이 고흐에게 깊은 영감을 주었다. 파주의 프로방스마을은 고흐가 예술혼을 불태웠던 바로 그 프로방스를 본떠 만들었다. 원래는 1990년대 후반에 시작한 파스타 맛집이었으나 큰 인기를 끌면서 지금처럼 예쁘고 귀엽고 색감이 다채로운 작은 마을로 성장했다. 헤이리예술마을과 불과 1.5km 정도 거리여서 같이 여행하기 좋다. 프로방스마을은 모든 건물이 알록달록하다. 옷 가게나 소품 가게는 마을 안쪽에 모여 있다. 모든 매장은 프로방스마을의 콘셉트에 맞춰 예쁘고 개성이 넘친다. 어느 한 곳에 들어가지 않고 마을을 둘러보는 것으로도 즐거운 시간을 보낼 수 있다. 그리 넓지 않은 곳이라 천천히 마음이 끌리는 대로 걸으면 된다. 커피나 음식을 먹고 싶다면 마을 바깥쪽에 있는 카페와 음식점으로 가면 된다. 프로방스마을엔 온실 및 야외 정원도 있다. 꽃과 물이 조화롭게 공존하는 모습이 보기 좋다. 동화 속을 거닐 듯 프로방스마을을 걷다 보면 가슴에서 예술적 감성이 폴폴 일어날 것이다.

미메시스아트뮤지엄

경기도 파주시 문발로 253 031-955-4100
10:00~19:00(동절기 18:00, 월~화 휴무)
₩ 5,000원~10,000원 전용 주차장
찾아가기 지하철 합정역 홀트아동복지회 앞에서 직행 2200번 승차. 심학교에서 하차 후 도보 2분. 총 35분 소요

건축물이 예술처럼 아름답다

파주출판단지엔 건축가들의 경연장이라고 할 만큼 다양하고 멋진 건물이 많다. 미메시스아트뮤지엄도 그중 하나다. 건축 면적 1,100평인 지상 3층 건물로, 포르투갈 건축가 알바로 시자(Alvaro Siza)가 디자인했다. 알바로 시자는 모더니즘 건축의 거장이다. 자연과 조화를 이루는 단순한 형태의 백색 건축물을 주로 만드는데 미메시스아트뮤지엄도 이러한 그의 철학이 담긴 건물이다. 예술작품과 건축미가 돋보이는 건물을 더불어 감상할 수 있어서 좋다. 태양의 움직임에 따라 그림자가 이동하며 건물에 다양한 표정을 연출해 주는 점이 퍽 인상적이다. 미메시스아트뮤지엄은 출판사 열린책들이 운영하고 있다. 예술, 책, 문구, 카페 등을 갖춘 복합공간이다. 뮤지엄에 들어서면 편안하게 커피를 마시고 책을 볼 수 있는 공간이 나온다. 유리창으로 들어오는 바깥 풍경이 편안하고 여유롭다. 자연광을 최대한 끌어들인 전시 공간도 인상적이다. 태양광이 시시때때로 변하는데 마치 빛의 공연을 보는 듯하다. 전시 공간에서는 주제를 바꾸어 이어지는 기획전과 유명 작가의 개인전을 관람할 수 있다. 야외 전시 작품도 눈길을 끈다.

RESTAURANT

통일동산두부마을

경기도 파주시 탄현면 필승로 480 031-945-2114
06:30~23:00(연중무휴) ₩17,000원~55,000원
전용 주차장 찾아가기 지하철 합정역 홀트아동복지회 앞에서 직행 2200번 승차. 맛고을·국립민속박물관에서 하차 후 도보 9분. 총 1시간 10분 소요

장단콩으로 만든 두부 음식 즐기기

헤이리예술마을과 프로방스마을 근처 성동사거리 부근에 있는 두부 전문점이다. 장단콩으로 만든 두부 음식을 즐길 수 있다. 장단은 DMZ 안 민간인 통제 지역에 있는 지역이며, 이곳에서 나는 콩은 조선 시대부터 임금에게 진상될 만큼 명성이 높았다. 통일동산두부마을은 헤이리를 찾는 사람들이 즐겨 찾는 인기 맛집이다. 통나무 구조의 건물이 안정감과 따뜻함을 준다. 주문하면 작은 접시에 볶은 콩이 나온다. 고소한 콩을 씹으며 음식을 기다리기 좋다. 청국장정식, 된장정식, 콩비지정식, 두부전골 등을 즐길 수 있다. 어떤 음식이든 정갈하고 깔끔하다. 자연 그대로의 맛이 느껴져 좋다.

RESTAURANT

심학산도토리국수

경기도 파주시 교하로681번길 12 031-941-3628
10:30~18:00(월요일 휴무)
₩12,000원~28,000원 전용 주차장
찾아가기 파주출판도시에서 자동차로 7분

탱글탱글한 면발

심학산 북동쪽 심학초등학교 근처에 있는 맛집이다. 교외 분위기가 나는 도로변에 있다. 멀리 운정신도시가 눈에 들어온다. 배낭을 멘 등산객이 많이 보이고, 의외로 젊은 손님도 많은 편이다. 주변에 식당이 여럿이지만, 이곳은 유독 많은 손님이 찾는다. 도토리전, 도토리사골국수, 도토리쟁반국수, 도토리묵밥, 도토리사골들깨국수 등을 즐길 수 있다. 도토리쟁반국수를 시켰다. 오이, 배, 새싹, 양배추, 잣이 보인다. 굵은 면도 보인다. 면 두께가 우동 면발처럼 굵다. 입에 넣으니 탱글탱글하게 면발이 살아있다. 식감이 아주 좋다. 간도 잘 맞는다. 인기 맛집이라 조금 기다려야 한다.

CAFE & BAKERY

더티트렁크

경기도 파주시 지목로 114 031-947-9283
09:30~21:30(연중무휴)
₩ 5,000원~22,000원 전용 주차장
찾아가기 파주출판도시에서 자동차로 7분

이국적인 대형 브런치 카페

파주출판도시 근처에 있는 2층 대형 카페이다. 작은 공장이 많아 조금 어수선해 보이는 동네지만, 카페에 들어서면 딴 세상에 온 듯하다. 약 500평에 이르는 넓은 실내와 높은 층고, 높이가 다양한 의자와 테이블, 많은 식물 화분이 인상적인 곳으로 미국 교외 스타일 카페를 지향하고 있다. 카페, 베이커리, 키친, 바를 융합한 국내 최대 규모 올인원(all-in-one) 카페테리아이다. 다양한 커피와 음료는 물론 술과 디저트, 샐러드, 파스타, 치킨버거까지 미국 스타일로 모두 해결할 수 있다. 더티트렁크는 바깥 풍경이 아니라 카페 내부가 아름다워서 유명해진 곳이다. 빈티지하고 이국적인 카페에서 인생 샷을 건질 수 있다.

CAFE & BAKERY

라플란드

경기도 파주시 돌곶이길 178-3 0507-1366-9044
10:00~21:00(연중무휴)
₩ 5,000원~20,000원 전용 주차장
찾아가기 파주출판도시에서 자동차로 3분

북유럽 감성의 베이커리 카페

파주출판도시 옆 심학산 서쪽 끝자락에 있는 베이커리 카페다. 핀란드의 청정지역인 라플란드를 모티브로 한 북유럽 감성의 베이커리 카페로 드라마를 촬영했을 만큼 인테리어가 예쁘다. 입구에 전시한, 오래된 커피 관련 기구들이 커피 감성을 저격한다. 2층부터 내려오는 길고 화려한 샹들리에도 인상적이다. 창가 테이블 너머로 시원한 바깥 풍경이 들어온다. 테라스로 나가면 더 시원한 전망을 즐길 수 있다. 2층으로 올라가면 전망이 더 좋다. 프랑스산 유기농 밀가루와 무염 버터, 천연발효종을 사용하여 29시간 숙성해 빵을 만든다. 창가에 앉아 서쪽 하늘을 보며 마시는 커피는 노을만큼 진하고 맛있다.

아찔한 출렁다리
부드러운 호수 둘레길
처음엔 스릴을 마지막엔 고요를 즐기자

짜릿함과 고요함을 동시에

마장호수출렁다리와 둘레길

- 경기도 파주시 광탄면 기산로 365
- 031-950-1935
- 09:00~18:00(동절기 17:00, 연중무휴)
- 무료(주차 요금은 별도)
- 전용 주차장
- **찾아가기** 수도권제1순환고속도로 송추IC에서 자동차로 23분

마장호수는 파주시 광탄면에 있다. 2000년에 농업용 저수지로 조성되었으나, 2018년에 호수를 가로지르는 출렁다리가 생기면서 파주를 대표하는 명소가 되었다. 출렁다리의 길이는 220m이고 높이는 최대 50m이다. 출렁다리를 건너며 마장호수와 주변 경치를 구경할 수 있다. 호수를 더 잘 보기 위해서는 출렁다리 입구에 있는 전망대에 올라가는 것이 좋다. 하지만 사람들은 대부분 곧장 출렁다리로 향한다. 출렁다리는 성인 걸음으로 약 10분이면 반대편에 닿을 수 있다. 그리 긴 편이 아니나 꽤 흔들리기에 아찔함을 한가득 느껴볼 수 있다. 다리 중간에 방탄유리를 설치해 스릴감을 더해준다. 방탄유리는 18m 구간에 설치되어 있는데, 고소공포증이 있는 사람은 목제발판이나 철망 다리를 걸으면 되기 때문에 크게 걱정

할 필요는 없다.

출렁다리를 건너면 지금부터는 둘레길을 걸을 시간이다. 마장호수둘레길 길이는 약 4km인데 거의 모든 구간에 데크를 설치해서 누구나 걷기 편하다. 시간 여유가 없다면 한 바퀴 다 돌지 않아도 된다. 출렁다리를 건넌 후 왼쪽 또는 오른쪽으로 길을 잡았다가 반대편에서 출발점으로 되돌아오면 반 정도 걷게 된다. 호수 주위를 돌며 멀리서 출렁다리를 보는 재미도 남다르다. 호수에 비치는 하늘과 산과 출렁다리가 만들어내는 광경도 아름답다. 마장호수둘레길은 서두르지 않고 천천히 걸으며 자신과 대화하기에 아주 좋다. 직선이 아니라 곡선이라 산책하기 더욱 좋다. 호수는 언제나 잔잔하다. 바람이 불어야 겨우 잔물결이 일어난다. 둘레길을 걷고 나면 당신 마음도 잔잔해질 것이다. 게다가 곡선의 둘레길처럼 당신의 마음도 부드러워져 있을 것이다.

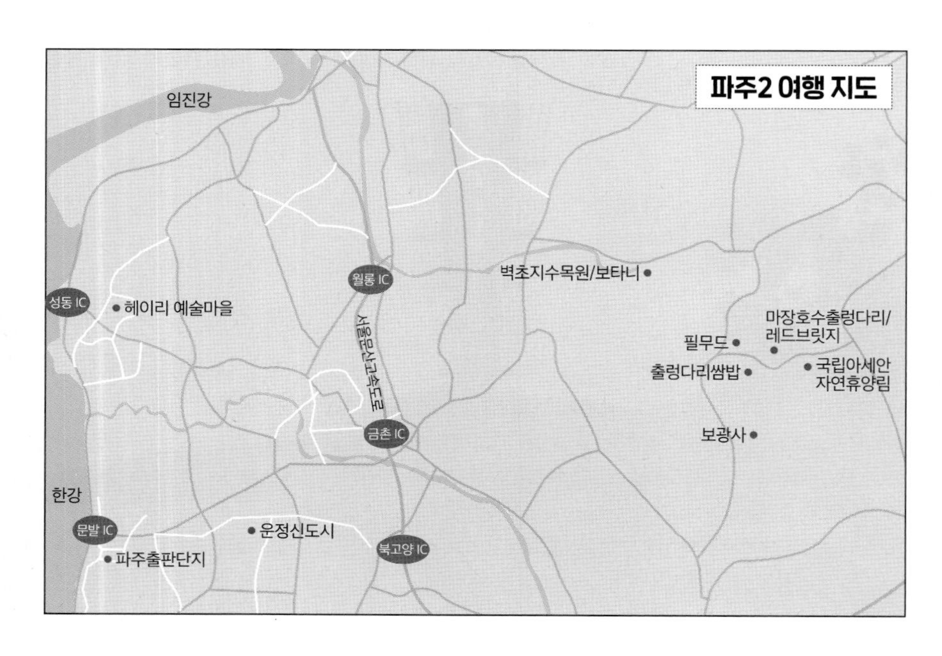

국립아세안자연휴양림

경기도 양주시 백석읍 기산로 472 031-871-2796
09:00~18:00(화요일 휴무)
₩ 입장료 300원~1,000원, 주차료 1,500원~5,000원
숙박비 45,000원~240,000원
전용 주차장
찾아가기 마장호수에서 자동차로 6분, 수도권제1순환고속도로 송추IC에서 자동차로 23분

파주로 떠나는 동남아 여행

국립아세안자연휴양림은 주소상으로는 양주시 백석읍에 속하지만 마장호수에서 불과 1.5km 거리에 있다. 수도권에서 제법 접근성이 좋은 자연휴양림이다. 숙박도 가능하지만, 하루 산책코스로 둘러보기에도 아주 좋다. 게다가 이름에서 알 수 있듯이 이국적인 풍경이 많아 산책하는 기분이 남다르다. 한옥 방문자안내센터 오른쪽엔 휴양림으로는 드물게 전시실이 나온다. 전시실 바닥에는 우리나라와 동남아시아 지도가 그려져 있다. 필리핀, 말레이시아, 싱가포르, 인도네시아, 타이, 브루나이, 베트남, 라오스, 미얀마, 캄보디아 등 아세안 10개국의 위치와 국가명이 적혀 있다. 각 나라에 대한 간단히 소개하는 안내 글과 특산품 등을 볼 수 있다. 아세안자연휴양림의 가장 큰 매력은 10개 나라의 가옥 형태로 지은 숙소이다. 숙소에 머물지 않더라도 산책하듯 걸으며 각국의 독특하고 이색적인 건축물을 구경하는 재미가 쏠쏠하다. 잠시나마 한국에서 동남아시아를 여행하는 기분을 느낄 수 있어서 좋다. 휴양림에는 아세안숲길 일곱 개가 있다. 경사가 완만해 걷기 편하다. 공기가 좋아 조금만 걸어도 금세 머리가 맑아진다.

보광사

경기도 파주시 광탄면 보광로474번길 87
031-948-7700
전용 주차장
찾아가기 마장호수에서 자동차로 10분, 수도권제1순환고속도로 통일로IC에서 자동차로 22분

나무벽화와 전나무숲이 아름답다

보광사는 광탄면의 고령산(622m) 서쪽 기슭에 있다. 신라 진성여왕(894년)의 명령으로 도선국사가 창건했고, 당시엔 비보 사찰로 이름을 날렸다는데, 이를 객관적으로 증명할 만한 기록은 없다. 보광사가 세상에 널리 알려진 것은 조선 영조 때이다. 영조는 생모 숙빈 최씨의 묘인 '소령원'에서 가까운 보광사를 어머니의 원찰로 삼았다. 영조가 쓴 대웅보전 현판과 숙빈 최씨의 신위를 모신 어실각이 이를 말해준다. 대웅보전 외벽의 나무벽화도 볼만하다. 중생이 용이 끄는 배를 타고 극락으로 가는 모습을 그린 '반양용선도'가 인상적이다. 보광사는 특이하게 마당을 중심으로 전후좌우에 법당, 누각, 요사채를 두는 전형적인 전각 배치 구조를 따르지 않고 있다. 그보다는 땅의 생김새에 맞추어 전각을 배치했다. 조금 어수선하지만 그래서 자연스럽고 자유로워 보인다. 절 뒤쪽으로 가면 대형 석불 지나 전나무숲이 펼쳐진다. 보광사의 아름다움은 이곳에서 나온다고 해도 과언이 아니다. 전나무숲에 앉으면 바람 소리와 풍경 소리가 마음을 맑게 해준다. 이곳에서 바라보는 보광사의 뒷모습이 제법 멋지다.

벽초지수목원

경기도 파주시 광탄면 부흥로 242 0507-1421-2022
10:00~17:00(연중무휴)
₩ 7,500원~10,500원 전용 주차장
찾아가기 마장호수에서 자동차로 17분, 자유로 금촌 IC에서 자동차로 22분

동양과 서양의 아름다움을 모두 품었다

벽초지수목원은 광탄면의 비암천 변에 있다. 2005년 개원한 파주의 대표적인 수목원으로, 꽃구경하며 차분차분 걷기에 좋다. 벽초지는 한자를 풀면 푸른 풀과 연못이라는 뜻이다. 성벽 같은 매표소를 지나면 멋진 소나무가 맞아준다. 이윽고 정원이 펼쳐진다.

벽초지수목원의 가장 큰 매력은 동양과 서양 정원의 매력을 한곳에서 느끼고 경험할 수 있다는 점이다. 수목원은 크게 두 개 영역, 저수지를 중심으로 꾸며진 수목공간과 이국적인 분위기가 물씬 풍기는 조각공원이 그것이다. 수목공간은 다시 자유의 공간, 사색의 공간, 감동의 공간으로 구분해 놓았다. 조각공원도 설렘의 공간, 신화의 공간, 모험의 공간으로 세분했다. 수목공간은 동양식 정원에 가깝고 조각공원은 서양식 정원에 가깝다. 연못과 나무다리, 나무와 산책로가 중심을 이루는 수목공간이 정적이고 사색적이라면, 조각공원은 꽃밭과 분수대, 그리스 신화에 나오는 조각이 어우러져 동적이면서 제법 화려하다. 이밖에 넓은 잔디밭과 다양한 산책길, 1,000여 종의 식물로 알차게 꾸며놓아 지루할 틈이 없다.

RESTAURANT

출렁다리쌈밥

경기도 파주시 광탄면 기산로186번길 8
0507-1336-6271
10:00~22:00(연중무휴)
₩ 17,000원~20,000원 전용 주차장
ⓘ **찾아가기** 마장호수에서 자동차로 1~2분

배가 든든해지는 쌈밥정식

마장호수둘레길을 걷고 나면 속이 출출해질 것이다. 무언가 든든한 게 먹고 싶다면 출렁다리쌈밥을 추천한다. 호수에서 불과 1km 남짓한 거리에 있어 접근성이 좋다. 간판이 대리석 건물 이마를 머리띠처럼 두르고 있다. 상호처럼 이 집의 대표 메뉴는 쌈밥이다. 2인분 이상 주문할 수 있다. 기본 반찬과 순두부, 청국장우렁쌈장이 먼저 나온다. 쌈밥의 맛을 결정하는 쌈장 맛이 꽤 좋다. 우렁이는 잘 삶아져 탱글탱글한 게 식감이 아주 좋다. 유기농으로 키운 싱싱한 채소는 무한 리필이라서 얼마든지 먹을 수 있다. 고등어구이와 제육쌈밥, 매운갈비찜쌈밥, 더덕생채와 제육쌈밥 중에서 선택할 수 있다.

RESTAURANT

보타니

경기도 파주시 광탄면 창만리 166-1 031-957-2004
10:30~18:00(연중무휴)
₩ 23,000원~25,000원 전용 주차장
ⓘ **찾아가기** 마장호수에서 자동차로 17분, 자유로 금촌 IC에서 자동차로 22분

수목원 옆 이탈리안 레스토랑

벽초지수목원 안에 있는 레스토랑이다. 수목원 입구에서 여왕의 정원을 지나면 이윽고 음식점이 나온다. 지하에는 갤러리가 있고, 1층에선 스낵과 커피를 판다. 2층은 브런치 카페 겸 이탈리안 레스토랑이다. 2층에서는 샐러드와 파스타, 피자, 스테이크와 브런치 메뉴를 판매하고 있다. 음식도 음식이지만, 보타니의 최고 매력은 수목원 전망이다. 2층 창가에서 벽초지 호수와 여왕의 정원을 감상할 수 있는데, 여왕의 정원 전망이 특히 아름답다. 꽃이 피는 계절에는 풍경이 더 아름답다. 음식 맛도 제법 좋지만, 보타니에서의 기억은 식사보다 2층에서 본 풍경이 먼저 떠오를 것이다.

CAFE & BAKERY

레드브릿지

경기도 파주시 광탄면 기산로 329 0507-1311-5556
10:00~19:00(연중무휴)
₩7,000원~30,000원 전용 주차장
찾아가기 수도권제1순환고속도로 송추IC에서 자동차로 23분

마장호수 전망 베이커리 카페

레드브릿지는 마장호수 출렁다리 옆에 있는 베이커리 카페다. 지하 1층, 지상 2층의 현대식 건물이 마장호수를 바라보며 서 있다. 카페로 들어서면 통창으로 시원한 전망이 카페 안까지 다가온다. 어느 곳에서든 시야를 가리는 건물이 없어서 싱그러운 풍경을 마음껏 담을 수 있다. 층마다 마장호수를 배경으로 사진 찍기 좋은 포토존이 있다. 특히 전망 브리지 인기가 좋다. 마장호수 뷰는 전망대가 더 좋을 법도 하지만 이곳의 인기는 전망대를 압도하고도 남는다. 베이커리 카페답게 빵 종류가 무척 다양하다. 제철 과일을 이용한 디저트와 좋은 원두로 만든 향 깊은 커피 한잔과 함께 여유를 즐기기 좋다.

CAFE & BAKERY

필무드

경기도 파주시 광탄면 기산로 129 0507-1382-0387
10:30~21:00(넷째 화요일 유무)
₩6,000원~10,000원 전용 주차장
찾아가기 마장호수에서 자동차로 3~4분

정원이 아름다운 베이커리 카페

길고 하얀 외관이 무슨 연구소 같지만, 실은 2층짜리 대형 베이커리 카페이다. 건물이 지적이고 모던해서 금방 눈에 띈다. 마장호수 주차장에서 약 2km 떨어져 있다. 외관만 봐도 엄청난 규모임을 알 수 있는데 주차장부터 클래스가 남다르다. 카페 내부로 들어서면 하얀 벽과 커튼, 우드톤의 테이블, 그리고 백색 등이 깔끔하고 따뜻한 분위기를 연출해 준다. 천장이 높고 테이블 간격이 넓어 개방감이 좋다. 유리창으로 들어오는 카페 앞마당과 전원의 풍경이 아름답다. 테라스와 계절마다 꽃이 피는 넓은 정원에도 파라솔과 테이블이 마련되어 있다. 날이 좋은 휴일에는 실내보다 야외 카페 인기가 더 좋다.

주머니처럼 생긴 폭포
신비로운 옥빛 연못
출렁다리에서 감상하는
아찔한 한탄강 협곡

비둘기낭폭포와 한탄강하늘다리

- 경기도 포천시 영북면 대회산리 415-2
- 031-538-3030
- 09:00~18:00(연중무휴)
- ₩ 무료
- 전용 주차장
- **찾아가기** 구리포천고속도로 신북IC에서 자동차로 30분

포천시 영북면 한탄강에 있는 폭포이다. 폭포는 대부분 산속 깊은 곳에 있지만, 비둘기낭폭포는 한탄강하늘다리 주차장에서 걸어서 10분이면 만날 수 있다. 천연기념물 537호로 지정됐을 만큼 소중하고 아름다운 폭포지만, 몇 해 전까지만 해도 비둘기낭폭포는 많이 알려지지 않았었다. 2020년 7월 한탄강이 유네스코 세계지질공원으로 지정되면서 비로소 세상에 널리 알려지게 되었다. 한탄강지질공원은 화산이 우리에게 준 선물이다. 약 54~12만 년 전, 지금은 북한 땅인 강원도 평강군에서 엄청난 화산이 폭발했다. 이때 용암이 지대가 낮은 한탄강과 임진강 일부 지역으로 흘러내려 용암대지를 만들었다. 이 용암대지가 오랜 시간 물에 씻겨나가고 침식하면서 강을 만들고, 현무암 절벽과 주상절리, 비둘기낭 같은 폭포를 만들었다.

한탄강하늘다리 주차장에서 조금 걸어가면 한탄강 유네스코 세계지질공원 상징탑이 나오고, 여기에서 왼편으로 난 길과 데크 계단을 조금만 내려가면 폭포 소리가 들리기 시작한다. 조금 더 계단을 내려가면 이윽고 폭포가 온전히 모습을 드러낸다. 지형이 비둘기

둥지처럼 움푹 팬 주머니 모양이라서 이런 이름을 얻었다. 실제로 폭포는 울창한 숲속의 수직 절벽 아래 주머니처럼 생긴 곳에 꼭꼭 숨어있다. 독특한 모양의 수직 바위틈 사이에 풀과 나무가 매달리듯이 자라고 있고, 그 아래로 물줄기가 쏟아져 옥빛 연못을 만들어 놓았다. 그 모습이 무척 신비롭다. 비둘기낭폭포 아래로는 현무암 협곡이 이어진다. 폭포에서 올라오면 협곡과 한탄강이 한눈에 들어오는 전망대가 있다.

비둘기낭폭포에서 산책로를 따라 북동쪽으로 10분쯤 걸으면 한탄강하늘다리에 도착한다. 높이 50m 상공에 매달린 폭 2m, 길이 200m의 출렁다리이지만 흔들거림이 심한 편은 아니다. 다리에서 보는 협곡의 경치가 장관이다. 하늘다리 중간에는 투명한 유리를 설치해 발아래로 강물이 훤히 보인다. 아찔한 낭떠러지를 따라 장쾌하게 흘러가는 물줄기가 가슴을 시원하게 해준다.

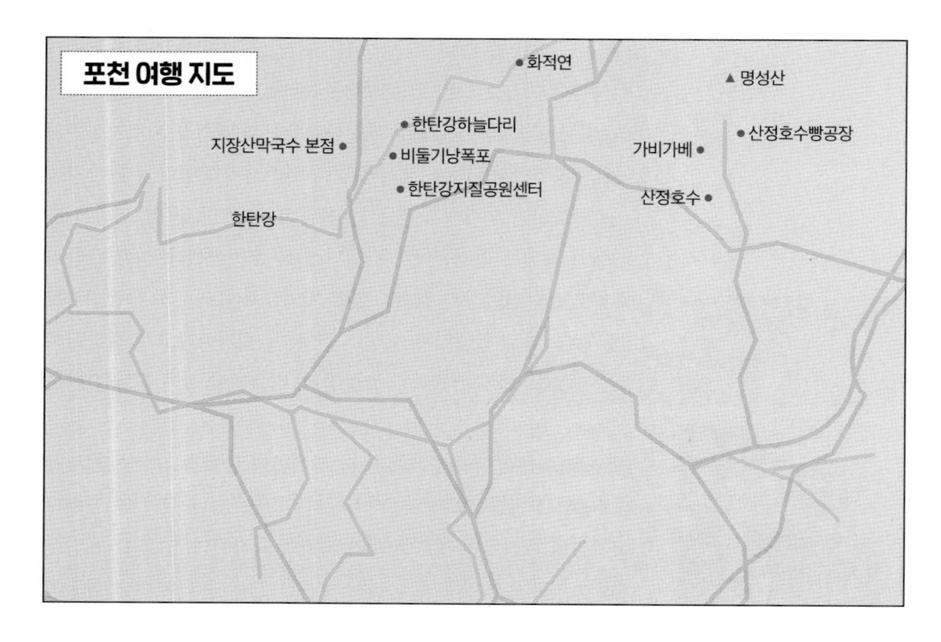

한탄강지질공원센터

경기도 포천시 영북면 비둘기낭길 55 031-538-3030
09:00~18:00(화요일, 1월 1일, 설과 추석 당일 휴무)
₩ 1,000원~2,000원 전용 주차장
찾아가기 구리포천고속도로 신북IC에서 자동차로 30분

화산과 지질공원 예습하기

한탄강지질공원센터는 비둘기낭폭포로 가는 길목에 있다. 포천과 철원의 세계지질공원으로 여행을 간다면 먼저 이곳에 들러보기를 추천한다. 한탄강지질공원센터는 우리나라의 최초 지질공원 전문 박물관이다. 지금의 한탄강을 있게 한 화산폭발과 지질에 관한 이야기를 살펴볼 수 있다. 한탄강지질공원센터는 상설전시관과 기획전시관, 지질생태체험관, 4D 라이딩영상관으로 구성돼 있다. 이들 전시관에서 한탄강에 용암이 흐르기 이전에 있었던 암석과 지질을 직접 구경할 수 있다. 티타늄을 함유한 함티타늄자철석과 국내 3대 화강석의 하나인 포천석이 대표적인 용암이 흐르기 이전의 암석이다. 선사시대 한탄강에 살았던 사람들의 무덤인 고인돌도 구경할 수 있다. 어린이들은 놀면서 한탄강의 지질과 생태를 배울 수도 있다. 또 가상의 보트를 타고 한탄강의 협곡에서 레프팅도 즐길 수 있다. 아는 만큼 보인다고 했다. 알고 떠나면 세계지질공원을 보는 즐거움이 더 깊어질 것이다.

화적연

◎ 경기도 포천시 영북면 자일리 산115
☏ 031-538-2106
🚗 전용 주차장
ⓘ **찾아가기** 구리포천고속도로 신북IC에서 자동차로 36분

겸재 정선이 감탄한 명승지

화적연(명승 93호)은 연못과 화강암 절벽으로 이루어진 명승지이다. 한탄강 상류의 포천시 영북면에 있다. 비둘기낭폭포에서 북쪽으로 약 15km 거리이다. 주차장에 차를 세우고 강 쪽으로 내려가면 멀리 화적연이 보인다. 입구에 화적연 안내판과 한탄강 지질공원 종합안내도가 나란히 서 있다. 화적연은 조선 시대 진경산수화의 대가인 겸재 정선이 금강산 유람 길에 화폭에 담았을 만큼 경치가 뛰어나다, 금강산으로 가는 여정에 포천의 이름난 명승지 8곳이 있는데 이를 영평8경이라고 한다. 화적연은 그중 제1경이다. 화적연은 강 건너편에서 보는 것이 더 멋있다. 한탄강이 돌아가는 길목에 기이한 형상의 화강암 바위가 우뚝 솟은 비현실적인 풍경을 만난다. 전망대에서 보면 물개를 닮은 것도 같고 고개를 쳐든 달팽이 같기도 하다. 고운 모래가 검은 화적연을 더욱 빛나게 해준다. 화적연은 우리말로 '볏가리소'라고 한다. '벼 화', '쌓을 적', '연못 연' 자를 써서 "볏짚을 쌓아 놓은 듯한 연못"이라는 뜻이다. 한탄강이 휘몰아치는 곳에 화강암 바위가 우뚝 솟은 모습이 마치 볏짚을 쌓아 놓은 모습 같다고 해서 이런 이름을 붙였다.

산정호수

경기도 포천시 영북면 산정호수로411번길 108
0507-1409-6135
전용 주차장
찾아가기 구리포천고속도로 신북IC에서 자동차로 32분

아름다워 감탄하기 바쁘다

산정에 있는 호수. 이름부터 퍽 낭만적이다. 산정호수는 포천 하면 빼놓을 수 없는 명소이다. 가을철 억새로 장관을 이루는 명성산과 망봉산, 망무봉 등 주변의 산봉우리들이 호수와 어울려 절경을 이룬다. 산정호수는 일제강점기인 1925년 농업용수를 공급하기 위해 만들었다. 첩첩산중에 둘러싸인 우물 같은 호수라 풍광이 무척 아름답다. 1977년 산정호수는 국민관광지로 지정되었다. 이때부터 식당과 숙박업소가 호숫가를 따라 들어서기 시작하였다. 산정호수에선 레포츠를 즐길 수 있는데 쾌속 모터보트와 백조 보트를 탈 수 있으며, 겨울에는 스케이트와 눈썰매도 탈 수 있다. 산정호수의 또 다른 매력은 호수 주변을 따라 산책하는 것이다. 호수를 한 바퀴 돌 수 있는 둘레길을 만들어 놓아 사람들로 늘 북적인다. 3.2km에 이르는 평탄한 길을 걸으며 조각공원, 붉은빛 적송 아래 조성된 수변 데크를 만날 수 있다. 이곳에서는 걷는 데 몰두할 수가 없다. 잔잔한 호반을 따라 걷다 보면 발걸음을 옮길 때마다 표정을 바꾸는 호수 때문에 감탄하기에 바쁘다. 호수에 비친 봉우리들과 나무들과 하늘이 그림처럼 펼쳐지고 호수 위를 유유히 떠다니는 백조 보트가 평화롭고 한가롭다.

RESTAURANT

산비탈손두부

경기도 포천시 영북면 산정호수로 295
0507-1446-3992 08:00~20:00(목요일 휴무)
₩13,000원~60,000원 전용 주차장
찾아가기 산정호수에서 자동차로 2분

고소하고 부드러운 맛

산정호수 한화리조트 쪽에서 부소천을 따라 약 1km쯤 내려가면 만날 수 있는 손두부 음식점이다. 방송에도 여러 번 소개된 적이 있는 30년 맛집이다. 방송에서는 두부버섯전골이 많이 소개되었지만 이보다 조금 가벼운 순두부정식을 더 많이 찾는다. 음식을 주문하면 밑반찬 6가지에 순두부와 된장찌개가 나온다. 반찬은 간이 세지 않고 무난하다. 순두부는 곱고 몽글몽글한데 고소하고 부드러워 순하게 넘어간다. 나물 반찬에 고추장, 참기름을 넣고 밥과 비빈 후 순두부, 된장찌개와 함께 먹으면 더 맛있다. 순두부가 부드러워 배불리 먹어도 속이 편해서 좋다.

RESTAURANT

지장산막국수 본점

경기도 포천시 관인면 창동로 895 031-533-1801
08:00~18:00(연중무휴)
₩11,000원~25,000원 전용 주차장
찾아가기 ①비둘기낭폭포에서 자동차로 10분 ②구리포천고속도로 신북IC에서 자동차로 32분

60년 전통의 진짜 메밀국수 맛집

지장산막국수는 포천시 관인면 지장산 계곡 근처 도로변에 있는 맛집이다. 1966년에 영업을 시작했으니까, 60년을 헤아린다. 포천의 막국수 하면, 떠올릴 만큼 널리 알려졌다. 건물은 새로 지어 깨끗하다. 입구에는 대기 손님이나 식사를 마친 손님이 커피를 마실 수 있는 벤치가 마련되어 있다. 목재로 마감한 깔끔한 내부와 커다란 통창이 시원하다. 밑반찬은 열무김치와 무김치, 양파절임이 나오는데 한번 맛보면 저절로 한 번 더 젓가락이 간다. 이 집 막국수는 진짜 메밀국수이다. 메밀을 직접 제본하여 사용하기 때문에 찰기가 없지만, 대신 메밀 본연의 맛을 볼 수 있어 좋다.

CAFE & BAKERY

가비가배

경기도 포천시 산정호수로 849-130 031-535-3460
평일 10:00~17:30, 주말/공휴일 9:30~18:00(연중무휴)
₩ 6,000원~8,000원 전용 주차장
찾아가기 ①산정호수 한화리조트에서 자동차로 10분 ②산정호수 조각공원에서 걸어서 18분

산과 호수를 동시에 품었다

가비가배는 산정호수 언덕에 있는 한옥 카페이다. 전망이 좋기로 유명해 산정호수 근처에서 가장 유명하다. 소문만큼이나 전망이 훌륭하다. 한옥에 앉아 호수 건너편에 우뚝 솟은 명성산 절벽과 산정호수 전망을 동시에 즐길 수 있으니, 말 다 했다. 카페는 전통 한옥과 기와를 얹은 목재 건축이 연결되어 있다. 전통 한옥이 별관이고, 지붕이 겹치듯 이어진 나무로 지은 집이 본관이다. 잘 가꾼 정원이 눈길을 끈다. 카페에서 바라보는 전망도 아름답지만, 정원에서 바라보는 카페 전경도 꽤 매력적이다. 차를 타고 갈 수도 있고, 한화리조트나 조각공원 쪽에서 호수 둘레길을 산책하듯 걸어서 갈 수도 있다.

CAFE & BAKERY

산정호수빵명장

경기도 포천시 영북면 산정호수로 826-2
031-544-9600 09:30~18:00(연중무휴)
₩ 6,000원~8,000원 전용 주차장
찾아가기 ①산정호수 한화리조트에서 자동차로 8분 ②산정호수 조각공원에서 자동차로 5분, 걸어서 18분

명성산에 안긴 베이커리 카페

가비가배 카페 건너편 명성산 자락에 안긴 베이커리 카페이다. 산정호수 조각공원에서 산정호수로를 따라 조금만 더 올라가면 오른쪽 산밑에 카페가 있다. 안으로 들어가면 엄청 넓은 주차장이 나온다. 비탈진 길을 따라 올라가면 카페가 나온다. 산자락 곳곳에 있는 정자와 테이블이 눈길을 끈다. 커다란 인형이 반겨주는 카페로 들어서면 향긋한 빵 냄새가 코를 자극한다. 베이커리 카페답게 카페 중앙에 제법 큰 빵 전시대가 있다. 자꾸 침이 고인다. 테이블 간격이 넓어 실내는 복잡하지 않다. 그래도 날이 좋다면 야외 테이블을 추천한다. 주변 풍경을 더 즐길 수 있어서 좋고, 무엇보다 가슴이 절로 시원해진다.

한국 100대 대표 관광지
폐광산이 문화예술 콘텐츠를 만나자
놀라운 테마 체험 공간으로 부활했다

폐광산이 환상적인
동굴 테마파크로

광명동굴

경기도 광명시 가학로85번길 142

070-4277-8902

09:00~18:00(월요일 휴무)

₩ 3,000원~10,000원

전용 주차장

찾아가기 ①지하철 7호선 철산역에서 17번 버스 승차. 총 45분 소요 ②제2경인고속도로 광명IC에서 자동차로 12분 ③서해안고속도로 광명역IC에서 자동차로 12분

광명동굴은 수도권에서 보기 드문 환상적인 동굴 테마파크이다. 2012년 와인 동굴, 전시관, 공연장, 수족관, 지하 연못, 식물원, 지하 광장을 갖춘 테마파크로 다시 태어났다. 동굴이라는 공간적 차별성과 희귀성을 문화예술 콘텐츠와 결합하여 만든 놀라운 체험 공간이다. 한국 100대 대표 관광지와 경기도 10대 관광지로 선정될 만큼 이제는 광명을 대표하는 명소로 자리 잡았다.

광명동굴은 원래 광산이었다. 1903년 시흥광산이라는 이름으로 처음 등장했다. 일제강점기 금, 은, 동, 아연을 채굴하기 시작해서, 해방 무렵 금과 은이 더는 나오지 않자, 이때부터는 구리와 아연, 납을 주로 채굴했다. 광복 이후 산업화 시기엔 600명이 넘는 광부가 하루 350톤 광물을 채굴했다. 잘 나가던 광산은 뜻밖의 사건으로 문을 닫았다.

1972년 8월, 강원도와 수도권에 대홍수가 났다. 8월 19일 서울과 경기도에 하루 450mm가 넘는 폭우가 쏟아졌다. 이날 서울에서만 수해로 93명이 목숨을 잃었다. 시흥광산도 수해를 피하지 못했다. 집중 폭우가 물막이를 넘어 광산으로 쏟아져 들어왔다. 지하 깊은 쪽 갱도

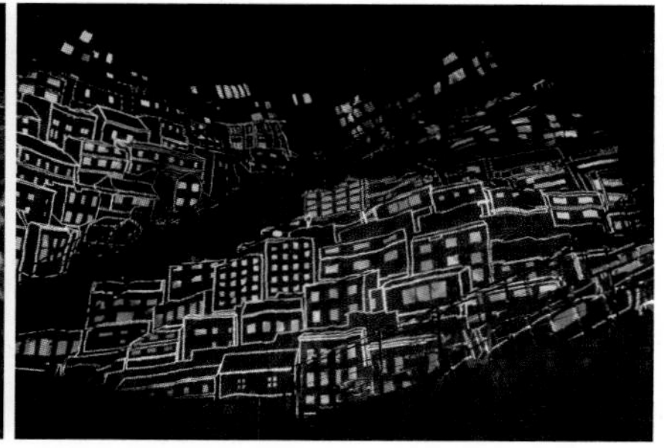

가 물에 잠겼다. 이 일로 광산은 문을 닫았다. 그 후 약 40년 동안 소래포구의 새우젓을 보관하고 숙성하는 창고로 사용되었다. 2011년 광명시가 광산을 매입해 동굴 테마파크로 꾸몄다. 이듬해 개장하자마자 큰 인기를 끌었다. 전체 갱도 7.8km 가운데 2km 남짓한 구간을 개발해 공개하고 있다.

광명동굴은 수평과 수직 갱도가 서로 연결되어 있다. 전체의 갱도를 16개의 공간으로 꾸며놓아 걸어갈 때마다 서로 다른 표정이 연출된다. 입구의 바람길에서 출발하여 길이 네 개로 갈라지는 웜홀광장을 지나면 본격적인 동굴탐험이 시작된다. 화려한 빛의 공간을 지나면 동굴 예술의 전당이 나오는데 이곳에서는 동화를 주제로 환상적인 미디어파사드 쇼가 펼쳐진다. 동굴에는 지하호수와 황금폭포, 아쿠아월드, 와인동굴도 있다. 와인동굴은 연중 12℃를 유지하여 와인 저장과 숙성에 최적의 장소이다. 국내에서 생산하는 다양한 와인을 전시·판매한다. 폐광산을 관광 명소로 탈바꿈시킨 상상력도 놀랍지만, 동굴 테마파크는 실제 모습은 상상보다 더 신비롭고 흥미롭고 환상적이다.

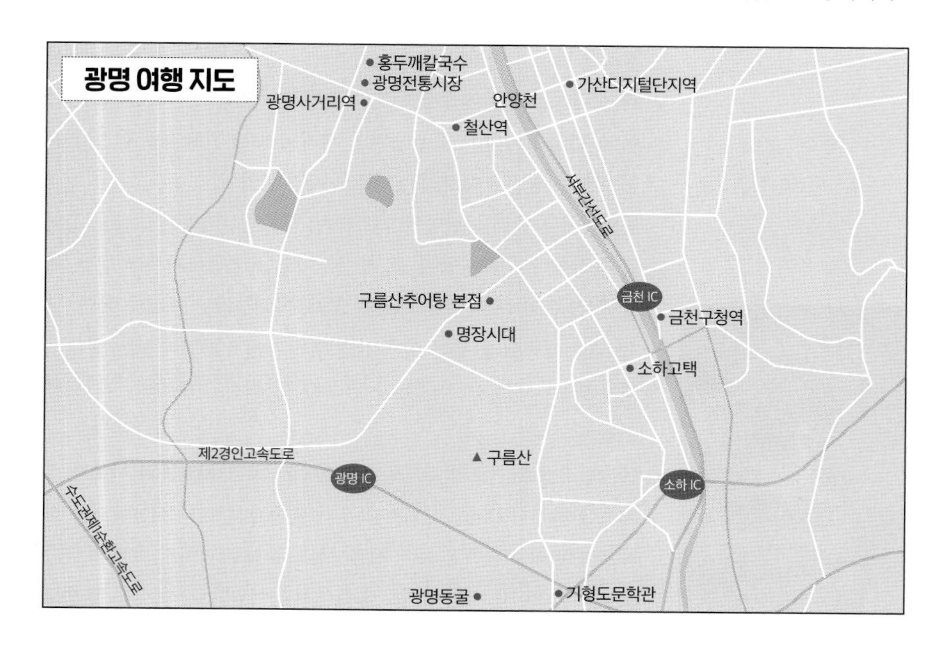

ONE MORE **여기도 좋아요!**

광명전통시장

경기도 광명시 광이로13번길 17-5 02-2614-0006
10:00~21:00(연중무휴)
전용 주차장
찾아가기 지하철 7호선 광명사거리역에서 도보 3분

먹자골목이 유명한 전국 7대 시장

광명전통시장은 광명동에 있는 재래시장으로 보통 광명시장이라 부른다. 1970년에 광명사거리에 들어선 시장이다. 광명시의 의식주 생활 대부분을 책임지는 엄청난 규모를 자랑한다. 국내 전통시장 중에서 일곱 번째로 크다. 광명 사람들은 이곳을 큰 시장, 광명사거리 남서쪽에 있는 새마을시장을 작은 시장이라고 구별해서 부른다.

광명전통시장은 1972년부터 자연 발생적으로 형성되었다. 1981년 광덕로 복개와 2000년 지하철 7호선 개통으로 접근성이 좋아졌다. 2006년에 천장을 설치하였으며 2017년 5월 공영주차장이 들어서 재래시장의 단점이라 할 수 있는 주차난을 해소하였다. 현재 광명전통시장에는 약 400개 점포가 영업하고 있다. 지하철 7호선 광명사거리역 7번 출구에서 3분 정도 걸으면 광명시장 입구가 나온다. 광명전통시장에서 가장 유명한 것은 바로 먹거리다. 시장에 발을 들여놓자마자 맛있는 음식 냄새가 코를 자극한다. 음식 냄새에 마음이 들뜨기 시작한다. 이미 수많은 맛집과 점포들이 매스컴에 소개될 정도로 먹자골목으로 유명하다. 가격이 저렴한 간식부터 풀코스 식사를 즐길 수 있는 맛집까지 음식점이 다채롭다. 광명전통시장에는 모두 일곱 개 통로가 있다. 빨강 거리, 초록 거리, 남색 거리……. 통로마다 색깔로 이름을 붙여 구분해 쇼핑하기 편리하다.

충현박물관

◎ 경기도 광명시 오리로347번길 5-6 ☏ 02-898-0505
◷ 10:00~17:00(일요일,월요일,명절 휴무,12월~2월 휴관)
₩ 5,000원~10,000원 🚗 전용 주차장
ⓘ **찾아가기** ①제2경인고속도로 광명IC에서 자동차로 12분 ②지하철 1호선 금천구청역에서 택시 12분 ③지하철 7호선 철산역에서 택시 14분

국내 유일 종가박물관

광명시 남쪽 구름산 자락에 있다. 조선 중기의 문인 이원익 종가에서 만든 국내에서 유일한 종가박물관이다. 오리 이원익(1547~1634)은 조선 명종 때 광명에서 태어나 선조, 광해군, 인조 대에 이르기까지 약 60년 동안 공직에 몸담았다. 그는 율곡 이이가 인정하고 서애 류성룡이 존경한 명재상이자 청백리였다. 정문으로 들어가면 오른쪽으로 2층짜리 충현관이 보인다. 이곳에서 오리 선생의 삶을 엿볼 수 있다. 2층에 영정과 친필 등 이원익과 관련된 자료가 전시되어 있는데, 그중에서도 두 폭의 초상화가 눈에 띈다. 오리 이원익의 초상화인데 왼편 초상화는 부채를 든 이원익을 그렸다. 흉배에 단학이 그려져 있다. 오른편 초상화에는 흉배에 쌍공작이 그려져 있다. 임진왜란 당시 선조를 호종한 공적을 인정받아 호성공신에 녹훈되었을 때 그려진 초상화다. 1층에는 종가에서 사용했던 제기와 민속생활품이 전시되어 있다. 400년 전 유물부터 근대에 이르기까지 사대부 집안에서 사용한 생활용품을 구경할 수 있다. 양반 생활사를 구경하는 재미가 있다. 충현관 앞에 있는 건물은 종택이다. 종택의 왼쪽으로 난 문으로 들어가면 관감당이 나온다. 1630년 인조가 경기 감사에게 명하여 이원익에게 지어준 집이다.

기형도문학관

◎ 경기도 광명시 오리로 268 ☏ 02-2621-8860
◷ 09:00~18:00(동절기 17:00, 월요일 휴무)
₩ 무료 🚗 전용 주차장
ⓘ **찾아가기** ①경부고속철도 광명역에서 택시 5분 ②제2경인고속도로 광명IC에서 자동차로 12분

짧은 삶 깊은 시 세계

시인 기형도를 기리는 문학관이다. 기형도는 시인들의 시인이다. 생은 짧았고, 등단 후 작품 활동 기간도 4년에 지나지 않지만, 그의 시는 독자뿐 아니라 여전히 많은 시인의 사랑을 받고 있다. 기형도는 1960년 옹진군 연평도 피난민의 가정에서 태어났다. 1964년 광명시 소하동(당시의 시흥군 소하리)으로 이사해 살았다. 연세대를 졸업하고 중앙일보에 입사해 기자 생활을 하던 1985년 동아일보 신춘문예에 '안개'가 당선돼 등단했다. '안개'엔 그가 살았던 소하동 풍경이 배경으로 등장한다. 4년 후인 1989년 3월 7일 종로의 심야극장에서 급작스럽게 죽음을 맞이했다. 사인은 뇌졸중이었다. 그의 나이 스물여덟이었다. 같은 해에 유고 시집 <입 속의 검은 잎>이 출간됐다.

기형도문학관은 경부고속철도 광명역 북쪽 기형도문학공원 안에 있다. 3층의 현대식 건물로 전시실, 북카페, 강당, 도서 공간으로 꾸며져 있다. 전시실에는 그의 문학 작품과 일대기, 유품이 함께 전시돼 있다. 유품 중에는 초등학교 시절 받은 상장과 임명장, 성적표도 있다. 그가 즐겨 듣던 음악이 담긴 카세트테이프와 손때묻은 자명종 등은 시인과 동시대를 산 사람들에게 추억과 공감을 불러일으킨다.

RESTAURANT

구름산추어탕 본점

경기도 광명시 범안로 964-5 02-898-7200
10:00~21:00(연중무휴) ₩ 11,000원~15,000원
전용 주차장 찾아가기 ①지하철 1호선 독산역에서 자동차로 6분 ②지하철 7호선 철산역에서 자동차로 6분 ③제2경인고속도로 광명IC에서 자동차로 4분

보쌈과 함께 맛보는 추어탕

구름산 북서쪽 끝자락 하안동에 있는 추어탕 전문 식당이다. 광명에서 손에 꼽히는 맛집으로, 건물 두 채를 식당으로 사용할 만큼 규모가 크다. 추어탕 종류는 세 가지다. 미꾸라지를 갈아서 끓인 일반 추어탕과 미꾸라지가 통째로 들어간 통추어탕, 전복이 들어간 전복추어탕이 있는데 일반 추어탕을 많이 찾는다. 추어탕을 주문하면 깍두기와 배추김치가 나오고 또 다른 접시에 보쌈 5점과 콩나물무침이 곁들여 나온다. 추어탕을 먹기 전, 보쌈을 한 점 먹었는데 보쌈 전문점이 아닐까 싶을 정도로 고소하고 부드럽다. 콩나물과 곁들여 먹으면 더 맛있다. 추어탕 국물은 진한데 텁텁하지 않아 좋다.

RESTAURANT

홍두깨칼국수

경기도 광명시 오리로964번길 17 02-2625-6235
09:00~21:00(연중무휴)
₩ 5,000원 광명전통시장 공영주차장
찾아가기 지하철 7호선 광명사거리에서 도보 3분

줄 서서 먹는 시장 칼국수

광명전통시장에서 손에 꼽는 맛집이다. 이미 방송에 여러 번 소개될 정도로 유명하여 시장 상인과 장 보러 나온 시민뿐 아니라 일부러 이곳 칼국수를 먹기 위해 찾아오는 사람도 꽤 많다. 문 앞에 길게 늘어선 사람들이 이곳의 명성을 말해준다. 광명전통시장엔 통로마다 색깔로 이름을 붙여놓았는데 홍두깨칼국수는 빨강 길에 있다. 주방 한쪽에서는 얇은 밀가루 반죽을 잘라서 칼국수 만들기 바쁘다. 평일에는 칼국수와 수제비, 칼수제비, 잔치국수 등을 파는데, 손님이 몰리는 주말이나 공휴일에는 칼국수만 판매한다. 수제라서 그럴까? 칼국수는 부드럽고 식감이 좋다. 국물은 깔끔하고 개운하다.

CAFE & BAKERY

명장시대

경기도 광명시 범안로 930 02-898-1883
08:30~22:00(연중무휴) ₩6,000원~10,000원
전용 주차장 **찾아가기** ①지하철 1호선 독산역에서 자동차로 9분 ②지하철 7호선 철산역에서 자동차로 8분 ③제2경인고속도로 광명IC에서 자동차로 6분

제빵 제과 명장이 만드는 베이커리

광명시 하안동 구름산 자락에 있는 베이커리 카페이다. 상호에서 짐작할 수 있듯이 대한민국 11대 제과 명장이 운영한다. 2000년 첫 명장이 탄생한 뒤 현재까지 제과·제빵 분야 명장은 15명뿐이다. 그만큼 베이커리 품질을 믿을 수 있다. 주차장에 들어서면 넓은 정원과 본관 건물이 눈에 들어온다. 본관은 2층으로 지은 현대식 건물이다. 내부는 넓고 쾌적하다. 아기자기한 소품으로 꾸민 인테리어가 눈길을 끈다. 1층에는 다양한 빵들이 진열돼 있고, 여유롭게 빵과 커피를 즐기고 싶다면 2층으로 가는 게 좋다. 야외 정원도 잘 가꿔져 있으며, 본관 앞엔 토담집처럼 생긴 별관이 있다.

CAFE & BAKERY

소하고택

경기도 광명시 신촌북로 7 0507-1323-1957
12:00~21:00(월요일 휴무)
₩5,000원~12,000원 전용 주차장
찾아가기 ①지하철 1호선 금천구청역에서 자동차로 6분 ②강남순환고속도로 금천IC에서 자동차로 4분

오아시스 같은 한옥 카페

광명 동쪽을 적시며 흐르는 안양천 근처 아파트촌 옆에 있는 한옥 카페이다. 동쪽으로 조금 가면 안양천이 나오고, 건너편은 서울 금천구 시흥동이다. 아파트촌 옆에 이처럼 아늑한 한옥이 있다는 게 신기하면서도 반갑다. 한옥은 심플하고 아름답다. 소하고택엔 건물이 한 채 더 있다. 새로 지은 신관인데, 신관은 현대식 건물이다. 신관을 지나면 기역(ㄱ) 모양의 한옥 건물이 나타난다. 제법 너른 마당이 한옥 카페를 더 빛내준다. 마당은 야외 카페이다. 테이블 몇 개와 나무 의자, 우아한 화분과 정원수 몇 그루가 운치를 더해준다, 커피와 녹차, 빵과 가래떡구이, 미숫가루 같은 디저트를 즐길 수 있다.

조선 후기 토목과 건축의 꽃
화서문-장안문-화홍문-방화수류정
낭만을 부르는 화성 성곽길 산책

정조의 꿈,
세계문화유산이 되다

수원화성

경기
수원

- 경기도 수원시 장안구 연무동 190
- 031-290-3600
- 09:00~18:00(야간관람 가능, 연중무휴)
- ₩ 무료
- 전용 주차장
- **찾아가기**①신분당선 광교역에서 택시 16분 ①지하철 1호선 수원역에서 택시 15분
②영동고속도로 동수원IC에서 자동차로 20분

수원화성은 조선 후기의 토목과 건축 기술을 모두 쏟아부은 최고 수준의 완성형 성곽이다. 우리나라 성곽은 대부분 터를 둘러싸고 있는 산마루에 쌓았다. 서울 도성이 대표적이다. 하지만 화성은 평탄한 땅에 조성되었다. 화성은 성곽, 즉 방어용 군사시설이라기보다는 신도시에 더 가까웠다. 화성엔 성곽뿐 아니라 행궁과 사대문, 사직단, 행정 관청, 시장까지 있었다. 화성은 군사, 행정, 상업적 기능을 아울러 담당하는 조선 시대의 신도시였다.

화성엔 왕도 정치를 실현하려는 정조의 꿈과 아버지 사도세자의 명예를 복원하려는 효성이 더불어 깃들어 있다. 정조의 지시를 받은 정약용은 전통 성곽 기술과 동서양의 기술서를 참고해 〈성화주략〉이라는 지침서를 만들었다. 화성은 이 지침서를 기준으로 1794년에 착공해 1796년에 완공했다. 둘레 약 5.7km, 성벽 높이는 4~6m이다. 땅을 파 1m 정도 기초를 다진 뒤 아래는 돌로, 위쪽은 벽돌로 쌓았다.

조선은 기록의 나라였다. 화성 축성 후인 1801년 〈화성성역의궤〉라는 완공 보고서가 발간되었다. 여기엔 축성 계획뿐 아니라 동원된 사람의 인적 사항, 재료의 출처 및 용도, 예산 및 임금 계산, 시공 기

계, 재료 가공법, 공사일지 등 거의 모든 것이 빠짐없이 기록되어 있다. 미국의 수도 워싱턴DC와 러시아의 상트페테스부르크는 수원 화성과 비슷한 시기에 건설된 신도시이다. 하지만 〈화성성역의궤〉 같은 완공 보고서는 존재하지 않는다. 이 기록 덕에 화성을 실제와 똑같이 복원할 수 있었다. 화성이 세계문화유산으로 인정받은 데는 성곽 자체의 차별적인 건축적 성취도가 제일 큰 영향을 미쳤지만, 〈화성성역의궤〉란 금쪽같은 기록물도 한몫 단단히 거들었다.

수원화성은 걷기에 좋은 곳이다. 성곽을 따라 이어진 길은 운치가 있고, 옛 성벽과 도심의 빌딩이 어우러진 경치도 볼만하다. 화서문-장안문-화홍문-방화수류정-활터에 이르는 성벽 길이 특히 아름답다. 조명이 좋고, 경치도 뛰어나 해 질 녘에 걸으면 더 깊은 감성을 느낄 수 있다. 화홍문 옆쪽 언덕에 있는 방화수류정과 용연은 화성의 핫 플레이스이다. 방화수류정에서 보는 화성의 경관도 좋고, 용연의 공원에서 올려다보는 방화수류정도 무척 아름답다.

화성행궁

경기도 수원시 팔달구 정조로 825 031-228-4480
09:00~18:00(연중무휴) ₩ 800원~2,000원
전용 주차장 ⓘ **찾아가기** ①신분당선 광교역에서 택시 16분 ①지하철 1호선 수원역에서 택시 15분 ②영동고속도로 동수원IC에서 자동차로 20분

임시 궁궐 중 으뜸이다

화성행궁은 수원 화성 내의 중심부에 있다. 1789년 팔달산 동쪽 기슭에 건립되었다. 행궁은 왕이 전란을 피해 잠시 머물거나 나들이할 때 묵는 임시 궁궐이다. 화성행궁은 조선 행궁 중 규모나 기능에서 단연 으뜸으로 꼽히는 곳이었다. 평상시에는 수원부 관아로 사용되다가 정조대왕 행차 때에는 이곳에 머무르며 연회 및 과거시험 등 여러 행사를 거행하였다. 정조는 아버지의 묘를 옮긴 뒤 해마다 화성을 방문했다.
화성행궁의 정문은 신풍루이다. 임금님의 새로운 고향이라는 뜻으로, 정조가 수원화성을 고향처럼 여긴다는 것을 내포하고 있다. 정문과 중앙문을 지나 직진하면 봉수당이 나온다. 봉수당은 화성행궁의 정전이자 화성유수부의 동헌 건물이다. 1795년 이곳에서 정조가 어머니 혜경궁 홍씨의 회갑연을 열었다. 봉수당 안에 그때의 모습을 재현해 놓았다. 다음 날엔 고을 사람들을 불러 양로연을 베풀고 과거를 치르는 등 화성에서 나흘 동안 머물렀다. 봉수당 오른쪽에 원형 그대로 보존된 낙담헌과 정조가 왕위에서 물러난 뒤의 노후생활을 꿈꾸며 지은 노래당이 있다. 화성행궁 옆에는 정조대왕의 어진을 모신 화령전이 있다. 건립 당시에는 576칸이었다. 지금까지 482칸을 복원했고, 나머지 94칸도 복원 중이다.

지동시장

◎ 경기도 수원시 팔달구 팔달문로 19 ☏ 031-256-0202
⏱ 점포별 상이(휴무와 가격 점포별 상이)
🚗 전용 주차장 ⓘ **찾아가기** ①신분당선 광교역에서 택시 11분 ①지하철 1호선 수원역에서 택시 11분 ②영동고속도로 동수원IC에서 자동차로 20분

정조의 후원으로 탄생한 200년 전통시장

지동시장은 수원 남문시장에 속한 여러 시장 중의 하나이다. 수원화성의 남문인 팔달문 주변의 팔달로 1~3가, 구천동, 영동, 지동의 재래시장을 통틀어 남문시장이라 부른다. 지동시장부터 구천동 공구시장, 남문로데오시장, 남문패션1번가시장, 못골시장, 미나리광시장, 영동시장, 시민상가시장, 팔달문시장까지 모두 아홉 개 시장으로 이루어져 있다. 구천동 공구시장을 제외한 모든 시장이 아케이드로 서로 연결되어 있는데 이 중에서 가장 오래된 곳이 지동시장이다. 정조대왕이 전국의 보부상들에게 밑천을 대주고 장사를 하게 하면서 시작되었으니까, 200년이 훨씬 넘었다. 지동시장에서 가까운 곳에 수원 화성의 동남각루가 있고 시장 맞은편으로 조금만 걸어가면 팔달문이 나온다. 수원화성을 본떠 만든 출입구가 인상적인데, 지동시장은 순대로 특히 유명하다. 40여 개 순대 전문음식점이 순대 타운을 형성하고 있다. 서울 관악구 신림동의 순대타운, 안양의 중앙시장 순대타운과 함께 전국 3대 순대 골목으로, 수원의 명물 시장으로 손꼽힌다. 시장 바로 옆에 화성이 있어서 성곽길을 산책하기에 더없이 좋다.

월화원

경기도 수원시 팔달구 인계동 1117 효원공원 내
1899-3300 09:00~22:00(연중무휴)
₩ 무료 경기아트센터 주차장 **찾아가기** ①수인분당선 수원시청역에서 도보 13분 ②신분당선 광교역에서 택시 11분 ③지하철 1호선 수원역에서 택시 10분 ④영동고속도로 동수원IC에서 자동차로 10분

이국적인 정취가 흐르는 중국식 정원

월화원은 팔달구 효원공원 서편에 있는 중국식 정원이다. 규모는 약 1,820평으로 계절마다 운치가 남다르고 이국적인 정취가 아름답다. 월화원은 경기도와 광둥성이 한국과 중국의 전통 정원을 상대 도시에 짓기로 한 약속에 따라, 중국 명조 말~청조 초기의 민간 정원 형식을 기초로 만들었다. 광둥성이 설계하고 중국 노동자들이 직접 공사를 진행했다. 창문으로 풍경을 감상하는 차경 원리를 살렸고, 인공 연못과 흙을 쌓아 만든 가산(假山) 등을 배치하였다. 연못 주변에는 인공 폭포를 만들고 배를 본떠 정자도 세웠다. 정문으로 들어서면 오른편에 옥란당이, 왼쪽엔 분재원이 있다. 가운데엔 작은 연못이 있다. 안쪽으로 더 들어가면 부용사라는 정자가 나온다. 그 앞에 있는 넓은 연못이 정원의 운치를 더해준다. 부용사 왼쪽에 있는 월방은 중국 원림의 대표적인 건축물 중 하나이다. 연못과 잘 어울린다. 그리고 제일 뒤쪽에 흙을 쌓은 곳에 중연정이라는 정자가 있다. 이곳에서 정원 전체를 조망할 수 있다. 정원을 산책하며 지나는 문에 적힌 지춘(봄을 느낀다), 통유(아름다운 경치가 통하는 문), 입아(우아한 경치가 있는 곳으로 들어가는 문) 같은 글귀를 눈여겨보자. 문이 그 자체로 액자 역할을 한다.

RESTAURANT

이태리동

경기도 수원시 팔달구 향교로 27-1 리오빌딩 지하 1층
0507-1381-2117 11:30~22:00(연중무휴)
₩6,500원~40,000원 주변의 공영 또는 사설 주차장
찾아가기 지하철 1호선과 수인분당선 수원역에서 도보 5분

불 쇼 이벤트가 특별하다

수원역 앞 로데오거리에 있는 이탈리안 음식점이다. 튀는 색깔도 아니고 그리 큰 편도 아니어서 간판을 잘 찾아야 한다. 이태리동 간판 아래로 난 계단을 따라 내려가면 식당이 나온다. 간접조명과 중간중간 놓인 식물이 식당 분위기를 차분하게 해준다. 파스타, 피자, 샐러드, 라자냐, 스테이크 등 음식 종류가 제법 다양하다. 음식은 좌석에 앉아 태블릿으로 주문하면 된다. 잠시 후 서빙 로봇이 음식을 들고 온다. 인기 있는 메뉴 중의 하나는 통삼겹스테이크다. 겉은 바삭하고 속살은 부드러우며 신기하게 돼지 냄새가 전혀 나지 않는다. 통삼겹스테이크를 주문하면 직접 불 쇼를 보여준다.

RESTAURANT

원조엄마네

경기도 수원시 팔달구 팔달문로 19 지동시장 순대타운 031-253-5210 10:30~22:00(첫째, 셋째 화요일 휴무/둘째, 넷째 수요일 휴무 ₩10,000원~40,000원 전용 주차장 **찾아가기** ①신분당선 광교역에서 택시 11분 ②지하철 1호선 수원역에서 택시 11분 ③영동고속도로 동수원IC에서 자동차로 20분

지동시장 순대타운의 인기 맛집

지동시장에는 40여 개의 순대 전문음식점이 밀집해 있다. 화성 성곽길을 걷다가 남문 쪽으로 왔다면 지동시장에 들러 순대곱창볶음 즐겨보자. 어느 집에 가더라도 맛이 기본은 되지만 그중에서도 원조엄마네가 가장 유명하다. 순대타운 안쪽 깊숙한 곳에 있지만, 사람들이 가장 많이 몰리는 맛집이다. 다른 식당엔 사람들이 듬성듬성 앉아 있지만, 이곳은 대부분 빈 자리가 없다. 대표 메뉴는 순대철판볶음이다. 음식을 주문하면 밑반찬과 소스가 먼저 나오는데 그중에서도 고추쌈장 맛이 일품이다. 곱창과 순대, 채소와 당면에 라면까지 넣어주므로, 양은 언제나 넉넉하다.

CAFE & BAKERY

정지영커피로스터즈 장안문점

경기도 수원시 팔달구 정조로905번길 13
070-7537-0120 12:00~22:00(월요일 휴무)
₩ 5,000원~9,000원 공영주차장 이용
ⓘ **찾아가기** 지하철 1호선 수원역에서 택시 12분

편안함을 주는 화성 전망 카페

장안문에서 안내소를 지나 화서문 방향으로 성곽길을 조금 걸어가면 나온다. 수원 화성을 조망할 수 있는 화성 뷰 카페이다. 오래된 양옥집을 개조한 듯한 겉모습이 조금 투박하지만, 실내는 의외로 트렌디하고 인테리어가 깔끔하다. 1층에는 주문 카운터와 작은 테이블이 있고, 2층과 3층에는 방과 거실로 사용하던 공간을 트지 않고 그대로 카페로 꾸며 조용하게 커피를 즐기기 좋다. 가정집 같은 편안함을 주는 데다가 수원 화성까지 조망할 수 있으니 일석이조이다. 게다가 직접 로스팅하기에 커피 맛이 늘 신선하다. 건물 옥상은 테라스로 꾸몄다. 옥상으로 올라가면 더 좋은 화성 뷰를 즐길 수 있다.

CAFE & BAKERY

카페디아즈

경기도 수원시 팔달구 인계로166번길 48-7 HP빌딩
0507-1361-0712 10:00~23:00(연중무휴)
₩ 6,000원~49,000원 주차 가능
ⓘ **찾아가기** ①수인분당선 수원시청역에서 도보 6분 ②월화원에서 도보 8분

나혜석 거리의 루프톱 카페

수원시 인계동 나혜석 거리 번화가 중심에 있는 루프톱 카페다. 나혜석 거리는 수원 태생인 한국 최초의 여성 서양화가 정월 나혜석 여사를 기리는 약 300m쯤 되는 문화 거리다. 문화예술회관, 효원공원, 야외 음악당 등을 연결하고 있어서 젊은이들이 즐겨 찾는다. 카페디아즈는 5층 건물의 4층과 5층을 사용하고 있다. 엘리베이터를 타고 4층에 내려 카페로 들어가면 내부가 환하다. 두 면이 통유리이고, 천장을 노출해 개방감이 좋은 편이다. 다양한 커피와 음료, 케이크와 티라미수 같은 디저트를 즐길 수 있다. 커피는 질감이 조금 가볍다. 날이 좋은 날엔 테라스와 루프톱을 추천한다.

인생 사진 성지가 된 단풍나무숲
백색의 향연을 펼치는 자작나무숲
우리나라에서 가장 큰 이끼원
숲에 안기는 순간 찾아오는 평화

화담숲

- 경기도 광주시 도척면 도척윗로 278-1
- 031-8026-6666
- 09:00~18:00(월요일과 12월~3월 휴원)
- 7,000원~11,000원
- 전용 주차장
- **찾아가기** ①중부고속도로 곤지암IC에서 자동차로 12분 ②경강선 곤지암역 또는 곤지암터미널에서 광주 9번 버스 승차 후 화담숲 하차. 도보 포함 30분 소요

화담숲은 경기도 광주시에 있는 친환경 생태 수목원이다. 광주시 도척면 도응리의 곤지암 스키 리조트 옆에 있다. LG그룹이 2013년에 개원했는데, 단풍이 든 가을 숲이 너무 아름다워 금세 인생 사진 성지가 되었다. 가을이 되면 인스타그램에 화려하게 치장한 화담숲 풍경이 속속 올라온다. 화담숲의 넓이는 16만 5,265㎡(5만 평)이다. 그리 넓지는 않지만, 국내 자생식물과 해외에서 도입한 식물을 합해 약 4천3백종이 자랄 만큼 숲이 알차고 풍성하다. 화담숲은 16개 테마원으로 구성돼 있다. 산 지형을 그대로 이용하여 만들었는데, 입구를 지나면서부터 오르막길을 지그재그식으로 오르며 숲을 구경할 수 있다. 산책로는 다 합쳐서 5.2km 정도이다. 남녀노소 누구나 자연과 호흡할 수 있도록 전 구간의 경사를 완만하게 만들고, 일부는 데크로 조성했다. 나무 데크는 유모차나 휠체어 두 대가 지나갈 수 있을 만큼 넓다. 산책로를 모두 걷는 데 2시간 정도 걸린다.

걷는 게 부담스럽거나 시간을 아끼고 싶다면 모노레일을 이용하면 된다. 다만 모노레일을 이용하려면 조금 부지런을 떨어야 한다. 대부분 조기에 매진되기 때문에 서두르지 않으면 승차권을 구매하

기 쉽지 않다. 걷는 데 큰 무리가 없다면 걷는 것을 추천한다. 관람 순서나 방향이 정해진 것이 없다. 어디서 시작하든, 어느 산책로로 가든 개인의 선택이지만 가능하면 많은 사람이 움직이는 방향으로 함께 움직이는 게 걷기에 수월하다. 주요 테마원으로 국내 최대 규모인 '이끼원'과 자작나무 1,000여 그루가 백색의 향연을 펼치는 자작나무숲, 명품 분재 250점을 전시하고 있는 분재원을 꼽을 수 있다. 하지만 이보다 더 인상적인 곳은 국내 최다 품종이 자라는 단풍나무숲이다. 480여 종의 단풍나무숲은 가을에 절정을 보여준다. 형형색색 치장을 한 단풍나무숲은 숨이 막힐 만큼 아름답다. 가을이 최고 절정이지만 봄과 여름에 가도 아름답기는 마찬가지다. 화담숲은 언제 가더라도 품어주고, 토닥토닥 당신의 어깨를 두드려 준다. 겨울엔 문을 닫는다.

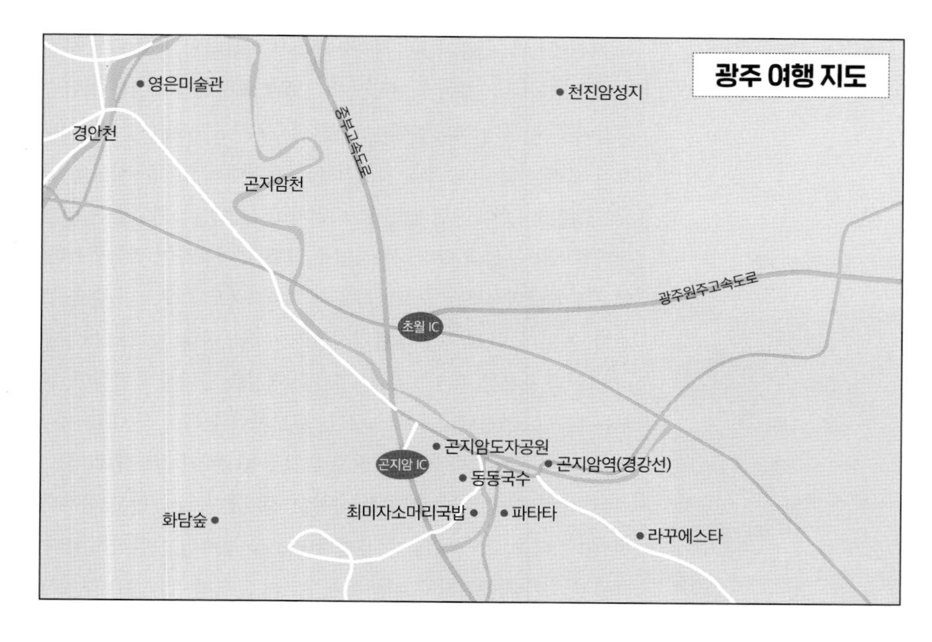

ONE MORE **여기도 좋아요!**

천진암성지

경기도 광주시 퇴촌면 천진암로 1203 031-764-5953
10:00~17:00(연중무휴)
전용 주차장
찾아가기 광주원주고속도로 초월IC에서 자동차로 22분

한국 천주교 이곳에서 시작되다

천진암은 한국 천주교의 발상지이다. 천진암은 원래 경기도 광주시 퇴촌면 앵자봉 기슭에 있는 암자였다. 조선 후기의 젊은 학자 이벽은 독학으로 경전을 읽고 깊은 감명을 받아 스스로 천주교에 귀의한, 우리나라 최초의 가톨릭 신자이다. 그 시기는 대략 1770년대이다. 그는 천진암에서 남인 계열 소장파, 구체적으로는 이승훈, 정약전, 정약종, 정약용, 권상학, 권일신 등과 어울리며 천주교 경전을 읽고 토론하고 공부했다. 한국 천주교는 자생적으로 천진암에서 이렇게 싹트고 있었다.

한국 천주교회 발상지라는 거창한 이름이 붙었지만, 천진암성지는 아직 소박하다. 성지로 들어서면 몇 그루 소나무 사이에 성모상이 보이고, 왼쪽엔 성지를 알리는 표지석이 서 있다. 성모상 오른쪽에는 한국 천주교회 창립 선조 5인(이벽, 정약종, 이승훈, 권일신, 권철신)의 모자이크 그림이 있다. 그 뒤로는 요한 세례자 광암 이벽 성조 기념성당이 보인다. 위쪽으로 오르면 천진암 대성당 건립 예정지이다. 천주교 전래 300주년이 되는 2079년 완공을 목표로 3만 석 대성당이 들어설 자리다. 대성당 예정지 뒤쪽으로 난 산길을 따라 올라가면 천진암 강학 터가 나오고 거기서 조금 더 오르면 천주교 창립 선조 5위 묘역이다.

영은미술관

경기도 광주시 청석로 300 031-761-0137
10:30~18:00(월요일, 화요일 휴관)
₩ 4,000원~10,000원 전용 주차장 ⓘ **찾아가기** ①중부고속도로 경기광주IC에서 자동차로 12분 ②경강선 경기광주역에서 택시 6분 ③경기도 광주종합터미널에서 택시 3분

광주로 떠나는 현대미술 산책

광주시 쌍령동에 있는 현대미술 전문 미술관이다. 전시관과 세미나실 등을 갖춘 미술관과 레지던스 작가들을 위한 스튜디오로 구성돼 있다. 2000년 대유문화재단이 미술관을 설립했다. 여기엔 사연이 조금 있다. 대유위니아그룹의 설립자는 사랑하는 아들이 신장염으로 일찍 세상을 떠나자, 평소 미술을 사랑한 아들의 뜻을 잇고자 미술관을 건립했다고 한다. 설립자 이름의 마지막 글자인 '영'과 아들의 이름 마지막 글자 '은'을 합하여 영은미술관이라고 이름 지었다.

영은미술관은 광주시 동쪽에 있다. 뒤로는 잣나무 군락이 아름다운 국수봉이 감싸주고, 앞으로는 경안천이 곡선을 그리며 흐른다. 자연 지형을 최대한 살려 입구에서 보면 푸른 언덕 위에 집이 있는 듯하다. 미술관 앞은 야외조각공원이다. 잔디밭 곳곳에 다양한 조각 작품이 자리를 잡고 있다. 흥미를 끌 만한 작품이 많아 잠시 산책하듯 가볍게 감상 시간을 가져도 좋겠다. 영은미술관은 3개 전시실에서 국내외 현대미술의 주요 작가의 작품을 소개하고 있다. 전시와 연계된 세미나와 워크숍도 열린다. 광주시와 연계하여 도자, 유리, 염색 공예 같은 체험 프로그램도 운영한다.

곤지암도자공원

◎ 경기도 광주시 곤지암읍 경충대로 727
📞 031-799-1500 🕓 10:00~18:00(월요일 휴무)
₩ 무료(경기도자박물관 1,000원~3,000원)
🚗 전용 주차장 ⓘ **찾아가기** ①중부고속도로 곤지암IC에서 자동차로 2분 ②경강선 곤지암역에서 택시 4분

400년 도자 전통을 이어가는 곳

중부고속도로 곤지암IC 근처에 있는 대규모 도자 테마 공원이다. 경기도 광주는 조선 시대 왕실이 관요를 설치하고 약 400년 동안 운영한 고장이다. 곤지암도자공원은 광주의 이런 도자 전통을 이어가는 곳이다. 20만 평에 이르는 넓은 부지에 경기도자박물관, 조각공원, 도자 쇼핑몰, 복합문화홀, 공연장, 구석기 체험 마당, 중앙호수광장 등이 들어서 있다. 이곳에 가면 우선 경기도자박물관부터 관람하는 게 좋다. 경기도자박물관은 2층으로 이루어져 있다. 1층에는 도자문화실과 기획전시실, 2층에는 상설전시실이 있다. 도자문화실에선 도자의 역사와 개념, 도자 기법 등을 전시하고 있다. 기획전시실에선 국내외 도자의 역사와 전통을 테마별로 조명하는 기획전시를 열고 있다. 상설전시실에선 한반도의 자기 문화 발전 과정과 한국 도자의 방향을 제시한 작품을 살펴볼 수 있다. 박물관 옆으로 난 길을 따라 뒤로 가면 한국정원이 나온다. 한국정원에서 산책로를 따라 천천히 올라가면 조각공원이다. 호젓하게 조각 작품을 구경하다 보면 스페인 조각공원이 나온다. 자연과 조각이 어우러진 공원을 걷다 보면 저절로 마음이 편안해진다.

RESTAURANT

최미자소머리국밥

◎ 경기도 광주시 곤지암읍 경충대로 540
☏ 031-764-6155 ◷ 06:00~16:00(월요일 휴무)
₩ 14,000원~55,000원 🚗 전용 주차장
ⓘ **찾아가기** ①중부고속도로 곤지암IC에서 자동차로 3분 ②경강선 곤지암역에서 택시 4분

곤지암 소머리국밥의 원조

중부고속도로 곤지암IC를 빠져나와 1㎞쯤 달리면 경충대로 주변으로 소머리국밥집이 늘어서 있다. 곤지암이 소머리국밥의 성지가 된 것은 최미자소머리국밥집의 공이 크다. 1980년대 초, 최미자 할머니가 생계를 위해 곤지암리 신작로 골목에 소머리국밥집을 열었다. 10평 남짓 실내에 테이블 4개에 불과한 작은 식당이었다. 지금은 독립 건물에 널찍한 주차장을 갖춘 대형 식당으로 발전했다. 국밥은 국에 밥을 말아서 내온다. 소머릿고기 양이 많고 부드럽고 담백하면서 쫄깃하다. 잡냄새가 나지 않아 좋다. 수육도 맛있다. 영업시간은 정해져 있지만 준비한 음식이 매진되면 조기에 문을 닫는다.

RESTAURANT

동동국수 본점

◎ 경기도 광주시 곤지암읍 도척로 20
☏ 031-798-4224 ◷ 09:00~21:00(연중무휴)
₩ 11,000원~15,000원 🚗 전용 주차장
ⓘ **찾아가기** ①중부고속도로 곤지암IC에서 자동차로 3분 ②경강선 곤지암역에서 택시 4분

자꾸 생각나는 육개장 칼국수

동동국수는 화담숲으로 가는 길목인 곤지암에 있다. 곤지암도자공원과 최미자소머리국밥과 지근거리이다. 흔히 동동국수 하면 남양주에 있는 식당을 본점으로 많이 알고 있는데 사실은 곤지암 동동국수가 본점이다. 동동국수의 시그니처 메뉴는 육칼이다. 육칼을 주문하면 밥과 육개장, 그리고 국수가 따로따로 나온다. 육개장에 면을 넣고 먹으면 된다. 면발은 넓적한데 탱글탱글한 탄력이 일품이다. 면을 먹은 후 부족하면 밥을 말아서 먹으면 된다. 얼큰하지만 그렇게 심하게 맵지는 않다. 국물에서 적당히 단맛이 나고 국수와 잘 어우러져 환상의 맛을 낸다. 만두와 소고기육전도 많이 찾는다.

CAFE & BAKERY

라꾸에스타

경기도 광주시 경충대로 278 031-767-0718
10:00~22:00(연중무휴) ₩ 23,000원~55,000원
전용 주차장 **찾아가기** ①중부고속도로 곤지암IC에서 자동차로 10분 ②경강선 곤지암역에서 택시 6분

메주 식빵이 맛있는 디저트 카페

곤지암과 이천시 사이 경충대로 옆에 있다. 파란색 건물이 눈에 띈다. 카페 천장이 높고 창문이 통유리로 돼 있어서 시원한 개방감을 느낄 수 있다. 통유리창으로 앞산 풍경이 그대로 들어온다. 2층 카페인데. 2층으로 올라가면 테이블이 더 많고 전망도 훨씬 좋다. 테라스와 건물 뒤쪽에도 테이블이 있는데, 날씨가 좋은 날엔 야외 카페를 추천한다. 다양한 커피와 음료를 즐길 수 있지만, 이 집의 대표 메뉴는 커피가 아니라 메주 식빵이다. 모양이 메주처럼 네모나고, 메주처럼 끈으로 묶어 이런 이름을 얻었다. 보기와는 다르게 빵은 부드럽고 달큼하다. 커피와 잘 어울린다.

CAFE & BAKERY

파타타

경기도 광주시 곤지암로 117 031-8028-1191
10:30~23:00(월요일 휴무) ₩ 5,000원~30,000원
전용 주차장 **찾아가기** ①중부고속도로 곤지암IC에서 자동차로 5분 ②경강선 곤지암역에서 택시 5분

곤지암의 브런치 카페

파타타는 카페가 적은 곤지암에서 보물 같은 곳이다. 곤지암 근린공원 인근의 아파트 단지 뒤쪽에 조용히 자리 잡은 브런치 카페다. 주차장에서 내리면 건물의 윗부분만 간신히 보인다. 돌로 쌓은 축대 사이사이 풀과 꽃나무들이 자라고 맨 위쪽에 키 큰 나무가 서 있고 그 뒤에 아담한 카페가 있다. 붉은 카펫이 깔린 나무 계단을 오르면 예쁘게 꾸민 카페가 나온다. 깔끔하게 꾸민 인테리어가 인상적이다. 환하고 세련된 느낌을 준다. 테이블 간격이 넓고 인테리어가 과하게 넘치지 않게 꾸몄다. 커피와 음료, 파스타, 리소토, 토스트, 맥주 등을 즐길 수 있다. 음식의 양과 질 둘 다 부족함이 없다.

신륵사 너른 바위 전망이 절경이다.
아래는 절벽이고, 그 아래로는 남한강이 흐른다.
강물은 맑은 바람을 절로 올려보내 놓고는
짐짓 아무 일 없었다는 듯 청청하게 흘러간다.

성영

신륵사

경기
여주

- 경기도 여주시 신륵사길 73
- 031-885-2505
- 09:00~17:00(연중무휴)
- 무료
- 전용 주차장
- **찾아가기** ①중부내륙고속도로 서여주IC에서 자동차로 15분 ②여주역에서 택시 7분

©전성영

신륵사는 여주시의 나지막한 봉미산 남쪽 기슭에 자리 잡은 고찰이다. 나라 안의 이름난 절은 대부분 산속에 자리를 틀고 있는데, 신륵사는 독특하게 강가 절벽 위에 앉아서 남한강 푸른 물길을 바라보고 있다. 절벽과 강을 끼고 있는 풍경이 아름다워서 고려와 조선의 문인들이 나룻배를 타고 와 일주문을 넘었다. "여주는 국토의 상류에 위치하여 산이 맑고 물이 아름다워 낙토라 불리었는데, 이 형상의 복판에 신륵사가 있다."라는 조선 초기 문신 김수온의 평가에서도 당시 신륵사의 위치를 가늠해 볼 수 있다.

남한강을 오른쪽에 두고 절로 향한다. 우람한 일주문과 불이문을 지난다. 몇백 년 전부터 이 절을 지켰을 은행나무와 향나무가 먼저 다가와 반겨준다. 사찰의 중심은 극락보전이지만, 건축미는 조사당이 단연 앞선다. 두 절집을 둘러보고 범종루에 올라서면 남한강의 유려한 물길이 한눈에 들어온다. 강 쪽으로 나와 작은 언덕을 올라가면 다층 벽돌탑이 서 있고, 그 아래 바위에는 정자 강월헌과 삼층 석탑이 위태롭게 서 있다. 신륵사에서 경치가 가장 빼어난 곳이다. 너른 바위에서 바라보는 풍경이 절경이다. 아래는 절벽이고, 그 아래는 남한강이다. 강물은 맑은 바람을 신륵사로 올려보내고는 짐짓 아무 일

©전성영

없었다는 듯 유유히 흐른다. 뒤이어 나타난 황포돛배와 강 건너 너른 공원이 전망을 완성해 준다.
신륵사가 언제 처음 생겼는지는 확실하지 않다. 신라 진평왕 때 원효대사가 창건했다고 하나 이는 믿기 어렵다. 왜냐하면, 진평왕이 사망했을 때 원효의 나이는 불과 열다섯 살이었기 때문이다. 절의 시작이 언제인지는 몰라도, 이름난 돌 문화재가 대부분 고려 때인 것을 보면 그즈음이 전성기였음을 짐작할 수 있다. 특히 나옹선사가 머물던 고려 말이 최전성기였다. 그때는 200여 칸에 이르는 큰 사찰이었다. 사리탑, 석등, 사리 비석이 모두 나옹선사의 것이고, 강변의 정자 강월헌은 그의 호를 따서 지었다. 신륵사엔 지금도 나옹의 흔적이 곳곳에 남아있다.
시간 여유가 있다면 조사당 지나 화강암 계단을 오르길 권한다. 신륵사 부도밭으로 오르는 길이다. 나옹선사의 사리탑과 이색이 글을 쓴 사리 비석, 부도밭을 밝혀주는 석등이 한곳에 모여있다. 내려오는 길엔 걸음을 멈추고 화강석 계단과 소나무와 조사당을 한 프레임에 넣고 동시에 두 눈에 담아보자. 풍경이 더없이 우아하고 아름답다.

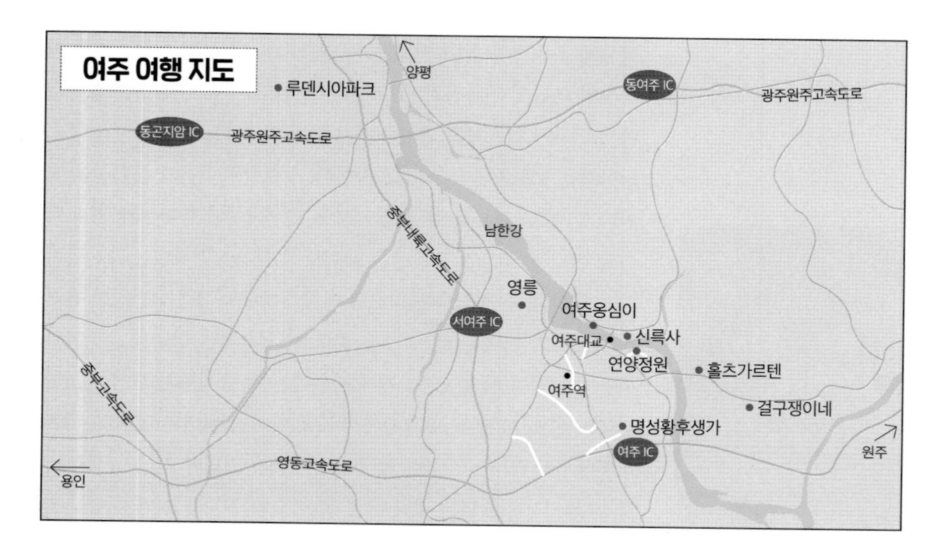

영릉(英陵)과 영릉(寧陵)

경기도 여주시 세종대왕면 왕대리 901-3
031-885-3123 09:00~18:00(월요일 휴무)
₩ 500원 전용 주차장
찾아가기 ①중부내륙고속도로 서여주IC에서 자동차로 5분 ②여주역에서 택시 6분

유네스코가 인정한 세계유산

영릉(英陵)은 조선 4대 임금 세종대왕과 그의 비 소헌왕후의 무덤이다. 영릉(寧陵)은 조선 17대 임금인 효종과 그의 비 인선왕후의 무덤을 말한다. 세종은 우리나라 국민이 가장 존경하는 인물이다. 한글을 창제하고, 정치와 문화, 과학 등 많은 분야에서 업적을 쌓았다. 영릉(英陵)은 세종과 그의 정비 소헌왕후의 합장릉인데 이는 조선왕릉 최초이다. 처음에는 서울시 서초구 내곡동의 헌인릉 안에 있었으나 1469년에 여주로 옮겨왔다. 이때 혼유석(봉분 앞에 설치된 직육면체 형태의 석상) 2개를 설치하여 합장릉임을 나타내었다. 세종과 효종의 능은 산 하나를 두고 이웃해 있다. 능에서 능으로 이어지는 숲길을 '왕의 숲길'이라 이름하여 연결해 놓았다. 산길이 불편하면 자동차로 이동해도 된다.

효종은 조선 제17대 왕이다. 병자호란의 치욕을 씻자는 북벌론으로 잘 알려진 왕이다. 효종의 능은 처음에는 수원으로 정해졌다가 공력이 많이 든다는 이유로 동구릉에 안장되었다. 석물에 균열이 나거나 무너지는 등의 일이 연이어 발생하자 1673년 여주로 이장했다. 위쪽에 효종의 능이 있고 바로 아래쪽에 왕비의 능이 있다. 두 영릉을 비롯한 조선의 왕릉은 유네스코가 인정한 세계문화유산이다.

루덴시아테마파크

경기도 여주시 산북면 금품1로 177 0507-1359-1025
10:00~18:00(토·일 20:00, 연중무휴)
₩10,000원~24,000원 전용 주차장
찾아가기 ①광주원주고속도로 동곤지암IC에서 자동차로 10분 ②곤지암역에서 택시 22분

여주에서 만나는 유럽

루덴시아테마파크는 2023년 개장한 유럽풍 갤러리형 테마파크이다. 여주의 알프스라고 하는 산북면의 대령봉 자락에 있다. 유럽에서 직수입한 붉은 벽돌 160만 장을 이용하여 약 7만㎡ 규모로 만들었다. 루덴시아는 놀이(Ludens)와 판타지아(Fanta+SIA)의 합성어이다. 문화와 놀이를 사랑하는 사람들, '호모 루덴스'를 위한 공간을 지향한다. 주차장에서 루덴시아까지 셔틀버스가 수시로 실어다 준다. 루덴시아엔 유럽의 작은 마을을 옮겨놓은 듯하다. 붉은 벽돌의 건물들이 옹기종기 모여있다. 비행기를 타지 않고도 유럽 분위기를 제법 느낄 수 있다.
테마파크엔 다양한 주제로 꾸민 갤러리와 스튜디오가 곳곳에 있다. 겉으로 보이는 건 유럽형 붉은 벽돌 건물이지만, 그 속에는 색다른 재미를 선사해 줄 콘텐츠가 여럿 숨어있다. 기차 갤러리, 장난감 자동차 갤러리, 앤틱 갤러리, 트램 스튜디오……. 루덴시아엔 갤러리와 스튜디오가 무려 여덟 개나 된다. 보물찾기하듯이 샅샅이 뒤지면 더 큰 즐거움을 느낄 수 있다. 갤러리와 스튜디오는 박물관을 방불케 할 만큼 희귀하거나 특이한 소장품이 많다. 느린 걸음으로 천천히 돌아보기를 권한다. 매직 쇼와 음악 공연도 열린다. 공연은 사람들이 많이 몰리는 토요일과 일요일에 주로 열린다.

명성황후생가

경기도 여주시 명성로 71 031-881-9730
09:00 ~18:00(동절기 17:00, 월요일·명절 당일 휴무)
₩ 무료 전용 주차장(500원~2,000원)
ⓘ **찾아가기** ①영동고속도로 여주IC에서 자동차로 2분 ②여주역에서 택시 8분

조선의 국모가 살았던

명성황후(1851~1895년)는 조선 제26대 왕이자 대한제국의 초대 황제인 고종의 왕비이자 황후이다. 그는 민유중의 후손이다. 민유중은 인현왕후의 아버지이다. 민 씨의 본관은 여흥이고, 어릴 때 이름은 자영이었다. 시아버지 흥선대원군의 간섭을 물리치고 고종의 친정을 이끄는 데 일정한 공을 세웠으나, 민씨 일가를 기용해 세도정치를 부활시켰다. 1895년 일본인 병사와 낭인들에게 죽임을 당한 뒤 불태워졌다.
생가는 명성황후가 태어나서 8살 때까지 살았던 집이다. 1996년에 행랑과 사랑채, 별당 등을 복원하였다. 넓은 바깥마당과 솟을대문을 지나면 일자형 행랑채가 나온다. 안으로 더 들어가면 사랑채, 안채, 문간채가 안마당을 둘러싸고 있는 ㅁ자형을 이루고 있다. 조선 중기 살림집의 특징을 잘 보여주는 한옥이다. 생가 옆에 있는 감고당도 눈여겨보자. 감고당은 인현왕후가 장희빈의 모함을 받아 폐위된 후 복위될 때까지 약 5년여 동안 머물렀던 집이다. 훗날 명성황후도 여덟 살 때 한양으로 올라가 왕비로 책봉되기 전까지 이 집에서 살았다. 원래 서울시 종로구 안국동에 있었으나, 1966년 도봉구 쌍문동으로 옮겨졌다가 2006년 현재의 자리로 이전하였다. 생가 앞에는 명성황후 기념관이 있다. 명성황후를 이해하는 데 도움을 준다.

RESTAURANT

걸구쟁이네

경기도 여주시 강천면 강문로 707
031-885-9875 09:00~21:00(연중무휴)
₩10,000원~40,000원 전용 주차장
찾아가기 ①신륵사에서 자동차로 22분 ②여주역에서 택시 19분

담백한 사찰음식

음식점 이름이 독특하다. 걸구쟁이네는 식당 주인의 고향 이름에서 따온 것이다. 사찰음식 전문점이다. 오신채라 불리는 파, 마늘, 달래, 부추, 무릇을 멀리하고 육류와 해류 따위 고기를 쓰지 않는다. 조미료도 최소화하고 있다. 나물 밥상을 주문하였다. 전채요리로 전병, 김부각, 두부, 도토리묵, 나물 샐러드가 나온다. 모두 국내산 재료로 만들었다. 조금 싱거운 듯하지만 의외로 잘 넘어간다. 잠시 후 기본 나물과 버섯철판구이, 된장국, 장아찌류와 나물뚝배기밥이 나온다. 기본 나물을 넣어 쓱쓱 비빈다. 담백하면서 고소하다. 내 몸에 건강을 선물해 준 느낌이 든다. 속이 부대끼지 않아서 좋다.

RESTAURANT

여주옹심이

경기도 여주시 강변북로 39 031-882-8803
11:00~20:00(브레이크타임 16:00~17:00, 연중무휴)
₩10,000원~23,000원 가게 앞 전용 주차장
찾아가기 ①신륵사에서 자동차로 4분 ②여주역에서 택시 8분

풍미가 좋은 감자옹심이

여주대교 건너 남한강 북쪽에 있다. 신륵사에서 가깝다. 감자옹심이와 옹심이칼국수, 메밀국수, 보리밥 등을 즐길 수 있다. 옹심이는 '새알심'의 강원도 사투리이다. 감자옹심이는 곱게 감자를 동그랗게 빚어 멸치 육수에 넣고 끓인 음식이다. 쌀이 모자라던 시절에 강원도에서 많이 해 먹었던 음식이다. 메뉴는 취향에 맞게 주문해 먹으면 된다. 보리밥을 주문하면 뜨끈한 감자옹심이가 따로 나온다. 감자옹심이만 주문해도 되지만, 보리밥에 나물과 참기름을 넣고 비벼 감자옹심이와 함께 먹으면 풍미가 더 난다. 감자옹심이와 칼국수가 반반씩 들어있는 옹심이칼국수도 많이 찾는다. 메밀전병 옹심이감자전, 옹심이메밀전, 수수부꾸미는 사이드 메뉴로 먹기 좋다.

CAFE & BAKERY

연양정원

경기도 여주시 강변유원지길 91
0507-1363-1312 11:00~22:00(연중무휴)
₩ 5,000원~16,000원 금은모래강변공원
찾아가기 ①신륵사에서 자동차로 7분 ②여주역에서 택시 9분

가정집을 개조한 아늑한 카페

연양정원은 신륵사 건너편 금은모래강변공원 인근에 있는 카페다. 오래된 붉은 벽돌집이 레트로 감성을 불러일으킨다. 원래 식당이었는데, 몇 해 전 카페로 리모델링했다. 건물 안으로 들어가면 단 차이를 둔 낮은 마루가 먼저 눈에 들어온다. 마루 위에 테이블과 의자를 배치했다. 얼핏 보아도 가정집을 개조했음을 짐작할 수 있다. 실내는 카펫과 패브릭 장식이 많아서 전체적인 느낌이 따뜻하고 아늑하다. 연장정원은 커피뿐만 아니라 간단한 베이커리와 토스트, 파스타도 판매한다. 심지어 떡볶이와 김치볶음밥도 먹을 수 있다. 야외에도 테이블이 있어서 봄과 가을에는 금은모래강변공원의 싱그런 풍경을 온전히 느낄 수 있다. 반려동물을 동반할 수 있다.

CAFE & BAKERY

홀츠가르텐

경기도 여주시 강천면 이문안길 28
0507-1434-9401 10:00~21:00(연중무휴)
₩ 5,000원~10,000원 주차 카페 앞
찾아가기 ①신륵사에서 자동차로 8분 ②여주역에서 택시 12분

독일 콘셉트 베이커리 카페

홀츠가르텐은 이호대교 근처 목아박물관 맞은편에 있는 독일 콘셉트 베이커리 카페이다. 홀츠가르텐(Holz Garten)은 독일어로 '나무정원'이라는 뜻이다. 성당처럼 장방형 모양을 하고 있는데, 출입문도 교회나 성당처럼 좁은 벽면 쪽으로 나 있다. 입구엔 다양한 메뉴를 소개하는 조형물이 있고, 실내 한편에 꾸며놓은 브레첼이 달린 크리스마스트리 장식이 눈길을 끈다. 실내 분위기가 깊고 따뜻하고 풍요로운 느낌을 준다. 홀츠가르텐에서는 독일 과자 브레첼과 다양한 베이커리를 즐길 수 있다. 브레첼과 베이커리는 독일산 유기농 밀과 고메버터, 비정제 천연당을 이용하여 만든다. 본관 입구 맞은편으로 가면 아치형의 통로가 나오는데, 이 통로는 별관으로 연결된다.

인천에서 발견하는 근대 풍경
개항장 누리길을 걷는 내내
흑백영화 같은 낭만이 흐른다

개항장누리길

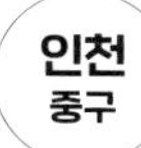

- 인천광역시 중구 제물량로218번길 3
- 032-752-3545
- 09:00~18:00(월요일, 1월 1일과 명절 연휴 휴무)
- ₩ 500원~1,000원(박물관, 통합권 3,400원)
- 공영주차장 이용
- **찾아가기** 지하철 1호선 인천역, 수인분당선 인천역에서 도보 14분

인천광역시 중구는 서울의 정동과 더불어 근대문화유산이 가장 많이 남은 곳이다. 1876년 조선과 일본 사이에 체결된 강화도 조약은 인천에 새로운 문화를 이식했다. 조약에 따라 1876년 부산, 1880년 원산에 이어 1883년 인천이 세 번째로 개항했다. 개항과 함께 '개항장'이 조성되었다. 위치는 지금의 중구 송학동·송월동·해안동 일대 약 14만 평이었다. 대표적인 개항장이 일본 조계지와 청나라 조계지인 차이나타운이었다. 이때부터 일본과 청나라뿐 아니라 미국, 영국, 프랑스, 독일 등 동서양 각국의 대사관과 관저, 호텔, 성당 등 근대건축물들이 들어섰다.

인천 개항장 거리의 공식 명칭은 개항장누리길이다. 시작점은 인천역 앞 차이나타운이다. 인천역 건너편에 차이나타운의 상징인 패루가 설치되어 있다. 차이나타운에는 짜장면의 모든 것을 알 수 있는 짜장면박물관이 있다. 유명한 중국집도 여럿이다. 주말이면 간식거리를 사기 위해 가게 앞에 긴 줄을 선다. 삼국지벽화거리를 따라 올라가면 서해를 보고 서 있는 공자 동상이 나온다. 공자상 아래로 난 계단은 청나라와 일본 조계지를 나누는 경계이다. 계단 끝 오른쪽

이 청나라 조계지, 왼쪽이 일본 조계지였다.

일본풍 거리에는 개항기 때 설립한 일본 은행 건물이 그대로 남아있는데 지금은 박물관으로 변신하여 개항장 시대를 보여준다. 인천개항장근대건축전시관, 인천개항박물관이 대표적이다. 대불호텔 전시관에선 최초의 서양식 호텔의 당시 모습을 구경할 수 있다. 중구생활사전시관도 있어 60~70년대 인천의 모습을 생생하게 볼 수 있다. 대불호텔 전시관 옆에 있는 인천아트플랫폼도 찾아가 보자. 구 일본우선주식회사를 비롯한 개항기와 1930~40년대에 지은 창고 건물 13개를 리모델링하여 창작스튜디오, 전시장, 공연장 등으로 사용하고 있다. 근대건축 유산을 보존하되 현대적으로 재해석하여 건축물마다 독특한 뉴트로 감성이 흐른다. 개항장누리길은 100년 전 또는 19세기 말로 우리를 데려간다. 개항장누리길을 걷는 내내 당신의 내면에 흑백영화를 보는 듯 추억의 서정이 피어오를 것이다.

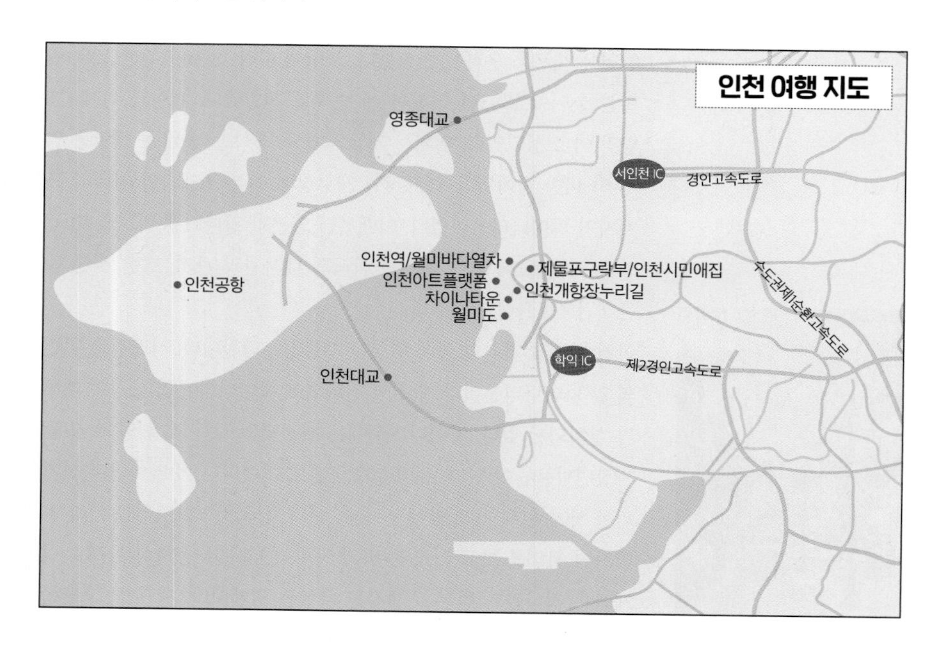

제물포구락부와 인천시민애집

인천광역시 중구 자유공원남로 25 032-765-0261
09:30~17:30(월요일, 1월 1일, 명절 연휴 휴무)
₩ 무료 공영주차장 이용
찾아가기 지하철 1호선 인천역, 수인분당선 인천역에서 도보 14분

근대 풍경을 보여주는 건물 두 채

인천시 유형문화재 제17호인 제물포구락부는 자유공원 광장 바로 아래쪽에 있다. 이곳은 개항기에 우리나라에서 지내는 외국인들이 친목을 도모하는 사교 모임이 열렸던 곳이다. 러시아 건축가의 설계로 1901년 지어진 2층 벽돌 건물로 내부는 사교실과 도서실 등으로 구성되었다. 제물포구락부는 그 이후 여러 번 변천하였다. 1945년 광복 이후에는 미군 장교 클럽, 인천시의회, 인천시립박물관, 인천문화원으로 이용되다가 2007년 개항기의 제물포구락부 모습 그대로 재현하여 다시 문을 열었다. 자유공원 계단을 따라 올라가면 건물 옆으로 난 출입문이 나온다. 건물은 전시장과 인천 개항 역사 관련 도서 자료관으로 활용되고 있다.

제물포구락부 맞은편에는 인천시민애집이 있다. 이곳은 1966년부터 2001년까지 인천시장의 관사로 사용되었는데 그 이전에 이미 여러 번 부침을 겪었다. 처음에는 일본인 별장으로 지어졌으나 광복 이후 레스토랑, 고급 사교장으로 사용되다가 1966년에 이곳을 매입하여 한옥을 짓고 인천시장관사로 사용하였다. 인천시민애집은 지하 1층·지상 1층으로 이뤄졌으며 전시실·영상실·북 쉼터·조망 데크·휴게 공간·야외정원 등의 시설을 갖췄다. 특히 잘 가꾸어진 정원은 고즈넉하면서도 운치가 흐른다.

월미바다열차

◎ 인천광역시 중구 제물량로 269 ☏ 032-450-7600
⏱ 10:00~18:00(주말 및 공휴일은 21:00까지, 월요일 휴무)
₩ 4,000원~11,000원 🚗 주변 공영주차장 이용
ⓘ **찾아가기** 지하철 1호선 인천역, 수인분당선 인천역에서 도보 14분

낭만을 싣고 유유자적 달린다

월미바다열차는 인천역을 출발해 월미도를 한 바퀴 돌아 6.1㎞ 구간을 운행하는 모노레일 무인 열차다. 평균 시속 9km의 속도로 월미도를 한 바퀴를 도는 데 약 42분 걸린다. 궤도가 지상 7m에서 최고 18m 높이에 있기에 유유자적, 여유롭게 인천 풍경을 즐기기에 더없이 좋다. 월미바다열차의 역은 네 개다. 인천역 인근의 월미바다역이 출발점이자 종점이다. 다음 역인 월미공원역으로 가는 길에 만나는 사일로 벽화가 시선을 사로잡는다. 사일로는 1979년 건립된 곡물 저장고로 높이가 48m나 된다. 건물 외벽에 예술가 22명이 벽화를 그려 세계에서 가장 큰 야외 벽화로 기네스북에 올랐다. 월미공원역에서 월미문화의거리역으로 가는 길에 인천내항을 구경할 수 있으며, 월미문화의거리역부터는 바다가 보이기 시작한다. 서해와 영종국제도시, 인천대교가 시야에 잡힌다. 월미도 쪽으로는 관람차와 음악분수가 시선을 끈다. 박물관역을 지나면 갑문이 멀리 보인다. 왼쪽으로는 월미산과 월미공원, 월미전망대가 한눈에 들어온다. 열차는 이어서 인천 최초의 관광호텔인 올림포스호텔과 동일방직, 차이나타운을 보여준 뒤 마침표를 찍는다.

인천아트플랫폼

인천광역시 중구 제물량로218번길 3
032-760-1000 09:00~18:00(월요일 휴무)
₩ 무료 주변 공영주차장 이용
찾아가기 지하철 1호선 인천역, 수인분당선 인천역에서 도보 8분

근대의 공간으로 떠나는 예술 산책

인천아트플랫폼은 2009년 해안동의 개항기 건물과 1930~40년대에 지은 창고를 리모델링하여 만든 복합문화예술 공간이다. 예술가 레지던시 프로그램을 중심으로 전시 및 공연, 시민참여 교육 프로그램 등을 운영하고 있다. 청일조계지 경계 계단 앞길을 따라 쭉 내려가 일본풍 거리와 대불호텔 전시관을 지나면 구 일본우선주식회사 인천지점 건물이 나온다. 이곳에서 인천아트플랫폼이 시작된다. 1888년에 지은 구 일본우선주식회사 건물은 국내에 남은 근대 건축물 중에서도 오래된 것으로 손꼽힌다. 원형도 잘 보존돼 있다. 붉은 기와지붕과 노란 타일 외벽, 원목 문틀과 문짝은 지어질 당시 그대로다. 지금은 인천아트플랫폼 사무실로 사용하고 있다. 인천아트플랫폼을 구성하는 건물은 모두 13개 동이다. 단순한 예술 공간이 아니라 거리 양쪽으로 건물이 쭉 늘어선 거대한 스트리트 뮤지엄이라고 해도 과언이 아니다. 근대를 품은 공간에서 현대의 예술을 체험하는 느낌이 특별하다. 인천아트플랫폼 사무실 옆 건물은 1933년 지은 창고로 지금은 해외 입주예술가의 숙소와 스튜디오로 활용하고 있다. 맞은편 건물은 1948년에 지은 대한통운 창고로, 붉은 벽돌 외관이 인상적이다. 지금은 공연장과 전시장이 들어섰다. 근대의 공간으로 예술 산책을 떠나보자.

RESTAURANT

옛날짜장만사성

◎ 인천광역시 중구 차이나타운로 39-3 ☏ 0507-1401-1367
◷ 10:00~20:00(연중무휴)
₩ 7,000원~30,000원 🚗 주변 공영주차장 이용
ⓘ **찾아가기** 지하철 1호선 인천역, 수인분당선 인천역에서 도보 8분

탱탱하고 쫄깃한 족타면

차이나타운으로 들어서면 벌써 짜장면 냄새가 나는 것 같다. 공화춘 같은 큰 식당부터 소규모 중국집까지, 곳곳에서 손님을 기다리고 있다. 연경 차이나타운 본점 옆길은 제3패루로 올라가는 계단이다. 차이나타운 황제의 계단이다. 황제의 의자가 그려진 계단을 올라 왼쪽을 보면 이윽고 만사성이다. 이곳은 '족타면'으로 유명하다. 기계로 반죽하고 손으로 또 한 번 반죽한 후 마지막에 발로 한 번 더 반죽한다. 그래서일까? 이곳 짜장면은 면발이 탱글탱글하고 밀가루 냄새가 전혀 없이 맛이 깔끔하다. 짬뽕은 국물이 시원하다. 게다가 다 먹을 때까지 면발이 불지 않아 좋다.

RESTAURANT

명월집

◎ 인천광역시 중구 신포로23번길 41
☏ 032-773-7890 ◷ 08:00~19:30(일요일 휴무)
₩ 9,000원 🚗 주변 공영주차장 이용
ⓘ **찾아가기** 지하철 1호선 인천역, 수인분당선 인천역에서 도보 13분

인천의 김치찌개 노포 맛집

명월집은 인천에서 이름난 노포이다. 1966년부터 영업을 이어오는 60년 맛집이다. 일본풍 거리를 지나 신포동 쪽으로 가는 길에 있다. 처음에는 백반집으로 시작했지만, 현재는 김치찌개 맛집으로 더 알려져 있다. 식객 허영만의 <백반기행>을 비롯한 여러 방송에 소개되었다. 이곳에서는 무엇을 먹을까 고민하지 않아도 된다. 인원수만큼 김치찌개가 나온다. 내부를 둘러보면 한쪽 구석에 석유풍로 위에서 김치찌개가 끓고 있다. 이곳의 시그니처 풍경이다. 둥그런 은쟁반에 반찬들이 한가득 나온다. 반찬은 깔끔하고 김치찌개는 마음껏 떠다 먹을 수 있다. 집에서 밥을 먹는 듯하여 더없이 편안하다.

CAFE & BAKERY

카페팟알

◎ 인천광역시 중구 신포로27번길 96-2 ☏ 0507-1381-8691
⏱ 10:30~21:00(월요일 휴무) ₩ 5,000원~19,000원
🚗 주변 공영주차장 이용 ⓘ **찾아가기** 지하철 1호선 인천역, 수인분당선 인천역에서 도보 8분

근대로 순간 이동한 듯

카페 팟알은 일본풍 거리 옆에 있다. 카페가 들어선 건물은 일제강점기 한국인 노동자 100여 명이 지내던 하역회사 사무실 겸 숙소였다. 1880년대 말에 3층 규모로 일본식 점포 겸용 주택으로 지었다. 카페로 들어서면 목재 주택 감성이 잘 묻어난다. 오래된 창문으로 들어오는 햇빛이 분위기를 더욱 감성적으로 만들어준다. 현대에서 근대로 순간 이동한 기분이 든다. 팟알의 대표 메뉴는 국내산 팥으로 만든 단팥죽과 팥빙수, 꿀을 듬뿍 넣고 직접 구운 나가사키 카스텔라다. 이 건물과 인천 관련 사진과 자료를 전시한 공간도 있다. 다양한 굿즈를 판매한다.

CAFE & BAKERY

아키라커피

◎ 인천광역시 중구 차이나타운로44번길 16-24
☏ 0507-1343-4887 ⏱ 12:00~20:00(연중무휴)
₩ 5,000원~6,500원 🚗 주변 공영주차장 이용
ⓘ **찾아가기** 지하철 1호선 인천역, 수인분당선 인천역에서 도보 4분

루프톱에서 차이나타운 즐기기

인천역에서 횡단보도를 건너면 차이나타운이 시작된다. 패루를 지나 조금 언덕을 오르면 개항동 행정복지센터가 나온다. 아키라커피는 개항동 행정복지센터 맞은편 골목의 막다른 곳에 있다. 계단을 오르면 오른쪽에 민트색 대문이 있다. 주택을 개조해 만든 카페이다. 마당에 깔린 자갈이 운치가 있다. 정면에 본채가 있고 오른쪽에는 별채가 있는데 별채는 다다미방으로 꾸며져 있다. 분위기는 아늑하고 차분하다. 본채 옥상은 루프톱으로 꾸몄다. 차이나타운의 석양을 즐기기 안성맞춤이다. 커피와 디저트를 즐길 수 있다. 차이나타운을 돌아본 후 한숨 돌리며 여유를 즐기기 그만이다.

오래된 방직공장이
거대한 빈티지 카페로!
오래된 추억의 소품들이
소곤소곤 옛이야기를 풀어 놓는다

생활사 박물관 같은 레트로 감성 카페

조양방직

인천 강화

- 인천광역시 강화군 강화읍 향나무길5번길 12
- 0507-1307-2192
- 11:00~20:00(토·일은 21:00까지, 연중무휴)
- ₩ 7,000원~8,000원
- 전용 주차장
- **찾아가기** ①강화터미널에서 택시 5분 ②수도권제1고속도로 김포IC에서 자동차로 45분

강화도는 고려와 조선의 흔적이 많은 손꼽히는 역사 유적지이지만, 근현대엔 직물 산업의 중심지였다. 예로부터 손재주가 뛰어난 사람이 많아 화문석과 가마니가 특산품으로 이름을 날렸다. 이런 전통 덕에 일찍부터 직물 산업이 발전했다. 1933년 조양방직이 문을 연 이래 평화직물과 심도직물, 이화직물 등이 들어서 한때는 강화읍에만 직물 공장 직원이 4,000명이 넘을 만큼 번성을 누렸다. 1970년대까지만 하더라도 강화 전역에 이불 안감을 생산하는 소창 공장이 80여 군데에 이르렀다. 그러다 1970년 중·후반부터 합성섬유를 생산하는 중심지가 대구로 옮겨 가면서 강화의 직물 산업은 쇠락의 길을 걷는다.

조양방직은 1933년 민족자본으로 처음 설립한 방직공장이다. 조양방직이 생기면서 강화도에 전기와 전화 시설이 들어왔을 정도로 영향력이 컸다. 하지만 경영난으로 1958년에 문을 닫았다. 60년 가까이 폐공장으로 있던 건물이 거대한 카페로 다시 태어난 건 2018년 여름이었다. 때마침 일어난 뉴트로 분위기 덕에 큰 관심을 받았다. 카페로 가려면 큰 마당을 지나야 한다. 오래된 공장 건물과 마

당을 지키는 공중 전화부스, 오래된 버스, 트랙터, 비너스상, 말 조형물, 앤티크 소품이 두서없이 반겨준다.

카페로 들어가기 위해서는 입장료 대신 커피 한 잔을 주문해야 한다. 커피를 주문하는 곳과 베이커리를 주문하는 곳이 다르다. 여기서부터는 카페가 아니라 과거로 들어가는 기분이 든다. 방직기계가 있던 기다란 작업대는 앉아서 커피를 마시는 장소로 바뀌었고, 중간중간 빈티지 감성 소품들이 얼굴을 내민다. 오래된 공장 건물과 낡고 오래된 소품들이 낯설고 전혀 새로운 분위기를 연출하여 사진찍기에 바쁘다. 추억이 묻어나는 빈티지 소품들이 마음을 편하게 어루만져 준다. 카페 밖 풍경을 구경하는 재미도 남다르다. 옛 우물과 변전실, 금고가 있었던 건물이 특별히 시선을 끈다. 조양방직은 카페를 넘어 한 시대를 품은 생활사 박물관 같다.

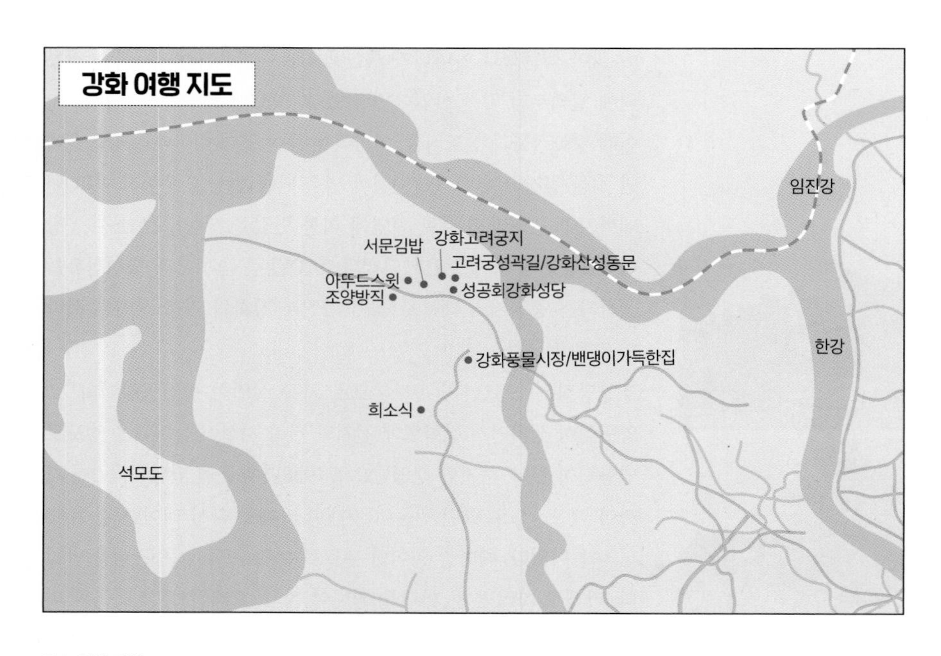

강화풍물시장

인천광역시 강화군 강화읍 중앙로 17-9 032-934-1318
08:00~20:00(매달 1,3번째 월요일 휴무)
전용 주차장 **찾아가기** ①강화터미널에서 도보 7분
②수도권제1고속도로 김포IC에서 자동차로 45분

강화 여행자들의 필수 코스

강화군은 행정구역상 인천에 속하지만, 지리적으로는 김포시와 접해있다. 서울 신촌에서도 한 시간 정도면 닿을 수 있다. 강화풍물시장은 강화뿐 아니라 인천을 대표하는 상설시장이자 2일과 7일에는 주변 공터에 노점이 서는 오일장이다. 강화터미널에서 가까워 접근성도 좋다. 역사는 생각보다 짧아서 40년이 조금 넘었다. 강화군청이 허가를 받지 않은 노점들을 한데 모아 시장을 만든 게 시초였다. 역사는 비교적 짧지만, 지금은 강화를 찾는 관광객들의 필수 코스가 되었다. 시장이 지금처럼 현대식 건물로 바뀐 건 2007년이다.
강화풍물시장 건물로 들어서면 1층에는 순무, 속노랑고구마, 새우젓 같은 강화 특산품을 파는 가게부터 채소가게, 곡물 가게, 수산물 가게가 쭉 이어진다. 청과점, 정육점, 잡화점, 반찬가게, 건어물 가게도 1층에 있다. 2층은 식당가와 화문석, 사자발약쑥 같은 토산품 가게가 같이 있다. 2층의 하이라이트는 식당가이다. 추억의 찐빵 맛집부터 밴댕이 전문 식당까지 있어서 음식 선택의 폭이 넓다. 오일장이 서는 날에는 시장 안보다 노점이 더 붐빈다. 그야말로 체험, 삶의 현장이다. 풍물시장 옆엔 강화인삼센터가 있다. 향긋한 인삼 향 맡으며 같이 둘러봐도 좋겠다.

성공회강화성당

◎ 인천광역시 강화군 강화읍 관청길27번길 10
☏ 032-934-6171 ◷ 10:00~18:00(월요일 휴무)
₩ 무료 🚗 바로 옆 용흥궁 주차장
ⓘ **찾아가기** ①강화터미널에서 택시 5분 ②수도권제1고속도로 김포IC에서 자동차로 50분

백두산 소나무로 만든 한옥 성당

성공회강화성당은 북산 자락에 서서 강화읍을 내려다보고 있다. 성당이지만 독특하게도 중층 한옥이다. 성공회는 현지인의 정서를 고려한 선교 활동을 하였는데 그 대표적인 예가 바로 한옥 양식으로 지은 강화성당이다. 이 성당은 1900년에 축성됐다. 한국에서 가장 오래된 한옥 성당으로 2001년 1월 사적으로 지정되어 나라의 보호를 받고 있다.

조금 가파른 돌계단을 올라가면 솟을대문 같은 출입문이 나온다. 이곳을 지나면 왼쪽에, 절에 있을 법한 범종이 걸려있다. 종을 매다는 부분이 연꽃이 아닌 십자가 문양이라는 점이 다르다. 본당 오른쪽엔 불교를 상징하는 보리수나무가 서 있다. 왼쪽에는 유교를 상징하는 회화나무가 있었으나 태풍으로 쓰러졌다. 두 나무는 토착화 선교의 구체적인 예이다. 두 나무 사이로 날아갈 듯 우아하게 팔작지붕을 얹은 기와집 예배당이 서 있다. 예배당에는 '天主聖殿(천주성전)'이라는 한문 편액이 걸려있다. 예배당의 다섯 기둥에 사찰의 법당처럼 한자로 쓰인 주련(柱聯)이 붙어 있는 게 이채롭다. 형식은 법당 주련이지만, 내용은 기독교 복음을 담고 있다.

고려궁지와 고려궁성곽길

인천광역시 강화군 강화읍 북문길 42
032-930-7078 09:00~18:00(연중무휴)
₩ 800원~1,200원 고려궁지 주차장
찾아가기 ①강화터미널에서 택시 6분 ②수도권제1고속도로 김포IC에서 자동차로 50분

145년 만에 귀향한 의궤 구경

강화는 남한에서 고려 유적지가 가장 많은 곳이다. 강화읍의 고려궁지도 그중 하나이다. 그러나, 안타깝게도 고려 시대 건축물은 다 사라졌다. 조선 시대에 그 자리에 행궁과 객사, 외규장각, 숙종과 영조의 어진을 모신 장녕전, 만녕전을 지었으나 병자호란과 병인양요 때 이마저 불탔다. 고려궁지엔 훗날 복원한 동헌과 이방청, 외규장각 건물이 있다. 외규장각은 왕립도서관인 규장각의 부속 도서관이었다. 혹시 모를 전란을 대비해 규장각에 보관하던 주요 책과 문서를 여러 외규장각에 분산해 관리했다. 의궤와 조선왕조실록이 대표적이다. 의궤란 왕실의 의식과 행사를 글과 그림으로 기록한 종합 보고서이다. 병인양요 때 강화 외규장각에 보관하던 의궤를 프랑스가 약탈해 갔다. 대부분 국왕이 열람하는 어람용이었다. 이때 약탈한 의궤가 145년 만에 고국으로 돌아왔다. 2011년이었다. 강화 외규장각에서 의궤 사본을 관람할 수 있다. 고려궁지에 갔으니 이왕이면, 고려 성곽길을 걸어보자. 강화산성 동문에서 출발하여 남문까지 산성을 따라 걷는 길이다. 강화둘레길 20개 중 15코스이다. 거리는 8.6km 정도이며 걷는 데 3시간 30분 걸린다. 조금 힘든 중급코스이지만 교통이 편리하고 전망도 좋아 걷기에 좋다.

RESTAURANT

서문김밥

인천광역시 강화군 강화읍 강화대로430번길 2-1
032-933-2931 07:00~16:30(토,일은 14:00까지, 월요일 휴무) ₩4,000원 주변 공영주차장 이용
찾아가기 ①강화터미널에서 택시 4분 ②수도권제1고속도로 김포IC에서 자동차로 45분

강화를 대표하는 김밥집

전국에 지역별 대표 맛집이 있을 만큼 김밥은 평범하면서도 특별한 음식이다. 강화를 대표하는 김밥집은 중앙시장 근처에 있는 서문김밥이다. 1980년부터 영업을 했으니 40년이 훌쩍 넘었다. 식당은 아주 작고 허름하다. 하지만 가게 입구부터 줄을 서야 한다. 서문김밥은 포장 전문점이다. 식당 안엔 식사할 공간이 없다. 김밥 맛은 소문 그대로다. 오이를 넣어 아삭하고, 무슨 재료 때문인지 몰라도 씹을수록 담백한 듯 감칠맛이 난다. 게다가 즉석에서 먹지 않아도 담백한 맛이 오래 이어진다. 이름난 맛집이 대개 그렇듯 재료가 떨어지면 영업시간에 상관없이 문을 닫는다.

RESTAURANT

밴댕이 가득한집 놋그릇집

인천광역시 강화군 강화읍 중앙로 17-9 강화풍물시장 2층 2004호 0507-1405-6836 10:30~19:30(매달 1,3번째 월요일 휴무) ₩13,000원~65,000원 강화풍물시장 공영주차장 찾아가기 ①강화터미널에서 도보 7분 ②수도권제1고속도로 김포IC에서 자동차로 45분

밴댕이회무침 원조 맛집

밴댕이는 강화 특산물 중 하나이다. 밴댕이가 가장 맛있을 때는 5월~6월이지만 언제 먹어도 고소한 맛은 여전하다. 밴댕이는 회, 구이, 무침 중 무엇으로 먹어도 좋은 만능 생선이다. 다만 밴댕이 활어회가 없다. 성질이 급하여 잡히자마자 죽어버리기 때문이다. 강화엔 밴댕이 맛집이 많다. 강화풍물시장 2층에 있는 밴댕이가득한집도 꽤 이름난 밴댕이 맛집이다. 시그니처 메뉴는 밴댕이무침이다. 20여 년 전 거제 출신 주인이 고향의 멸치무침을 응용해 처음 만들었다. 음식은 놋그릇에 담겨 나온다. 구이와 밴댕이회도 같이 나온다. 회무침 원조이니 맛은 의심할 여지가 없다.

CAFE & BAKERY

아뚜드스윗

◎ 인천광역시 강화군 강화읍 강화대로 456-14
✆ 0507-1399-5282 ◷ 12:00~21:00(월·화 휴무)
₩ 5,000원~7,000원 🚗 주변 공영주차장 이용
ⓘ **찾아가기** ①강화터미널에서 택시 4분 ②수도권제1고속도로 김포IC에서 자동차로 45분

블루리본이 인정한 디저트 맛집

강화읍사무소와 강화도서관 근처에 있는 디저트 카페이다. 유명세는 조양방직에 미치지 못하지만, 블루리본을 받았을 만큼 디저트 맛은 한발 앞선다, 그도 그럴 것이 주인은 파리 요리학교 르 꼬르동 블루를 졸업한 디저트 전문가이다. 아뚜드스윗은 건물 외관부터 퍽 인상적이다. 직선형 건축물과 곡선형 건물이 어깨를 맞대고 있는데, 모양과 이미지만 다를 뿐 두 건물 모두 모던하고 세련되어서 눈길을 확 끈다. 게다가 2021년 인천광역시 건축문화상을 받았을 만큼 카페 안팎이 미학적이다. 건물 안팎 이미지가 조양방직과 사뭇 대조적이다. 커피와 티라미수, 까눌레, 케이크, 레몬파운드 등을 즐길 수 있다.

CAFE & BAKERY

희소식

◎ 인천광역시 강화군 선원면 중앙로413번길 6
✆ 070-4212-4871 ◷ 11:00~18:00(연중무휴)
₩ 5,000원~7,000원 🚗 카페 앞 주차장
ⓘ **찾아가기** ①강화터미널에서 택시 7분 ②수도권제1고속도로 김포IC에서 자동차로 46분

아늑한 전원형 한옥 카페

강화군 선원면 강화소방서 가는 길에 있는 전원형 한옥 카페이다. 강화 읍내에서 남서쪽으로 4km 정도 떨어져 있다. 큰길에서 조금 안쪽으로 들어가면 카페 입구가 보인다. 쭉 전구가 켜진 진입로로 들어가면 정원이 먼저 반겨준다. 정원은 전체적으로 깔끔한 편이지만, 세련미보다는 편안하고 자연스러운 분위기가 앞선다. 카페로 들어가면 바로 카운터이다. 커피를 주문하고 오른쪽으로 들어가면 길쭉한 홀이 나온다. 분위기가 깔끔하고 심플하다. 목재를 다 드러낸 천장이 퍽 인상적이다. 창문으로 다가오는 정원 풍경이 평화롭다. 커피와 음료, 케이크를 비롯한 디저트를 즐길 수 있다.

PART 4

충북·충남

단양강잔도 풍경이 가장 아름다울 때는
당신이 그 길을 걸을 때이다.
당신이 그곳에 있을 때
단양강 벼랑길이 제일 아름답다.

벼랑길이 숨겨놓은 비경

단양강잔도

충북 단양군 적성면 애곡리 산 18-15

043-422-1146

일출 후~23:00(연중무휴)

₩ 무료

전용 주차장

찾아가기 ①중앙고속도로 북단양IC에서 자동차로 15분 ②단양역에서 택시 5분

스릴과 긴장감을 즐기려는 욕망 때문일까? 아니면, 숨은 비경, 새로운 풍경이 그리운 것일까? 언제부턴가 '잔도'가 유행이다. 한자어 잔도를 우리말로 풀면 '벼랑길'이다. 절벽 높이 달려 모골이 송연해지는, 사다리를 수평으로 눕혀놓은 듯한 아찔한 길이 여기저기 새로 생겨난다. 원주의 소금산 출렁다리, 철원의 한탄강주상절리길잔도, 순창의 용궐산하늘길……. 한때는 출렁다리가 유혹하더니 이제는 새로운 풍광을 품은 잔도가 사람들을 불러들인다. 단양강 잔도도 여느 벼랑길 못지않게 숨겨진 비경을 보여준다.

단양은 자연이 빼어난 곳이다. 소백산과 금수산, 남한강을 품고 있으니, 더 말해 무엇하겠는가? 단양은 지명에서도 이미 아름다운 경치를 뽐내고 있다. 단양은 연단조양(鍊丹調陽)의 줄임말이다. '연단'은 연금술로 만든 신선이 먹는다는 불로불사의 묘약을 말하고, '조양'은 하늘과 땅 사이에 빛이 골고루 비친다는 뜻이다. 이름부터 신선이 사는 무릉도원의 의미를 담고 있는 셈이다. 실제로 단양엔 소백산 자락이 흘러내린 곳마다 옹기종기 마을이 들어섰다. 남한강이 빙빙 돌아가며 그 마을들을 골고루 적셔준다. 높은 곳에서 보면 그 모습이 더 실감 나게 드러난다. 남한강이 산과 마을을 적시며 유

유히 흘러가는 풍경이 퍽 아름답고 낭만적이다.

단양강 잔도는 단양관광호텔 앞의 상진대교 입구부터 단양군 적성면 애곡리의 단양 절벽까지 1.2km 길이로 설치되어 있다. 단양강은 단양군 구역을 흐르는 남한강을 부르는 다른 이름이다. 잔도의 높이 20m, 폭 2m의 목재 구조이다. 깎아지른 암벽을 따라 나 있지만, 재질이 나무이고 높이도 아득하지 않아 원주 소금산이나 한탄강주상절리의 잔도보다는 걷는 느낌이 부드럽고 편안하다. 강변 암벽과 유유히 흐르는 남한강의 느릿한 물결을 벗 삼아 걸으며 절경을 감상하기 좋다. 걷다가 걸음을 멈추고 가만히 강물을 바라보고 있으면 암벽에 부딪히는 물소리가 찰랑찰랑 말을 걸어 온다.

단양강 잔도는 빨리 걷는 길이 아니다. 낮게 흐르는 윤슬 같은 물빛을 눈에 넣으며, 또 가끔은 시선을 먼 산에 던져 놓고는 느릿느릿 걸어야 한다. 걷는 내내 남한강과 주변 절경이 이어진다. 강을 따라 구불구불 이어진 잔도를 걷다 보면 그동안 무엇을 위해 그렇게 빨리 살아왔는지 한 번쯤 돌아보게 된다. 단양강 잔도는 어느 계절에 가도 아름다운 풍경을 아낌없이 보여준다. 가장 아름다운 계절이 언제냐고 묻는다면, 당신이 그 길을 걸을 때라고, 당신이 그곳에 있을 때, 벼랑길이 제일 아름답다고 화답할 것이다.

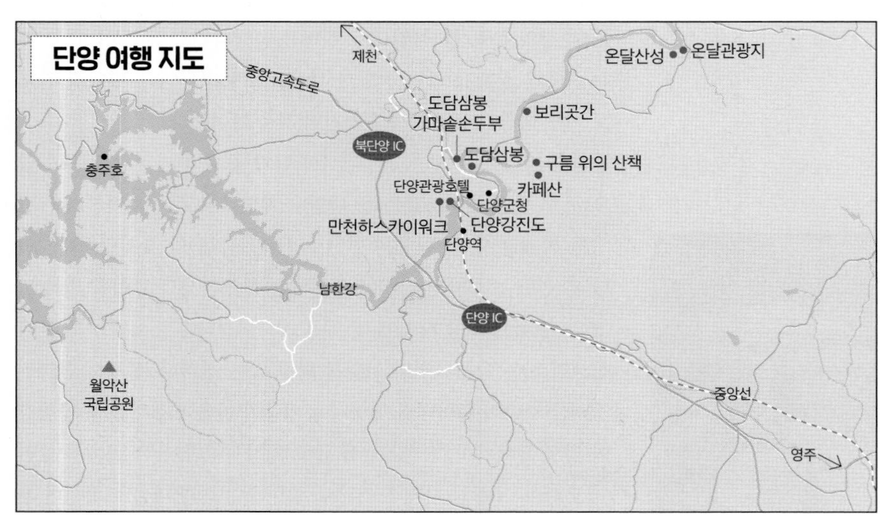

ONE MORE 여기도 좋아요!

만천하스카이워크

충북 단양군 적성면 옷바위길 10 043-421-0014
09:00~16:00(연중무휴, 매주 화요일은 경내 셔틀버스 운행 안 함) ₩ 어른 4,000원, 어린이·청소년·경로우대 3,000원(집라인, 모노레일 등 요금 별도) 전용 주차장
찾아가기 ①중앙고속도로 북단양IC에서 자동차로 15분 ②단양역에서 택시 5분

감탄사가 튀어나오는 절경

단양은 북쪽은 영월군, 동쪽은 영주시, 남쪽으로는 예천군과 문경시, 서쪽은 제천시와 마주하고 있다. 소백산맥 줄기를 따라 형성된 고을로 전체 면적의 약 84%가 산악지대이고, 도시지역만 분지와 구릉이다. 이와 같은 특징을 잘 보여주는 곳이 만천하스카이워크다. 2017년 개장 후 한국 관광 100선에 꾸준히 선정될 만큼 단양의 대표적인 관광지로 떠올랐다. 만천하스카이워크는 만 개의 골짜기와 천 개의 봉우리라는 뜻의 만학천봉(320m) 위에 세워진 철제 구조물이다. 봉우리 정상에 세운 약 25m 높이의 전망대로 가는 나선형 길을 올라갈 때마다 단양의 산악 풍경을 감상하며 오를 수 있다. 방향에 따라, 높이에 따라 달라지는 풍경을 보며 올라가기 때문에 힘들거나 지루할 틈이 없다. 전망대 정상에서 바라보는 전망은 단연 으뜸이다. 산등성이 아래로 흐르는 남한강과 우뚝 솟은 봉우리가 빚어내는 절경에 절로 감탄사가 나온다. 시야를 가리는 게 하나도 없다. 망망한 하늘을 걷고 있는 듯한 느낌이 들어 가슴이 벅차오른다. 전망대 아래에는 집와이어와 알파인코스터, 슬라이드 등 다양한 체험시설이 있다. 경내를 도는 셔틀버스를 이용하면 편하게 체험시설로 갈 수 있다. 셔틀버스를 타고 내려오면 곧장 단양강 잔도로 이어진다.

도담삼봉

◎ 충북 단양군 매포읍 삼봉로 644 ☏ 043-422-3037
◷ 09:00~18:00(연중무휴) ₩ 무료 🚗 전용 주차장
ⓘ **찾아가기** ①중앙고속도로 북단양IC에서 자동차로 11분 ②단양역에서 택시 9분

단양팔경 중 으뜸

도담삼봉은 남한강 상류 한가운데에 우뚝 솟은 세 개의 봉우리이다. 단양에서 가장 널리 알려진 곳으로, 명승 제44호이자 충청권의 첫 국가지질공원이다. 도담삼봉은 산줄기가 남한강과 매포천에서 흐르는 물에 수억 년 동안 깎이고 녹으면서 약 200만 년 전에 지금의 모습으로 만들어졌다. 이름에서 보듯 이곳은 조선을 설계한 개국공신 정도전과 관련된 이야기가 전해진다. 정도전이 이곳에서 유년 시절을 보냈는데, 자신의 호를 삼봉이라고 지을 만큼 도담삼봉을 좋아했다고 한다. 도담삼봉은 원추 모양의 봉우리가 남한강이 휘도는 맑은 강물 위에 솟아 있다. 그 형상이 기이하면서도 아름답다. 바위 세 개의 크기가 절묘하게 조화를 이루고 있어서 어디에서 보아도 절경을 이룬다. 게다가 중앙의 장군봉 한쪽에 삼도정이라는 정자가 있어서 정취를 더해주고 있다. 원래 이곳은 1766년에 단양군수 조정세가 지은 '능영정'이라는 정자가 있던 곳이었으나 이후 헐었다가 1976년에 정자를 다시 지었다. 도담삼봉은 예로부터 아름답기로 유명하여 겸재 정선과 김홍도, 이방운과 같은 화가들이 그림을 남겼다. 또 단양군수를 지낸 퇴계 이황을 비롯해 추사 김정희와 같은 문인들이 도담삼봉의 아름다움을 노래하는 시를 지었다.

온달관광지

충북 단양군 영춘면 온달로 23
10:00~17:00(연중무휴) ₩ 2,000원~5,500원
전용 주차장 ⓘ **찾아가기** ①제천IC에서 자동차로 45분 ② 북단양IC에서 자동차로 34분

온달과 평강의 전설이 흐른다

온달관광지는 고구려의 명장 온달장군과 평강공주의 전설을 주제로 하는 고구려 전문 테마공원이다. 온달산성, 온달동굴, 온달전시관, 드라마세트장으로 구성돼 있다. 온달전시관과 드라마세트장에서는 <연개소문>, <천추태후>, <고려거란전쟁>, <태왕사신기> 같은 드라마 대작이 촬영됐다. 성루의 삼족오 문양이 눈길을 끈다. 삼족오는 태양 속에 산다는 세 발을 가진 까마귀로, 고구려 벽화에 등장한다. 드라마를 위해 만든 중국풍의 건축물과 정원이 이국적이다. 온달전시관에선 고구려 장수 온달과 평강공주의 사랑 이야기를 애틋하게 살펴볼 수 있다. 드라마세트장 끝에는 온달동굴이 있다. 약 800m의 석회암 동굴인데 현재는 450m 정도만 공개되어 있다. 온달산성은 드라마세트장의 뒤쪽 길을 따라 약 20~30분 올라가야 만날 수 있다. <삼국사기>는 "온달장군은 아단성 아래에서 신라군과 싸우다가 화살에 맞아 사망했다"라고 기록하고 있다. '아단성'이 어디인지는 서울의 아차산성과 단양의 온달산성을 두고 논쟁 중이지만, 단양의 옛 지명이 '을아단'이고, 온달과 관련된 설화와 지명이 더 많은 것으로 보아 온달산성이 아단성일 가능성이 더 짙다. 온달산성은 남한강이 내려다보이는 산 정상 부근을 둘러싸고 있는 둘레 682m의 반월형 성이다. 남한강을 내려다보고 있는 산성은, 치열했던 옛 전쟁의 상흔을 잊은 듯 더없이 조용하고 평화롭다

RESTAURANT

도담삼봉가마솥손두부

충북 단양군 매포읍 삼봉로 644-17 0507-1417-5999
08:00~17:00(화요일 휴무) ₩ 9,000원~70,000원
가게 앞, 도담삼봉 주차장 **찾아가기** 도담삼봉 주차장에서 도보 2분

씹을수록 고소한 순두부

도담삼봉 관광지에 있다. 주차장으로 들어갈 때 식당에 간다고 미리 말해야 한다. 도담삼봉에서 석문으로 가는 방향 안쪽에 있다. 내부가 넓고 깔끔하다. 관광지 식당 같은 느낌은 들지만 맛은 그와 별개로 추천할 만하다. 주문하면 작은 나무 쟁반에 여섯 개의 반찬을 소담하게 담아 내온다. 정갈하고 깔끔하다. 이곳의 순두부는 흔히 먹던 것과 조금 다르다. 일반적인 순두부보다는 조금 더 단단하고, 모두부보다는 더 부드럽다. 씹을수록 고소한 맛이 난다. 단양은 마늘의 고장이다. 이 집에선 마늘을 활용한 음식도 즐길 수 있다. 마늘이 들어간 떡갈비가 대표적이다. 식당 입구에서 떡갈비 굽는 모습을 구경할 수 있다. 불에 익혀 마늘 향이 나지 않는다. 맛있고, 식감이 아주 좋다.

RESTAURANT

보리곳간

충북 단양군 가곡면 사평3길 6-1 043-422-5860
10:00~19:00(새해 첫날, 명절 당일 휴무)
₩ 12,000원~ 14,000원 가게 앞 주차장
찾아가기 ①북단양IC에서 자동차로 18분 ②온달관광지에서 자동차로 16분

된장 맛이 뛰어난 보리밥집

단양을 대표하는 먹거리는 마늘과 쏘가리를 재료로 한 음식이다. 하지만 여행 내내 단양의 향토 음식만 먹을 수는 없는 노릇이다. 보리곳간은 우리 전통 음식이 그리울 때 가기 좋은 맛집이다. 식당 이름에서 짐작할 수 있듯이 이곳은 보리밥 전문 식당이다. 2022년 '대한민국장류발효대전'에서 된장 부분 최우수상을 받았다. 산채보리밥이 대표 음식이다. 보리밥과 상추, 제육볶음, 우리 콩으로 만든 청국장, 일곱 가지 나물 반찬이 나온다. 보리밥에 나물과 청국장, 참기름과 고추장을 적당히 넣고 쓱쓱 비비면 된다. 보리밥은 씹을수록 고소하고, 나물들은 저마다의 향을 풍겨 입안을 즐겁게 해준다.

CAFE & BAKERY

카페산

충북 단양군 가곡면 두산길 196-86 1644-4674
09:30~18:30(토·일은 19:00까지, 연중무휴)
₩ 6,000원~8,000원 활공장 주차장
찾아가기 ①도담삼봉에서 자동차로 15분 ②단양강잔도에서 자동차도 18분

패러글라이딩 활공장 옆 카페

카페산은 정말 산 위에 있다. 자동차가 아니면 찾아갈 수 없을 정도로 높은 곳에 있다. 가는 길 또한 구불구불 험준하다. 주차장에 도착하고 나면 왜 길이 험한지 알 수 있다. 카페산은 패러글라이딩 활공장 바로 옆에 있다. 길이 험하지만 올라오고 나면 풍경에 반하게 된다. 야외 테라스와 야외 테이블에서 유려한 남한강의 물줄기를 한눈에 담을 수 있다. 발 아래 엎드린 들과 마을들이 귀엽다. 산 아래 풍경도 매혹적이지만, 하늘로 힘차게 발돋움하는 패러글라이더를 보며 마시는 커피는 더 특별하다. 형형색색, 하늘을 둥둥 떠다니는 무지갯빛 패러글라이딩을 보면 덩달아 하늘을 나는 듯 기분이 좋다. 폐낙하산으로 만든 가방, 지갑 등 다양한 굿즈도 판매한다.

CAFE & BAKERY

구름 위의 산책

충북 단양군 가곡면 두산길 179-18 0507-1343-9708
11:00~19:00(일·월 18:00까지, 화요일 휴무)
₩ 5,000원~22,000원 전용 주차장
찾아가기 ①도담삼봉에서 자동차로 13분 ②단양강잔도에서 자동차로 16분

감탄이 절로 나오는 풍경

단양군 가곡면의 패러글라이딩 활공장은 전망이 좋아 근처에 카페가 많다. 구름 위의 산책은 활공장 중턱에 있다. 야외 테라스와 잘 가꾼 정원으로 나가면 산 아래로 아름다운 풍경이 시원하게 펼쳐진다. 곡선을 그리며 우아하게 흐르는 남한강과 하늘에 떠 있는 형형색색 패러글라이딩, 그리고 그 너머로 첩첩이 이어지는 산, 산, 산! 카페에서 바라보는 풍경은 선계와 인간계 중간쯤 어디에 있는 듯 매혹적이다. 이곳은 커피만큼이나 크로플이 맛있는 카페다. 망고, 블루베리, 크랜베리에 메이플시럽을 듬뿍 올리고 여기에 최고급 아이스크림과 브라운치즈를 곁들인 크로플은 맛도 뛰어나고, 예쁜 사진을 찍기에도 아주 좋다.

다리를 건너면 이윽고 외암민속마을이다.
문득, 조선시대로 순간 이동한 기분이 든다.
수령 600년을 헤아리는 느티나무가
마을로 안내하려는 듯 초입에서 조용히 반겨준다.

외암민속마을

충남 아산시 송악면 외암민속길 5
010-9019-0848
09:00~17:00(연중무휴, 민속관 등 일부 시설은 매주 월요일 휴관)
₩ 1,000원~2,000원
전용 주차장
찾아가기 ①당진청주고속도로 아산현충사IC에서 자동차 8분 ②온양온천역에서 택시 12분

현재 우리나라에는 민속마을로 지정된 곳이 여덟 군데이다. 안동 하회마을을 비롯하여 경주의 양동마을, 고성의 왕곡마을, 순천의 성읍민속마을, 아산의 외암마을, 성주 한개마을, 영주 무섬마을, 영덕 괴시마을이 그것이다. 외암민속마을은 충청남도 아산시 송악면에 있다. 북쪽의 설화산 아래 비스듬한 땅에 남쪽을 바라보고 있는 마을로, 약 500년 전 강 씨와 목 씨 등 여러 성씨 사람이 정착하여 마을을 이루었다고 전해진다. 하지만 조선 명종 때 장사랑을 지낸 이정이 이곳으로 이주하면서 강 씨와 목 씨 등 다른 성씨 사람들이 차츰 마을을 떠났다. 이때부터 예안 이씨가 대대로 살기 시작했다. 이정의 후손들이 번창하면서 점차 양반촌의 면모를 갖추었다. 이정의 6대손인 이간은 자신의 호를 '외암'이라 지었다. 그 이후 이간의 호를 따서 마을 이름도 '외암'으로 부르기 시작했다.

주차장에 차를 세우고 다리를 건너면 이윽고 외암민속마을이 시작된다. 마을로 들어서면 갑자기 조선시대로 순간 이동한 기분이 든다. 마을은 입구 쪽이 낮고 안으로 들어갈수록 비스듬하게 높아진다. 마을 첫 집을 지나면 완만한 구릉지에 집들이 자리를 잡고 있다. 마을 가운데로 향하는 큰 길이 있고, 그 좌우로 샛길이 뻗어 있

다. 그 모습이 마치 나뭇가지에 열매가 맺히는 형상을 닮았다. 마을 초입에 수령 600년을 헤아리는 느티나무가 이곳의 역사를 말해주듯 조용히 서 있다. 나무의 높이는 21m, 둘레는 1.7m이다. 거대한 나무는 마을의 보호수이자 마을보다 더 나이가 많은 어른이다.

외암민속마을에는 전통가옥 약 60채가 옹기종기 모여있다. 기와집과 초가의 조화가 아름답다. 길이 5.3km에 달하는 돌담도 매우 인상적이다. 양반 고택은 관직 이름이나 출신지를 따서 참판댁, 병사댁, 참봉댁, 종손댁, 송화댁, 영암댁 등으로 불린다. 지금도 사람이 사는 살림집이어서 대부분 내부를 구경할 수 없어서 아쉽다. 다행히 외암리민속마을에서 가장 잘 가꿔진 건재고택은 하루에 세 번 개방해 집 내부까지 살펴볼 수 있다. 국가민속문화재 제233호로 지정된 건재고택은 흔히 영암댁으로 불린다. 한차례 50분씩 문화해설사의 안내를 받으며 구경할 수 있다. 문화해설사의 안내를 받지 않고 자유롭게 구경해도 되지만, 해설을 들으며 관람하면 고택의 역사와 조경에 관해 깊이 이해할 수 있으니 이 기회를 활용하길 권한다.

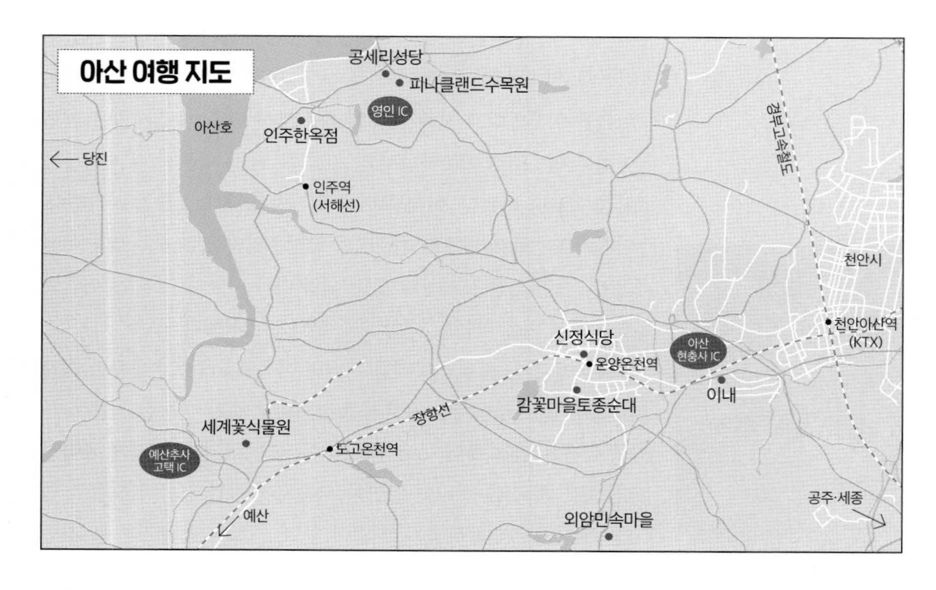

공세리성당

◎ 충남 아산시 인주면 공세리성당길 10 ☏ 041-533-8181
☾ 연중무휴(박물관은 매우 월요일 휴무) ₩ 무료
🚗 성당 주차장 ⓘ **찾아가기** ①평택익산고속도로 영인IC에서 자동차로 4분 ②서해선 인주역에서 택시 11분 ③장항선 온양온천역에서 택시 18분

우아하고 아름답다

공세리성당은 충남 아산시 인주면에 있다. 우아하고 고풍스러워 우리나라에서 아름답기로 손에 꼽히는 성당이다. 1890년에 생겼을 만큼 유서가 깊다. 대전교구에서는 첫 번째, 한국 천주교회를 통틀어서는 아홉 번째 성당이다. 공세리는 육지가 바다로 볼록하게 튀어나온 지형으로 조운각지에서 세금으로 거둔 곡식을 해당 지역 강변이나 해안의 창고에 모아두었다가 이를 다시 한양으로 운반하는 제도의 중요한 길목이었다. 공세리에는 충청 지역 40개 고을의 조세미를 보관하던 창고가 있었다. '공세곶 창고'에서 공세리라는 이름이 비롯되었다.

지금의 공세리성당은 파리외방전교회의 드비즈 신부가 설계하여 1922년에 완공하였다. 드비즈는 중국인 기술자와 벽돌공 20여 명과 함께 고딕 양식 성당과 사제관을 지었다. 사제관은 지금은 박물관으로 역할을 바꾸었다. 공세리성당은 언덕 위에 서 있어서 마을 입구에 들어서는 순간부터 성당의 전면부가 드러난다. 400년을 헤아리는 팽나무와 느티나무가 성당과 어우러지며 풍경의 깊이를 더해준다. 우아하고 아름다운 성당 덕에 숱한 드라마와 광고, 영화를 이곳에서 찍었다. 성당의 왼쪽 아래에는 순교자 32위를 기념하는 현양비와 탑이 있다. 그러니까 이곳은 성당이면서 동시에 성지인 셈이다. 한국관광공사는 공세리성당을 우리나라에서 가장 아름다운 성당으로 선정하였다.

피나클랜드수목원

◎ 충남 아산시 영인면 월선길 20-42 ☏ 0507-1495-2584
◷ 09:00~17:30(연중무휴) ₩ 9,000원~12,000원
🚗 전용 주차장 ⓘ **찾아가기** ①평택익산고속도로 영인IC에서 자동차로 3분 ②서해선 인주역에서 택시 12분 ③장항선 온양온천역에서 택시 16분

채석장을 수목원으로

피나클랜드는 아산만 방조제 매립을 위해 돌을 캐내던 채석장이었다. 한동안 버려져 있던 산 비탈면과 골짜기를 거제 외도 보타니아를 일군 이창호 선생과 그의 자녀들이 10여 년을 가꾸어 쉼과 치유가 있는 자연공원으로 탈바꿈시켰다. 지금은 피나클랜드 농업회사법인이 인수하여 운영하고 있다. 약 107,000㎡에 수목원과 동물원, 전망대, 카페, 레스토랑을 갖추고 있다. 수목원 안에 둘레길을 조성하여 사색하듯 산책하기 좋다.

피나클랜드는 자연미에 초점을 둔 수목원이다. 따라서 인공미나 화려한 시설로 눈길을 끌지 않는다. 오히려 편안하고 자연스러운 멋이 도드라진 곳이다. 인공적인 꾸밈을 최대한 절제한 덕에 전원풍의 자연미가 돋보인다. 수목원 입구에 들어서면, 메타세쿼이아가 길 양옆으로 호위하듯 서서 반겨준다. 다음에 만나는 아치형의 국화 터널도 인상적이다. 산 비탈면에는 둘레길과 자작나무길, 고진감래길 같은 다양한 산책로를 만들어 놓았다. 골짜기 쪽에는 원형 정원과 동물 마을, 잔디광장과 카페를 배치했다. 피나클랜드 스탬프 미션과 동물 먹이주기 같은 체험활동도 할 수 있다. 피나클랜드는 아직 많이 알려지지는 않은 곳이다. 여유를 가지고 호젓하게 자연을 즐기기 더없이 좋다.

세계꽃식물원

충남 아산시 도고면 아산만로 37-37
041-544-0747 09:00~18:00(연중무휴)
₩ 10,000원 전용 주차장
찾아가기 ①익산평택고속도로 추사고택(신암)IC에서 자동차로 8분 ②장항선 도고온천역에서 택시 4분

누구나 카메라를 찾게 되는 곳

세계꽃식물원은 충남 아산시 도고면에 있는 온실식물원이다. 1994년 아산화훼영농조합법인 농장에서 출발하여 지금은 우리나라에서 가장 큰 온실식물원으로 성장하였다. 원래는 튤립, 백합, 아이리스를 생산하는 꽃 농장이었으나, 꽃 시장 침체로 경영이 어려워지자 겪자 2004년 식물원으로 탈바꿈했다. 식물원의 넓이는 46,795㎡이고, 온실은 16,530㎡이다. 1년 내내 3,000여 종의 원예 관상식물을 관람할 수 있다. 특이한 건 꽃 축제처럼 만개한 꽃을 보여주는 게 아니라, 씨앗을 심고 새싹이 돋고 꽃이 피고 열매를 맺는, 한 식물의 일생을 볼 수 있도록 구성하였다는 점이다.

입장권을 끊고 실내로 들어서면 카페와 식물 판매장이 있는 가든 센터가 나온다. 이곳에서 안쪽으로 더 들어가면 꽃 식물원이 시작된다. 알록달록한 꽃이 지천이고, 초록의 잎과 나무가 싱그럽다. 이름을 아는 꽃을 만나면 알아서 반갑고 모르는 꽃은 새롭게 알게 되어 즐겁다. 온실이지만 생각보다 덥지 않고 비교적 쾌적하고 깨끗하다. 계단이나 오르막이 전혀 없는 평지라 남녀노소 누구나 쉽게 꽃을 관람할 수 있다. 꽃을 좋아하는 사람들에겐 그야말로 천국 같은 곳이다. 이곳에서 오면 누구나 휴대전화를 꺼내 카메라 버튼을 누르게 된다.

RESTAURANT

신정식당

충남 아산시 시민로409번길 18 041-545-7500
10:00~22:00(연중무휴) ₩7,000원~18,000원
가게 앞 무료 공영주차장 **찾아가기** ①외암민속마을에서 자동차 12분 ②온양온천역에서 도보 14분, 택시 3분

줄 서서 먹는 평양식 밀면

아산 시내에 있는 노포 맛집이다. 식당 앞에 도착하면 허름한 외관에 실망하게 된다. 마치 방금 자고 일어난 머리처럼 어지럽다. 하지만 맛은 이미 평가가 끝난 집이다. 언제 가도 대부분 대기를 각오해야 한다. 도착하는 순서대로 식당 문 앞에 붙여놓은 스티커를 떼어 대기 번호를 받아야 한다. 이 집의 시그니처메뉴는 메밀 대신 밀가루로 만드는 평양식 밀면이다. 이 집은 닭고기 육수를 기본으로 한다. 육수는 담백하고 깔끔하며 마지막에 감칠맛이 돈다. 두 번 삶아 면발은 탄력이 넘치고, 신기하게도 면에서 밀가루 냄새가 전혀 나지 않는다. 일품 면발과 감칠맛 육수가 어우러져 남다른 풍미를 낸다. 야들야들한 닭 수육도 밀면 못지않게 많이 찾는다.

RESTAURANT

감꽃마을토종순대

충남 아산시 시민로244번길 7-10 041-545-4778
09:00~21:00(브레이크타임 14:00~16:00, 화요일 휴무)
₩10,000원~30,000원 가게 앞 주차
찾아가기 ①외암민속마을에서 자동차 12분 ②온양온천역에서 택시 3분

<백반 기행>에 나온 맛집

온양온천역 남쪽 구역에 있다. 찰순대와 토종 순대가 대표 메뉴이다. 찰순대는 찹쌀과 당면을 주재료로 하여 맛이 담백하고 부드럽다. 떡볶이와 함께 먹거나 간식으로 먹기 좋다. 토종 순대는 돼지 선지, 소장, 채소 등을 넣어 고기와 순대 본연의 깊은 맛을 느끼기 좋다. 순대 정식을 시키면 순댓국과 순대 한 접시가 나온다. 한 접시에 찰순대와 토종 순대가 같이 나와 둘 다 먹을 수 있다. 독특하게 김치, 깍두기, 부추와 함께 특제 소스가 나온다. 새우젓이나 소금 대신 이 소스에 찍어 먹는다. 이 집 순대는 껍질이 조금 두꺼운 편이다. 하지만 부드럽고 잡내가 나지 않아 먹기 좋다. 무엇보다 순대용 고기와 부속물은 모두 국내산만 사용한다. 채소도 직접 재배해 사용한다.

CAFE & BAKERY

이내

충남 아산시 배방읍 배방로 13번길 19-6
041-544-2220 10:00~23:00(연중무휴)
₩ 5,000원~8,000원 가게 앞, 노상 공영주차장
찾아가기 ①당진청주고속도로 아산현충사IC에서 자동차 6분 ②외암민속마을에서 자동차 8분

오래 머물고 싶은

아산시 배방읍에 있는 카페로, 아산에서 인기가 많기로 손에 꼽힌다. 카페 외관과 내부에서 미니멀리즘 분위기가 많이 난다. 모래와 대나무가 중심인 심플한 마당이 이런 분위기를 더해준다. 흰색 테이블이 있어서 날씨가 좋은 날에는 마당에서 커피를 마셔도 좋겠다. 내부로 들어서면 천장에 닿을 듯 엄청 키가 큰 곰돌이 인형이 웃으며 방문객들을 맞이해 준다. 커피 향과 빵 냄새가 기분 좋게 코를 자극한다. 카페 내부는 바닥의 단 차이, 곡선, 직선을 활용하여 공간을 입체적으로 설계했다. 모던하면서도 디자인 감각이 돋보인다. 카페의 이름은 '곧', '지체함이 없이 바로'라는 뜻의 바로 그 부사이다. 하지만 카페에 들어서면 '오래' 머물고 싶어진다.

CAFE & BAKERY

인주한옥점

충남 아산시 인주면 아산만로 1608 041-532-1010
10:00~22:00(연중무휴)
₩ 6,000원~15,000원 전용 주차장
찾아가기 ①공세리성당에서 자동차 6분 ②피나클랜드수목원에서 자동차 7분

커피만큼 빵이 유명하다

아산시 인주면의 도로 옆에서 푸른 들판을 바라보고 있는 한옥 베이커리 카페다. 카페가 무척 커서 여러 동의 한옥 건물로 구성되어 있다. 본관은 가로로 긴 한옥에 누각 두 개를 얹었다. 형태가 뭔가 어색한 게 한옥 본래의 아름다움과는 조금 거리가 있어 보인다. 하지만 창살무늬를 활용한 내부 인테리어는 고전적이면서도 현대적인 세련미가 느껴진다. 2층의 누각으로 올라가면 푸른 들판과 멀리 보이는 서해를 눈에 넣으며 빵과 디저트를 즐길 수 있다. 이곳은 커피도 맛이 좋지만, 사실은 빵으로 더 유명하다. 특히 인주절미와 인주쌀빵이 큰 인기를 누리고 있다. 공세리성당과 피나클랜드수목원에서 자동차로 5~7분 거리여서, 두 곳을 방문한 뒤 들르기 좋다.

신리성지는 이국적이다.
게다가 곳곳이 비어 있으되 신비롭고
오묘한 기운이 성지를 감싸고 있다.
시간이 흐른 뒤에 오히려 더 기억나는 곳
그래서 당신을 다시 불러들이는 곳
신리성지는 그런 곳이다.

신리성지

충남 당진시 합덕읍 평야6로 135
041-363-1359
09:00~17:00(월요일 휴무)
전용 주차장
찾아가기 ①서산영덕고속도로 고덕IC에서 자동차로 11분
②합덕버스터미널에서 750번 승차(35분 소요)

잠시 지도를 펼쳐보자. 삽교천을 따라 당진, 예산, 아산 땅에 분포한 성지들. 원머리성지, 공세리성당, 합덕성당, 여사울성지, 솔뫼성지, 신리성지, 그리고 배나드리성지. 그야말로 이 지역은 천주교의 씨가 처음 뿌려진 못자리라고 불릴 만하다.

신리는 당진시 합덕읍의 너른 들에 있는 마을이다. 삽교천이 서해로 흐르며 마을과 논밭을 골고루 적셔준다. 신리 마을에 천주교가 들어온 것은 1784년이다. 이곳에 대대로 살던 밀양 손씨 집안을 중심으로 일찍부터 교우촌이 형성되었다. 신리는 서해를 통해 들어오는 프랑스 선교사들의 기착지였던 까닭에 일찍부터 천주교를 받아들였다. 1865년부터는 제5대 조선 교구장이었던 다블뤼 주교가 머물며 사목했을 정도다. 1866년쯤에는 마을 사람 400여 명 모두가 신자였다고 하니, 한국 초기 천주교에 큰 이정표를 만든 셈이다. 하지만 병인박해(1866) 때 마을 신자 대부분이 순교하거나 피난을 가야 했다. 이때 다블뤼 주교와 위앵 신부, 오매트르 신부, 황석두 루카, 손자선 토마스가 신리에서 체포되어 순교하였다. 신자 42명도 이때 순교하였다.

신리 마을로 들어서면 성지가 한눈에 들어온다. 들판 한가운데 들어선 성지는 사방으로 뻥 뚫렸다. 성지 풍경이 꽤 강렬하고 의외로 이국적이다. 자그마한 언덕에 세운, 정면으로 보이는 순교미술관이 먼저 시야에 잡힌다. 건물이 꽤 현대적인데, 나무로 대충 만든 옥상의 십자가가 특히 시선을 끈다. 미술관 옥상에 꼭 올라가 보자. 그곳에서 바라보는 풍경이 미술관만큼이나 아름답다. 막힌 곳 없이 탁 트인 전망이 눈을 시원하게 해준다. 푸른 잔디밭 여기저기에 배치한 경당도 눈길을 끈다. 미니멀리즘을 구현한 듯 간결하고 소박하지만, 은근히 경건함이 느껴진다. 잔디광장 왼쪽엔 성당이 있고, 그 앞엔 손자선 토마스의 생가이자 다블뤼 주교관으로 사용하던 초가집이 있다. 성당 맞은편 끝 쪽에 승리의 성모상과 성 다블뤼 경당이 있다.

"적을수록 많은 것이다." 신리성지는 현대 건축의 경구 같은 이 말을 떠올리게 한다. 미술관 옥상에서 바라보는 성지는 곳곳이 비어있다. 분명 비어있는데, 이상하게 허전하지 않다. 허전하기는 커녕 표현하기 힘든, 이상한 기운이 흐른다. 뭐랄까? 공간이 주는 어떤 울림이 있다. 텅 빈 듯 꽉 차 있다. 시간이 흐른 뒤에 오히려 더 기억나는 곳, 그래서 당신을 다시 불러들이는 곳, 신리성지는 그런 곳이다.

ONE MORE **여기도 좋아요!**

당진면천읍성

충남 당진시 면천면 몽산길 14
041-350-3583
전용 주차장
찾아가기 ①서산영덕고속도로 면천IC에서 자동차로 3분 ②신리성지에서 자동차로 18분

저잣거리와 성안마을 구경하는 재미

면천읍성은 나라 안의 다른 읍성들보다 늦게 알려졌다. 읍성이 있었다는 것은 예전에 이 지역이 행정, 군사의 중심지였다는 뜻이다. 면천읍성은 조선 세종 21년(1439년) 서해안으로 들어오는 왜구를 방어하기 위해 쌓았다. 돌에는 옥천, 진잠, 석성 등 충청도 군과 현 지명이 새겨져 있다. 충청도 장정들을 총동원하여 쌓았음을 알려주는 증표이다. 면천읍성은 동서로 긴 타원형이다. 둘레가 약 1,330m, 높이 4~5m이다. 성벽 바깥은 돌로 쌓고, 안쪽은 흙과 돌로 채웠다. 읍성 산책은 서문 쪽에서 시작하는 것이 좋다. 서문에서 200m 정도 가면 면사무소 앞에 풍락루가 나온다. 옛 면천 관아의 문루인데 1852년에 중수한 기록이 있다. 풍락루에서 관아 쪽으로 갈 것인지 성안마을로 갈 것인지를 정해야 한다. 성안에는 저잣거리가 있다. 저잣거리 맞은편에는 작은 연못과 군자정이 있고, 그 왼쪽 위에는 객사를 비롯한 관아가 있다. 무엇보다 눈길을 끄는 것은 면천은행나무(천연기념물 551호)이다. 고려 개국공신인 복지겸 장군의 딸 영랑이 집안에 심었다고 전해진다. 성안마을을 구경하는 재미도 쏠쏠하다. 마을을 돌아다니다 보면 100년 된 우체국 건물을 리모델링한 카페를 비롯하여 미술관과 조그마한 책방, 그리고 농협창고를 개조한 카페 등 볼거리가 제법 많다.

아미미술관

◎ 충남 당진시 순성면 남부로 753
☏ 041-353-1555
⏱ 10:00~18:00(연중무휴)
₩ 5,000원~7,000원 🚗 전용 주차장
ⓘ **찾아가기** ①서해안고속도로 당진IC에서 자동차로 15분
②신리성지에서 자동차로 20분

폐교에 피어나는 매혹적인 설치예술

폐교가 멋진 미술관으로 다시 태어났다. 당진시 순성면 성북리의 문 닫은 유동초등학교를 화가 부부가 매입해 2011년 멋진 미술관으로 재탄생시켰다. 미술관 경내로 들어서면 푸른 잔디밭이 반겨준다. 잔디밭 너머로 붉은 벽돌에 파란 창틀을 단 작은 건물이 먼저 다가온다. 이어서 옆으로 길게 누운 미술관이 보인다. 시선은 붉은 벽돌집으로 가는데, 발길은 갤러리로 향한다. 아이들의 재잘거리는 소리가 가득했을 교사는 이제는 조용히 덩굴 식물을 푸른 옷처럼 걸치고 있다. 미술관 주변에 심은 수국이 발길을 잡는다. 풀과 섞이어 자유롭게 자라는 모습이 오히려 정감있게 다가온다. 갤러리 안으로 들어서면 좁은 복도가 소실점을 그리며 달려간다. 복도와 교실에서는 붉고, 하얗고, 푸른 설치 작품이 관객을 기다리고 있다. 어느 전시실엔 아이들이 사용했을 법한 의자와 책상이 작품처럼 전시되어 있다. 설치 작품은 야외에도 있다. 공처럼 생긴 붉고 파란 조형물 앞에서, 누구는 유심히 관찰하고 또 어떤 관람객은 인증 사진을 찍는다. 건물 뒤편에는 조그마한 소품 가게도 있다. 마지막으로 들른 곳은 카페이다. 처음 보았던 파란색 창틀을 단 건물이다. 전시실에서, 야외 미술관에서, 그리고 카페에서 사람들이 사진을 찍느라 여념이 없다. 안도, 바깥도 참 예쁜 미술관이다.

아그로랜드태신목장

충남 예산군 고덕면 상몽2길 231 041-356-3154
10:00~17:30(연중무휴)
₩ 7,000원~10,000원(체험비 별도) 전용 주차장
ⓘ **찾아가기** ①서산영덕고속도로 면천IC에서 자동차로 10분 ②신리성지에서 자동차로 13분

30만 평, 여유와 낭만이 가득한 체험 목장

목장이라는 말에는 편안함과 평화로움이 깃들어 있다. 넓은 초원에 한가로이 풀을 뜯는 소들이 먼저 떠오른다. 멀리 대관령으로 가지 않아도 목장의 평화와 여유를 즐길 수 있는 곳이 있다. 당진 옆 예산군의 아그로랜드태신목장이다. 1968년 평택에서 출발했으나 1978년 예산군 고덕면으로 이전하면서 현재의 이름으로 바꿨다. 아그로랜드(agroland)는 농업(agriculture)과 땅(land)의 합성어다. 아그로랜드태신목장은 2004년 새롭게 변신했다. 젖소와 육우를 키우는 목장에서 낙농 체험 목장으로 탈바꿈했다. 시민들에게 목장 문을 활짝 연 것인데, 국내 최초의 낙농 체험 목장이 이렇게 탄생했다. 아그로랜드태신목장의 규모는 약 30만 평이다. 웬만한 대학 캠퍼스보다 넓다. 국내 최대 자연목장이다. 넓은 목장에 소 약 2천 마리와 말, 염소, 거위 등이 산다.

매표소와 나무 굴, 조각공원을 지나면 드넓은 목장이 시작된다. 초원을 앞에 두고 왼쪽으로 돌면 야생화 정원이 나오고 산책로를 따라가면 자연스럽게 타조 방목지와 환경 조각공원으로 이어진다. 조금 더 가면 트로이목마 같은 나무로 만든 말들을 만나게 된다. 수생원과 웨딩 가든을 지나면 벚나무길이다. 그 너머엔 넓은 꽃밭이 펼쳐진다. 그리고 이어지는 한우 방목지와 동물농장. 태신목장은 그냥 걷기만 해도 좋은 곳이다.

RESTAURANT

장춘닭개장

◎ 충남 당진시 정안로 50
041-354-1003 07:00~20:00(일요일 휴무)
₩ 11,000원 가게 앞 주차장
ⓘ **찾아가기** ①당진버스터미널에서 자동차로 5분
②신리성지에서 자동차로 20분

담백하고 푸짐하다

솔직히 빨간 간판이 주는 이미지는 조금 촌스럽다. 내부도 그냥 평범하다. 이곳이 정말 맛있는 집일까? 그러나 한가지 메뉴로 이름이 알려졌다면 그건 분명 무엇인가가 있다는 뜻이다. 메뉴가 닭개장 하나밖에 없으니, 별도의 주문이 필요치 않다. 자리에 앉으면 하얀 백김치와 무김치가 담긴 통이 나온다. 이어서 하얀 쌀밥과 커다란 대접에 든 닭개장이 나온다. 그릇 크기가 집에서 먹는 국그릇의 두 배는 되는 것 같다. 닭고기와 대파, 고사리 등이 듬뿍 들었다. 국물이 매울 것 같은데 먹어보면 적당하다. 매운맛이 입안에 오래 머물지 않는다. 가볍지 않지만 개운한 국물이 좋다. 칼칼하고 담백하다.

RESTAURANT

우렁이박사

◎ 충남 당진시 신평면 샛터로 7-1
0507-1374-9554 08:00~19:30(연중무휴)
₩ 9,000원~15,000원 전용 주차장
ⓘ **찾아가기** ①서해안고속도로 송악IC에서 자동차로 7분, 당진 IC에서 자동차로 10분 ②신리성지에서 자동차로 18분

먹을수록 당기는 우렁이쌈장

당진에서 꼭 먹어야 할 음식이 있다면 그건 우렁이쌈장이다. 신평면 신당교차로 인근에 우렁이쌈장집들이 몰려 있다. 그중에서도 우렁이박사는 방송에 여러 번 소개된 맛집이다. 우렁이쌈장의 원조로 꼽히는 집으로 2대째 영업하고 있다. 음식을 주문하면 상추와 우렁이가 가득 든 쌈장, 큼지막한 두부가 들어간 된장찌개, 그리고 우렁이초무침이 함께 나온다. 우렁이가 부드럽게 씹히는 쌈장 맛이 일품이다. 간이 아주 적당하다. 살짝 단맛이 뒤따라오는데, 전체적으로 오묘하다. 먹을수록 자꾸 식욕을 돋운다. 우렁이는 사실 다른 집과 큰 차이가 없다. 이 집의 경쟁력은 단연 쌈장이다.

CAFE & BAKERY

해어름

충남 당진시 신평면 매산해변길 134
041-363-1955 10:00~21:30(연중무휴)
₩ 8,000원~15,000원 전용 주차장
찾아가기 ①서해안고속도로 송악IC에서 자동차로 5분 ②신리성지에서 자동차로 24분

노을이 황홀하다

해어름은 해가 서쪽으로 넘어가는 것을 뜻하는 해거름의 충남 방언이다. 해어름 카페는 이름처럼 해가 질 무렵 가장 예쁜 카페다. 바로 옆에 레스토랑도 같이 있다. 카페로 들어가는 길은 조금 좁지만, 반대편에서 오는 차를 잠시 기다릴 수 있게 공간을 여러 개 만들어 놓았다. 입구 쪽 큰 건물이 레스토랑이고 안쪽에 있는 조금 작은 건물이 커피숍이다. 커피숍에 들어서면 서해대교가 시야 가득 잡힌다. 조명이 켜진 서해대교가 무지개처럼 떠 있다. 서해대교는 멋지고, 루프톱에서 바라보는 석양은 황홀하다. 카페 정원도 멋지게 꾸며 놓았다. 정원석과 키 큰 소나무, 푸른 잔디밭이 무척 잘 어울린다.

CAFE & BAKERY

카페 피어라

충남 당진시 합덕읍 합덕대덕로 502-24
041-362-9900 10:30~19:30(연중무휴)
₩ 6,000원~8,000원 전용 주차장
찾아가기 ①서산영덕고속도로 면천IC에서 자동차로 13분 ②익산평택고속도로 예산추사고택IC에서 자동차로 11분

계절마다 풍경이 바뀌는 초원 뷰 카페

산이 많은 곳에서 자란 우리는 초원에 대한 환상과 동경 같은 것이 있다. 거칠 게 없는 초원이나 평원에선 가슴 설레고, 자유로움을 느끼게 된다. 카페 피어라에선 이와 같은 특별한 경험을 할 수 있다. 카페는 식당과 마주하고 있다. 카페는 붉은 벽돌 건물과 기다란 통창 건물에 있다. 카페 안쪽으로 들어가면 넓은 공간이 나오고, 여기서부터 넓은 창으로 시원한 전망이 펼쳐진다. 봄에는 청보리, 여름에는 옥수수밭이 청량하게 펼쳐진다. 멋진 풍경을 더 잘 보고 싶다면 밖으로 나가면 된다. 카페 외부에 데크가 있고, 그 앞으로 낮은 구릉이 길게 이어진다. 겨울에 눈이 쌓이면 언덕은 설국으로 변한다. 계절마다 새로운 풍경을 느낄 수 있어서 더 매력적이다.

이국적인 목장 지대를 지나면 이윽고 개심사다.
가는 길도 아름답고, 절 안팎의 겹벚꽃도 매혹적이지만
개심사의 진짜 매력은 꾸미지 않은 아름다움이다.
개심사는 보면 볼수록 끌리는 자연 미인을 닮았다.

꾸미지 않아서 더 아름답다

개심사

- 충남 서산시 운산면 개심사로 321-86
- 041-688-2256
- 연중무휴
- ₩ 무료
- 전용 주차장
- **찾아가기** 서해안고속도로 서산IC에서 자동차로 16분, 해미IC에서 자동차로 14분

서산에도 가야산이 있다. 개심사는 이 가야산의 한 줄기인 상왕산(307m) 남쪽 기슭에 포근하게 안겨있다. 가야산은 경주 남산에 버금가는 부처의 땅이다. 개심사 근처에 '백제의 미소'로 더 많이 알려진 서산마애삼존불이 있고, 바로 옆에 거대한 절터 보원사지도 있다. 그뿐이 아니다. 한국 불교 건축의 절정을 보여주는 수덕사도 가야산 줄기인 덕숭산에 깃들어 있다. 국보와 보물을 여럿 품은 산이니, 경주 남산에 버금가는 제대로 된 대접을 받을 만하다.

개심사는 작고 아담한 절이다. 늦봄이 되면 절 안팎으로 붉은 겹벚꽃이 흐드러지게 피어 방문객의 마음을 세차게 흔든다. 산 중턱에 있는 전형적인 산지 가람으로 백제 의자왕 때 창건했다고 한다. 본래 이름은 개원사였으며 고려 때인 1350년에 중창하면서 이름을 개심사로 바꿨다. 현재의 절집이 불에 타자 1475년에 중창하였으며, 17세기와 18세기에도 한 차례씩 손을 보았다.

개심사로 가는 길은 퍽 이국적이다. 해미읍성 옆으로 난 길은 서산시 운산면의 목장 지대를 지난다. 경주의 대릉원 같기도 하고, 제주의 오름 같기도 한 푸른 산지 목장이 가는 내내 눈을 즐겁게 해준

다. 목장 지대를 지나면 이윽고 일주문이 고즈넉하게 서서 당신을 기다린다. 일주문은 '상왕산 개심사'라는 문패를 달고 있다. 이응노 화백의 스승인 해강 김규진의 글씨다. 개심사. 한자 뜻을 풀면 마음을 여는 절이다. 절이 깃든 계곡 이름도 인상적이다. 세심동. 마음을 씻는 곳이라는 뜻이다. 마음을 열고, 마음을 씻는 곳, 개심사는 이런 절이다.

일주문 지나 10분 정도 솔숲을 오르면 무심한 절집을 만난다. 해탈문에 들어가기 전, 외나무다리와 만난다. 반듯한 직사각형 연못에 큰 통나무 다리가 걸쳐 있다. 외나무다리를 건너지 않아도 경내로 들 수 있지만, 열에 아홉은 이 풍경에 반해 다리를 건넌다. 개심사 대웅보전은 보물 142호로 수덕사 대웅전을 축소해 놓은 것 같다. 하지만 이보다 더 눈길이 가는 곳은 심검당이다. 휘어지고 배가 볼록한 나무를 손질하지 않고 그대로 썼다. 해탈문이며 범종각 등이 대부분 그렇다. 개심사는 꾸미지 않아서 더 아름다운, 볼수록 더 매력적인 절이다.

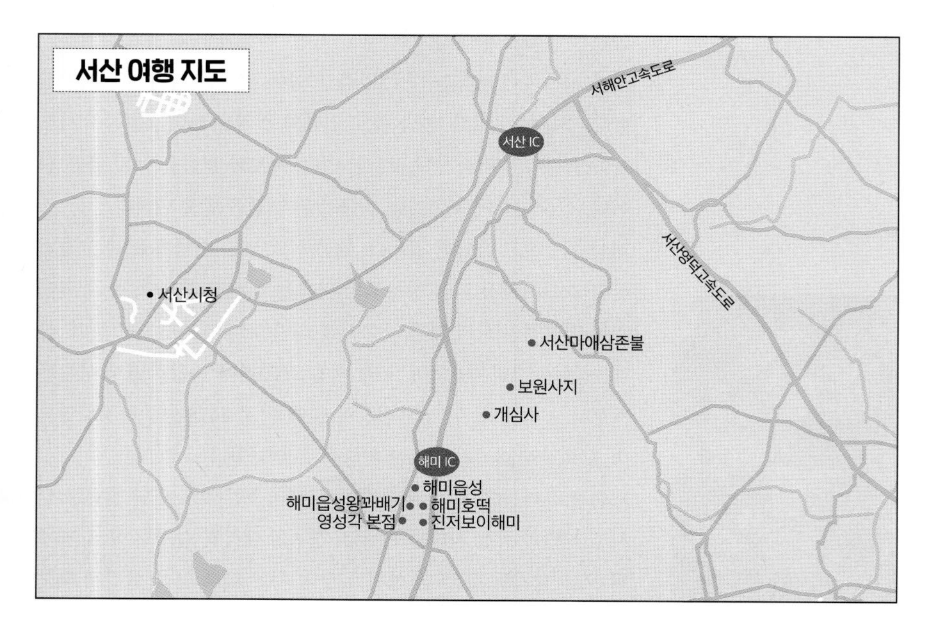

해미읍성

충남 서산시 해미면 남문2로 143
0507-1325-8006
05:00~21:00(동절기 06:00~19:00, 연중무휴)
₩ 무료 전용 주차장
찾아가기 서해안고속도로 해미IC에서 자동차로 3분

한때 이순신 장군이 근무했다

해미읍성은 왜구로부터 백성을 보호하기 위해 1421년(세종 3년)에 완공한 평지성이다. 자연석을 다듬어 수직으로 외벽을 쌓았고, 내벽은 계단식으로 석축을 쌓은 뒤 경사지게 흙으로 덮었다. 둘레는 약 1.8km, 높이는 5m이다. 성안 면적은 196,381m²(6만여 평)이다. 동쪽, 남쪽, 서쪽에 문루를 두었다. 해미읍성은 행정 기능과 군사 기능을 합친 성이었으나, 군사 기능이 더 강했다. 1651년 청주로 옮기기 전까지 약 240년 동안 충청병마절도사의 병영으로 충청 지방 군사령부 역할을 하였다. 1579년에는 이순신 장군이 이곳에서 군관으로 10개월 동안 근무하기도 했다.

성안으로 들어서면 평지가 넓게 펼쳐진다. 북쪽에만 나지막한 산이 있다. 성곽 안 여러 갈래 길을 걸으며 동헌과 내아 등 옛 건물을 둘러볼 수 있다. 해미읍성엔 천주교도의 아픔이 깊게 새겨져 있다. 1866년 병인박해 때 천주교 신도 1천여 명이 이곳에서 고문받고 처형당했다. 읍성 정문인 진남문(鎭南門)을 지나면 수령 300년이 넘은 회화나무 한 그루가 서 있다. 이 나무에 천주교 신자의 손발과 머리채를 매달아 고문했다. 지금은 충남기념물이 되었다. 2014년 8월 프란치스코 교황이 해미읍성의 순교지를 방문했다. 2020년 11월 교황청이 이곳을 국제성지로 지정했다.

서산마애삼존불

충남 서산시 운산면 마애삼존불길 65-13
041-660-2538 09:00~18:00(연중무휴)
₩ 무료 전용 주차장
찾아가기 서해안고속도로 서산IC에서 자동차로 9분, 해미IC에서 자동차로 17분

나무꾼이 발견한 백제의 미소

"부처님이나 탑 같은 것은 못 봤지만유, 저 인바위에 가믄 환하게 웃는 산신령님이 한 분 있는디유. 양옆에 본마누라와 작은마누라도 있지유. 근데 작은마누라가 의자에 다리를 꼬고 앉아서 손가락으로 볼따구를 찌르고 슬슬 웃으면서 용용 죽겠지, 하고 놀리니까 본마누라가 장돌을 쥐어박을라고 벼르고 있구만유. 근데 이 산신령 양반이 가운데 서 계심 시러 본마누라가 돌을 던지지도 못하고 있지유."

1959년, 서산용현리마애여래삼존상 발견 당시, 국립부여박물관장 홍사준 박사가 현장 조사 갔다가 지나가던 나무꾼에게 들은 이야기다. 나무꾼에게는 암벽 중앙의 본존불이 산신령으로 보였고, 우측의 보살은 본마누라, 다리 꼬고 턱을 괴고 앉은 왼쪽의 반가사유상은 작은 마누라로 보였다. 나무꾼의 생각이 참 순진하고 재미있다. 서산마애삼존불(국보 제 84호)은 우리나라 마애불 중 가장 뛰어난 작품이다. 본존불 석가여래입상이 특히 눈길을 끈다. 둥근 얼굴에 눈을 크게 뜨고 두툼한 입술로 벙글벙글 웃는 모습이 친근하고 온화해 흔히 '백제의 미소'로 불린다. 백제의 수준 높은 예술성을 짐작할 수 있는 걸작이다.

보원사지

◎ 충남 서산시 운산면 용현리 100
₩ 무료 전용 주차장
ⓘ **찾아가기** 서해안고속도로 서산IC에서 자동차로 12분, 해미IC에서 자동차로 20분

토함산에 비견되는 부처의 세상

서산마애여래삼불이 있는 곳에서 용현리 계곡을 흐르는 강당천 상류로 약 2km쯤 올라가면 사적 제316호로 지정된 보원사지가 있다. 제법 깊은 산골인데, 절터는 놀라울 만큼 넓다. 지금은 폐사지이지만, 보원사는 백제·신라·고려·조선에 이르기까지 1000년 넘게 법맥을 이어온 가람이었다. 통일신라 때에는 화엄 10찰 중 하나였고, 고려 초엔 법인국사 탄문이 절을 중창했다. 전성기 땐 주변에 100여 개의 암자를 거느리고, 승려 1,000여 명이 수행한 큰 사찰이었다. 절의 규모를 짐작하게 해주는 석조와 당간지주가 남아있다. 석조는 화강석의 돌을 파서 만든 것으로 절에서 물을 담아 쓰던 용기이다. 약 4톤 정도의 물을 저장할 수 있을 규모로, 현존하는 돌 그릇 중에 가장 크다. 절터 입구에 있는 당간지주는 화강석으로 만든 돌기둥 두 개이다. 92cm의 간격을 두고 마주 보게 세웠다. 양식과 조각 수법이 화려하고 장식적인 모습이어서, 통일신라시대의 작품으로 짐작한다. 금당터 앞엔 5층 석탑이 서 있다. 장중하고 안정감이 느껴지는 고려 전기의 우수한 석탑이다. 개심사와 서산마애삼존불, 그리고 보원사지로 미루어 이곳은 경주의 토함산과 남산에 비견되는 부처의 세상이었음을 짐작할 수 있다.

RESTAURANT

해미호떡

충남 서산시 해미면 동문2길 8
10:00~18:00(월요일 휴무)
₩2,000원 가게 앞 해미읍성 1주차장 이용
찾아가기 서해안고속도로 해미IC에서 자동차로 3분

인기가 좋아 세 개만 살 수 있다

해미호떡은 원래 읍성 정문 맞은편 해미시장 쪽에 있었으나 지금은 동문 쪽 주차장 옆으로 이전했다. 처음엔 분식집으로 출발했으나 호떡이 유명해지면서 호떡 전문점으로 바뀌었다. 이곳은 마가린을 이용하여 호떡을 굽는다. 할머니는 연신 반죽에 앙금을 넣고 철판에 호떡을 굽는다. 쉴 새 없이 손을 놀리는 모습에서 장인 냄새가 난다. 1인 3개씩만 구매할 수 있다. 워낙 많은 사람이 찾기에 개수를 제한하여 여러 사람이 맛보게 하기 위해서다. 해미호떡은 식어도 맛이 좋다. 호떡집 옆에 딸이 카페를 열었다. 호떡을 사서 카페에서 커피와 함께 먹을 수 있다.

RESTAURANT

해미읍성왕꽈배기 해미본점

충남 서산시 해미면 읍성마을1길 15-1
0507-1360-5058 09:20~18:10(월·화 휴무)
₩5,000원~15,000원 해미읍성 주차장 이용
찾아가기 ①해미읍성 진남문에서 도보 2분 ②서해안고속도로 해미IC에서 자동차로 4분

<생활의 달인>에 나온 꽈배기

해미읍성 정문인 진남문의 앞쪽으로 쭉 뻗은 큰길을 따라 내려오다가 첫 번째 우측 골목으로 들어서면 바로 보인다. 진분홍색의 바탕에 노란색으로 쓴 간판과 외관이 동화적이면서도 귀여운 느낌을 준다. 이름은 줌마리 카페다. 꽈배기와 도넛만 판매한다. 꽈배기는 상호처럼 '왕 꽈배기'로 어른들 팔뚝만큼 길고, 손목만큼 굵다. 하나만 사면 둘이 먹기에도 충분할 것 같은데 아쉽게도 낱개는 판매하지 않는다. 꽈배기는 최소 2개부터 살 수 있다. 도넛을 곁들여 사도 된다. 이 집 찹쌀 꽈배기는 식어도 눅눅해지지 않아 다시 데워서 먹어도 된다. 설탕을 묻히는 방법도 독특하다. 꽈배기를 3~4 등분으로 잘라 종이봉투에 넣은 다음 설탕을 뿌린다. 그래야 잘린 단면에도 설탕이 잘 묻기 때문이다.

RESTAURANT

영성각 본점

충남 서산시 남문1로 40-1 041-688-2047
10:40~19:00(월요일 휴무)
₩ 8,000원 길가 주차 또는 해미읍성 1주차장 이용
찾아가기 서해안고속도로 해미IC에서 자동차로 3분

전국 5대 짬뽕 맛집

영성각 본점은 해미읍성의 정문인 진남문 근처에 있다. 진남문 앞쪽으로 난 남문1로를 따라 200m쯤 걸어가면 식당이 나온다. 건물 외관은 평범하지만, 전국 5대 짬뽕집으로 이름난 곳이다. 주말 점심시간이라면 웨이팅은 기본이다. 오래 기다린 후 식당 내부로 들어갈 수 있다. 내부로 들어서면 중국식 인테리어와 빨간색 테이블이 강렬하다. 주문 후 조금 기다리면 짬뽕이 나온다. 짬뽕 국물은 엄청 빨갛지만 의외로 국물은 매운맛이 강하지 않다. 얼큰하지만 부드럽게 넘어간다. 짬뽕을 다 비우고 나면, 마치 맛있는 해장국 한 그릇 먹은 듯 속이 개운해진다.

CAFE & BAKERY

진저보이해미

충남 서산시 해미면 읍성마을3길 48-8
0507-1344-8506 10:00~18:00(연중무휴)
₩ 5,000원~7,000원
전용 주차장 또는 해미읍성 1주차장 이용
찾아가기 서해안고속도로 해미IC에서 자동차로 3분

마당 깊은 한옥 카페

진저보이해미는 해미읍성 근처에 있는 한옥 카페이다. 규모는 크지 않지만 아담하고 깔끔하다. 한옥 고유의 서까래의 아름다움을 그대로 살려 고풍스러우면서도 모던한 느낌이 난다. 통유리를 통해 마당을 감상할 수 있어 좋다. 마당에 심은 대나무가 한옥과 잘 어울린다. 실내에 앉아도 햇빛이 잘 들지만, 날이 좋은 날에는 대나무 우거진 테라스에 앉는 것도 괜찮다. 시그니처 메뉴는 크림커피(아인슈페너)인데 부드러운 크림 아래 향긋한 커피가 어우러져 달콤쌉쌀한 맛을 한 번에 즐길 수 있다. 서산의 명물인 생강을 활용한 진저레몬에이드, 진저브레드, 진저쿠키도 많이 찾는다.

바닷가에 펼쳐진 넓은 모래언덕
파도와 바람이 만든 진귀한 풍경
자연의 신비로움에 절로 나오는 감탄사

신두리해안사구

- 충남 태안군 원북면 신두리
- 041-672-0499
- 09:00~18:00(동절기 17:00, 연중무휴)
- ₩ 무료
- 전용 주차장 이용
- **찾아가기** 서해안고속도로 서산IC와 해미IC에서 자동차로 55분

우리나라에도 사막이 있다. 수십, 수만 년 동안 불어온 바람이 쌓아 올린 모래언덕이 충남 서해안에 있다. 태안군 원북면에 있는 신두리해안사구(천연기념물 제431호)다. 해안사구는 해류에 의해 모래가 퇴적된 곳이다. 파도가 모래를 육지로 밀어 올리고, 일정하게 부는 바람이 다시 모래를 옮겨 바닷가에 낮은 구릉 모양으로 쌓인 퇴적지형을 말한다. 신두리 사구센터 주차장에서 차를 세우고 바다 쪽을 바라보면 신두리해수욕장이 길게 펼쳐져 있다. 북쪽으로 길을 잡아 조금만 걸으면 목책이 세워진 신두리해안사구가 나온다. 입구에서 보면 특별한 감흥이나 느낌이 들지 않는다. 그냥 해수욕장과 비슷한 느낌이 든다. 그러나 조금만 들어가다 보면 해수욕장과 전혀 다른 풍경이 펼쳐진다. 사구를 둘러볼 수 있도록 조성해 놓은 길을 따라 걷다 보면 드넓은 모래언덕과 염생식물이 시야 가득 잡힌

다. 서쪽엔 푸른 바다가 배경이 되어 준다. 신두리해안사구의 길이는 약 3.4㎞, 폭은 0.5~1.3㎞에 이른다. 현장에서 보면 훨씬 더 길고 넓어 마치 사막에 있는 것처럼 느껴진다.

해안사구를 보면 처음엔 규모에 압도되고, 그 다음엔 도대체 얼마나 오랜 세월이 걸려 이런 지형이 만들어졌는지, 신기하고 궁금해진다. 파도와 바람, 시간의 힘, 자연의 신비로움에 놀랄 따름이다. 해안사구엔 자연훼손을 최소화하기 위해 산책로를 따로 만들어 놓았다. 산책로는 크게 두 코스이다. 하나는 입구에서 해안을 따라 직진하여 모래언덕을 중심으로 도는 길이고, 또 하나는 동쪽의 내륙을 따라 고라니 동산길을 걷는 코스이다. 어디로 가든 산책로는 다시 원점으로 돌아온다. 해안사구엔 모래언덕만 있는 게 아니다. 우리나라에서 가장 큰 해당화 군락지와 고라니가 사는 고라니 숲도 있다. 또 통보리사초, 갯메꽃, 갯방풍 같은 희귀식물이 사는 생태계의 보고이다. 희귀성과 생태적 가치를 높이 평가하여 해양수산부는 이곳을 생태계 관광자원으로, 한국관광공사는 '한국 관광 100선'으로 선정하였다.

ONE MORE **여기도 좋아요!** 

천리포수목원

충남 태안군 소원면 천리포1길 187
041-672-9982 09:00~17:00(동절기 16:00, 연중무휴)
₩ 6,000원~13,000원 전용 주차장
찾아가기 ①신두리 해안 사구에서 자동차로 12분
②서해안고속도로 서산IC와 해미IC에서 자동차로 50분

아시아에서 가장 아름다운 수목원

태안반도 서북쪽 천리포 해안에 있다. 미국 펜실베이니아주에서 출생하여 한국인으로 귀화한 민병갈(Carl Ferris Miller, 1921~2002) 박사가 1970년에 설립한 국내 최초의 민간 수목원이다. 국내 수목원 중에서 최다 식물 종을 보유하고 있다. 보유 수종이 무려 1만 5,600여 종이다. 수목원 면적은 약 18만 평이다. 이 중에서 비밀의 정원인 '밀러가든'과 일부 구역을 일반인에게 개방하고 있다. 우리가 아는 천리포수목원은 이 밀러가든을 말한다. 밀러가든은 큰 연못 정원, 민병갈 추모 정원, 겨울 정원, 기후 변화 지표 식물원 등 크고 작은 정원 27개로 구성돼 있다. 하지만 정원과 정원을 명확하게 구분하지 않고 전체가 어우러지도록 만들었다. 어디가 어디인지를 알려면 안내도를 들고 보는 게 좋다. 그만큼 천리포수목원은 자연에 가깝도록 꾸민 정원이다. 천리포수목원이 세계에서 유일하게 섬과 바다, 산과 계곡을 모두 낀 수목원이다. 이런 특별한 가치 덕에 2000년 국제수목학회로부터 아시아에서 최초로 '세계의 아름다운 수목원'으로 인증받았다. 천리포수목원은 산책하기에 더없이 좋다. 이름도 신기한 꽃들을 구경하며 걷다 보면 소나무 사이로 푸른 바다가 시야에 잡힌다. 노을 쉼터와 바람의 언덕에서 쉬어가도 좋다.

만리포해수욕장

충남 태안군 소원면 만리포2길 138
041-670-2691 ₩ 무료 전용 주차장
찾아가기 ①신두리 해안 사구에서 자동차로 15분
②서해안고속도로 서산IC와 해미IC에서 자동차로 50분

만리포 사랑에 나오는 바로 그 해변

만리포해수욕장은 태안반도 서쪽 끝에 있다. 태안군을 가로지르는 32번 국도 서해로가 이곳에서 막을 내린다. 태안해안국립공원에는 30개가 넘는 해수욕장이 있는데 그중에서 만리포해수욕장은 가장 크고 오래된 해수욕장이다. 태안 8경의 하나이다. 1955년에 개장했는데 대천해수욕장, 변산해수욕장과 함께 서해안 3대 해수욕장으로 꼽힌다. 백사장의 길이가 약 3km, 폭은 약 250m이다. 활처럼 휘어진 해변 풍경이 아름답기로 소문이 났다. 서해로가 끝나는 곳에서 해변이 시작된다. 이곳엔 '똑딱선 기적 소리 젊은 꿈을 싣고서'로 시작되는 꽤 큼지막한 반야월의 <만리포 사랑> 노래비가 서 있다. <만리포 사랑>은 1958년에 발표되었는데, 이 노래 덕에 해수욕장이 더욱 널리 알려졌다. 노래비 옆에는 정서진임을 알리는 표지석이 놓여 있다. 우리나라 도로 원표는 광화문에 있다. 광화문에서 정동 쪽 끝은 정동진이며, 정남진은 전라남도 고흥이다. 정서진 표지석이 만리포에 있지만 정작 광화문의 서쪽 끝은 경인아라뱃길이 끝나는 인천광역시 서구 오류동이다. 만리포해수욕장 북쪽 언덕엔 전망대가 있다. 높이 37.5m, 폭 15m이다. 엘리베이터를 타고 전망대로 올라가면 360도로 주변 경관을 감상할 수 있다. 바다, 해수욕장, 산과 마을까지 한눈에 조망할 수 있다.

태안해양유물전시관

충남 태안군 근흥면 신진대교길 94-33
041-419-7000
09:00~18:00(월요일 휴무)
₩ 무료 전용 주차장
찾아가기 ①만리포해수욕장에서 자동차로 27분
②서해안고속도로 서산IC와 해미IC에서 자동차로 53분

바다에서 건져 올린 유물이 무려 3만 점

만리포해수욕장 남쪽의 안흥항에서 다리를 건너면 신진도라는 섬이다. 국립태안해양유물전시관은 신진도 내항에 자리 잡고 있다. 이곳에 가면 서해에서 발굴한 수중 유물을 구경할 수 있다. 태안 앞바다는 흔히 '바닷속 경주' 또는 '바닷속 부여'로 통한다. 이 해역은 고대 시대 해상교통의 중심 통로였다. 이런 까닭에 중국으로, 개경으로 가던 화물선이 자주 침몰했다. 1990년 이후 서해에서 건져 올린 문화재가 무려 3만여 점이다. 도자기가 제일 많지만, 그 외에도 화물선, 죽찰, 목간, 시루, 철제 솥, 나무 빗, 장기알, 사슴뿔 등 다채롭다. 특별히 눈길을 끄는 것은 태안의 마도 해역에서 출토된 마도 1호선이라는 곡물 운반선이다. 전라남도 나주, 해남, 장흥 등지에서 거둔 세곡 등을 싣고 개경으로 향하다 태안 앞바다에서 침몰했다. 선적물과 함께 출토된 목간과 죽찰을 통해 1208년 봄에 침몰했음을 알아냈다. 태안해양유물전시관에 가면 침몰 이전의 마도 1호선을 실물 크기로 재현한 모습을 구경할 수 있다. 마도 1호선은 길이 10.8m, 너비 3.7m, 깊이 2.89m에 이르는 대형 선박으로 곡물 1,000석을 실을 수 있는 규모다. 안흥항 풍경을 구경하는 재미도 쏠쏠하다.

RESTAURANT

시골밥상

충남 태안군 소원면 대소산길 368 041-675-3336
09:00~16:00(일요일 12:30~16:00, 연중무휴)
₩ 8,000원~65,000원 전용 주차장
ⓘ **찾아가기** ①신두리 해안 사구에서 자동차로 18분
②서해안고속도로 서산IC와 해미IC에서 자동차로 43분

엄마가 해준 듯 정성이 담긴 밥상

만리포해수욕장에서 남동쪽으로 자동차로 10분 정도 떨어진 곳에 있는 웰빙 맛집이다. 한적하고 평온한 마을에 있는데, 분위기가 외할머니집에 온 듯한 느낌을 준다. 세련되거나 우아하지는 않지만, 시골의 가정집 분위기가 마음을 편안하게 해준다. 추억이 묻어나는 여러 가지 소품이 눈에 띈다. 오래된 풍금과 텔레비전이 70년대 감성을 불러일으킨다. 주요 메뉴는 가정식백반인 시골밥상, 꼬막비빔밥, 생선구이인데, 시골밥상을 제일 많이 찾는다. 음식을 주문하면 10가지 밑반찬이 나온다. 텃밭에서 가꾼 재료로 만든 반찬은 어머니의 손길이 느껴진다. 태안의 토속음식 게국지도 먹을 수 있다.

RESTAURANT

호호아줌마

충남 태안군 소원면 모항리 51-7
041-674-0862 09:00~19:00(수요일 휴무)
₩ 9,000원~13,000원 가게 앞 주차
ⓘ **찾아가기** ①만리포해수욕장에서 자동차로 3분
②서해안고속도로 서산IC와 해미IC에서 자동차로 45분

부드럽고 고소한 굴김치보쌈

만리포해수욕장 남쪽 모항항에 있는 맛집이다. 주요 메뉴는 바지락칼국수, 제육볶음정식, 그리고 굴김치보쌈정식이다. 이곳의 베스트 메뉴는 청국장이 포함된 굴김치보쌈정식이다. 음식을 주문하면 밑반찬 4가지와 청국장이 나온다. 반찬은 깔끔하고, 간을 잘 맞추어 담백하고 맛이 좋다. 청국장은 맛이 깊고 구수하여 자주 손이 간다. 호박과 감자, 두부 외에 특별한 재료가 없는 것 같은데 먹을수록 진국이다. 상큼한 굴 향이 가미된 김치도 맛이 아주 좋다. 처음엔 싱거운 듯하지만, 나중엔 감미로운 맛이 난다. 돼지고기는 부드럽고 고소하다. 만화에서 나오는 호호아줌마가 마법을 부린 것 같다.

CAFE & BAKERY

몽산포제빵소

충남 태안군 남면 우운길 56-19 041-675-9802
09:00~19:00(연중무휴)
₩ 6,000원~8,000원 전용 주차장
찾아가기 ①만리포해수욕장에서 자동차로 22분
②서해안고속도로 서산IC와 해미IC에서 자동차로 37분

관광 농장에 있는 베이커리 카페

만리포해수욕장에서 안면도로 가는 길목, 태안군 남면 몽산리의 팜카밀레 농장에 있는 베이커리 카페다. 하얀 벽돌에 붉은색 지붕을 얹은 2층 건물이 이국적이다. 제빵소 앞은 넓은 정원이다. 정원의 귀엽고 앙증맞은 동물 캐릭터들이 방문객을 반겨준다. 실내는 앤티크 분위기가 나는 레스토랑 같다. 곳곳에 놓인 식물 화분이 카페에 생기를 불어넣어 준다. 이곳의 빵은 모두 천연 발효종을 이용하여 만든다. 당일 만든 빵은 당일에만 판매하기에 언제나 신선한 빵을 즐길 수 있다. 카페 뒤편으로 가면 숲이 나오는데, 이곳에도 테이블을 놓아 자연 속에서 빵과 커피를 즐길 수 있다.

CAFE & BAKERY

해피준카페

충남 태안군 소원면 파도길 63-12 010-5124-5154
11:00~18:00(주말은 10:00부터, 연중무휴)
₩ 6,000원~10,000원 전용 주차장
찾아가기 ①만리포해수욕장에서 자동차로 9분
②서해안고속도로 서산IC와 해미IC에서 자동차로 51분

파도 소리 들리는 오션 뷰 카페

신두리 해안 사구와 만리포해수욕장 남쪽, 태안군 소원면 파도리 바닷가에 있는 오션 뷰 카페이다. 카페로 들어가는 길이 좁다. 한적한 어촌마을 길을 따라 땅끝까지 가면 카페가 나온다. 카페는 파도리해수욕장 남쪽 끝에 자리 잡고 있다. 카페 바로 앞이 모래 해변이고, 푸른 바다다. 창가에 앉으면 바다가 정원이다. 파도 소리가 들릴 만큼 바다와 인접해 있다. 바닷가 가옥을 개조하여 만들었다. 내부는 조금 투박해 보인다. 창가 자리도 명당이지만 루프톱도 전망 명당이다. 해피준카페는 그야말로 바다 전망이 모든 걸 다해준다. 날이 좋다면 해변을 산책하며 커피를 마시는 것도 좋다.

냇가를 옆에 끼고 들어선 개화예술공원
인위성이 적어 편안하고 자연스럽다.
곳곳에서 만나게 되는 시비와 조각 작품은
원래 그곳에 있었던 것처럼 자유롭고 친근하다.
산책하며 시와 예술을 즐기기에 이만한 곳도 드물다.

산책하듯
예술을 즐기고 싶다면

개화예술공원

- 충남 보령시 성주면 개화리 177-2
- 041-931-6789
- 09:00~18:00(연중무휴)
- ₩ 4,000원~6,000원
- 전용 주차장
- **찾아가기** ①서해안고속도로 대천IC에서 자동차로 18분
  ②서천공주고속도로 서부여IC에서 자동차로 27분

가끔은 편안한 복장으로, 산책하듯 거닐며 예술을 즐기고 싶을 때가 있다. 보령시 성주면의 개화예술공원은 이럴 때 가기 좋은 곳이다. 성주산(680m)은 오서산과 함께 보령시를 대표하는 산이다. 무염국사와 최치원 같은 성인이 많이 살았다고 이런 이름을 얻었다. 벼루를 만드는 오석 산지로 알아주는데, 예전엔 석탄 생산지로 유명하였다. 산기슭에 신라 때 절터인 성주사지와 자연휴양림을 품고 있다. 개화예술공원도 성주산 자락에 터를 잡았다. 성주산을 휘돌아 흐르는 시내를 옆구리에 끼고 있는데, 면적이 약 5만 평이 넘는다. 야외와 실내 전시장이 조화를 이룬 곳으로, 계절마다 자연과 풍경이 변화하므로 늘 새로운 모습으로 다가온다.

주차장에 차를 세우고 공원으로 들어선다. 첫인상은 인위적으로 정돈된 곳이라기보다는 편안하고 친근한 동네 공원 같다. 조각 작품과 키가 큰 소나무 뒤로 주홍색 지붕이 보인다. 강렬한 지붕에 이끌려 가까이 가니 미술관이다. 이름은 모산미술관. 보령의 특산품인 오석을 이용한 조각 작품을 선보이는 특화된 미술관이다. 미술관뿐 아니라 개화예술공원 곳곳에서 오석을 소재로 만든 작품을 쉽게

찾아볼 수 있다. 개화예술공원의 작품들은 마치 자연처럼 서 있다. 마치 원래부터 그곳에 있었던 것처럼 하나같이 형태가 자유롭고 친근하다. 특별히 어떤 공간에 모여 있는 게 아니라 잔디밭, 나무 아래, 연못 근처 등 장소를 가리지 않고, 또한 애써 알아봐달라는 문패도 없이 태연하게 공원을 채우고 있다.

개화예술공원은 의외로 넓다. 자연과 작품이 어우러지고, 걷기와 휴식이 공존하고, 어른과 어린이가 함께 편안하게 놀 수 있게 꾸며져 있다. 허브랜드에선 자연에 좀 더 가까이 다가갈 수 있어서 좋고, 우리나라 원로와 중진 시인의 육필 시를 오석(烏石)에 새긴 시비도 있다. 이곳에선 잠시 발걸음을 멈추게 된다. 가만히 시를 읽으면 마음이 편안해진다. 카페와 작은 동물원도 있고, 포토 존도 여럿이다. 겨울엔 눈썰매장이 열린다. 돌아볼수록 자연과 예술의 향기가 가득한 곳이다. 산책하듯 예술을 즐기고 싶다면, 쉼과 여유에 푹 젖고 싶다면 보령의 개화예술공원을 떠올려도 좋겠다.

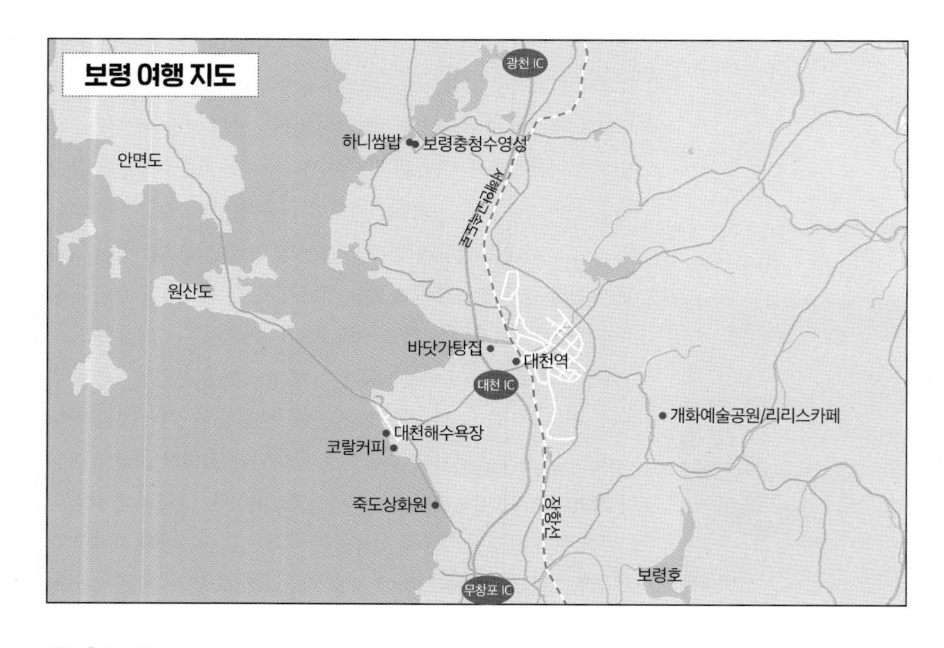

대천해수욕장

충남 보령시 머드로 123
041-930-3520
전용 주차장
찾아가기 서해안고속도로 대천IC에서 자동차로 8분

신나는 머드 축제 구경 가자

서해를 대표하는 해변으로, 경포대와 해운대와 함께 우리나라 3대 해수욕장으로 대접받는다. 1930년대부터 외국인을 위한 휴양단지가 생겼을 만큼 역사도 오래되었다. 동양에서 유일하게 조개껍질이 잘게 부서져 모래로 변모한 독특한 해수욕장이다. 전문 용어로는 패각분 해수욕장이라고 한다. 백사장 길이 3.5km, 폭 100m에 이른다. 경사가 완만하고 모래가 깨끗하다. 아름다운 석양을 즐길 수 있어서 여름이 아니어도 많은 사람이 찾는다. 하지만 대천해수욕장의 최대 매력은 보령머드축제이다. 매년 7월 중하순부터 8월 초까지 머드 광장에서 열린다. 한동안 내국인 중심으로 이루어졌으나 이제는 외국인에게도 인기가 높다. 보령머드축제는 우리나라에서 가장 유명한 여름 축제가 되었다. 대천해수욕장을 색다르게 즐기고 싶다면 짚트랙에 도전해 보자. 약 20층 높이에서 613m 거리를 빠른 속도로 이동하는데, 바다를 발아래 두고 날아가는 스릴감이 남다르다. 이곳의 짚트랙은 둘이 같이 타기에 즐거움이 배가 된다. 짚트랙 아래에는 대천스카이바이크가 있다. 우리나라 최초로 백사장 위를 지나고 해안선을 따라 달리는 하늘 자전거이다. 대천항까지 2.3km를 왕복한다.

죽도상화원

◎ 충남 보령시 남포면 남포방조제로 408-52
📞 041-933-4750 🕓 09:00~18:00(월~목 휴무, 법정공휴일은 휴무 기간에도 관람 가능, 매년 12월~3월 휴장)
₩ 7,000원 🚗 전용 주차장
ⓘ **찾아가기** ①대천해수욕장에서 자동차로 5분 ②서해안고속도로 무창포IC에서 자동차로 7분

바다를 품은 비밀 정원

충남 보령시의 작은 섬 죽도는 대나무가 많아 사람들이 대섬이라고 불렀다. 원래는 해안에서 4.5km 떨어져 있었는데, 1990년대 후반 대천해수욕장과 용두해수욕장을 잇는 남포방조제가 완공되면서 육지와 연결됐다. 대천해수욕장에서 남쪽으로 약 3km 떨어져 있다. 죽도는 주민들이 계단식 밭농사를 짓던 평범하고 작은 섬이었으나, 한국식 전통 정원 상화원이 들어서면서 유명한 곳이 되었다. 섬 전체를 하나의 정원처럼 꾸며놓았는데, 훼손을 최소화하고 섬 특유의 자연미를 잘 살린 점이 인상적이다. 정문으로 들어서면 200년이 훨씬 넘는 팽나무와 고풍스러운 한옥이 반겨준다. 한옥은 경기도 화성 관아의 정자를 옮겨온 것이다. 상화원은 입구부터 독특하게 회랑이 시작된다. 지붕을 얹은 회랑은 길이가 자그마치 2km이다. 세계에서 가장 긴 회랑이라고 한다. 회랑만 따라 걸으면 상화원의 거의 모든 공간을 만날 수 있다. 소나무 사이로 바다가 보이고, 파도 소리도 가까이 다가온다. 섬 일주가 끝날 즈음에 한옥마을이 나타난다. 한옥들은 서로를 가리지 않고 바다와 조화를 이룬다. 한옥에서 바라보는 바다는 시처럼 맑고 그림처럼 아름답다. 죽림과 해송에 둘러싸인 숙소 단지가 따로 있다.

보령충청수영성

충남 보령시 오천면 소성리 931
041-932-5824
오천항 주차장
찾아가기 서해안고속도로 광천IC에서 자동차로 21분, 대천IC에서 31분

오래 기억하고 싶은 해안 절경

보령시 오천면 오천항 언덕에 있다. 오천항은 천수만 깊숙이 자리하여 방파제와 같은 별도의 피항 시설이 없을 만큼 천혜의 자연조건을 갖춘 항구이다. 충청수영성을 아는 사람은 많지 않다. 생선회나 키조개를 먹기 위해 오천항에 들러 뒤늦게 수영을 찾았다가 아름다움에 반하는 사람이 대부분이다.

충청수영성은 조선시대 충청도 수군의 최고사령부가 있었던 곳이다. 1466년(세조 12년)에 처음 철시되었고, 1509년(조선 중종 4년)에 서해로 침입하는 외적을 막기 위해 석성을 쌓았다. 자라 모양의 지형을 이용하여 충청수영의 외곽을 두른 길이 1,650m의 성으로 높은 곳에 치성과 곡성을 두어 서해와 섬의 동정을 살폈다. 원래 사방으로 성문을 두고, 성안에 전각이 20여 채 있었으나, 지금은 서문인 망화문과 진휼청, 장교청, 공해관, 영보정만 있다. 오래된 나무와 어우러진 아치형 석문이 아름다운 충청수영성은 1896년(고종 33년)에 폐영되었다. 충청수영성 정자에 올라서면 오천항이 한눈에 들어온다. 바다와 항구, 배들이 어우러진 풍경이 절경이다. 해 질 녘에 가면 더욱 멋진 풍경을 즐길 수 있다. 갈매못 순교 성지가 자동차로 3분, 굴 축제로 유명한 천북굴단지가 자동차로 18분 거리에 있다.

RESTAURANT

하니쌈밥

◎ 충남 보령시 오천면 충청수영로 839-10
☏ 041-933-9333 ◷ 11:30~20:00 (둘째·넷째 월요일 휴무)
₩ 7,000원~60,000원 🚗 오천항 주차장
ⓘ **찾아가기** 서해안고속도로 광천IC에서 자동차로 21분, 대천IC에서 31분

쫄깃하면서도 부드러운 키조개

오천항은 아주 작은 항구이다. 하지만 키조개 이야기가 나오면 상황이 달라진다. 전국 키조개 생산량 약 60%가 오천항에서 나온다. 키조개는 수심 20~50m의 깊은 모래흙에 수직으로 박혀 있는데, 사람이 직접 바닷속으로 들어가 하나하나 건져 올린다. 진달래가 피는 4월부터가 제철이다. 오천항엔 키조개 음식을 파는 식당이 여럿 있는데 그중에서도 하니쌈밥은 방송에도 소개된 맛집이다. 키조개두루치기가 대표 음식이다. 미나리, 팽이버섯, 양송이버섯, 양파와 당근 같은 채소 위에 뽀얀 키조개가 올라가 있다. 육수를 넣지 않고 야채에서 우러나는 채수로 익힌다. 양념을 품은 쫄깃하면서도 부드러운 키조개가 입안을 행복하게 해준다.

RESTAURANT

바닷가탕집

◎ 보령시 안소래길 15 ☏ 041-931-0983
◷ 11:00~20:00(월요일 휴무) ₩ 45,000원~65,000원
🚗 가게 앞 주차장 ⓘ **찾아가기** ①대천해수욕장에서 자동차로 11분 ②서해안고속도로 대천IC에서 6분

바다 옆 간자미 식당

보령의 간자미 맛집으로, 대천천 하류 쪽의 넓고 깨끗한 곳으로 확장, 이전하였다. 최고 메뉴는 역시 간재미무침이다. 충청도에서는 간자미를 간재미라 부른다. 우리나라에서는 우럭이 간자미보다 더 인기 좋은 어종이지만 이곳에서는 우럭보다 간자미를 먼저 꼽는다. 간재미무침을 주문했다. 10가지의 밑반찬과 접시에 간재미무침과 비빔국수가 반반 담겨 나온다. 무침은 매운 듯하면서도 단맛이 살짝 돌아서 먹기가 좋다. 무엇보다 식감이 부드럽다. 비빔국수도 양이 적지 않아 공깃밥과 함께 먹기에 조금 많은 느낌이다. 간재미무침을 주문하면 간재미탕도 나오는데 칼칼하면서도 맛이 아주 시원하다. 간재미무침에 견줄만하다.

CAFE & BAKERY

리리스카페

◎ 충남 보령시 성주면 개화리 177-2 ☏ 070-4133-2845
◷ 09:30~18:00(연중무휴) ₩ 7,000원~30,000원
🚗 전용 주차장 ⓘ **찾아가기** ①서해안고속도로 대천IC에서 자동차로 18분 ②서천공주고속도로 서부여IC에서 자동차로 27분

꽃 꽃 꽃, 드라이 플라워가 가득한

개화예술공원에 있는 카페이다. 공원을 산책하다 꽃에 홀린 듯 들어서게 되는 곳이다. "당신은 꽃과 같다." 카페 입구에 쓰여 있는 문구다. 리리스카페는 전국 최대 규모의 플라워카페이다. 규모도 엄청나지만, 꽃으로 둘러싸인 카페가 황홀하다. 카페에 들어서면 다들 꽃을 보느라 야단이다. 꽃 보랴, 사진 찍으랴. 발걸음을 옮길 때마다 셔터를 눌러야 할 것 같다. 카페 안을 드라이 플라워로 가득 채우고 있다. 드라이 플라워가 이렇게 아름다울 수 있을까? 벽과 천장에도 꽃이 매달려 있다. 꽃뿐만 아니라 화병, 촛대, 스탠드, 장식용 의자가 멋진 배경이 되어 준다. 예쁜 생화가 올려진 모히토 한잔 마시면 기분이 황홀해진다.

CAFE & BAKERY

코랄커피

◎ 충남 보령시 해수욕장4길 82 ☏ 041-934-7011
◷ 월~목 09:30~23:00, 금~일 09:30~24:00
₩ 5,000원~15,000원 🚗 가게 앞 주차
ⓘ **찾아가기** 서해안고속도로 대천IC에서 자동차로 8분

휴양지 감성이 돋보이는

대천해수욕장 머드광장과 노을광장 사이에 있는 카페이다. 휴양지 감성이 짙은 카페인데, 조개구이집 같은 고만고만한 도로변 식당들 틈에 있어서 더 돋보인다. 건물 높이를 조금 낮추고, 넓은 마당을 갖춘 것도 이 카페를 돋보이게 한다. 실내도 좋지만, 휴양지 감성과 딱 들어맞는 야외 카페가 신의 한 수가 아닐까 싶다. 날이 좋다면 실내보다는 야외 카페를 추천한다. 나무 의자와 야자수 파라솔, 파도처럼 물결치는 차양 천막이 운치를 더해준다. 조금 프라이빗한 공간도 있는데, 이곳은 서핑과 캠핑장 분위기를 잘 살렸다. 음료와 커피뿐 아니라 맥주와 칵테일, 햄버거도 즐길 수 있다.

공산성의 매력은 사계절 내내 이어진다.
봄에 가면 벚꽃과 철쭉, 여름엔 푸르른 숲.
가을이면 붉고 노란 단풍이 비단처럼 펼쳐진다.
백제의 아픔을 아는지 모르는지
금강은 예나 지금이나 무심히 흐르고……

성곽길 걸으며
백제의 숨결 느끼기

공산성

- 충남 공주시 금성동 53-51
- 041-856-7700
- 09:00~18:00(12월~2월은 17:00까지, 설날, 추석 당일 휴무)
- ₩ 1,000원~3,000원
- 전용 주차장
- **찾아가기** ①논산천안고속도로 남공주IC에서 자동차로 9분, 서산영덕고속도로 공주IC에서 자동차로 5분 ②공주종합버스터미널에서 택시 6분

475년, 고구려의 침입으로 백제의 수도 한성(지금의 송파구와 하남시 일대)이 무너졌다. 백제는 서둘러 수도를 웅진(공주)으로 옮겼다. 한성의 비극이 공주를 역사의 주인공으로 만들었다. 공주의 영광은 길지 않았다. 475년부터 538년까지 5대 왕에 걸쳐 딱 64년 동안 수도 지위를 누렸다. 이 시기를 웅진 백제라고 부른다. 한성이나 부여보다 영광의 시간은 짧았으나, 그 시기의 문화는 지금도 찬란하다. 공주의 매력을 느끼기 위해서는 공산성으로 가야 한다. 공주를 적시며 흐르는 금강을 건너면 작은 산이 보이는데, 그곳이 공산성이다.

공산성은 백제의 왕이 살았던 궁성이다. 북쪽으로 금강이 흐르고, 해발 110m의 능선을 따라 흙을 쌓아 만든 포곡식 산성이다. 이후 조선 중기에 현재와 같은 석성으로 다시 쌓았다. 공산성의 원래 이름은 웅진성인데, 고려 때에는 공산성, 조선 시대에는 쌍수산성이라고 불렸다. 성의 둘레는 약 2,660m이며, 동서로 약 800m, 남북으로 약 400m이다. 성을 하늘에서 보면 달걀 모양이다. 공산성에는 남문인 진남루와 북문인 공북루 등 여러 문이 있지만, 현재는 서문인 금서루를 통해 성안으로 들어간다. 공산성은 백제 때부터 우

리나라 근현대까지 숱한 역사에 등장한다. 이는 공산성이 지리적 군사적으로 중요하고 좋은 조건을 갖춘 천혜의 요새였기 때문이다. 660년 나당연합군의 침공으로 부여가 함락되자 의자왕은 공산성으로 와서 결전을 준비한다. 하지만 닷새 만에 항복하고 백제는 스러지고 만다. 조선 인조는 포도대장과 한성판윤을 지낸 이괄이 난(1624)을 일으키자, 공산성으로 몸을 피했다. 성곽 북쪽의 공북루는 공산성의 북문으로 성문을 나와 나루를 통하여 금강을 건널 수 있는 통로였다. 성 동쪽에는 동문인 영동루와 광복루가 있다. 광복루는 원래 웅심각이었는데, 1946년에 백범 김구와 이시영이 이곳에 와서 나라를 되찾았다는 뜻을 기리고자 광복루라 부르면서 이름이 바뀌었다.
성곽길을 걸으면 금강과 어우러진 아름다운 풍경을 마음껏 눈에 담을 수 있다. 공산성의 매력은 사계절 내내 이어진다. 봄에 가면 벚꽃과 철쭉, 여름엔 푸르른 숲, 가을이면 붉고 노란 단풍이 화려한 비단처럼 펼쳐진다. 백제의 아픔을 아는지 모르는지 금강은 지금도 무심히 흐르고…….

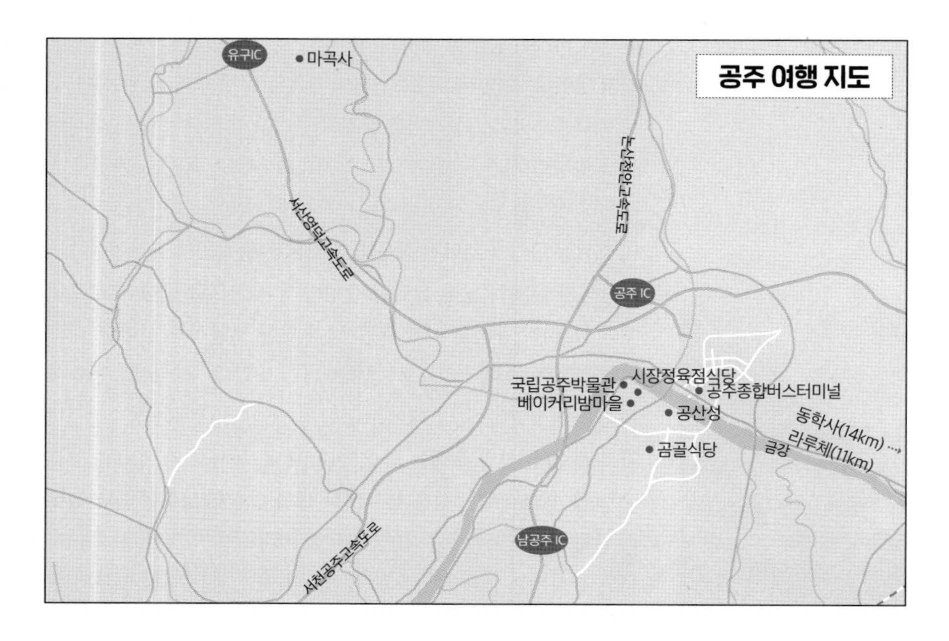

ONE MORE **여기도 좋아요!**

국립공주박물관

충남 공주시 관광단지길 34 041-850-6300
09:00~18:00(월요일 휴무)
₩ 무료 전용 주차장
찾아가기 공주종합버스터미널에서 택시 8분

무령왕릉에서 나온 국보급 유물이 가득

조금 과장해서 말하면, 국립공주박물관은 무령왕릉 전문 박물관이다. 국립공주박물관은 곧 '무령왕릉'이다. 금제관식, 왕의 관식, 은팔찌, 청동 거울, 왕과 왕비의 목관, 그리고 돌짐승과 무덤의 주인이 누구인지 알려주는 지석에 이르기까지 무령왕릉에서 나온 모든 유물을 소장, 전시하고 있는 까닭이다. 1971년 여름, 충남 공주에서 한국 고대사를 뒤흔드는 역사적인 사건이 일어났다. 폭우가 쏟아지는 여름, 송산리의 백제 왕릉 5호분과 6호분 사이의 배수로를 정비하는 과정에서 우연히 처음 보는 무덤 입구를 발견했다. 입구를 파고들어 가니, 듣도 보도 못한, 세상에 전혀 알려지지 않은 왕릉급 무덤이 나타났다. 무령왕릉이었다. 1,500년 전 왕릉이 완전한 모습으로 세상에 모습을 드러낸 것이다. 무령왕릉은 우리나라 고대 고분 중에서 주인이 밝혀진 유일한 무덤이다. 왕릉에서 무려 유물 2,900여 점이 쏟아져 나왔다. 국립공주박물관에 가면 국보급 무령왕릉 출토 유물을 구경할 수 있다. 박물관에는 무령왕릉 유물 전시실 외에 선사고대문화실, 기증문화재실, 야외 전시장이 있다. 야외 전시장에선 70여 점의 석조 미술품을 감상할 수 있다. 박물관 후문에서 산책로를 따라 10분만 가면 무령왕릉과 송산리 고분군이다. 근처 공주한옥마을과 꼭 함께 둘러보자.

마곡사

충남 공주시 사곡면 마곡사로 966
041-841-6221 전용 주차장
찾아가기 논산천안고속도로 정안IC에서 자동차로 30분, 서산영덕고속도로 마곡사IC에서 자동차로 14분

유네스코가 인정한 절집

"가을바람에 나그네의 마음은 슬프기만 한데, 저녁 안개가 산 밑에 있는 마곡사를 마치 자물쇠로 채운 듯이 둘러싸고 있는 풍경을 보니, 나같이 온갖 풍진 속에서 오락가락하는 자의 더러운 발은 싫다고 거절하는 듯하였다. 그러나 또 한편으로는, 저녁 종소리가 안개를 헤치고 나와 내 귀에 와서 모든 번뇌를 해탈하라고 권고를 들려주는 듯하였다."

1898년 가을 저녁 무렵, 20대 초반의 청년이 마곡사 산마루에 도착했다. 그는 일본군 중위 쓰치다를 죽인 죄로 인천 형무소에 투옥돼 있다가, 이른 봄에 형무소에서 탈출했다. 청년은 반년 동안 삼남 지방을 유랑한 뒤 갑사를 거쳐 마곡사에 이르렀다. 이 청년의 이름은 김창수, 훗날의 백범 김구였다. 이튿날, 김구는 마곡사에서 머리를 깎았다. 법명은 원종이었다. 마곡사는 유네스코가 지정한 세계문화유산이다. 극락교 아래 흐르는 희지천을 중심으로 남쪽과 북쪽 영역으로 나뉜다. 영산전, 대광보전, 2층 법당인 대웅보전, 라마 불교 영향을 받은 독특한 5층 석탑 등 살펴볼 만한 보물이 많다. 대광보전 서쪽 응진전 옆에는 김구 선생이 광복 후 다시 찾아와 심었다는 향나무 한 그루가 아름답게 자라고 있다. 하루쯤 템플스테이를 경험해도 좋겠다.

동학사

충남 공주시 반포면 동학사1로 462 042-825-2570
₩ 무료 전용 주차장
ⓘ **찾아가기** 호남고속도로 유성IC에서 자동차로 15분, 서산영덕고속도로 남세종IC에서 자동차로 16분

봄마다 펼쳐지는 벚꽃 터널

계룡산의 북동쪽 기슭에 안긴 비구니 절이다. 신라 때부터 이곳에 절이 있었다는데 정확한 기록은 없다. 고려 때와 조선 후기 영조 때 중창한 기록이 있으며, 절이 지금의 모습을 갖춘 건 조선 후기 순조 때이다. 동학사 진입로는 벚나무가 울창한 숲길이다. 매년 봄마다 벚꽃이 팝콘처럼 피어나 무릉도원을 만든다. 벚꽃이 지고 난 후에도 나무가 터널을 이뤄 주차장까지 드라이브를 즐기기 좋다. 주차장부터 동학사까지 약 1.6km의 길은 경사가 완만하고 평평하여 걷기 좋다.

독특하게 동학사 가는 길엔 궁궐, 관아, 능 같은 곳에 세워놓는 홍살문이 있다. 홍살문이 있는 이유는 경내에 신라의 시조와 박제상의 위패를 모신 동계사를 비롯하여 포은, 목은, 야은을 봉안한 삼은각, 단종이 폐위되자 김시습이 머리를 깎고 통곡했다는 숙모전 등이 있기 때문이다. 대웅전은 아담한 편이다. 동학사는 절 자체의 아름다움보다는 절에서 바라보는 계룡산의 산세와 절 앞으로 흐르는 계곡 등 자연이 주는 멋이 더 매력적이다. 계룡산 넘어 동학사 반대편엔, 울긋불긋 가을 풍경이 아름다운 갑사가 있다. 420년 고구려에서 온 아도화상이 창건했다고 전해진다. 국보와 보물을 여럿 품은 명찰이다.

RESTAURANT

곰골식당

충남 공주시 봉황산1길 1-2 041-855-6481
11:00~21:00(연중무휴)
₩ 11,000원~15,000원 바로 앞 공영주차장
찾아가기 ①공산성에서 자동차로 5분 ②공주종합버스터미널에서 택시 8분

불맛 가득한 참숯제육볶음

공주에서 늘 검색 순위 상위에 오르는 맛집이다. 공주 구시가지 안쪽 공주사대부고 바로 옆에 있다. 이곳의 대표 메뉴는 생선구이와 참숯제육볶음이다. 음식을 주문하면 기본적으로 콩나물무침과 어묵볶음 등 7가지의 밑반찬과 쌈 채소가 나온다. 밥은 돌솥에 지은 흑미밥인데 찰지고 고소하다. 제육은 주문과 동시에 석쇠에 굽기 시작하여 5분쯤 후에 석쇠를 통째로 가져다준다. 살짝 맵지 않을까 걱정이 되지만, 막상 한 입 먹어보면 달큼하고 쫄깃하여 즐겁게 식사하게 된다. 동행이 있다면 생선구이도 시켜보자. 전혀 다른 종류임에도 불맛이라는 공통점으로 적절하고 만족스러운 하모니를 이룬다.

RESTAURANT

시장정육점식당

충남 공주시 백미고을길 10-5 041-855-3074
11:00~20:00(월·화 휴무)
₩ 10,000원~16,000원 인근 주차장 이용
찾아가기 ①공산성에서 도보 2분 ②공주종합버스터미널에서 택시 4분

살살 녹는 고소한 육회비빔밥

공산성 맞은편의 음식특화거리에 있다. 새이학가든, 베이커리밤마을과 더불어 음식특화거리에서 손꼽히는 맛집이다. 식당은 그리 넓지 않지만 정갈하고 깔끔하다. 소고기구이, 육회비빔밥, 해장국 등 한우를 이용한 다양한 메뉴가 있으며, 특히 육회비빔밥으로 유명하다. 육회비빔밥을 주문하면 콩나물, 겉절이 등 세 가지 기본 반찬과 육회를 얹은 비빔 재료를 놋그릇에 담아 내온다. 놋그릇 아래쪽에 콩나물과 당근, 양배추, 김이 깔려 있고, 그 위에 육회와 잣이 얹어져 있다. 비빔 재료에 밥, 참기름, 고추장을 넣고 비벼 먹는다. 놋그릇에 숟가락이 부딪칠 때마다 '댕댕' 맑은소리가 들려 마음이 즐겁다.

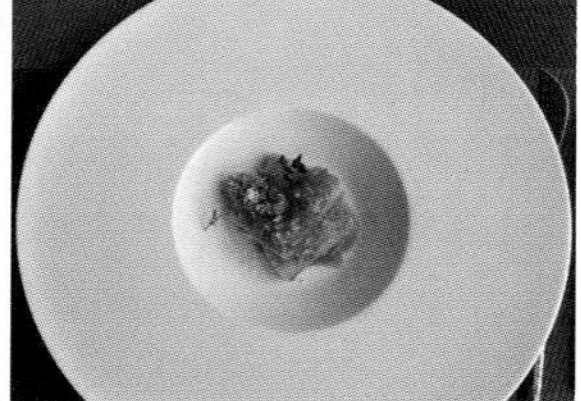

CAFE & BAKERY

라루체

충남 공주시 반포면 계룡대로 1392 042-585-0116
11:00~22:00(연중무휴)
₩ 20,000원~60,000원 전용 주차장
찾아가기 ①공산성에서 자동차로 20분 ②호남고속도로 유성IC에서 자동차로 11분

계룡산을 눈에 담으며

동학사 근처에 있는 갤러리 느낌이 나는 레스토랑이다. 학봉교차로에서 계룡시 방향으로 접어들어 300m쯤 가면 길 왼쪽에 있다. 한쪽 면이 전부 유리라서 계룡산 능선이 선명하게 들어온다. 벽면에 걸린 그림은 예술적 감각이 돋보이고, 실내를 장식한 작은 소품에도 신경을 쓴 흔적이 보인다. 파스타와 피자, 그리고 스테이크를 즐길 수 있다. 음식은 담백해서 짠맛이나 단맛이 덜하다. 출입구 반대편 안쪽에는 수영장이 있고, 파라솔과 탁자와 의자들이 있어 휴양지에 온 기분이 든다. 여행의 여유를 만끽하고 싶을 때 들르기 좋은 곳이다. 커피도 즐길 수 있다. 2층은 펜션으로 사용하고 있다.

CAFE & BAKERY

베이커리밤마을

충남 공주시 백미고을길 5-9 041-853-3489
09:00~21:00(연중무휴)
₩ 4,000~20,000원 공산성 공영주차장
찾아가기 ①공산성에서 도보 1분 ②공주종합버스터미널에서 택시 4분

밤 파이의 달콤한 유혹

공산성 방문자센터 길 건너편에 있다. 공주 밤으로 만든 밤 파이로 입소문이 난 베이커리 카페이다. 밤 마들렌, 밤 팡도르, 밤 에끌레어 등도 밤 파이에 버금갈 만큼 인기가 좋다. 그래도 이 집의 대표 메뉴는 밤 파이이다. 바삭한 페이스트리 속에 밤앙금과 통밤이 들어있다. 밤앙금 맛이 담백해서 은근히 끌린다. 파이는 보통 앙금이 너무 달아 많이 먹지를 못하는데 밤 파이는 몇 개를 먹어도 질리지 않는다. 1층에선 직원들이 빵을 만들고 굽느라 바삐 움직인다. 2층으로 올라가면 조용한 한옥 카페가 있어 편안하게 커피와 디저트를 즐길 수 있다. 창가로 시선을 돌리면 공산성이 손에 잡힐 듯 가까이 있다.

달빛이 아름답게 내리는 어느 날 밤
궁남지에 사는 용이
연못가에서 홀로 살던 여인과 정을 통했다.
용과 여인 사이에서 사내아이가 태어났다.
훗날 사내아이는 백제의 왕이 되었다.
그가 <서동요>의 주인공 무왕이다.

왕의 정원에 피어나는
우아한 연꽃

궁남지

충남 부여군 부여읍 동남리 117
041-830-2330
₩ 입장료 무료
궁남지 공영주차장
찾아가기 ①부여시외버스터미널에서 택시 3분 ②서천공주고속도로 부여IC에서 자동차로 8분, 천안논산고속도로 서논산IC에서 자동차로 16분

부여는 백제의 마지막 수도였다. 538년 성왕은 백제 중흥의 뜻을 품고 수도를 공주에서 부여로 옮겼다. 660년 백제가 멸망할 때까지 123년간 수도였다. 백제 역사에서 부여 시대(538년~660년)는 삼국에서 최고의 예술혼을 꽃피운 시절로 평가받고 있다. 백제의 학문, 건축, 종교, 예술은 일본 고대문화에 큰 영향을 주었다. 백제가 전해준 문화유산 중 현재 일본의 국보로 지정된 게 한둘이 아니다. 백제의 유산 중에서 지금도 우리가 누리는 게 있다. 왕궁 남쪽에 있는 연못 궁남지이다. 궁남지의 조경기술은 왜에 전해져 일본 정원의 시초가 되었다.

정림사터에서 남쪽으로 700m쯤 걸어가면 궁남지가 나온다. 백제 무왕이 634년에 만든 정원의 한 부분으로 우리나라에서 가장 오래된 인공 연못이다. 경주의 동궁과 월지보다 40여 년이나 앞선다. 〈삼국사기〉에 궁남지에 관한 기록이 있다. "백제 무왕 35년(634년) 궁의 남쪽에 못을 파 20여 리 밖에서 물을 끌어다가 채우고, 주위에 버드나무를 심었으며, 못 가운데는 섬을 만들었는데 방장선산(方丈仙山)을 상징한 것"이라고 쓴 기록이 보인다. 〈삼국사기〉엔

"백제 무왕이 망해루에서 군신들을 위하여 잔치를 베풀었다."라는 기록도 보인다. 연못을 바다로 은유하여 누각에 이런 이름을 붙인 모양이다. 이런 인식은 경주의 동궁과 월지에서도 나타난다. 월지의 전각 중 하나가 임해전이다. 당시엔 백제가 문화 선진국이었으므로, 아마도 궁남지의 망해루를 본떠 월지의 임해전이라 작명하지 않을까 싶다.

궁남지는 백제 무왕의 출생 설화와 깊은 관련이 있다. 백제 29대 법왕(재위 599~600) 때 일이다. 궁남지에 사는 용과 연못가에서 홀로 살던 여인 사이에서 사내아이가 태어났다. 그 아이가 법왕의 뒤를 이은 무왕이다. 〈삼국사기〉의 기록처럼 궁남지 한가운데에 작은 섬이 있다. 이 섬엔 작은 정자가 있다. 포룡정이다. '포룡'은 한 여인이 연못가에서 용과 정을 통해 아이를 낳았다는 무왕의 탄생 설화에서 따온 이름이다.

궁남지의 아름다움은 여름에 절정을 이룬다. 7~8월이면 궁남지 서동공원 3만여 평에 연꽃이 가득 피어난다. 흰 연꽃, 붉은 연꽃이 고고하게 피어 궁남지를 우아하게 빛내준다. 사람들은 연꽃과 포룡정, 나무다리를 배경으로 인생 사진을 찍는다. 궁남지는 야경도 무척 아름답다.

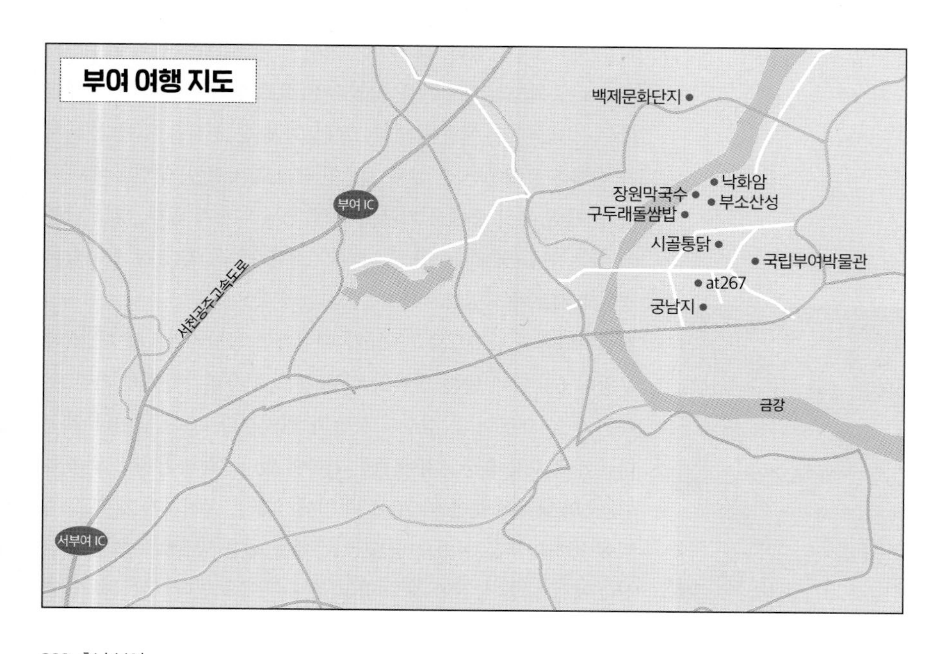

국립부여박물관

충남 부여군 부여읍 금성로 5 041-833-8562
09:00~18:00(월요일, 1월 1일, 설날, 추석, 휴무)
₩ 입장료 무료 전용 주차장 ⓘ **찾아가기** ①부여시외버스 터미널에서 도보 15분 ②서천공주고속도로 부여IC에서 자동차로 8분, 천안논산고속도로 서논산IC에서 자동차로 16분

백제 문화의 절정 금동대향로 감상하기

사비 시대의 백제를 알기 위해서는 금성산 기슭의 국립부여박물관으로 가야 한다. 이 박물관이 특별한 이유는 백제의 예술과 철학을 담은 백제금동대향로(국보 제287호)를 소장하고 있는 까닭이다. 백제금동대향로는 1993년 능산리고분 옆 절터에서 1400년 동안 진흙 속에서 잠자다 기적처럼 깨어났다. 높이가 62cm 정도 되는, 향로로는 보기 드문 대작이다. 한 마리의 용이 머리를 들어 입으로 연꽃 봉오리를 닮은 향로를 떠받치고 있는 모습이 무척 입체적이다. 향로는 신비롭고 정교하다. 향로 겉면에 용, 봉황, 산, 연꽃, 사람, 악기, 갖가지 동물을 세밀하게 묘사했는데, 탁월한 예술적 감각이 돋보인다. 불교와 도교를 융합한 동아시아 최고의 향로로, 7세기 초 백제인의 정신세계와 예술적 역량이 집중된 걸작이다. 부여국립박물관의 또 다른 걸작은 벽돌이다. 도교와 불교 사상을 자연에 담은 산수 문양, 연꽃 문양, 용 문양, 봉황문양 등 꽃처럼 아름다운 백제의 벽돌을 감상할 수 있다. 야외박물관에선 '당유인원기공비'가 눈길을 끈다. 백제 부흥군을 패퇴시킨 당나라 장수 유인원의 공적을 기리는 비라 자존심이 상하지만 역사적 사실이 상세하게 기록되어 있어 보물 제21호로 지정하였다.

부소산성과 낙화암

◎ 충남 부여군 부여읍 부소로 31 ☏ 041-830-2884
3월~10월 09:00~18:00, 11월~2월 09:00~17:00
₩ 1,000원~2,000원 부여관북리유적 1·2주차장
ⓘ **찾아가기** ①부여시외버스터미널에서 도보 7분 ②서천공주고속도로 부여IC에서 자동차로 11분, 천안논산고속도로 서논산IC에서 자동차로 16분

3천 궁녀 이야기는 사실일까?

부소산(106m)에 있는 성이다. 백제의 왕성을 감싸던 토성으로, 당시엔 사비성이라 불렀다. 둘레는 약 2.2km이다. 부소산은 백마강을 등지고 있다. 산성을 따라 산책길을 조성해 놓아 둘러보기 좋다. 성안에는 삼충사, 영일루, 군창지, 반월루, 사자루 등이 있다. 삼충사는 백제 말기의 충신 성충, 홍수, 계백을 기리는 곳이다. 영일루는 임금들이 계룡산 위로 뜨는 해를 보며 나라의 안녕을 기원했다는 '영일대' 자리에 훗날 세운 누각이다. 군창지는 군수물자를 보관했던 곳이다. 사비성 함락 때 불에 탄 군량미가 훗날 발굴 과정에서 발견되었다. 반월루와 사자루를 지나면 낙화암과 낙화암에서 뛰어내렸다는 삼천 궁녀를 기리는 정자 백화정이 있다.

3천 궁녀 이야기는 사실일까? 결론부터 말하면 사실이 아니다. 조선 시대 궁녀의 수가 약 500~600명이었던 점에 미루어 보면 이것이 얼마나 과장된 이야기인지 알 수 있다. 무엇보다 역사서 어디에도 3천 궁녀 이야기는 나오지 않는다. 중국과 조선에서는 '많다' 혹은 '길다'의 문학적인 표현으로 '3천'이라는 숫자를 종종 사용했다. 3천 궁녀는 그러므로, 백제 멸망의 슬픔을 극적으로 표현하기 위하여 은유적 표현인 셈이다.

백제문화단지

충남 부여군 규암면 백제문로 455 041-408-7290
3월~10월 09:00~18:00(야간 개장 18:00~22:00), 11월~2월 09:00~17:00(야간 개장 17:00~22:00) ₩ 문화단지+백제역사문화관 3,000원~6,000원 백제역사문화관 1,000원~2,000원 야간 개장 2,000원~4,000원 전용 주차장
찾아가기 부여시외버스터미널에서 택시 11분

백제 사람들은 어떻게 살았을까?

백제문화단지는 부여 시내에서 백마강 건너 북쪽으로 약 6km 거리에 있다. 백제역사문화관과 사비성 구역으로 나뉘어 있다. 백제역사문화관은 모형과 그래픽 등을 통해 백제에 대한 이해를 높일 수 있도록 만들어진 학습공간이다. 옛이야기를 들려주듯 백제의 역사와 문화를 풀어내 아이들과 방문하기 좋다. 백제역사문화관에서 나와 왼쪽으로 조금 가면 사비성 구역이 나온다. 사비성 구역엔 사비궁, 능사, 고분 공원, 생활문화 마을, 위례성 등을 재현해 놓았다. 사비궁은 단아하면서 화려하지만, 사치스러워 보이지 않는다. 사비궁의 무덕전에서는 백제 복식 체험과 드라마 〈계백〉의 소품과 기념 촬영을 할 수 있다. 능사는 성왕의 명복을 빌기 위해 세운 왕궁 사찰로, 능산리고분 옆에서 발굴된 유적을 그대로 재현했다. 우아하고 장중한 5층 목탑이 특히 눈길을 끈다. 능사 뒤쪽 고분 공원 오르막을 오르면 사비궁 전체를 조망할 수 있는 제향루가 나온다. 제향루에서 산 아래쪽으로 내려오면 초가들이 보이는데, 이곳은 한성백제의 수도 위례성을 재현해 놓은 것이다. 위례성 앞쪽에는 백제의 계층별 가옥을 재현해 놓은 생활문화 마을이 있다. 백제 사람들이 어떻게 살았는지 흥미롭게 살펴볼 수 있다.

RESTAURANT

장원막국수

충남 부여군 부여읍 나루터로62번길 20
041-835-6561 11:00~17:00(화요일 휴무) ₩ 8,000원~21,000원 구드래조각공원 주차장, 구드래나루터 주차장 **찾아가기** ①부여시외버스터미널에서 택시 16분 ②서천공주고속도로 부여IC에서 자동차로 12분

그야말로 마법의 육수

구드래조각공원과 구드래나루터 선착장 부근에 있다. 시골 할머니 댁 같은 외관이지만, 주말 낮에는 보통 30분 이상 기다려야 한다. 메뉴는 막국수와 편육 단 두 종류뿐이고, 반찬은 배추김치와 깍두기가 전부다. 비빔막국수도 없다. 오로지 국물이 있는 차가운 막국수뿐이다. 면은 소면처럼 얇고 미끈하다. 막국수 위에 양념장과 오이가 올려져 있고, 국물엔 참깨와 김 가루가 떠 있다. 음식은 단출하지만, 국물을 맛보는 순간 선입견과 편견이 한꺼번에 깨어진다. 달콤한 듯 깔끔하고 부드러운 듯 시원한 국물은, 그야말로 입맛 사로잡는 마법의 육수이다.

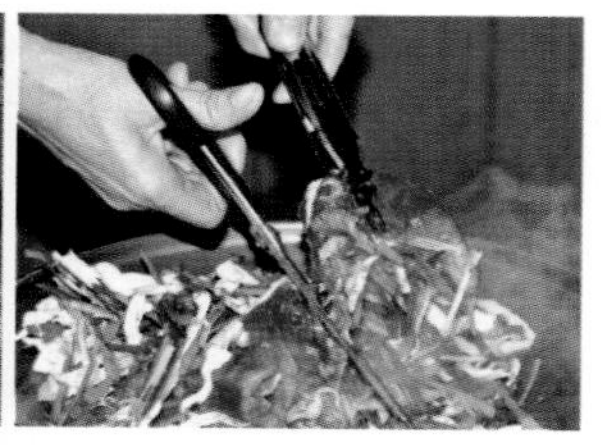

RESTAURANT

구드래돌쌈밥

충남 부여군 부여읍 나루터로 31 041-836-9259
매일 11:00~21:00 ₩ 15,000원~31,000원
길 건너편 관북리유적 1주차장 이용
찾아가기 ①부여시외버스터미널에서 택시 15분 ②서천공주고속도로 부여IC에서 자동차로 11분

'돌쌈밥'을 개발한 맛집

부소산성 서쪽 굿뜨래 음식특화거리에 있다. 구드래조각공원으로 가는 입구이다. 식당 내부에 들어서면 다소 산만하다는 느낌이 든다. 오래된 영화 포스터, 흑백사진, 석유등, 갖가지 골동품, 여기에 직접 담근 술병까지 곳곳에 자리를 잡고 있다. 구드래돌쌈밥은 돌솥에 지은 쌀밥과 돼지고기 또는 소고기를 채소에 싸 먹는 '돌쌈밥'을 최초로 개발한 집이다. 음식을 주문하면 아삭한 고추된장무침과 된장찌개 등 기본 반찬이 15가지 정도가 나온다. 단호박과 검은콩이 들어간 고슬고슬한 돌솥밥, 고기, 채소가 하모니를 이루어 먹는 내내 즐겁다. 편육과 연잎밥도 판매한다.

RESTAURANT

시골통닭

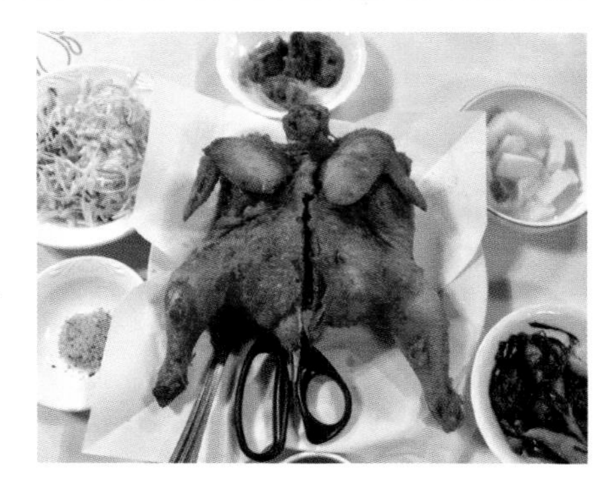

◎ 충남 부여군 부여읍 중앙로5번길 14-9
☏ 041-835-3522 ◷ 10:00~22:00(월요일 휴무)
₩ 8,000원~30,000원 🚗 중앙시장 공영주차장
ⓘ **찾아가기** ①부여시외버스터미널에서 도보 3분 ②서천공주고속도로 부여IC에서 자동차로 11분, 천안논산고속도로 서논산IC에서 자동차로 18분

프랜차이즈 치킨은 잊어라

부여중앙시장 주차장 바로 옆에 있다. 식당 분위기가 가정집처럼 소박하고 친근하다. 튀긴 통닭으로 유명한데, 삼계탕과 닭개장도 인기 메뉴이다. 통닭을 주문하면 닭 한 마리를 통째로 튀겨 내온다. 고기는 연하고 부드럽다. 바삭바삭, 제대로 튀겨서 소리조차 맛있다. 식은 후에 먹어도 갓 튀겼을 때와 맛 차이가 거의 없다. 이런 저런 프랜차이즈 치킨을 다 물리치고 부여 읍내에서 가장 맛있는 치킨집으로 자리 잡았다. 통닭에도 기본 반찬이 몇 가지 나온다. 그중 쫄깃한 닭 모래집과 찰밥, 떡국이 조금 들어간 국물이 일품이다. 국물 맛이 달큼한 듯 담백해 입안을 개운하게 해준다.

CAFE & BAKERY

at267

◎ 충남 부여군 부여읍 서동로 56 ☏ 0507-1398-0287
◷ 09:00~22:30(연중무휴) ₩ 4,000원~7,000원
🚗 궁남지 주차장, 궁남지 서문 주차장
ⓘ **찾아가기** ①부여시외버스터미널에서 택시 3분 ②서천공주고속도로 부여IC에서 자동차로 8분

궁남지가 보이는 카페

궁남지 입구에 있는 아담한 카페이다. 2층 가정집 중에서 1층을 개조하여 카페로 만들었다. 마당이 아기자기하다. 실내에 들어서면 넓은 유리 창문으로 마당이 한눈에 들어온다. 카페 뒷문으로 나가면 테라스가 나온다. 테라스 앞은 연꽃과 버드나무가 어우러진 서동공원, 궁남지와 바로 연결된다. 마당에도 야외 카페가 있지만, 전망은 테라스가 더 좋다. 카페 이름 267은 '2 Blessed Hearts, 6 Minutes, Falling In Love, 7 Days, Always Want To See'에서 나온 의미로 축복받은 두 개의 심장이 6분 만에 사랑에 빠져 연인이 된다는 뜻이다.

강경은 한때 대구, 평양과 더불어
조선 3대 시장을 보유한 상업의 도시였다.
충남에서 최초로 전기가 들어온 곳도 강경이었다.
모든 게 금강을 옆에 둔 덕이었다.
근대거리는 과거 강경의 영광을 증언하는 공간이다.
이곳에서는 시간이 아주 느리게 흐른다.

강경에서는
시간이 천천히 흐른다

강경근대거리

충남 논산시 강경읍 옥녀봉로 30-5

041-746-5945

공영주차장

찾아가기 ①강경역에서 도보 20분 ②천안논산고속도로 연무IC에서 자동차로 8분

강경은 한때 대구, 평양과 더불어 조선 3대 시장을 보유할 만큼 상업이 발달한 도시였다. 전성기 때엔 하루 100여 척의 배가 드나들었다. 그즈음 강경은 조선 2대 포구였다. 조선 말과 일제강점기 초반의 일이다. 1910년에는 강경에 은행이 들어섰다. 충남에서 최초로 전기가 들어온 곳도 공주나 대전이 아니라 강경이었다. 이 모든 게 금강을 옆에 낀 덕이었다. 그러나 문명의 발달, 특히 철도가 생기면서 기존 도시가 성장하고, 새로운 도시도 생겨났지만, 반대로 강경은 그 철도 때문에 쇠퇴의 길로 들어선다. 물류의 중심이 배에서 기차로 바뀐 까닭이다. 강경은 점차 물류의 중심에서 비켜나기 시작했다. 강경 시내엔 과거의 영광을 증언하는 건물이 곳곳에 남아있다. 강경근대거리가 그곳이다. 강경근대거리 산책은 그러므로, 한때 번성했던 영광의 기억을 찾아가는 여정이다.

강경은 그리 크지 않은 곳이라 자박자박 걸어서 다니기에 좋다. 곳곳에 남아있는 적산가옥과 오래된 건물들, 그리고 좁은 골목길을 거닐다 보면 100년 전의 시간 속을 걷는 느낌을 받는다. 빠르게 돌아가는 세상에서 가끔은 느리게 걸어보는 것도 좋은 일이다.

강경에는 산책하듯 편안히 걸을 수 있는 코스가 여러 개 있다. 그중에서 근대문화유산 코스의 인기가 가장 많다. 해설사와 동행하는 걸음이 아니라면 굳이 정해진 코스 따라 걸을 필요는 없다. 지도 한 장 챙겨 들고 편하게 걸어보는 것도 좋다. 강경근대거리의 몇몇 건축물은 꼭 봐야 한다. 대표적인 건축물로는 현재 강경역사문화 안내소로 사용 중인 구 강경노동조합(등록문화재 323호), 강경역사관으로 사용 중인 구 한일은행 건물(등록문화재 324호), 강경역사관 뒤편의 강경구락부, 국가등록문화재 10호인 구 연수당 건재약방 등이 있다. 구 연수당 건재약방 건너편에는 성 김대건 신부의 첫 사목 성지가 있으며, 옥녀봉 아래에는 강경침례교회 최초 예배지가 복원되어 있다. 강경은 읍내 자체가 하나의 야외박물관이다. 강경에서는 시간이 천천히 흐른다. 금강의 강물처럼 당신의 시간도 느리게 흐른다.

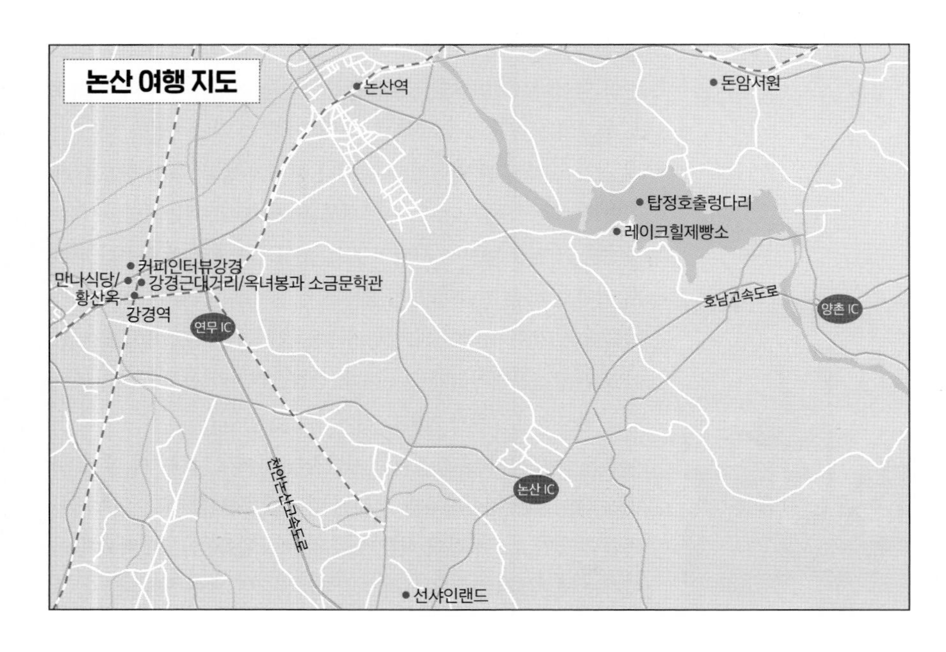

옥녀봉과 소금문학관

소금문학관 충남 논산시 강경읍 강경포구길 38
041-745-9800
09:00~18:00(월요일 정기휴무)
공영주차장
찾아가기 ①강경역에서 도보 20분 ②천안논산고속도로 연무IC에서 자동차로 9분

강경의 외면과 내면 풍경 감상하기

옥녀봉은 높이가 44m밖에 되지 않는 아주 작은 산이다. 강경 근대거리와 멀지 않은 곳에 있다. 어른 걸음으로 10여 분이면 도착할 수 있다. 옥녀봉에 오르면 봉수대와 멋진 느티나무가 반겨준다. 정상에 서면 세 개 물줄기, 곧 금강과 논산천, 강경천이 합해지는 보기 드문 풍경을 구경할 수 있다. 햇빛이 좋은 날에는 금강의 아름다운 윤슬을 구경할 수 있다. 해가 질 무렵이라면 광염 소나타 같은 석양을 한가득 품을 수 있다.

옥녀봉 서쪽 중턱에 소금문학관이 있다. 소금문학관은 소설가 박범신의 소설 <소금>과 이중환의 <택리지>를 주제로 하고 있다. <택리지>에서 이중환은 "큰 배와 작은 배가 밤낮으로 포구에 줄을 서고 있다."라고 조선 후기의 강경 모습을 묘사했다. 박범신은 논산이 고향이다. 연무읍에서 태어나고 강경에서 자랐다. 그는 2013년 등단 40주년을 맞아 장편소설 <소금>을 펴냈다. 소금은 그가 귀향 후 쓴 첫 소설이기도 하다. 1층 전시실에서 <소금>뿐 아니라 박범신 작가의 여러 작품과 그의 문학 세계를 만날 수 있다. 바깥 풍경을 감상하고 싶다면 옥상 테라스로 가자. 금강과 충청도 특유의 비산비야 풍광이 시야에 가득 잡힌다.

선샤인랜드

충남 논산시 연무읍 봉황로 102 041-730-2955
10:00~17:30(12:00~13:00 점심시간, 수요일 정기휴무)
₩ 9,000원~14,000원 전용 주차장
찾아가기 ①천안논산고속도로 연무IC에서 자동차로 11분
②호남고속도로 논산IC에서 자동차로 8분

미스터 선샤인 촬영장 구경하기

선샤인랜드는 밀리터리 체험장과 1950 낭만스튜디오, 선샤인스튜디오를 아우르는 복합 문화 공간이다. 하지만 대부분 선샤인스튜디오를 보기 위해 이곳을 찾는다. 명작 드라마 <미스터 선샤인>을 이곳에서 촬영한 까닭이다. <미스터 선샤인>은 2018년 7월부터 9월까지 방송됐다. 대한제국 시절을 배경으로 한 이 드라마는 항일 투쟁과 이루어질 수 없는 사랑 이야기를 진지하면서도 애절하고 세련되고, 때로는 유쾌하고 통쾌하게 그려낸 명작이었다.

선샤인스튜디오에 가면 1900년대 초 서울 중심가의 재현 풍경을 구경할 수 있다. 입구부터 글로리호텔을 시작으로 드라마의 주요 배경이 된 장소가 이어진다. 남녀 주인공이 처음 만나는 홍예교 앞 전찻길, 그 시절의 일본식 목조가옥, 양과자를 팔던 불란셔제빵소, 주인공들이 타고 내리고 총격 장면을 촬영한 전차 등을 구경할 수 있다. 션샤인스튜디오가 특별한 건 출연진들의 의상을 직접 입어보는 의복 체험을 할 수 있어서이다. 그 시절의 옷을 입고 드라마 주인공처럼 스튜디오를 구경하고, 기념사진도 찍을 수 있다. 선샤인스튜디오 옆엔 한국전쟁 직후 서울 종로를 재현한 세트장도 있다.

돈암서원

충남 논산시 연산면 임3길 26-14 041-733-9978
일출~일몰(월요일 휴무)
₩ 무료 전용 주차장
찾아가기 ①천안논산고속도로 서논산IC에서 자동차로 12분 ②호남고속도로 양촌IC에서 자동차로 13분

조선 선비의 삶 엿보기

돈암서원은 1634년 제자들이 사계 김장생(1548~1631)의 학덕을 잇기 위해 세웠다. 원래는 지금보다 서북쪽으로 약 1.5km 거리에 있었는데 하천이 가까워 자주 홍수 피해가 발생하자 1880년에 지금 자리로 옮겼다. 김장생은 조선 중기를 대표하는 학자이자 사상가이다. 1660년 현종이 '돈암'이라는 현판을 내려 주어 사액 서원이 되었다. 흥선 대원군의 서원 철폐령 때 살아남은 47개 서원 중 하나이다. 2019년 안동의 병산서원 등 아홉 개 서원과 더불어 유네스코 세계문화유산에 등재되었다.

서원은 평지에 들어서 있다. 얼핏 보면 그런 까닭에 도산서원이나 병산서원보다 입체감이 떨어지는 느낌이 든다. 하지만 2층 누각 산앙루가 맨 앞에서 늠름하게 입체성을 살려주고 있다. 돈암서원에서 빠뜨리면 안 되는 곳이 있다. 서원의 맨 뒤쪽에 있는 사당 숭례사 담장이다. 담장에는 김장생의 예학 정신을 잘 보여주는 열두 글자가 새겨져 있다. 지부해함, 박문약례, 서일화풍(地負海涵, 博文約禮, 瑞日和風). "땅이 세상의 모든 걸 떠받치고 바다가 세상의 모든 물을 받아들이는 것처럼 포용성을 기르고, 학문을 깊고 넓게 익혀 예를 실천하고, 햇살처럼 따사로운 인성을 함양하여라." 조선 선비의 기개가 느껴져 가슴이 절로 웅장해진다.

RESTAURANT

만나식당

충남 논산시 강경읍 황산리 138-2 041-745-7002
10:30~20:30(연중무휴) ₩ 10,000원~15,000원
가게 주변 주차 **찾아가기** ①강경역에서 도보 7분 ②천안논산고속도로 연무IC에서 자동차로 8분, 호남고속도로 논산IC에서 자동차로 16분

젓갈정식 먹으러 오세요

강경은 젓갈로 유명하다. 우리나라 젓갈의 70% 정도가 강경을 통해 유통되고 있다. 젓갈은 단연 강경을 대표하는 특산물이다. 강경 젓갈의 역사는 200년을 헤아린다. 강경 시내를 다니다 보면 젓갈정식을 파는 식당을 심심치 않게 찾아볼 수 있다. 여러 젓갈을 반찬으로 제공하므로, 한자리에서 다양한 젓갈을 맛볼 수 있어서 좋다. 만나식당도 그런 식당 중의 하나이다. 젓갈정식은 인원수에 따라 가격과 젓갈의 종류가 달라지는데 2인의 경우 12가지의 젓갈이 나온다. 혼자서 갔을 때는 여러 가지의 젓갈이 들어간 젓갈비빔밥을 주문하면 된다. 된장찌개와 밑반찬도 따로 나온다.

RESTAURANT

황산옥

충남 논산시 강경읍 금백로 34 041-745-4836
11:00~20:00(연중무휴) ₩ 16,000원~150,000원
가게 주차장 **찾아가기** ①강경역에서 도보 7분 ②천안논산고속도로 연무IC에서 자동차로 8분, 호남고속도로 논산IC에서 자동차로 16분

아주 오래된 복어 맛집

황산옥은 복어 음식으로 유명한 백년 맛집이다. 우리나라에서 열 손가락 안에 드는 노포 중 하나로, 1915년에 처음 문을 열어 지금까지 4대째 이어지고 있다. 식당 안은 노포 느낌이 물씬 난다. 벽면에 가득한 방송 화면 액자가 눈길을 끈다. 역사만큼이나 방송 횟수도 엄청나다. 복어탕을 시키면 7가지 밑반찬과 복어탕이 먼저 나오고 솥밥이 뒤에 나온다. 밥은 주문 후 짓기에 제일 늦게 나온다. 복어탕에는 미나리와 살이 통통하게 오른 복어가 가득 들어있다. 아삭아삭 씹히는 미나리와 부드러운 복어살에 절로 감탄이 나온다. 웅어회, 홍어회, 아귀찜, 장어구이 등도 즐길 수 있다.

CAFE & BAKERY

커피인터뷰강경

◎ 충남 논산시 강경읍 계백로167번길 46-11
📞 010-4783-9156 🕓 09:00~18:00(토,일 20:00까지, 연중무휴) ₩ 4,000원~7,000원 🚗 전용 주차장
ⓘ **찾아가기** ①강경역에서 도보 18분 ②천안논산고속도로 연무IC에서 자동차로 7분

모던 걸, 모던 보이처럼 커피 즐기기

강경 읍내를 걷다 보면 오래된 적산가옥과 근대건축물들을 만날 수 있다. 강경역사관 건물 뒤쪽에 강경구락부도 그 가운데 하나이다. 강경구락부는 구한말 근대를 재현해 놓은 곳으로, 작은 광장을 중심으로 강경호텔, 커피하우스, 인터뷰양과자점, 수제돈가스집 등이 모여있다. 이곳에 오면 근대로 들어온 느낌이다. 커피하우스의 공식 이름은 커피인터뷰강경이다. 고풍스러운 의자와 세월의 향기가 묻은 테이블이 차분하게 손님을 맞아준다. 옛날 양복을 입고 왔으면 더 좋았을 것 같은 분위기이다. 테이블 간격이 넓어 여유롭게 커피를 즐기기 좋다. 쿠키, 브라우니, 에그타르트도 판매한다.

CAFE & BAKERY

레이크힐제빵소

◎ 충남 논산시 탑정로 872 📞 0507-1434-8847
🕓 10:00~21:00(연중무휴) ₩ 5,500원~9,000원
🚗 전용 주차장 ⓘ **찾아가기** 천안논산고속도로 서논산IC에서 자동차로 16분, 호남고속도로 양촌IC에서 자동차로 16분

호수 전망 베이커리 카페

논산에서 떠오르는 새로운 명소가 탑정호 출렁다리이다. 탑정호는 충남에서 두 번째 큰 저수지이다. 탑정호가 인기를 끌면서 호수 주변에 전망 좋은 카페가 꽤 생겨났다. 그중에서도 레이크힐제빵소는 최고의 뷰를 자랑한다. 언덕 위에 있어서 출렁다리를 전망하기 좋다. 건물은 신관과 본관 두 개의 동에 호텔과 레스토랑, 카페 등 다양한 시설이 들어서 있다. 레이크힐제빵소는 본관 1층과 2층을 사용하고 있다. 내부에 들어서면 커다란 투명 유리창 너머로 호수와 출렁다리가 보인다. 레이크힐제빵소의 매력은 또 있다. 더 멋진 뷰를 즐기고 싶다면 6층의 유리 전망대와 루프톱으로 올라가자.

갈대는 가을이 되어야 제 아름다움을 온전히 드러낸다.
가을이 되어야 갈대는 파도처럼 일렁거리고 넘실거린다.
가을이 되어야 비로소 갈대는 속으로 운다.
산다는 것은 갈대처럼 조용히 우는 것일까?

신성리갈대밭

충남 서천군 한산면 신성로 500
041-952-9525
전용 주차장
찾아가기 서해안고속도로 동서천IC에서 자동차로 13분

갈대는 가을과 어울린다. 갈대는 가을이 되어야 제 아름다움을 온전히 드러내는 까닭이다. 햇살 좋은 4월부터 갈대는 자라기 시작하여, 여름이 되면 본래 모습을 갖춘다. 그때야 비로소 갈대는 바람 따라 파도처럼 일렁거리고 넘실거린다. 신성리갈대밭은 금강 옆에 있다. 익산시와 경계를 이루는 서천군 동남쪽 끝 지점이다. 1990년 금강하구둑이 건설되기 전에는 갈대밭은 지금보다 몇 배는 더 넓었다. 강둑 이쪽저쪽이 그야말로 드넓은 갈대밭이었다. 금강하구둑이 생긴 뒤 강에서 먼 쪽부터 상당 부분은 농지로 개간되었다. 그래서 신성리 갈대밭을 가려면 한참 동안 들판을 달려야 한다. 들판이 끝나는 곳에 제방이 있고 제방에 올라서야 비로소 광활한 갈대밭을 볼 수 있다.

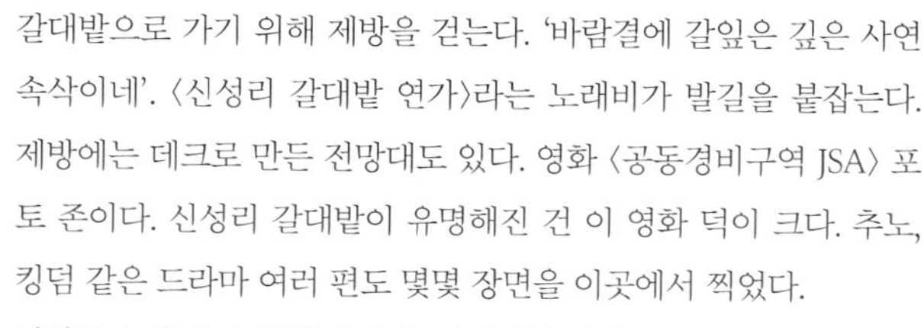

갈대밭으로 가기 위해 제방을 걷는다. '바람결에 갈잎은 깊은 사연 속삭이네'. 〈신성리 갈대밭 연가〉라는 노래비가 발길을 붙잡는다. 제방에는 데크로 만든 전망대도 있다. 영화 〈공동경비구역 JSA〉 포토 존이다. 신성리 갈대밭이 유명해진 건 이 영화 덕이 크다. 추노, 킹덤 같은 드라마 여러 편도 몇몇 장면을 이곳에서 찍었다.

예전보다 규모가 줄었다지만, 신성리갈대밭은 여전히 넓다. 너비

는 약 200m이고, 길이는 무려 1.5km에 이른다. 면적은 6만여 평에 이른다. 갈대밭에 길이 201m, 폭 2m의 스카이워크가 설치되어 있다. 이곳에서 갈대밭을 멀리까지 조망할 수 있다. 수변데크산책로도 조성해 놓았다. 한쪽엔 갈대밭, 다른 쪽엔 금강을 곁에 두고 걷는 호사를 누릴 수 있다. 갈대밭 안으로 들어갈 수도 있다. 길이 미로처럼 나 있지만 곳곳에 안내판을 설치해 놓아 길을 잃을 염려는 없다. 가을 석양 무렵에 갈대밭은 아름다움의 절정을 이룬다. 갈대밭을 걷고, 또 멀리서 조망하다 보면 문득, 신경림의 〈갈대〉가 떠오른다.

언제부턴가 갈대는 속으로 / 조용히 울고 있었다. / 그런 어느 밤이었을 것이다. 갈대는 / 그의 온몸이 흔들리고 있는 것을 알았다. 바람도 달빛도 아닌 것. / 갈대는 저를 흔드는 것이 제 조용한 울음인 것을 / 까맣게 몰랐다. / —산다는 것은 속으로 이렇게 / 조용히 울고 있는 것이란 것을 / 그는 몰랐다.

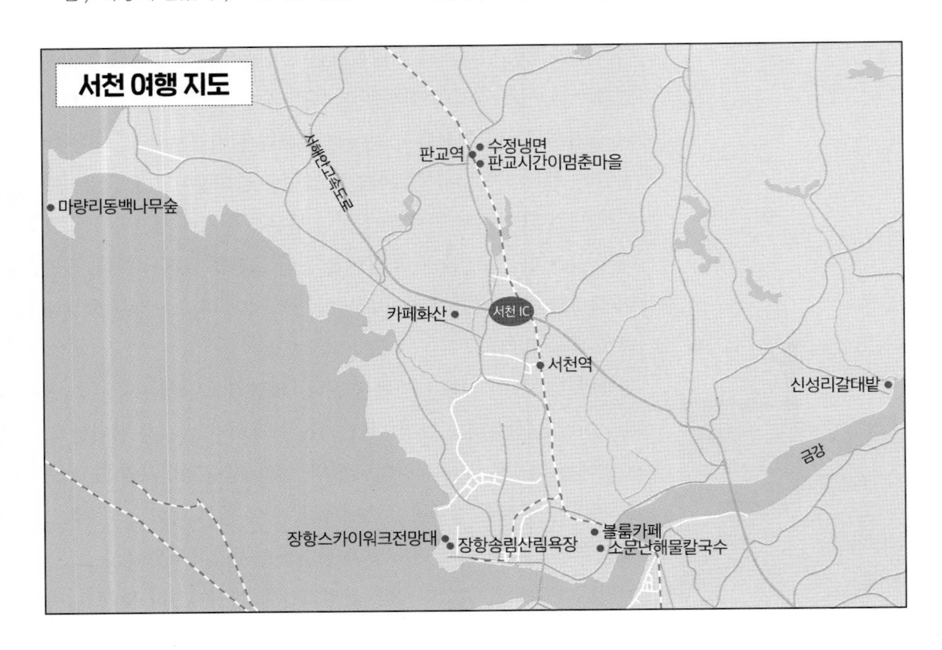

ONE MORE 여기도 좋아요!

판교시간이멈춘마을

충남 서천군 판교면 종판로 882-8
041-950-4163
공영주차장
찾아가기 ①장항선 판교역에서 도보 13분 ②서해안고속도로 서천IC에서 자동차로 9분

흑백 영화에서 본 듯 아련하다

오래된 잡지에서 본 듯한 느낌, 어렴풋이 보이는 윤곽이 아련한 느낌을 주는 곳이 바로 서천 판교마을이다. 마을에 들어서면 도로 양옆으로 처마가 낮은 집들이 늘어서 있다. 화려함은 찾아볼 수 없다. 오래된 시골의 느낌을 고스란히 간직하고 있다. 하지만 이곳도 한 때 화양연화 같은 시대가 있었다. 1980년대 이전까지만 하더라도 논산, 광천과 함께 충남 3대 우시장이 열리던 곳이었다. 그만큼 많은 사람이 모이고 돈이 돌았다. 판교마을은 1930년대 장항선 판교역이 생기면서 번성했다. 그러나 장항선 직선화 사업으로 판교역이 외곽으로 이전하고 우시장도 뒤따라 옮겨가면서 서서히 개발의 뒤안길로 물러나게 되었다. 개발에서 밀려난 덕에 역설적으로 판교마을은 세상의 관심을 받았다. 70~80년대의 모습을 온전하게 간직한 가치를 인정받아 옛 판교역 주변이 통째로 국가등록문화재가 되었다. 옛 판교역을 비롯하여 판교극장, 장미사진관, 동일정미소, 오방앗간, 옛 우시장 터 등 오래된 건물들이 마을 곳곳에 숨어있다. 개발의 손길이 닿지 않은, 흑백 영화 같은 마을이 은근히 마음을 끌어당긴다. 행정복지센터에서 스탬프 지도를 받아 산책하듯 걸으면 훨씬 재밌다.

장항송림산림욕장과 스카이워크

충남 서천군 장항읍 송림리 산 65 041-950-4164
09:30~18:00(장항스카이워크, 월요일 휴무)
₩ 4,000원(장항스카이워크) 전용 주차장
찾아가기 ①서해안고속도로 서천IC에서 자동차로 15분
②장항선 장항역에서 택시 11분

소나무와 맥문동이 펼치는 색채의 향연

소나무 숲을 걸어본 적이 있는가? 장항송림산림욕장엔 해안을 따라 1.5km의 해송이 숲을 이루고 있다. 광대한 송림에 놀라고 신선하고 상쾌한 솔향에 또 한 번 놀라게 된다. 소나무 숲의 면적은 27ha, 무려 8만 평이 넘는 면적에 수령 50~70년을 자랑하는 곰솔이 군락을 이루고 있다. 그 자체만으로 장관이다. 송림에 7km에 달하는 산책로가 있다. 솔바람길, 이름도 참 예쁘다. 산책로가 지루하지 않게 잘 설계되었다. 산책로를 따라 천천히 걷다 보면 복잡했던 일들이 저절로 정리되는 기분이 든다. 장항송림산림욕장이 유명해진 데는 맥문동의 힘도 크다. 8월이면 맥문동이 곰솔 아래 만개를 하는데, 푸른 곰솔과 보랏빛 맥문동이 빚어내는 색채미는 화려하고 신비롭다. 걸음을 옮기기가 아쉬울 정도로 색채의 향연이 펼쳐진다.

소나무 숲 안쪽으로 들어가면 장항스카이워크가 나온다. 스카이워크는 해안을 따라 길게 뻗은 다음 바다로 향한다. 바다를 바라보기에 적합하도록 방향을 튼 것이다. 높이 15m, 길이 235m의 하늘길에서 빼어난 경치와 기분 좋은 아찔함을 만끽할 수 있다. 해 질 무렵 방문하면 황홀한 서해 일몰을 오래 마음에 담을 수 있다.

마량리동백나무숲

📍 충남 서천군 서면 서인로235번길 103 📞 041-952-7999
🕓 09:00~18:00(동절기 17:00, 1월 1일·설날과 추석 당일 휴무) ₩ 1,000원 🚗 전용 주차장
ⓘ **찾아가기** 서해안고속도로 춘장대IC에서 자동차로 18분

봄마다 펼쳐지는 핑크빛 미학

낙화가 이렇게 아름다울 수 있을까? 떨어져서도 절정의 붉은 미학을 보여주는 동백! 서천의 서북쪽 끝, 바다로 뾰족이 튀어나온 마량리에 봄이 오면 주꾸미는 통통하게 살이 돋고, 붉은 동백은 스스로 낙화를 시작한다. 바닷가에 불쑥 솟은 작은 동산엔 동백나무가 숲을 이루고 있다. 마량리는 동백나무 북방한계선이다. 마량리보다 북쪽에 있는 곳에선 이렇듯 아름다운 동백을 볼 수 없다는 뜻이다. 일찍부터 이런 가치를 인정받아 1965년에 이미 천연기념물 칭호를 얻었다. 매표소를 지나 언덕 같은 산을 오르면 이윽고 동백숲이 시작된다. 바닷바람 탓일까? 동백나무는 하늘을 밀어 올리는 대신 가지를 옆으로 뻗고 있다. 마치 펼친 우산 같다. 하지만 나이는 만만치 않다. 500살을 헤아리는 동백나무 85그루가 울창한 숲을 이루고 있다. 3월 중순부터 4월 말 사이에 마량리에 가면 푸른 잎사귀 사이로 고개를 내민 선홍빛 동백꽃을 황홀한 기분으로 마음껏 감상할 수 있다. 동백꽃을 구경하며 쉬엄쉬엄 산을 오르면 눈앞으로 서해가 시원하게 펼쳐진다. 정상에 우뚝 서 있는 동백정에 오르면 서해를 다 품을 수 있다.

RESTAURANT

수정냉면

◎ 충남 서천군 판교면 종판로 882 ☏041-951-5573
11:00~15:00(연중무휴) ₩9,000원~13,000원
인근 공영주차장 ⓘ **찾아가기** ①장항선 판교역에서 도보 13분 ②서해안고속도로 서천IC에서 자동차로 9분

<백반 기행>에 나온 판교식 냉면

냉면은 서천의 9미(味) 중 하나로 꼽힌다. 서천은 냉면의 고장인 셈이다. 수정냉면은 여러 방송에 소개될 만큼 맛집으로 인정을 받고 있다. 판교시간이멈춘마을에 있어서 더 의미가 있다. 냉면집을 연 지 45년이 넘었다. 식객 허영만의 <백반 기행>에 '판교식 냉면'으로 소개됐던 집이다. 판교식 냉면이란 육수가 자극적이고 새콤하며 다진 고기가 고명으로 올라가는 물냉면을 말하는데, 사실 수정냉면의 시그니처 메뉴는 회냉면이다. 면발은 아주 얇고 가느다랗다. 면 위에 배와 오이를 얹고, 그 위에 홍어회를 올렸다. 삭히지 않은 홍어회라 씹는 맛이 좋다. 양념은 매운 듯 달큼하다.

RESTAURANT

소문난해물칼국수

◎ 충남 서천군 마서면 장산로855번길 7
☏0507-1443-3360 10:00~19:30(연중무휴)
₩8,000원~10,000원 가게 앞 주차장
ⓘ **찾아가기** ①장항선 장항역에서 택시 7분 ②서해안고속도로 동서천IC에서 자동차로 8분

살 통통하게 오른 바지락이 듬뿍

금강하구둑 유원지 옆 음식촌에 있다. 창문 너머로 손님들의 웃는 모습이 보인다. 해물칼국수를 주문했다. 잠시 후 밑반찬과 보리밥, 면이 먼저 나오고 뒤이어 육수가 든 커다란 냄비가 나온다. 육수가 끓는 동안 보리밥에 열무김치와 고추장을 넣고 쓱쓱 비빈다. 보리밥을 보자 옛날 생각이 절로 난다. 육수가 팔팔 끓으면 면을 넣고 조금 더 끓여준다. 싱싱한 새우와 살이 오른 바지락이 육수와 어우러져 국물이 아주 맛이 좋다. 면발은 우동처럼 통통하고 매끈하여 입안으로 술술 잘 넘어간다. 뜨끈한 국물이 허기진 뱃속을 행복하게 해준다. 왕만두 인기도 좋다.

CAFE & BAKERY

블룸카페

충남 서천군 마서면 장산로855번길 18
041-957-5255 11:00~21:00(월요일 휴무)
₩ 5,000원~6,500원 가게 앞 금강하구둑 관광지 주차장
찾아가기 ①장항선 장항역에서 택시 7분 ②서해안고속도로 동서천IC에서 자동차로 8분

유원지가 보이는 풍경

금강하구둑 관광지 안에 있는 카페이다. 관광지엔 풍차와 작은 놀이공원과 눈썰매장, 음식점 단지가 있다. 앞에서 소개한 소문난해물칼국수도 이곳에 있다. 금강하구에는 넓은 갈대밭과 농경지가 있어서 가창오리, 청둥오리 등 수만 마리 철새들이 날아와 장관을 이룬다. 철새 풍광을 보기 위해 많은 사람이 금강하구둑 관광지를 찾는다. 블룸카페는 놀이기구를 타는 사람들의 웃음소리가 들릴 만큼 거리가 가깝다. 관광지 시설들이 마치 카페를 위해 만들어진 듯 자연스럽다. 넓은 유리창으로 관광지 풍경이 다 보인다. 유원지를 바라보며 커피를 즐기는 기분이 퍽 이색적이다.

CAFE & BAKERY

카페화산

충남 서천군 종천면 희리산길 7 070-8693-4767
10:00~21:00(월요일 휴무)
₩ 5,000원~6,000원 전용 주차장
찾아가기 서해안고속도로 서천IC에서 자동차로 3분

들판이 보이는 전원형 카페

서천 읍내에서 북서쪽 외곽으로 조금 벗어난, 종천면 소재지 화산리에 있는 전원형 카페다. 희리산자연휴양림으로 가는 길목이다. 놀랍게도 이 마을에는 이곳 말고도 카페 두 곳이 더 있다. 카페화산은 2층 건물의 2층에 있다. 카페는 루프톱처럼 꾸며 놓았다. 창문 너머 평화로운 들판과 푸른 하늘이 카페 안으로 그대로 들어온다. 계절에 따라 달라질 들판의 풍경이 그려진다. 커피를 주문하고 창가에 앉으니 금세 마음이 절로 편안해진다. 커피 맛을 음미한 후 잠시 테라스로 나갔다. 하얀색 테이블과 파라솔이 반겨준다. 전원 풍경을 감상하며 커피를 마시는 것도 퍽 운치가 있다.

PART 5

전북 · 전남

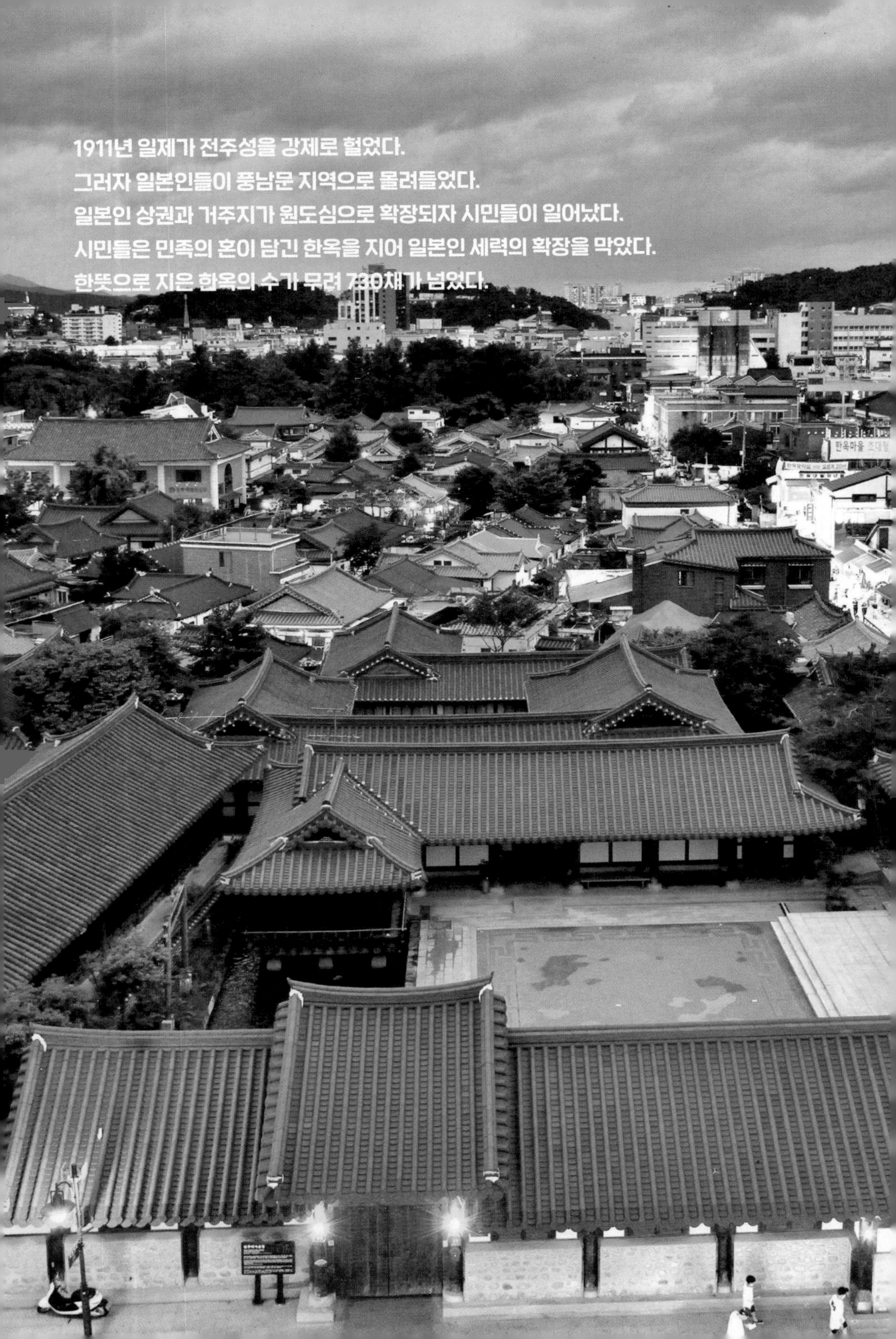

1911년 일제가 전주성을 강제로 헐었다.
그러자 일본인들이 풍남문 지역으로 몰려들었다.
일본인 상권과 거주지가 원도심으로 확장되자 시민들이 일어났다.
시민들은 민족의 혼이 담긴 한옥을 지어 일본인 세력의 확장을 막았다.
한뜻으로 지은 한옥의 수가 무려 730채가 넘었다.

한옥을 지어
일본에 저항하다

전주한옥마을

전북 전주시 완산구 기린대로 99
063-282-1330
공영주차장
찾아가기 ①KTX 전주역에서 택시 12분 ②호남고속도로 전주IC에서 자동차로 20분

전주한옥마을은 전국에서 가장 큰 한옥촌이다. 한옥 730여 채가 밀집해 있지만, 안동하회마을이나 경주의 양동마을처럼 역사가 오래된 곳은 아니다. 전주한옥마을의 역사는 100년이 조금 넘는다. 1911년 일제가 전주성을 강제로 헐었다. 이때부터 일본인들이 풍남문 서쪽 지역에 본격적으로 거주하기 시작했다. 일본인이 늘어나자, 상권이 빠르게 일본인 중심으로 형성되기 시작했다. 이에 전주 시민들이 조직적으로 저항하기 시작했다. 풍남문 주변에 한옥촌을 만드는 것이었다. 일본인의 거주지와 상권 확장을 막는데 민족의 혼이 담긴 한옥으로 대항한 것이다. 이렇게 해서 풍남문 동쪽 지역에 한옥이 집중적으로 들어섰다. 그 수가 무려 730채가 넘는다.

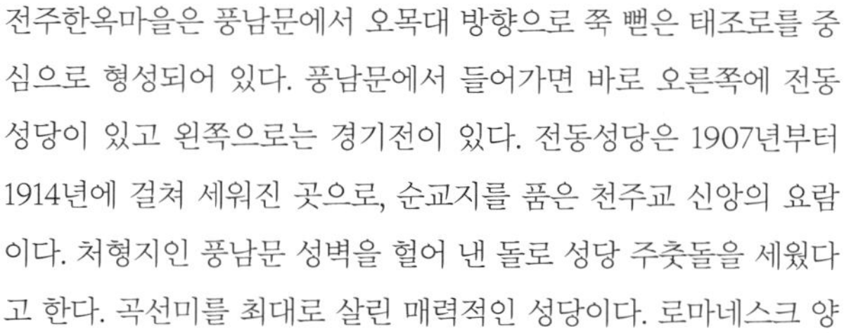

전주한옥마을은 풍남문에서 오목대 방향으로 쭉 뻗은 태조로를 중심으로 형성되어 있다. 풍남문에서 들어가면 바로 오른쪽에 전동성당이 있고 왼쪽으로는 경기전이 있다. 전동성당은 1907년부터 1914년에 걸쳐 세워진 곳으로, 순교지를 품은 천주교 신앙의 요람이다. 처형지인 풍남문 성벽을 헐어 낸 돌로 성당 주춧돌을 세웠다고 한다. 곡선미를 최대로 살린 매력적인 성당이다. 로마네스크 양

식과 비잔틴 양식이 조화를 이루고 있는데, 웅장함과 아름다움이 우리나라에서 손에 꼽힌다.
1410년 태종은 전주, 경주, 개성, 평양, 영흥에 태조 이성계의 어진을 봉안하고 제사를 지내는 전각을 세웠다. 그중 하나가 경기전이다. 경기전은 이성계 초상화를 보관하는 정전과 여러 전각, 숲이 잘 어우러져 경관이 아름답다.
태조로를 따라 걷다 보면 작은 언덕 같은 산이 나온다. 빨간색과 파란색의 풍등이 걸린 산길을 조금만 오르다 보면 오목대와 이목대가 나온다. 오목대는 고려 말 이성계가 왜구를 물리치고 승전축하연을 연 곳이고, 이목대는 이성계 5대조의 출생지이다. 전주는 그러니까 조선 왕조의 고향인 셈이다. 이곳에 오르면 기와지붕이 촘촘히 이어진 전주한옥마을 전경을 시원하게 담을 수 있다.
전주한옥마을을 제대로 보려면 골목길을 걸어야 한다. 진정한 한옥의 아름다움은 골목길 안에 숨어있는 경우가 많다. 젊음을 느끼고 싶다면 한복이나 교복을 입고 거리를 활보해 보기를 권한다.

전동성당

전북 전주시 완산구 태조로 51
063-284-3222
09:00~17:00(연중무휴)
주변 공영주차장
찾아가기 풍남문에서 도보 3분

한국의 첫 순교 터에 세운 성당

전동성당은 풍남문 동쪽 한옥마을 입구에 있다. 한국 최초의 순교자 윤지충과 권상연, 전라도의 첫 신자 유항검 등이 순교한 뜻을 기리기 위해 그들이 순교한 자리에 성당을 세웠다. 1908년 건축 공사에 착수하여 1914년에 완공했다. 성당 북쪽 건너편에는 경기전이 자리를 잡고 있다. 유교를 통치 이념으로 삼던 당시로서는 이 둘이 양립하는 게 불가능했다. 경기전 바로 앞에 성당이 들어설 수 있었던 건 전주성이 두 공간을 나누고 있었기 때문이다. 당시 경기전은 전주성 안에 있었고, 성당은 성 밖에 있었다. 성당 공사가 한창이던 1911년 전주성이 일제에 의해 철거되면서 경기전과 전동성당은 마땅한 장애물 없이 서로 마주 보게 되었다. 두 공간을 분리하던 전주성 성벽이 지금은 태조로가 되었다.

전동성당은 비잔틴 양식과 로마네스크 양식을 혼합한 건축물로 국내에서 가장 아름다운 성당으로 꼽힌다. 비잔틴 양식의 뾰족한 돔이 특히 인상적이다. 한국의 성당 건축물 중 곡선미가 가장 아름답고 웅장하다. 성당 앞마당에 우리나라 최초 순교 터 표지석과 윤지충과 권상연의 조각상이 있다. 성당 옆 사제관도 아름다운 건축물이다.

경기전

◎ 전북 전주시 완산구 태조로 44 ☏ 063-281-2788
⏱ 09:00~18:00(연중무휴)
₩ 1,000원~3,000원 🚗 주변 공영주차장
ⓘ **찾아가기** 풍남문에서 도보 5분, 전동성당에서 도보 3분

아늑하고 고즈넉한 어진 사당

경기전은 전동성당 북쪽 건너편에 있다. 경기전은 조선 왕조를 연 태조의 초상화, 즉 어진을 봉안하고, 제사를 지내기 위해 태종 10년(1410년) 지었다. 정유재란 때 소실되었으나 광해군 6년(1614년)에 중건되었다. 경기전은 전주한옥마을에서 가장 큰 면적을 차지한다. 정문을 지나면 곧바로 붉은 홍살문이 나오고 이어 외신문, 내신문 그리고 어진을 모신 정전이 나온다. 홍살문 안쪽의 세 문을 통과할 땐 '동입서출', 즉 오른쪽으로 들어가고 왼쪽으로 나와야 한다. 가운데는 태조의 혼령이 드나드는 '신도'이기 때문이다. 경기전 오른쪽에는 전주사고가 있다. 경기전에 사고가 설치된 건 1439년(세종 21년)이다. 경기전 영역을 지나면 어진박물관과 조경묘가 있다. 어진박물관은 국내에서 유일한 왕의 초상 전문 박물관이다. 지상 1층엔 태조어진실이, 지하 1층엔 세종·영조·정조·철종·고종·순종의 초상을 전시한 어진실이 있다. 조경묘는 이성계의 22대조이며 전주 이씨의 시조인 이한 부부의 위패를 봉안한 곳이다. 경기전은 사당이지만, 수목이 우거져 산책하기 좋다. 숲속에 들어와 있는 느낌이 들 만큼 아늑하고 고즈넉해진다.

최명희문학관

◎ 전북 전주시 완산구 최명희길 29
☏ 063-284-0570
◷ 10:00~18:00(월요일·1월 1일·설과 추석 휴무)
₩ 무료 🚗 주변 공영주차장
ⓘ **찾아가기** 경기전에서 도보 4분, 전동성당에서 도보 6분

<혼불> 작가의 삶 엿보기

소설가 최명희는 1947년 전주에서 태어나 1980년 <중앙일보> 신춘문예로 등단하였다. 그의 대표작은 <혼불>이다. 소설 <혼불>은 어둡고 암울한 1930년대 남원과 전주, 만주를 배경으로 하고 있다. 일제강점기 남원 지방의 이씨 문중과 그에 기대어 사는 빈민촌 거멍굴의 사람들, 그리고 만주로 망명한 사람들의 삶을 다루고 있다. <혼불>은 당시의 세시풍속·관혼상제·음식·노래 등의 풍속과 문화사를 고증으로 복원하고 있다. 또한 순우리말을 되살린 공도 크다. 작가는 혼불 집필 도중 난소암을 얻어 1998년 12월 작고했다. 안타깝게도 <혼불>은 미완의 대작으로 남았다. 진달래와 철쭉이 차례로 피던 2006년 봄, 그가 나고 자란 전주한옥마을에 최명희문학관이 문을 열었다. 작가가 그토록 귀히 여겼던 경기전과 전동성당, 오목대와 이목대가 가까이 있는 곳이다, 전시실과 아늑한 마당, 소담스러운 공원으로 이루어져 있다. 문학관은 작품보다 작가에게 조금 더 초점이 맞추어져 있다. 작가의 친필 이력서와 친필 편지, 친필 엽서, 논문과 사진, 최명희 작품 수록 도서와 최명희 관련 도서 등을 살펴볼 수 있다. 작품의 주 배경이 되었던 남원시 사매면 서도리 노봉마을엔 혼불문학관이 있다.

RESTAURANT

다우랑

전북 전주시 완산구 태조로 33
0507-1482-5009 10:00~21:00(연중무휴)
₩2,000원~3,500원(1개 기준) 주변 공영주차장
찾아가기 경기전과 전동성당에서 도보 2분

그야말로 유명한 수제만두

전주한옥마을에서 수제만두로 유명한 맛집이다. 가게는 경기전 건너편에 있다. 아담한 한옥이다. 가게 안쪽으로 들어서면 만두가 놓인 진열대가 있고 창가 쪽으로는 앉을 수 있는 의자가 놓여 있다. 진열대와 의자 사이로 한 줄로 들어가며 만두를 고른 후 포장하거나 의자에 앉아 먹을 수 있다. 이곳에서는 만두를 찜통에 쪄주는 게 아니라 이미 만들어 놓은 것을 포장해 준다. 즉석에서 먹으려면 전자레인지에 직접 데워야 한다. 10여 개가 넘는 다양한 만두를 판매하고 있어서 골라서 먹는 재미가 있다. 주전부리처럼 길을 걸으며 먹어도 어색함이 전혀 없다

RESTAURANT

조점례남문피순대

전북 전주시 완산구 전동 3가 2-246
063-232-5006 06:00~22:00(연중무휴)
₩ 9,000원~30,000원 주변 공영주차장
찾아가기 풍남문에서 도보 1분, 전동성당에서 도보 2분

남부시장의 순대 맛집

전주 남부시장 안에 있는 순대 맛집이다. 풍남문 옆에 있는 남부시장은 '전주의 부엌'이라 불릴 만큼 시장 안에 다양한 음식점이 영업 중이다. 그중에서도 조점례남문피순대는 남부시장의 터줏대감이다. 45년을 지켜온 명성에 걸맞게 늘 사람들로 북적인다. 이곳을 찾기 위해 애쓸 필요가 없다. 가장 많은 사람이 줄을 서 있는 곳으로 가면 되기 때문이다. 조점례남문피순대는 찹쌀과 버섯, 양파와 양배추 다진 것에 선지가 가득 들어간다. 진득하고 촉촉한 피순대는 초장에 찍어 먹는 맛이 일품이며, 고소하고 쫄깃한 식감과 부드럽고 깊은 뒷맛이 오래 남는다.

RESTAURANT

베테랑칼국수

◎ 전북 전주시 완산구 경기전길 135
☏ 063-285-9898 ◷ 09:00~20:00(연중무휴)
₩ 8,000원~9,000원 🚗 가게 앞 주차장
ⓘ **찾아가기** 경기전에서 도보 3분, 전동성당에서 도보 4분

면은 쫄깃하고 국물은 맛이 깊다

경기전 맞은편 성심여중 앞에 있는 분식집이다. 분식집이지만 깔끔한 벽돌의 외관은 마치 레스토랑 같은 분위기가 난다. 전주한옥마을에서 40년 이상 사랑받아 온 전통 국숫집으로, 1977년 개업하여 2대째 운영되고 있다. 칼국수를 주문하면 밑반찬으로 깍두기와 하얀 단무지가 나오고 곧이어 칼국수가 나온다. 오랜 시간 졸여 낸 진한 육수에 들깨와 고기, 달걀을 넣은 걸쭉하고 진득한 국물로 유명하다. 면은 일반적으로 생각하는 두꺼운 면이 아니라 식감이 쫄깃한 얇은 면을 사용한다. 칼국수 위에 들깻가루와 고춧가루, 김 가루가 고명으로 뿌려져 나온다. 쫄면, 만두, 콩국수도 판매한다.

CAFE & BAKERY

외할머니솜씨

◎ 전북 전주시 완산구 오목대길 81-8
☏ 063-232-5804 ◷ 11:00~18:00(토,일 21:00, 연중무휴)
₩ 5,500원~19,000원 🚗 가게 앞 주차장
ⓘ **찾아가기** 경기전에서 도보 5분, 전동성당에서 도보 6분

팥빙수가 맛있는 디저트 카페

전주한옥마을에서 2010년에 문을 연 한국식 디저트 카페이다. 이곳의 대표적인 메뉴는 흑임자팥빙수이다. 옛날 방식으로 팥을 직접 쑤어 만든다. 팥 위에 쫀득한 찰떡과 검은깨를 고명으로 올려 내온다. 팥빙수의 맛은 팥의 품질이 결정한다. 외할머니솜씨는 팥 농사를 전문으로 짓는 농부들과 계약해 일괄 구매 방식으로 조달받는다. 따라서 항상 좋은 팥을 사용할 수 있다. 그래서일까? 이 집의 흑임자팥빙수는 고소하면서도 맛이 아주 부드럽다. 이 집의 또 다른 대표 메뉴는 콩떡아이스크림과 궁중쌍화탕이다. 커피, 음료, 미숫가루, 현미견과가래떡 등도 즐길 수 있다.

아원고택의 하이라이트는 만휴당 앞의 미니멀한 직사각형 연못이다.
연못 앞에 서면 마을 건너 종남산이 연인의 품에 안기듯 와락 다가온다.
게다가 감탄할 만큼 전망이 매혹적이다. 연못 앞에 서면 누구나 모델이 된다.

기품 넘치고
전망이 매혹적이다

아원고택

전북
완주

- 전북 완주군 소양면 송광수만로 516-7
- 063-241-8195
- 12:00~16:00(갤러리 11:00~17:00, 연중무휴)
- ₩ 10,000원(숙박료 별도)
- 고택 앞 주차장
- **찾아가기** 새만금포항고속도로지선(익산-장수) 소양IC에서 자동차로 11분

완주에도 한옥마을이 있다. 완주군 소양면 대흥리에 있는 오성한옥마을이다. 종남산과 위봉산, 되실봉이 아이를 안듯 한옥마을을 포근하게 감싸고 있다. 오성한옥마을은 주거용 한옥뿐 아니라 책방, 펜션, 카페, 갤러리를 품고 있어서 기품이 넘치고 감성도 깊다. 이렇듯 매력적인 곳이지만, 오성한옥마을이 생긴 건 2013년으로 비교적 최근의 일이다. 아원고택은 이 마을을 대표하는 한옥이다. 숙소로 사용하는 한옥 네 채와 미술관으로 사용하는 현대 건축물 1채로 구성돼 있다. 한옥 4채 중 세 채는 경남 진주와 전북 정읍, 전남 함평의 150년~250년 된 고택을 옮겨와 현대적인 미감을 보탰다. 고택의 뼈대는 그대로 살리고 서까래와 기와만 바꿨는데, 원래부터 그곳에 있었던 것처럼 주변 지형, 환경과 무척 잘 어울린다. 게다가 한옥과 콘크리트 건축이 융합되어 이질적일 것 같지만, 두 건축물은 의외로 조화를 잘 이루고 있다. 뭐랄까? 전통과 현대가 때로는 충돌하고 때로는 융합하면서 세련되고 독특한 분위기를 자아낸다.
아원고택으로 들어가기 위해서는 아원갤러리 & 뮤지엄으로 입장해야 한다. 성곽처럼 보이는 단단한 콘크리트 구조물 위로 날렵한

한옥 처마가 살짝 보인다. 현대적 공간 위에 한옥을 얹었다. 입장권을 구매 후 들어가면 갤러리가 나오는데 갤러리는 여백의 미를 살린 듯 작품보다는 빈 곳이 더 많다. 실내에서 2층 바깥으로 이어지는 좁은 계단을 따라 올라가면 다른 세상이 펼쳐진다. 좌측에 아원고택이 있고 정면에 난 길을 따라 걸어가면 아원고택이 생기기 전부터 있던 대숲이 나온다. 대숲 사이로 소담한 산책로가 있다. 걸어서 5분이 채 되지 않는 길이지만, 그 사이 마음이 고즈넉해진다. 길 끝에 서면 시야가 훤히 열리면서 아원고택과 멀리 종남산의 능선이 하나의 그림처럼 펼쳐진다. 한옥들도 모두 종남산을 바라보고 있다. 남향이 아니라 서향, 그러니까 종남산을 향해 팔을 벌리고 있다. 멋진 풍경을 얻으려고 일부러 한옥의 전통적인 배치 방법을 따르지 않은 것이다. 아원고택의 중심 건물은 미술관 위에 얹은 만휴당이다. 만휴당 앞엔 사각형 형태의 미니멀한 연못이 있다. 이 연못은 아원고택의 하이라이트이다. 연못 앞에 서면 종남산이 와락 다가온다. 연못은 종남산을 끌어들여 만휴당과 이어준다. 게다가 감탄할 만큼 전망이 매혹적이다. 연못 앞에 서면 누구나 모델이 된다. 책방과 카페를 갖춘 소양고택도 함께 둘러보자.

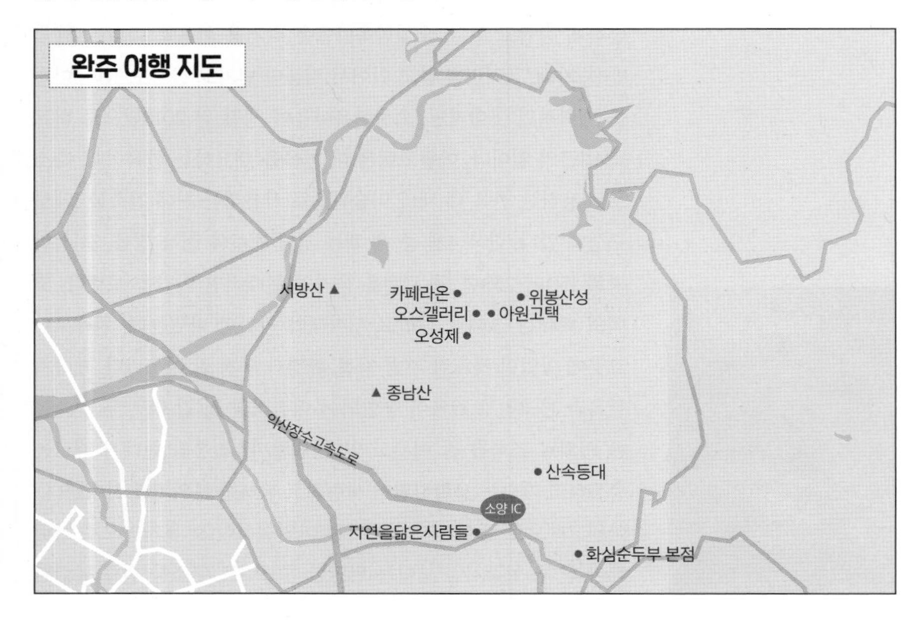

오성제

전북 완주군 소양면 대흥리 1002
063-290-3930
저수지 옆 주차장
찾아가기 새만금포항고속도로지선(익산-장수) 소양IC에서 자동차로 11분

BTS 화보 촬영 성지

완주군은 BTS 방문 이전과 이후로 구분된다고 해도 과언이 아니다. 전주의 대부분을 둘러싸고 있는 데다가 한때는 거의 모든 관공서가 전주시에 있어서 그다지 존재감이 없는 지방자치단체였다. 하지만 2019년 BTS가 방문하면서 완주는 나라 안은 물론 아미들 사이에선 세계적으로 유명해졌다. BTS는 '2019 서머 패키지 인 코리아' 영상과 화보를 완주군 6개 장소에서 촬영했다. 아원고택, 위봉산성, 삼례 비비낙안, 고산 창포마을, 구이 경각산, 소양 오성제가 그곳이다.

오성제는 소양면의 오성한옥마을 앞에 있는 작은 저수지이다. 종남산과 서방산에 둘러싸여 아늑한 느낌을 주는 데다 저수지가 마치 거울처럼 하늘빛을 그대로 담아 풍경이 무척 아름답다. 저수지의 제방 위에 선 소나무 한 그루가 멋진 풍경에 운치를 더한다. 물안개가 피어오르면 풍경이 더없이 신비롭다. 소나무는 2011년 <발효 가족>이라는 드라마 촬영을 위해 심은 것으로 전해지는데, 지금은 오성제의 화룡점정이 되었다. 저수지를 따라 산책로가 잘 조성돼 있어서 천천히 걷기에 좋다. 제방 건너 오른쪽 오성 옛길을 따라 들어서면 울창한 숲길이 이어진다. 산책로는 1km 남짓으로 천천히 걸어도 30분이면 충분하다.

위봉산성

전북 완주군 소양면 대흥리 1-32
산성 앞 간이 주차장
찾아가기 새만금포항고속도로지선(익산-장수) 소양IC에서 자동차로 14분

BTS가 화보 촬영한 전주팔경

소양면의 오성한옥마을 동쪽 위봉산 기슭에 있다. 1675년(숙종 1년)에 혹시 모를 변란이 일어나면 경기전에 있는 이성계의 영정과 위패를 옮겨오고, 아울러 주민을 대피시킬 목적으로 쌓았다. 실제로 동학농민혁명 때 태조의 어진과 위패를 산성 내 수호 사찰인 위봉사로 옮긴 적이 있다. 성은 큰 돌을 하부의 기단으로 삼았고, 그 위에 잡석으로 폭을 좁혀가는 방식으로 쌓았다. 이렇게 해서 폭 3m 안팎, 높이 3~5m, 전체 길이 약 16km에 이르는 남북으로 긴 성을 쌓았으나 지금은 일부 구간과 아치형 석문 등만 남아 있다. 지난 2019년 섬머 패키지 촬영 당시 BTS가 이 아치형 석문 위에서 사진을 찍은 뒤 BTS의 성지가 되었다. 산성 위에 소나무 한 그루가 운치 있게 자라고 있는데 산성과 잘 어울린다. 위봉산성 인근에는 위봉사와 위봉폭포가 있다. 위봉사는 위봉산 남서쪽 기슭에 있는 절이다. 영조가 그곳에 있는 승도들에게 위봉산성의 행궁과 성곽을 지키게 했다는 사실이 <영조실록>에 나온다. 위봉폭포는 위봉산 바위 절벽으로 떨어는 2단 폭포이다. 전주팔경(완산팔경)의 하나로 높이는 약 60m이다.

산속등대

전북 완주군 소양면 원암로 82 063-245-2456
10:00~19:00(화요일 휴무)
₩ 8,000원~12,000원 전용 주차장
ⓘ **찾아가기** 새만금포항고속도로지선(익산-장수) 소양IC에서 자동차로 5분

제지공장이 복합문화공간으로

이름부터가 심상치 않다. 산속에 있는 등대라니, 상상이 가질 않는다. 소양면의 방탄소년단 순례길은 소양IC에서 시작된다. 전북체고 앞 갈림길에서 왼쪽으로 가면 오성제, 아원고택, 위봉산성 등 BTS 성지가 나오고, 오른쪽으로 시선을 돌리면 하늘 높이 솟은 붉은 기둥이 보인다. 알고 보니 산속의 등대는 40여 년 전 멈춘 종이 공장의 굴뚝이었다. 한때 완주는 한지의 주생산지였다. 그중에서도 소양면은 최초의 한지 생산지였다.

2019년 5월 폐공장이 복합문화공간으로 되살아났다. 산속 등대는 미술관, 체험관, 공연장, 카페, 아트 플랫폼 등을 갖춘 복합문화공간이다. 산속등대로 들어가면 넓은 마당이 나온다. 그다음엔 기존 건물의 흔적으로 만든 기억의 파사드가 보인다. 오른쪽엔 미술관이 있다. 보존 상태가 제일 좋은 건물이다. 미술관 옆은 슨슨카페이고, 카페 앞엔 산속등대가 우뚝 서 있다. 등대는 지름 3m, 높이 33m로 원래는 굴뚝이었다. 등대 아래 모래밭 위에선 고래가 웃고 있다. 몸길이 7m인 아기흰수염고래다. 그 옆엔 야외공연장이 있다. 야외공연장 앞으로는 어린이와 청소년들의 창의력과 상상력을 키워주는 체험 공간 어뮤즈월드가 있다.

RESTAURANT

화심순두부 본점

전북 완주군 소양면 전진로 1051 063-243-8268
08:40~20:00(연중무휴)
₩9,500원~18,500원 전용 주차장
찾아가기 새만금포항고속도로지선(익산-장수) 소양IC에서 자동차로 5분

60년 전통의 고소한 맛

순두부는 완주 5미 중 하나로 손꼽히는, 완주의 대표적인 먹거리이다. 화심순두부 본점은 오래전부터 소양면 화심리 지역의 특산물인 콩을 활용해 두부를 만든, 이 지역 순두부의 원조 격이라고 할 수 있다. 60년 전통의 화심순두부는 천연간수를 사용하여 재래식 두부를 만든다. 몽글몽글한 순두부에서 콩 본연의 고소한 맛이 전해진다. 통통한 바지락의 달큼한 맛에 매콤한 고추기름이 더해져 매운 듯하면서도 부담스럽지 않다. 메뉴는 해물 육수와 바지락으로 맛을 낸 화심순두부를 비롯해 고기순두부, 들깨순두부, 버섯순두부, 두부탕수육, 두부돈까스, 소고기두부전골, 두부조림 등이 있다.

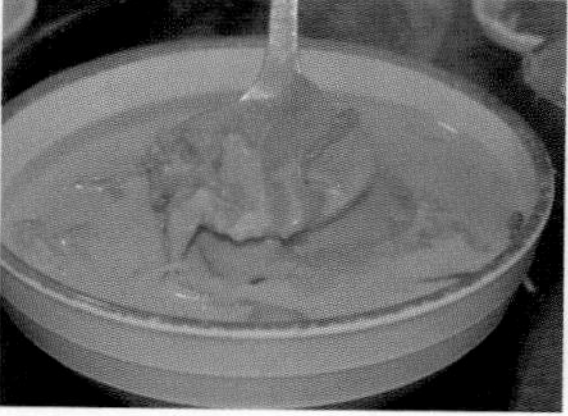

RESTAURANT

자연을닮은사람들

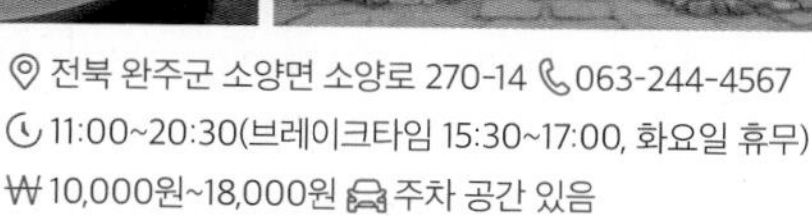

전북 완주군 소양면 소양로 270-14 063-244-4567
11:00~20:30(브레이크타임 15:30~17:00, 화요일 휴무)
₩10,000원~18,000원 주차 공간 있음
찾아가기 새만금포항고속도로지선(익산-장수) 소양IC에서 자동차로 2분

감탄이 나오는 돼지갈비 숯불구이

소양IC에서 나와 아원고택으로 가는 길목에 있는 맛집이다. 숲이 우거진 식당 입구를 1분 정도 들어가면 널찍한 공간에 흙집 식당이 자리하고 있다. 원목 식탁과 흙집이 묘하게 잘 어울린다. 대표 메뉴는 돼지갈비 숯불구이이다. 음식을 주문하면 주방에서 고기를 구워온다. 돼지고기는 냄새가 전혀 나지 않고 육질이 아주 부드럽다. 먹으면서 연신 감탄하게 되는 그런 맛이다. 돼지갈비 숯불구이는 기본이 2인분씩 주문해야 하는데, 양이 그리 많지 않아 혼자서도 충분히 먹을 수 있다. 들깨수제비도 인기 메뉴이다. 들깨가 듬뿍 들어가 고소하고 면발이 부드럽다. 갈비와도 잘 어울린다.

CAFE & BAKERY

오스갤러리

전북 완주군 소양면 오도길 24 0507-1406-7116
09:30~19:00(연중무휴)
₩ 5,000원~12,000원 전용 주차장
찾아가기 새만금포항고속도로지선(익산-장수) 소양IC에서 자동차로 12분

풍경이 아름다운 호숫가 카페

오스갤러리는 BTS 성지 중 한 곳인 오성제 제방에서 조금 더 위에 있다. 카페와 갤러리를 함께 운영하고 있다. 카페 앞에는 널찍한 잔디가 깔려 있고, 멋진 소나무 몇 그루 무심한 듯 서 있다. 그 너머 오성제의 푸른 물빛이 오스갤러리의 정원처럼 보인다. 카페 앞에 놓인 의자에 앉으면 그냥 마음이 편안해진다. 카페에 들어가지 않아도 이미 마음이 행복하다. 카페 정문으로 들어가면 오른쪽에 복도 보다 조금 낮은 곳에 갤러리가 있다. 이곳에서는 상시 전시가 열리고 있고, 언제 가더라도 예술적 감성을 만끽하기 좋다. 붉은 벽돌 건물의 카페는 2층으로 되어 있다. 어느 곳에 앉든 멋진 뷰가 덤이다.

CAFE & BAKERY

카페라온

전북 완주군 소양면 오도길 64 0507-1321-6896
10:30~18:30(토·일은 21:00까지, 연중무휴)
₩ 6,000원~8,000원 전용 주차장
찾아가기 새만금포항고속도로지선(익산-장수) 소양IC에서 자동차로 13분

오성제를 한눈에 담다

카페라온은 오성제 제방의 북쪽 끝에 있는 베이커리 카페다. 오성제 제방 부근에 오면 카페귀퉁이가 보일 정도로 건물이 크고 높다. 카페에서 오성제 전체 조망이 가능하다. 건물 모양이 입체적이면서도 다각형의 구조를 하고 있어서 보는 방향에 따라 풍경이 달라진다. 모두 3층으로 되어 있는데 모든 층의 창문이 통창이라 오성제 저수지와 종남산의 풍광을 시원하게 조망하기 좋다. 1층엔 주문대, 로스터리 공간, 베이커리가 있다. 2층과 3층 그리고 루프톱엔 테이블이 넉넉하다. 안전을 위해 2층부터는 노키즈 존이다. 야외에도 예쁜 테이블이 있다.

군산 앞바다에 점점이 뜬 고군산군도
선유도는 고군산군도의 중심이다.
섬 서쪽의 장자도와 대장도의 대장봉에 오르면
신선이 놀 만큼 아름다운 이 섬을 온전히 눈에 넣을 수 있다.

선유도

전북 군산

전북 군산시 옥도면 선유남길 34-22
063-453-4986
주차 가능
찾아가기 새만금방조제에서 자동차로 25분

군산과 부안을 잇는 새만금방조제를 따라 쭉 뻗은 도로가 끝나지 않을 것처럼 이어진다. 서해의 푸른 바다와 그 위에 점처럼 뜬 아름다운 섬들이 직선도로의 단조로움을 덜어준다. 그렇게 얼마를 달리면 야미도와 신시도가 차례로 나오고, 이어서 서쪽으로 무녀도와 선유도가 나온다. 도로는 장자도까지 이어진다. 선유도의 북쪽으로는 방축도와 황경도, 병도, 밀도 등이 길게 늘어서 있다.

군산과 부안 앞바다 떠 있는 섬의 무리를 고군산군도라고 부른다. 고군산군도는 선유도, 무녀도, 신시도 등 63개의 섬으로 이루어져 있다. 예전부터 경관이 빼어나 관광지로 유명했다. 섬 중 12개는 유인도이고 40여 개는 무인도이다. 선유도, 신시도, 무녀도, 장자도, 야미도, 대장도는 새만금 방조제 및 고군산로로 육지와 연결되어 있다. 이 많은 섬 중에서 선유도가 고군산군도의 중심이다.

선유도는 신선이 노니는 섬이라는 뜻으로, 두 신선이 마주 앉아 바둑을 두고 있는 형상이다. 선유도는 고군산군도에서 세 번째로 큰 섬으로 선유봉이 있는 남쪽과 망주봉이 있는 북쪽을 선유도해수욕장이 이어준다. 망주봉은 모함받아 귀양을 온 신하가 임금이 다시

불러주기를 기다리며 이 바위산에 올라 한양을 바라보았다 해서 망주봉이라 불린다. 선유도를 조망할 수 있는 포인트가 세 곳이 있는데 선유봉과 망주봉, 그리고 장자도와 대장도에 있는 대장봉이다. 어느 곳을 오르든지 선유도를 온전히 보는 데는 부족함이 없지만, 장자도와 대장봉에서 보는 선유도가 가장 아름답다. 한 발짝 떨어져서 바라보면 선유도의 아름다움이 더 깊이 보인다. 선유도를 걸어서 돌아보기엔 만만치 않은 거리다. 소형 오토바이나 전동카트, 공공 자전거 등을 대여하여 이동하는 게 편리하다. 선유도에는 선유스카이썬라인(집라인 체험)을 비롯하여 선유도해수욕장, 선유도유람선 등 다양한 즐길 거리가 많다. 그 밖에 선유도, 무녀도, 장자도, 대장도는 섬끼리 다리로 연결되어 있으므로 이웃 섬들까지 둘러보는 여행도 추천한다.

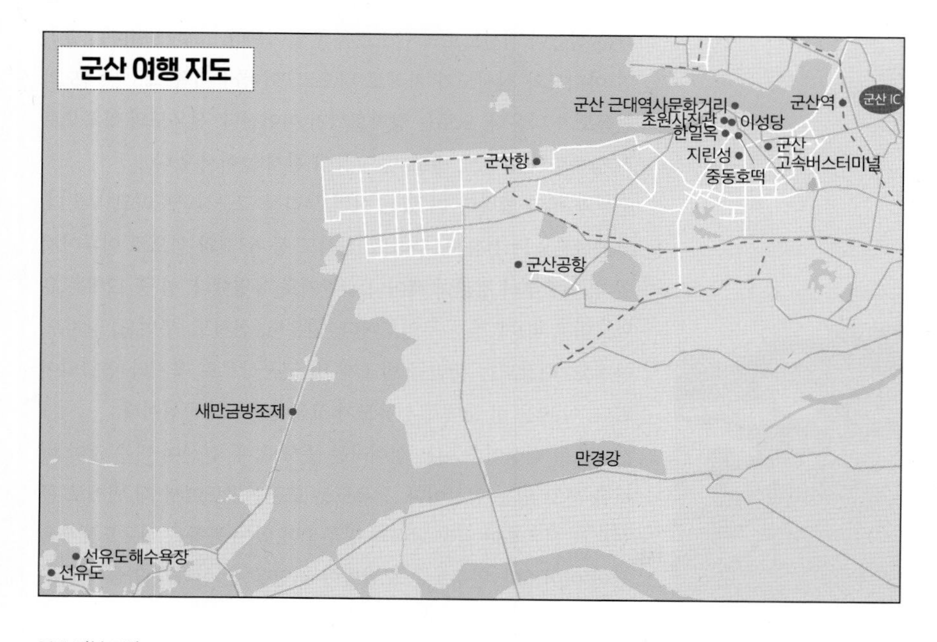

ONE MORE 여기도 좋아요!

선유도해수욕장

◎ 전북 군산시 옥도면 선유도리
063-465-5186 상시 개방(연중무휴)
₩ 무료 주변 공영주차장 이용
ⓘ **찾아가기** 새만금방조제에서 자동차로 27분

반달처럼 생긴 명사십리

선유도해수욕장은 전북 군산시 옥도면에 있다. 천연 해안사구 해수욕장으로, 곱고 부드러운 백사장이 넓게 펼쳐져 있어, 명사십리 해수욕장으로 불린다. 명사십리라는 이름을 가진 해수욕장이 여럿 있지만, 조수간만의 차가 심해 남해나 동해보다 물이 덜 맑은 서해안 해수욕장에 명사십리라는 이름이 붙었다는 것은 선유도해수욕장이 그만큼 깨끗하고 아름답기 때문일 것이다. 선유도해수욕장은 풍광이 뛰어나 고군산군도의 8경 중 하나(명사십리)로 꼽힌다. 활처럼 휜 선유도해수욕장은 물이 차는 만조 시기를 제외하고는 폭이 50m에 이르는 너른 모래벌판이 펼쳐진다. 유리알 같은 흰 모래와 더불어 경치가 일품이다. 백여 미터를 나아가도 물이 허리까지밖에 차지 않아 여름철엔 가족끼리 또는 연인끼리 오붓하게 해수욕을 즐기기 좋다. 선유도에서 빠뜨릴 수 없는 것 중의 하나가 고군산군도 8경 중 하나인 선유낙조를 보는 것이다. 선유도 어디서든 아름다운 낙조를 볼 수 있지만, 특히 선유도해수욕장에서 바라보는 낙조가 일품으로 꼽힌다. 코발트 빛 바다를 붉게 물들이며 떨어지는 석양은 명사십리가 주는 또 하나의 선물이다.

초원사진관

전북 군산시 구영2길 12-1 063-445-6879
09:00~21:30(연중무휴)
₩ 무료 주변 공영주차장 이용
찾아가기 서해안고속도로 군산IC에서 자동차로 16분

애틋한 사랑, 아련한 이별

최근 군산시에서 조사한 바에 따르면 군산 원도심 일대 근대역사박물관, 신흥동일본식가옥 등이 있는 '시간여행마을'을 방문한 사람들은 가장 인상 깊었던 곳으로 '초원사진관'을 꼽았다. 초원사진관은 1998년에 개봉한 영화 <8월의 크리스마스> 촬영지였던 곳이다. 사진관 주인 정원은 시한부 인생을 사는 노총각이다. 영화 <8월의 크리스마스>는 정원과 주차 단속요원 다림의 애틋한 사랑과 이별 이야기를 담고 있다. 영화는 대부분 군산시 월명동 초원사진관에서 촬영했다. 영화 제작 당시 <8월의 크리스마스> 제작진은 세트 촬영을 하지 않기로 하고 전국 사진관을 수소문했지만, 마땅한 장소를 찾지 못했다. 그러다 군산시 월명동에서 빈 차고를 발견하고 주인에게 허락받고 사진관으로 개조했다. '초원사진관'이란 이름은 주연 배우 한석규가 지은 것인데, 그가 어릴 적에 살던 동네 사진관의 이름이라고 한다. 촬영이 끝난 뒤 초원사진관은 철거됐다가 이후 군산시가 다시 복원해 군산을 방문하는 사람들을 위해 무료 개방하고 있다. 초원사진관에는 영화 속에 등장했던 사진기와 선풍기, 앨범 등이 고스란히 전시돼 있다. 사진관 옆에는 여주인공 다림이 타던 티코 자동차가 그때의 기억을 소환해 준다.

군산근대역사문화거리

전북 군산시 해망로 240(군산근대역사박물관)
063-446-5114(근대역사종합안내센터)
영업시간 상시(연중무휴) ₩ 군산근대역사박물관+근대미술관+근대건축관+진포해양공원 통합권 3,000원(호남세관박물관 제외) 군산근대역사박물관 주차장
찾아가기 서해안고속도로 군산IC에서 자동차로 13분

100년 전으로 떠나는 시간 여행

일제강점기 군산은 금강과 만경강, 서해에 접한 교통의 요충지였다. 게다가 만경강 너머는 곡창지대 호남평야가 있었다. 이 같은 조건 때문에 군산은 우리 쌀을 일본으로 가져가는 수탈 창구로 활용되었다. 작은 포구에 근대 항만시설이 들어서고, 아스팔트 도로가 조성되었다. 부둣가엔 감리서, 재판소, 세관, 쌀 창고, 정미소, 일본식 가옥 등이 들어섰다. 이 거리를 지금은 군산근대역사문화거리라 한다. 근대역사문화거리는 군산근대역사박물관에서 시작한다. 이 박물관은 당시 근대건축물에 사용했던 건축자재로 지은 건물이다. 박물관 옆으로는 옛 군산세관 본관이었던 호남세관박물관이 있다. 이 건물은 우리나라에 현존하는 서양 고전주의 3대 건축물 중 하나로 꼽힌다. 근대역사박물관에서 멀지 않은 곳엔 군산근대미술관이 있다. 일제강점기에 나가사키18은행 건물이었다. 현재는 일본의 경제 수탈에 관한 전시, 18은행 때 사용하던 금고도 찾아볼 수 있다. 미술관에서 동쪽으로 조금만 더 내려가면 근대건축관이 나온다. 일제강점기에 조선은행 건물이었다. 당시 유명한 일본의 건축가가 설계한 것으로, 지금은 군산의 근대건축물 사진 자료와 미니어처를 만나볼 수 있다.

RESTAURANT

지린성

전북 군산시 미원로 87 063-467-2905
10:00~16:00(재료소진 시 마감, 토·일 09:30에 오픈, 화요일 휴무) ₩ 8,000원~11,000원 주변 공영주차장 이용
찾아가기 서해안고속도로 군산IC에서 자동차로 17분

입에 착착 감기는 고추짜장과 고추짬뽕

군산남초등학교 앞에 있는 중국집이다. 식사 시간엔 웨이팅이 기본이다. 어떤 때는 횡단보도 건너편 초등학교 담장을 따라 줄을 서는 진풍경이 연출되기도 한다. 영업시간은 오후 4시까지이지만 재료가 소진되면 일찍 마감하므로 영업 마감 시간을 믿고 갔다가는 낭패 보기 쉽다. 이곳의 인기 메뉴는 고추짜장과 고추짬뽕이다. 짜장을 주문하면 반찬이 나오고 곧장 짜장이 담긴 국그릇과 면이 담긴 커다란 스테인리스 대접이 나온다. 짜장을 면에 부으면 큼지막한 청양고추와 새우와 돼지고기가 잔뜩 들어있는 게 보인다. 청양고추의 매운맛을 달큼한 짜장 소스가 감싸주어 입에 착착 감긴다.

RESTAURANT

한일옥

전북 군산시 구영3길 63
0507-1470-5502 06:00~21:30(연중무휴)
₩ 10,000원~12,000원 자체 주차장과 주변 공영주차장
찾아가기 서해안고속도로 군산IC에서 자동차로 15분

마성의 소고기뭇국

군산의 인기 여행지 초원사진관 맞은편에 있다. 건물은 1937년에 지어진 것인데, 2014년부터 한일옥이 사용하고 있다. 목재 건축물이어서 널찍한 고택에 들어온 느낌이 든다. 육회비빔밥, 비빔밥, 닭국 같은 메뉴도 있지만, 이 집의 인기 메뉴는 소고기뭇국이다. 소고기뭇국은 군산 한일옥을 전국적인 맛집으로 만들어 준 유명한 메뉴이다. 무와 소고기, 대파 정도가 재료의 전부이지만, 마성의 매력이 있어 많은 사람이 찾는다. 일단 무 자체가 맛있다. 맛있는 무에서 우러나오는 국물과 고깃국물이 기막히게 어우러져 입맛을 사로잡는다. 해장국으로 먹어도 좋고 간단한 식사로도 더없이 좋다.

CAFE & BAKERY

이성당

전북 군산시 중앙로 177 063-445-2772
월~금 08:00~21:30, 토~일 08:00~22:00(비정기 휴무 사전 확인 필수) ₩ 2,000원~2,500원(빵 1개 기준)
주변 공영주차장 이용 ⓘ **찾아가기** 서해안고속도로 군산IC에서 자동차로 14분

우리나라에서 가장 오래된 빵집

이성당은 군산을 대표하는 빵집이자 우리나라에서 가장 오래된 빵집이다. 1910년 무렵 일본인이 개업한 '이즈모야' 제과점을, 광복 후 한국인이 인수하여 이씨 성을 가진 사람이 만드는 빵집이라는 의미로 이성당이라고 이름 지었다. 대표 메뉴는 야채빵과 단팥빵이다. 단팥빵과 야채빵은 하루에 몇 차례 굽는다. 빵 나오는 시간이면 빵 사려는 사람들로 이성당 문 앞엔 기다란 줄이 늘어선다. 단팥빵은 빵이 나오기 무섭게 바닥을 드러낸다. 이성당 단팥빵은 만두피처럼 겉이 얇고 속은 아낌없이 가득 채운 팥소로 유명하다. 또 쌀가루로 반죽해서 식감이 일반 빵보다 훨씬 찰지다.

CAFE & BAKERY

중동호떡

전북 군산시 서래로 52 063-445-0849
월~토 10:00~19:00, 일 13:00~18:00(연중무휴)
₩ 7,000원(5개) 길가 주차, 주변 공영주차장 이용
ⓘ **찾아가기** 서해안고속도로 군산IC에서 자동차로 12분

3대째 이어져 오는 호떡집

1943년 개업한 후 3대째 이어져 오는 호떡집이 있다. 중동호떡이다. 처마가 낮은 허름한 양철지붕 가게에서 호떡을 만들어 팔다가 건너편에 2층으로 건물을 지어 이전했다. 주문하면 은빛 쟁반에 호떡을 담아 내온다. 튀긴 호떡이 아니라 구운 호떡이라 기름기 없고 담백하다. 호떡 안에는 시럽이 넘쳐흐를 만큼 가득 들어있다. 찰보리와 검은콩, 검은쌀, 검은깨 등을 넣고 만든 특제 시럽이라 달콤함과 고소함을 동시에 즐길 수 있다. 집게로 호떡 중앙부를 뜯어내 시럽에 찍어서 먹거나, 돌돌 말아 먹으면 더 맛있게 먹을 수 있다. 5개, 10개 세트로도 판매한다.

여인들이 돌을 머리에 이고 줄지어 걷는다.
돌이 모이고 모여 마침내 성이 되었다.
길이 1,684m, 높이 4~6m, 이 튼튼한 성이
나와 내 가족, 그리고 이 땅을 지켜주리라.

백성들이 쌓아 더 아름답다

고창읍성

전북 고창군 고창읍 모양성로 1

063-560-8067

05:00~22:00(연중무휴)

₩ 성인 3,000원, 청소년 2,000원, 어린이 1,500원

고창읍성주차장

찾아가기 서해안고속도로 고창IC에서 자동차로 7분

고창읍성은 왜구의 침략을 막기 위해 백성들이 자연석을 쌓아 만든 성곽이다. 1453년(조선 단종 원년)에 만들었다고도 하고, 숙종 때 쌓았다고 전해지기도 하는데, 어느 것이 맞는지 확실하지 않다. 고창의 옛 이름 '모량부리'에 기대어 '모양성'이라고도 부른다. 조선 시대에는 장성군의 입암산성과 함께 호남내륙을 방어하는 전초기지 역할을 했다. 고창읍성은 낙안읍성이나 해미읍성처럼 읍내에 쌓은 평지성이 아니다. 읍내에서 남쪽으로 약간 떨어진, 고창의 진산인 반등산을 끼고 쌓은 산지형 읍성이다. 고창읍성은 길이 1,684m, 높이 4~6m이다. 동문, 서문, 북문이 있고, 성문마다 성문을 둘러싼 옹성(성문 밖에 원형으로 만든 작은 성)과 6곳의 치성(성벽 바깥에 덧붙여 쌓은 벽)을 쌓았다. 성 밖에는 해자 등 방어시설을 두루 갖추고 있던 것으로 보아 왜구 침략 방어의 전초기지 역할에 맞게 설계한 것으로 보인다. 성내에는 동헌, 객사 등 22동의 관아 건물이 있었으나 전란으로 대부분 소실되었다. 성곽과 공북루만 남아 있던 것을 1976년부터 옛 모습대로 복원하기 시작하여 오늘에 이르렀다. 지금은 동헌과 객사, 옥사뿐만 아니라 장청, 시청, 향청, 연못 등이 곳곳에 자리하고 있다. 이중 비교적 옛 모습을 잘 갖춘 객사와 내아, 동헌

등에서 〈사도〉, 〈화정〉, 〈미스터 션샤인〉 같은 영화와 드라마가 촬영되기도 하였다.

고창읍성의 정문은 북문인 공북루이다. 2층짜리 누각 건물이다. 북문에서 출발해 왼쪽으로 접어들어 성곽길을 따라 걷다 보면 동북치성이 나온다. 고창에서의 3·1운동과 6·10 만세운동 때 청년과 학생이 이곳에 모여 대한 독립 만세를 외쳤다.

고창읍성은 풍경이 아름답고 주변도 잘 정비되어 있어서, 산책하거나 힐링을 만끽하기 좋다. 성곽 위를 걸을 수도 있고, 또 성 내부에 걷기 좋은 숲길도 조성되어 있다. 서문에서 성 내부로 들어가면 맹종죽림이 또 다른 풍경을 연출한다.

고창읍성은 여인들이 돌을 머리에 이고 날라다 쌓았다는 설화가 전해진다. 이와 관련해 여자들이 머리에 돌을 얹고 성곽길을 도는 성밟기(답성 놀이)가 오늘날까지 전해온다. 성을 한 바퀴 돌면 다릿병이 낫고, 두 바퀴 돌면 무병장수하고, 세 바퀴 돌면 극락왕생한다고 하니 열심히 걸어볼 일이다.

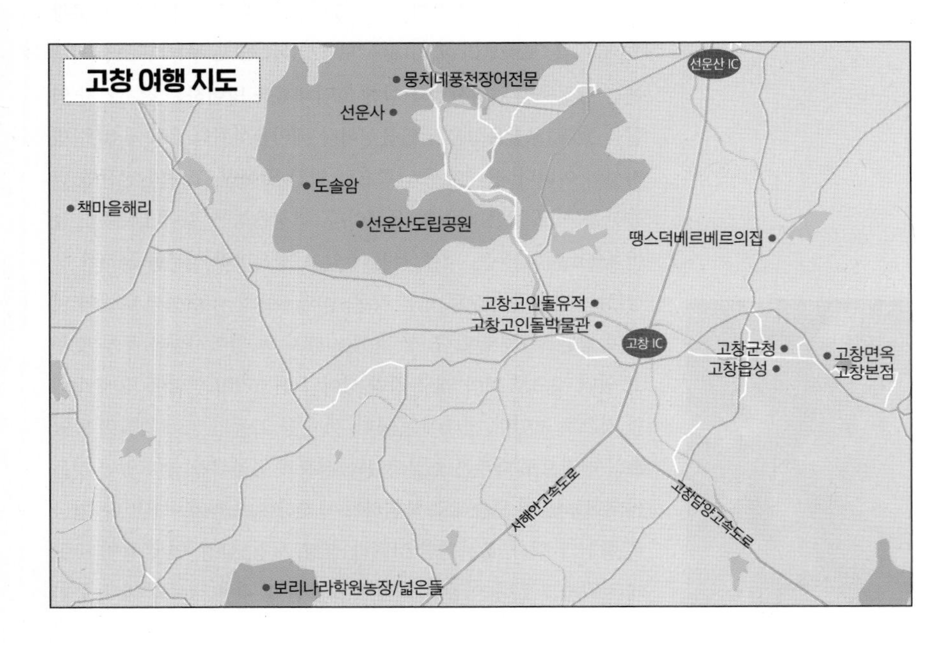

선운사와 도솔암

전북 고창군 아산면 선운사로 250
063-561-1422 06:00~19:00(연중무휴)
₩ 무료 선운산도립공원 주차장
찾아가기 서해안고속도로 선운산IC에서 자동차로 14분

봄엔 동백 가을엔 꽃무릇

선운사로 들어가는 길은 꽃길이다. 봄엔 벚꽃이 흐드러지게 피어난다. 일주문 지나 길 따라 오르다 보면, 길옆으로 흐르는 계곡 도솔천의 물소리가 청아하다. 녹음이 우거진 냇가 쪽으로 다가가면 계곡 곁으로 늘어선 나뭇가지가 터널을 이루어 싱그럽기 그지없다. 그냥 그 자리에 앉아 발 담그고 싶어지는 고요한 풍경이다. 천년고찰 선운사는 풍경이 아름다운 사찰이다. 선운사엔 계절마다 꽃이 피어난다. 봄에는 대웅전 뒤편 동백나무 군락이 장관을 이룬다. 가을엔 수줍은 붉은 꽃 꽃무릇(상서화)이 피어나 보는 이의 마음을 설레게 한다.
도솔암은 선운사에 딸린 암자이다. 선운사에서 도솔암까지는 약 3.2km로 도보로 1시간 정도 걸린다. 울창한 숲길을 따라 걷다 보면 마음이 넉넉해진다. 도솔암에 다다를 즈음 진흥왕이 수도를 했다고 전해지는 진흥굴이 나온다. 진흥굴 바로 앞에는 높이 20m가 훌쩍 넘는 천연기념물 제354호인 오래된 소나무 장사송이 있다. 높은 바위 절벽 위에는 금동지장보살좌상(보물 제280호)이 안치된 내원궁이 있고, 바위 절벽에는 거대한 마애불이 새겨져 있다. 도솔암은 암자지만 규모는 있는 편이다.

보리나라학원농장

전북 고창군 공음면 학원농장길 154
063-564-9897 일출~일몰(연중무휴, 식당 & 매점 09:00~18:30) ₩ 무료
보리나라 학원농장 주차장 이용
찾아가기 서해안고속도로 고창IC에서 자동차로 22분

자연 그대로의 풍광을 즐기다

학원농장은 공음면 선동리에 있으며, 면적은 30만여 평이다. 1994년 관광농원으로 지정되었다. 학원농장은 1960년대 초반 야산 10만여 평을 개발하면서 시작되었다. 초기엔 오동나무, 삼나무, 뽕나무 등을 심고, 한우 비육을 위해 목초를 심기도 하였다. 관광농원으로 인가를 받은 것은 1992년이다. 밭작물을 보리와 콩으로 전환하고 화훼를 재배하면서 농촌관광사업을 시작하게 되었다. 2000년대에 들어서면서 일손을 덜기 위해 시작한 보리농사가 광활한 구릉지의 자연경관과 어울려 봄철 청보리밭의 아름다운 풍광을 이루자, 사람들의 이목을 끌게 되면서 농촌관광의 명소로 떠올랐다. 이에 가을 농사도 경관이 아름다운 메밀로 바꾸고 해바라기와 코스모스를 추가하면서 농촌관광사업은 활기를 띠게 되었다. 지금은 경관 농업에만 전념하고 있다. 학원농장은 수익성보다는 재배 당시의 아름다움을 기준으로 작물을 선정한다. 그렇게 선정된 작물이 보리, 메밀, 해바라기, 코스모스 등이다. 봄에는 청보리밭 축제, 여름에는 해바라기꽃잔치, 가을에는 메밀꽃잔치 등 다양한 축제가 열린다. 인위적인 행사나 이벤트가 아닌, 꽃 풍경을 즐기는 축제이기 때문에 많은 사람이 찾는다.

책마을해리

◎ 전북 고창군 해리면 월봉성산길 88
☏ 070-4175-0914 ◷ 11:00~17:00(월~금 정기휴무)
₩ 8,000원(혹은 책 한 권 구매)
주차 가능
ⓘ **찾아가기** 서해안고속도로 고창IC에서 자동차로 23분

폐교에서 책마을로 재탄생하다

온종일 책만 읽으며 하루를 보내기 좋은 복합문화공간이다. 출판사, 북카페, 책방, 도서관, 글쓰기 카페 등이 있다. 1933년, 고창군 해리면의 월봉마을에 초등학교가 들어섰다. 많은 학생이 꿈을 키워나가던 이 학교는 세월이 흘러 2001년 문을 닫았다. 폐교되고 5년이 지난 2006년, 서울에서 출판 기획 일을 하던 학교 설립자의 후손이 폐교를 인수하여 운동장과 교실 구석구석을 손보고 단장했다. 교실을 터서 도서관을 만들고, 공방을 꾸몄다. 폐교는 그렇게 책마을 해리로 다시 태어났다. 이곳에 들어가기 위해서는 입장료 8,000원을 내거나 책을 한 권 구매해야 한다. 입구 왼쪽에는 북카페 책방해리가 있다. 책마을해리에서 출간한 책을 구경하고 커피와 차도 마실 수 있는 곳이다. 커피를 마시고 들어갈 것인지 다 돌아보고 난 후 들러서 차를 마시며 쉴 것인지 결정하고 출발하면 된다. 책마을해리는 동학평화도서관, 책숲시간의숲, 바람언덕, 버들눈도서관, 책감옥 등 여러 공간으로 구성되어 있다. 기증받은 책 20만 권을 곳곳에 비치해 어디서나 책을 접할 수 있다. 초등학교였던 곳이라 교실, 운동장, 조형물, 복도 등을 바라보기만 해도 추억이 떠오르고 정겨워진다.

RESTAURANT

고창면옥 고창본점

전북 고창군 고창읍 수월길 8 063-561-1007
10:30~22:00(연중무휴)
₩11,000원~15,000원 전용 주차장
찾아가기 서해안고속도로 고창IC에서 자동차로 6분

불 향 나는 불고기와 냉면 한 그릇

고창면옥은 고창 읍내에서 조금 떨어진 외곽에 있는 냉면 전문점으로, 갈비탕도 맛있다. 식당 내부는 깔끔하다. 좌석 등받이가 높아 칸막이 역할도 해준다. 그래서 아늑하고 프라이빗하게 식사하기 좋다. 주문하면 금방 음식이 나온다. 이곳의 인기 메뉴는 역시 불고기물냉과 불고기비냉인데, 냉면에 불 향 나는 불고기 구이 한 접시가 세트이다. 반찬으로 열무김치나 깍두기 등이 나오며, 추가 반찬과 따뜻한 육수는 셀프바에서 직접 가져다 먹으면 된다. 물냉면에는 살얼음이 동동 떠 있고 면 위에 양념과 달걀, 얇게 썬 무, 오이가 얹어져 있다. 냉면 육수는 이가 시릴 만큼 시원하고 고소하고 맛있다.

RESTAURANT

뭉치네풍천장어전문

전북 고창군 아산면 중촌길 13 063-562-5055
09:00~21:00(연중무휴) ₩12,000원~60,000원
선운산도립공원 소형주차장
찾아가기 서해안고속도로 고창IC에서 자동차로 14분

담백하고 수수한 자연 밥상

선운사는 사계절 내내 많은 사람이 찾는 곳이다. 뭉치네는 선운사를 둘러본 후 들르기 좋은 식당이다. 선운사로 들어가기 전 선운산 생태숲 바로 앞에 있다. 뭉치네 식당은 장어 음식도 맛있지만, 수수한 자연 밥상으로 더욱 유명하다. 화려하지 않지만, 담백하게 자연이 담긴 밥상을 만날 수 있다. 산채비빔밥을 주문하면 은색 쟁반에 온갖 나물 반찬을 담은 밥상이 나온다. 이 나물은 주인아주머니께서 직접 채취한 나물이다. 싱싱하고 채소의 향이 그대로 살아있다. 심심하면서도 깊은 향이 입안 가득 퍼진다. 옛 추억이 아련히 떠오르는 그런 맛이라 한 그릇 다 비우고 나도 속이 가뿐하다.

CAFE & BAKERY

넓은들

전북 고창군 공음면 학원농장길 150
063-563-9897
09:30~18:00(연중무휴)
₩ 4,800원~7,300원 전용 주차장
찾아가기 서해안고속도로 고창IC에서 자동차로 22분

학원농장의 기막힌 풍경을 한눈에

고창 학원농장은 어느 계절에 가더라도 근사한 풍경을 즐길 수 있는 곳이다. 학원농장의 이 같은 기막힌 풍경을 앞마당처럼 가지고 있는 카페가 있다. 바로 '넓은들'이다. 넓은들 카페는 학원농장 바로 앞에 있다. 카페에 들어서면 커다란 화분들이 여기저기 놓여 있어 마치 식물원에 온 듯한 느낌이다. 인테리어는 심플하고 깔끔하며, 문을 열어 두면 시원한 개방감이 좋다. 1층에서는 나무들 사이로 농장 뷰와 사람들의 모습이 뒤섞여 보이지만, 2층으로 올라가면 학원농장의 시원한 전망을 제대로 즐길 수 있다. 테라스도 있다. 커피 한잔에 크루아상을 곁들이면 시원한 농장 풍경의 감동이 여행의 즐거움을 배가시킨다.

CAFE & BAKERY

땡스덕베르베르의집

전북 고창군 신림면 왕림로 25
0507-1327-1829 12:00~19:00(연중무휴)
₩ 6,500원~8,500원 앞마당에 주차
찾아가기 서해안고속도로 고창IC에서 자동차로 4분

아프리카 감성이 매력적

고창 읍내에서 북쪽으로 약 3km 정도 떨어진 곳에 있는 카페다. 주택이 밀집된 곳이 아니라 마치 벌판 가운데 있는 듯한 느낌이 든다. 주변은 대부분 밭이다. 카페 지붕과 벽의 색깔은 모두 흙색을 닮은 황토색이라 아프리카 느낌이 난다. 카페 앞도 마치 아프리카의 들판 같은 느낌으로 가꾸었다. 카페 실내 곳곳도 아프리카풍의 소품들로 장식되어 있다. 내부구조도 일정한 패턴으로 되어 있는 게 아니라 독특한 동선으로 이루어져 있어 마치 아프리카 토굴 느낌이 난다. 메뉴는 르완다 아메리카노 등의 커피 외에도 고인돌석기라떼(흑임자), 카카오라떼, 고창생딸기라떼 등이 있다. 물론 모두 맛있다.

미술관에서 가장 돋보이는 곳은 진입부이다.
진입로 양편으로 다랑논처럼 계단식 연못을 조성해 놓았다.
관람객은 자연스럽게 논길을 걸어가는 느낌을 받게 된다.
게다가 연못에 비치는 하늘과 구름은 그 자체로 또 하나의 작품이다.

자연에 잘 스며든,
그러나 모던하고 감각적인

김병종미술관

- 전북 남원시 함파우길 65-14
- 063–620-5660
- 10:00~18:00(월요일 휴무)
- ₩ 무료
- 전용 주차장
- **찾아가기** ①남원역에서 택시 10분 ②광한루원에서 자동차로 3분

남원, 하면 무엇이 떠오르는가? 춘향과 광한루원, 전국춘향선발대회, 판소리경연대회, 그리고 남원추어탕이 차례로 떠오른다. 전통문화와 토속 음식이 남원을 꾸며준다고 말할 수 있겠다. 남원시립김병종미술관은 전통의 이미지가 강한 남원에 새로운 표정을 입히고 있다. 김병종은 남원 출신의 화가이자 동아일보와 중앙일보 신춘문예에 미술평론과 희곡으로 당선된 작가이다. 그는 또 서울대 미대 최연소 교수와 학장을 역임하기도 하였다. 그는 1999년과 2000년에 신문에 연재한 글과 그림을 엮어 펴낸 <화첩 기행>으로 이미 작가로서 큰 명성을 얻었다. 그의 대표적인 미술 작품으로는 '생명의 노래'와 '바보 예수' 연작을 꼽을 수 있다. 남원시립김병종미술관은 고향 사랑이 남달랐던 김병종 화가가 400여 점의 작품들과 5,000여 점의 자료와 도서를 무상으로 기증하면서 출발했다. 남원시는 화가의 기증 작품을 바탕으로 시립미술관 건립을 추진하였다. 남원시립김병종미술관이 개관한 것은 2018년 3월이다.

김병종미술관은 광한루원을 적시며 흐르는 요천 건너편, 춘향테마파크 근처에 있다. 완주 아원고택의 전해갑 대표가 디렉팅했다. 미술관 자체가 하나의 작품이라고 할 정도로 디자인이 신선하다. 미

술관을 지을 당시 김병종 작가는 자연에 자연스럽게 스며들어 너무 튀거나 드러나지 않는, 겸손한 미술관이 되길 바랐다고 한다. 실제로 미술관은 웅장하지 않다. 작가의 바람대로 모던하고 감각적이지만 자연에 잘 녹아들어 있다. 미술관은 낮은 자세로 햇빛과 하늘과 지리산 능선까지 다 받아들이고 있다. 미술관에서 가장 인상적이고 돋보이는 곳은 전시관으로 들어가는 진입부이다. 진입로 양편으로 마치 지리산의 다랑논처럼 계단식 연못을 조성해 놓았다. 미술관으로 향하는 관람객은 자연스럽게 논길을 걸어가는 느낌을 받게 된다. 게다가 연못에 가득 비치는 하늘과 구름은 그 자체로 또 하나의 작품이다. 미술관 건물도 연못에 비친다. 건축에서 1차로 예술 체험을 했다면, 이제 전시관 안으로 들어가 본격적으로 그의 작품을 감상할 차례이다. 그의 대표작 '생명의 노래'와 '바보 예수' 그리고 그의 작품을 디지털 아트로 재해석한 영상 작품이 관람객을 반겨준다.

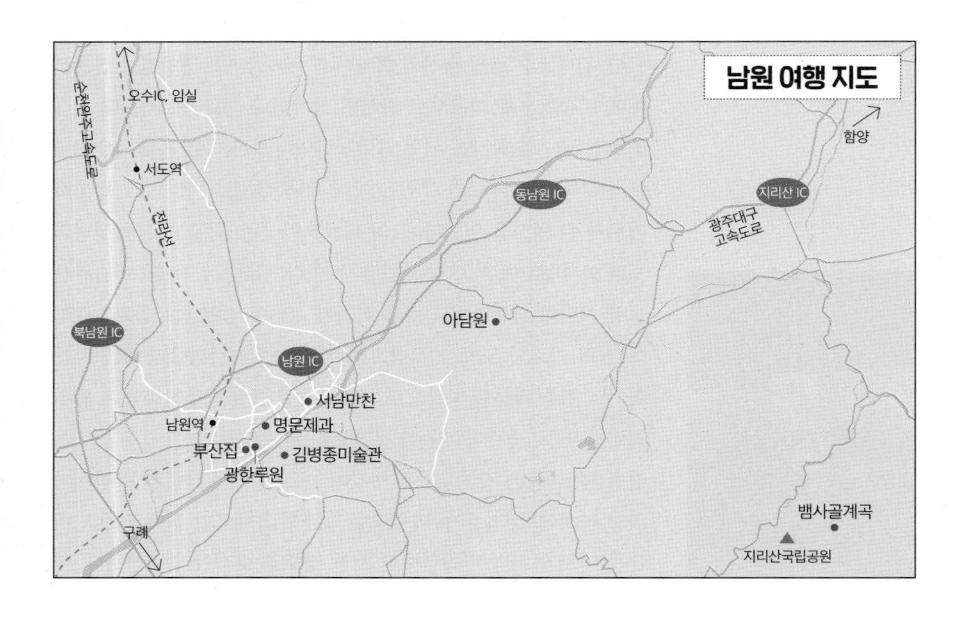

광한루원

전북 남원시 요천로 1447
063-620-8907 08:00~20:00(연중무휴)
₩ 1.500원~4,000원 전용 주차장
찾아가기 ①남원역에서 택시 5분 ②김병종미술관에서 자동차로 3분

한국 최고의 러브스토리가 탄생하다

광한루원은 남원의 상징이자 문화의 아이콘이다. 한국 최고의 러브스토리 <춘향전>의 배경지이기에 더 소중하고 뜻이 깊다. 광한루원은 조선시대 지방 관청에서 만든 관아 원림이다. 역사와 문화 경관적 가치가 뛰어나 명승 제33호로 지정해 2008년부터 나라에서 보호하고 있다. 광한루원의 중심은 2층 누각 광한루와 연못에 놓인 아치형 돌다리 오작교이다. 광한루와 연못, 그리고 오작교는 우리나라 전통 정원의 빼어난 정취를 온전히 느끼게 해준다. 광한루 풍경을 감상하기 위해 지은 완월정, 연못에 만든 세 개의 인공 섬 삼신산과 그 섬에 지은 정자 영주각과 방장정은 광한루원을 빛나게 해주는 알찬 조연들이다. 여기에 아름드리 고목들이 서정적인 자세로 서서 기꺼이 아름다운 배경이 되어 주고 있다.

광한루(보물 제281호)는 원래 이름은 '광통루'였다. 양녕대군 폐위를 반대하다 유배를 온 황희 정승이 누각을 짓고 이렇게 불렀다. 광한루라는 이름을 지은 건 남원 출신 학자이자 정치가 정인지였다. 그는 광통루가 달나라의 미인 항아가 사는 월궁처럼 아름답다는 뜻의 광한청허부(廣寒淸虛府)에서 영감을 얻어 누각 이름을 '광한루'로 바꿨다. 이후 송강 정철이 큰 연못을 파 삼신산을 만들고 오작교를 놓아 지금의 모습을 얼추 갖추어 놓았다.

뱀사골계곡

◎ 전북 남원시 산내면 부운리 산120 ☏ 062-625-8911
◷ 일출 시각~일몰 시각(연중무휴)
₩ 무료 🚗 지리산국립공원 뱀사골탐방안내소 주차장
ⓘ **찾아가기** ①광주대구고속도로 지리산IC에서 자동차로 25분 ②남원역에서 버스 2시간

지리산의 으뜸 계곡

전북 남원시 산내면 지리산 북쪽에 있는 계곡이다. 반야봉에서 반선까지 14km 남짓 이어진다. 마치 뱀처럼 부드럽게 곡선을 그리며 흐르는데, 지리산에서 아름다움이 가장 빼어난 계곡이다. 특히 가을 단풍이 아름다워 피아골 계곡과 으뜸을 다툰다. 계곡을 따라 올라가면 예쁜 폭포와 연못, 기암과 너럭바위가 연이어 나타나 반겨준다. 계곡 이름과 관련해서는 여러 이야기가 내려온다. 예전에 있었던 배암사라는 절에서 유래했다는 이야기, 약용 뱀이 가장 많이 잡혀서 그렇게 불었단 설, 이무기가 용이 되지 못하고 죽은 골짜기라는 전설에 바탕을 두고 있다는 이야기까지 있으나 어느 것이 정확한지는 알 수 없다.
뱀사골 여행은 뱀사골탐방안내소에서 시작한다. 안내소에서 조금 올라가면 뱀사골 신선길이 나타난다. 신선길 초입에서 950m 구간에 나무 데크로 만든 길이다. 계단이 없는 무장애탐방로라서 누구나 뱀사골의 아름다움을 즐길 수 있다. 물소리, 바람 소리, 새소리가 귀를 즐겁게 하고 마음을 맑게 해준다. 간혹 탐방객들이 쏟아내는 감탄사도 추임새처럼 반갑게 들린다. 신선길이 끝나는 곳에 와운마을과 화개재 갈림길이 있다. 화개재 가는 길로 접어들면 본격적인 등산로가 시작된다. 하늘은 막혔다가 다시 열리길 반복하고, 청량한 물소리는 바로 옆에서 연인처럼 당신과 동행한다.

서도역

전북 남원시 사매면 서도길 32 063-620-6165
09:00~19:00(연중무휴)
₩ 무료 역사 앞 주차장
찾아가기 ①순천완주고속도로 오수IC에서 자동차로 9분
②남원역에서 택시 14분

<미스터 션샤인>의 스토리가 흐르는

서도역은 남원시 사매면에 있는 옛 철도역이다. 공식 명칭은 '구서도역영상촬영장'이지만 그냥 편하게 서도역으로 더 많이 불린다. 최명희의 소설 <혼불>에 등장하고, 드라마 <미스터 션샤인>의 기차역 장면을 촬영한 뒤 남원의 손꼽히는 관광지로 등장했다. <혼불>의 주인공인 강모는 서도역에서 기차를 타고 전주로 통학한다. 또 다른 등장인물 효원이 대실에서 매안 마을로 시집오면서 기차에서 내린 곳도 서도역이었다. 서도역을 더 빛나게 한 건 <미스터 션샤인>이다. 드라마에 등장하는 기차역을 이곳에서 촬영했다. 여주인공 고애신이 행랑아범, 함안댁과 함께 역사를 걸어 나오는 장면과 고애신을 연모하는 구동매가 철로의 목조 통로에 앉아 고애신을 기다리던 장면도 서도역에서 촬영했다. 소설과 드라마의 힘이 서도역을 우리에게 데려다준 셈이다. 서도역은 전라선의 작은 기차역이었다. 1931년 운영을 시작했으나, 2002년 전라선을 다른 곳으로 옮기고 새 역사가 생기면서 폐역이 되었다. 서도역은 기와를 이고 있는 목조건물로, 1930년대의 감성이 그대로 묻어난다. 역사를 지나면 다시 옛날로 돌아갈 수 있을 것 같은 느낌이 든다. 서도역에선 낭만과 옛 서정이 묻어나는 멋진 사진을 얻을 수 있다. 특히 벤치와 자전거가 놓인 향나무 아래와 철로를 따라 자라는 메타세쿼이아 터널이 인기 포토 존이다.

RESTAURANT

서남만찬

◎ 전북 남원시 역재1길 9 ☏ 063-634-1670
🕓 11:30~ 19:30(브레이크타임 13:30~17:10, 1·3번째 일요일)
₩ 15,000원~65,000원 🚗 우성아파트 옆 공영주차장
ⓘ **찾아가기** ①남원역에서 택시 10분 ②광한루원에서 자동차로 7분

돌솥오징어볶음 맛집

남원시 북서쪽 도통동에 있는 돌솥오징어볶음 맛집이다. 맛이 좋은 데다가 양도 많아 언제나 손님이 많다. 식사 시간대에 간다면 보통 1~2시간은 기다릴 각오를 해야 한다. 그 정도로 많은 사람의 입맛을 사로잡은 곳이다. 식당은 허름한 1층 건물이다. 도착하면 먼저 대기표 순번을 받아야 한다. 메뉴는 단출해서 돌솥오징어볶음, 돌솥제육볶음, 돌솥낙지볶음 세 가지가 전부다. 사람들이 몰리는 주말과 공휴일에는 돌솥제육볶음을 판매하지 않는다. 오징어볶음에 집중하겠다는 뜻이다. 오징어볶음 외양을 보면 진한 빨간빛이 도는 게 엄청 매울 것 같지만, 생각보다 맵지 않다. 오히려 단맛과 잘 어울리는 매콤함이다. 빨간 소스가 옷에 묻을 수 있으니, 앞치마를 챙기는 게 좋다.

RESTAURANT

부산집

◎ 전북 남원시 요천로 1411 ☏ 063-632-7823
🕓 08:00~20:00(브레이크타임 15:00~17:00, 1·3번째 월요일 휴무) ₩ 10,000원~20,000원 🚗 전용 주차장
ⓘ **찾아가기** ①남원역에서 택시 6분 ②광한루원에서 도보 3분

깊고 담백한 추어탕

광한루원 근처 남원시 천거동에 추어탕 맛집이다. 추어탕은 남원과 원주추어탕이 유명하다. 그 외에 서울식, 금산식, 청도식도 있다. 원주추어탕은 고추장을 푼다. 서울식 추어탕은 일제강점기에 시작되었는데 육개장 느낌이 강하고, 금산추어탕에는 인삼이 들어간다. 청도식은 미꾸라지 대신 민물 잡어를 사용한다. 남원추어탕은 들깨와 된장, 그리고 시래기가 들어가는 게 특징이다. 남원은 추어탕 거리가 있을 만큼 추어탕의 본고장이다. 부산집 추어탕은 걸쭉하면서도 진하게 끓여내어 맛이 깊고 깔끔하다. 방송에 여러 번 나온 맛집으로, 깊은 맛을 내기 위해 으깬 미꾸라지, 물에 갠 들깻가루, 고춧가루, 된장, 시래기를 넣어 끓인다. 제피가루를 넣으면 풍미가 더해진다.

CAFE & BAKERY

아담원

전북 남원시 이백면 목가길 193 063-635-8342
09:00~17:30(화요일 휴무)
₩ 입장료 5,000원~10,000원, 음료 및 피자 5,000원~22,000원 전용 주차장
ⓘ **찾아가기** 광한루원에서 자동차로 17분

미술관이 있는 수목원 카페

광한루원에서 북동쪽으로 11km 떨어진 산기슭에 있다. 미술관을 갖춘 대형 수목원 카페로, 쉼표 같은 시간을 보내기 좋다. 논밭을 지나 산속으로 올라가면 이윽고 카페가 나온다. 주차장에서 계단을 조금 오르면 갑자기 시야가 환해지면서 아담원이 나타난다. 원래는 조경 농원이었으나, 2018년 미술관과 연못, 넓은 잔디광장을 갖춘 카페로 변신했다. 커피와 베이커리, 피자 같은 가벼운 식사를 할 수 있다. 카페 오른쪽은 모던하고 고급스러운 이벤트홀이다. 천정이 높아 나무숲을 보면서 휴식하기 좋다. 이벤트홀 뒤로는 잔디광장, 연못, 산책로, 야외무대가 이어진다. 더 올라가면 미술관이다. 프랑스 조각가 니키 드 생팔과 미국 작가 로버트 모어랜드의 작품을 감상할 수 있다.

CAFE & BAKERY

명문제과

전북 남원시 용성로 56 063-632-0933
10:00~20:00(토·일 브레이크타임 11:30~13:20/14:30~16:20, 월요일 휴무) ₩ 2,000원~4,000원 근처 예가람길 공영주차장 ⓘ **찾아가기** ①남원역에서 택시 5분 ②광한루원에서 도보 12분

3대천왕에 나온 생크림소보로

남원의 법원사거리 모퉁이에 있는 빵집이다. 군산 이성당과 비교할 정도의 명성은 아니지만 남원에 가면 한번은 들러야 할 빵집이다. 백종원의 3대천왕에 소개되면서 명성이 더 높아졌다. 생크림소보로, 꿀아몬드, 수제햄빵이 인기가 높은데, 이 가운데 생크림소보로가 시그너처 메뉴이다. 명문제과 외관은 소박하다. 개량기와를 얹은 아담한 단층집으로, 곳곳에서 세월의 흔적이 묻어난다. 가게 내부도 다소 산만하다. 하지만 생크림 소보로를 사기 위해 사람들이 줄을 선다. 빵은 오전 10시, 오후 1시 30분, 오후 4시 30분, 이렇게 세 번 나온다. 생크림소보로가 나오면 가게 한쪽에서 수제로 직접 생크림을 넣는다. 한입 먹으면 입안에서 신선한 생크림과 바삭한 소보로가 부드럽게 조화를 이룬다.

울울창창한 푸른 숲. 대나무가 하늘을 찌를 듯이 우뚝 솟았지만
위압적이지 않다. 청정하고 다정하고 편안하다.
대나무 숲에 이는 바람. 내 마음을 살짝 흔들며 지나간다.

마음에 휴식을 주는 대나무숲 **죽녹원**

- 전남 담양군 담양읍 죽녹원로 119
- 061-380-2680
- 3월~10월 09:00~19:00, 11월~2월 09:00~18:00(연중무휴)
- ₩ 성인 3,000원, 청소년 1,500원, 어린이 1,000원
- 전용 주차장
- **찾아가기** 광주대구고속도로 담양IC에서 자동차로 11분

죽녹원은 대나무 정원이다. 전라남도 담양군 담양읍 향교리에 있다. 2003년 5월에 조성을 시작하여 2005년 3월에 개원하였다. 310,000㎡의 공간에 대나무숲을 비롯하여 생태전시관, 인공폭포, 생태연못, 야외공연장 등의 다양한 시설을 갖추고 있다. '한국관광 100선'에 5회 연속 선정되었다. 담양의 특급 명소를 넘어 국내를 대표하는 관광지로 인정받고 있다.

죽녹원은 규모 면에서 단연 우리나라 최고라 할 만하다. 하늘을 찌를 듯이 우뚝 솟은 대나무는 위압적이지 않고 다정하고 편안한 느낌을 준다. 죽림욕 즐기기 좋은 2.2km의 대나무숲 산책로는 위로와 힐링을 선사하는 명품 길이다. 산책로를 잘 다듬어 놓아 등산화나 운동화를 신지 않고도 걷는 데 큰 무리가 없다.

산책로는 주제가 다른 8개의 길로 구성되어 있다. 운수 대통 길, 사랑이 변치 않는 길, 철학자의 길, 죽마고우 길 등 산책로마다 이름을 지어 주었다. 그 길을 걸으면 길이름에 담긴 의미가 그대로 전해지는 느낌을 받는다. 구미가 당기는 길을 즐거운 마음으로 걸을 수 있다.죽녹원에는 대나무만 있는 게 아니다. 입구에 전망대도 있고

카페도 있다. 전망대에서는 300년이 넘은 고목이 늘어선 관방제림과 메타세쿼이아가로수길 등을 한눈에 담을 수 있다. 또한, 사진을 찍을 수 있는 포토 존과 정자, 장식용 소품, 족욕장, 놀이터를 설치해 잔재미를 더하였다. 대나무숲을 걷는 죽림욕은 산림욕보다 효과가 더 좋다고 알려져 있다. 죽림욕을 하면 음이온 발생과 풍부한 산소 배출 등으로 시원함을 느낄 수 있고, 심신 안정 효과를 얻을 수 있다. 실제로 대나무숲을 걸으면 절로 마음이 편안해지고 가슴이 탁 트인다. 대나무의 효과이다. 죽림원 산책로를 걷고 있으면 '핸드폰은 잠시 꺼두셔도 좋습니다.'라고 하던 광고의 한 장면이 생각난다. 오롯이 대나무를 보며 걸어보자. 주변 사람들 신경 쓰지 말고, 그냥 대나무와 나만 있다고 생각하고, 조용히 걸으며 마음에 휴식의 시간을 선사하자.

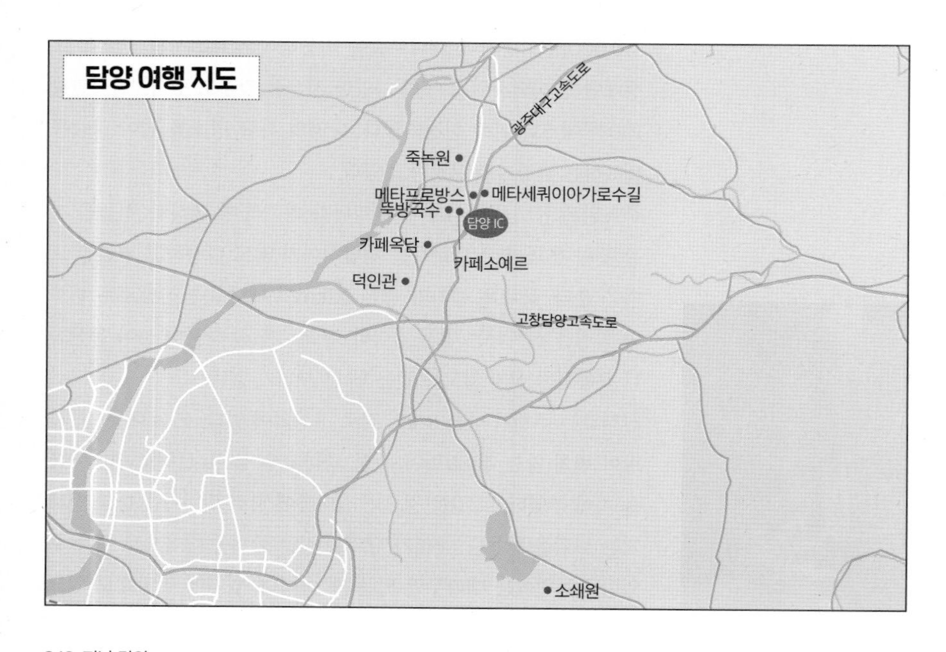

ONE MORE 여기도 좋아요!

메타세쿼이아가로수길

전남 담양군 담양읍 메타세쿼이아로 12
061-380-3149 5월~8월 09:00~19:00, 9월~4월 09:00~18:00(설, 추석 당일 휴무) ₩ 성인 2,000원, 청소년 1,000원, 어린이 700원 메타프로방스 주차장 이용
찾아가기 광주대구고속도로 담양IC에서 자동차로 8분

국내 최고의 명품 길

'세쿼이아'는 아메리카 원주민 말로 '영웅'이라는 뜻이다. 동시에 아메리카 원주민 중에서 가장 큰 체로키 부족의 문자를 창시한 언어학자이다. 아메리카 원주민들은 체로키 문자를 창시한 지도자 '세쿼이아'를 기억하고자 인디언 거주지에서 가장 높이 자라는 나무에 '세쿼이아'라는 이름을 지어 주었다. 메타세쿼이아는 세쿼이아와 같은 종류의 나무이다. 빙하기 때 멸종된 줄 알았는데, 1941년 중국에서 기적적으로 발견되었다. 이때부터 세쿼이아 다음 세대의 나무라는 뜻에서 메타세쿼이아라고 부르게 되었다. 메타세쿼이아를 우리나라 곳곳에서도 볼 수 있는데 그 중 담양의 메타세쿼이아가 가장 유명하다. 1972년 담양군에서 24번 국도의 학동교차로에서 금월교에 이르는 5km 구간에 약 1,300본의 메타세쿼이아를 심었다. 50여 년 전에 심은 가로수가 이제는 국내 최고의 명품 길이 되었다. 메타세쿼이아는 어느 계절에 가도 아름답다. 길 양옆으로 늘어선 나무는 군인들이 마주 보고 예도를 하듯 늠름하게 터널을 이루고 있다. 지금은 새로운 우회도로가 생기면서 오롯이 사람을 위한 길이 되었다. 메타세쿼이아 길에는 김정호의 노래비와 조각상이 있고, 기후변화체험관, 개구리생태공원과 전시관 등도 있어 함께 둘러보기 좋다.

메타프로방스

전남 담양군 담양읍 깊은실길 2-17
061-383-1710
전용 주차장
찾아가기 광주대구고속도로 담양IC에서 자동차로 8분

아기자기한 프랑스 마을

프로방스란 프랑스 동남부의 마르세유, 칸, 니스 등의 도시가 있는 지역을 이르는 말이다. 메타프로방스는 담양의 메타세쿼이아 길이 시작되는 입구 쪽에 조성된 프랑스 마을이다. 메타프로방스는 2007년 소도시 육성계획 사업대상자로 선정되었고, 2011년부터 본격적으로 프로방스 조성 사업이 진행되었다. 메타프로방스는 단순하게 프랑스 마을로 만든 게 아니라 패션 거리, 디자인 공방과 체험관, 상업 공간, 연회장 등 문화와 예술, 비즈니스가 공존하는 열린 공간으로 설계했다. 현재 메타프로방스는 크게 프로방스 단지, 카페 단지, 펜션 단지, 아울렛 단지, 담양곤충박물관의 5개 구역으로 나누어져 있다. 마을 안내판을 보고 자신의 관심사에 따라 동선 계획을 세워도 좋고, 그냥 걷다가 예쁜 곳이 보이면 그곳으로 발길을 옮겨보는 것도 괜찮다. 넓다고는 해도 놀이공원만큼 넓은 곳이 아니므로 헤맬 염려는 거의 없다. 프로방스 단지의 알록달록 예쁜 지붕과 건물들을 구경하며 출발하여, 지중해풍 펜션이 들어선 펜션 단지를 돌아보고, 카페 단지에 들러 커피 한잔하는 코스도 추천할 만하다. 포토 존이 여러 곳에 있다. 멋진 사진을 남겨보자.

소쇄원

전남 담양군 가사문학면 소쇄원길 17 061-381-0115
3·4·9·10월 09:00~18:00, 5·6·7·8월 09:00~19:00, 11·12·1·2월 09:00~17:00(연중무휴) ₩ 성인 2,000원, 청소년 1,000원, 어린이 700원 전용 주차장
찾아가기 호남고속도로 창평IC에서 자동차로 15분

물소리 바람 소리 마음을 씻어주네

조선 초의 당찬 선비 조광조가 사화에 내몰려 죽임을 당하자, 그의 제자 양산보(1503~1557)가 중앙 정치의 뜻을 접고 낙향하여 담양 지곡마을에 조성한 정원이다. 완도 세연정, 영양 서식지와 함께 우리나라 3대 민간 정원으로 꼽힌다. 소쇄원이라는 이름은 '맑고 깨끗하다'라는 뜻이며 양산보의 호 소쇄옹(蘇灑翁)에서 따왔다. 소쇄원은 자연과 인공의 조화를 중시하고, 우리나라 선비의 고고한 품성과 절의를 담은 정원이다. 숲과 나무, 계곡을 그대로 조경의 자원으로 삼아 사이 사이에 건물과 정자를 적절히 배치하였다. 소쇄원의 가장 큰 매력은 자연미로, 꾸미지 않은 아름다움은 오랜 세월이 흐른 지금까지도 칭송받고 있다. 소쇄원의 아름다움에 대해 선비들이 글과 그림을 남겼는데, 송시열(1607~1689)이 그린 그림을 1755년 판각한 소쇄원도, 양산보의 사돈 김인후가 1548년 소쇄원의 아름다움을 노래한 48수의 시 '소쇄원 48영' 등이 전해지고 있다. 소쇄원 입구로 가다 보면 우거진 대나무가 경비병처럼 지키고 서 있는 풍경이 나오는데, 이것이 소쇄원 48영 중 29영에 나오는 길이다. 그 길을 지나면 광풍각, 대봉대, 오곡문, 제월당 등이 자연과 어우러져 아름다운 풍경을 연출하고 있다. 정원을 채우는 물소리, 바람 소리가 마음을 씻어준다.

RESTAURANT

덕인관

◎ 전남 담양군 담양읍 죽향대로 1121 ☎ 061-381-7881
11:00~20:30(연중무휴)
₩ 22,000원~37,000원 전용 주차장
ⓘ **찾아가기** 광주대구고속도로 담양IC에서 자동차로 4분

담양 떡갈비 맛집

떡갈비는 담양의 대표적인 음식이다. 떡갈비는 조선 시대 임금님이 즐기던 궁중 음식으로 갈빗살을 잘게 다져 치댄 후 구워내는 음식인데, 덕인관은 전통적인 방법으로 떡갈비를 제공하는 곳으로 유명하다. 최고급 한우 암소 갈비를 사용하여 만들기 때문에 쫄깃하고 담백하게 씹히는 맛이 일품이다. 덕인관에 들어서면 전통적인 문창살과 묵직한 원목 형태의 식탁이 고풍스러운 분위기를 자아낸다. 떡갈비는 여러 종류가 있는데 그중 명인 전통떡갈비가 대표 메뉴이다. 120년 전통을 이어온 떡갈비로, 한우 암소 갈비를 분쇄하거나 다지지 않고 수작업으로 만든 전통 방식 떡갈비이다.

RESTAURANT

뚝방국수

◎ 전남 담양군 담양읍 천변5길 20 ☎ 061-382-5630
09:30~20:00(연중무휴)
₩ 6,000원~13,000원 공영주차장
ⓘ **찾아가기** 광주대구고속도로 담양IC에서 자동차로 8분

저렴하고 담백한 맛의 국수

담양엔 국수거리가 있다. 뚝방국수는 담양천 옆 국수거리에서 남서쪽으로 조금 떨어진 곳에 있다. 웨이팅이 길지만 가격이 저렴한 담양의 국수 맛집이다. 멸치와 다시마를 넣어 육수를 우려낸 뒤 다진 양념을 얹고 국수를 말아 먹는 멸치국물국수와 열무비빔국수가 주메뉴이다. 가격은 5,000원~7,000원으로 저렴한 편이다. 음식을 주문하면 밑반찬으로 김 가루와 단무지, 데친 콩나물이 나오고, 곧이어 국수가 나온다. 국수는 소면보다는 조금 굵은 중간 면을 사용한다. 국수에 김 가루와 콩나물을 넣어 먹는다. 단순하면서 담백한 맛이 이 집 국수의 매력이다. 국수를 한 입 먹으면 멸치의 맛이 강하게 느껴지고, 길게 여운이 남는다.

CAFE & BAKERY

카페소예르

◎ 전남 담양군 담양읍 지침6길 78-6, 2동 ☏ 0507-1344-5819 ◷ 월~금 11:00~19:00, 토·일 11:00~20:00
₩ 에스프레소 4,000원, 바스크 치즈케이크 6,500원
🚗 가게 앞이나 건너편의 신청관 아귀찜 주차장 이용
ⓘ **찾아가기** 광주대구고속도로 담양IC에서 자동차로 5분

스페인 휴양지 분위기의 감성 카페

메타세쿼이아 가로수길에서 자동차로 3분 거리에 있는 감성 카페이다. 소예르는 스페인의 마요르카 북서쪽 해변에 있는 작은 항구 마을 이름이다. 카페소예르가 자리 잡은 곳은 항구도 아니고 해변 마을도 아니다. 하지만 스페인의 작은 마을에서 느낄 수 있는 고요함과 조용함이 느껴진다. 정원에 야자수 그늘막을 만들고 그 아래 누울 수 있는 의자를 놓아 휴양지의 이미지를 주었다. 게다가 주변에 대나무를 심고 대나무 담장을 만들어 담양의 멋을 담으려고 애썼다. 실내는 소박한 편이다. 하얀 벽, 시골집 감성이 느껴지는 우드 톤 탁자와 정감이 느껴지는 창문이 인상적이다. 바스크 치즈케이크 등 디저트가 맛있다. 야외에도 좌석이 많다.

CAFE & BAKERY

카페옥담

◎ 전남 담양군 봉산면 연산길 89-11 ☏ 0507-1440-8998
◷ 10:30~21:00(라스트 오더 20:50, 연중무휴)
₩ 7,000원~22,000원 🚗 전용 주차장
ⓘ **찾아가기** 광주대구고속도로 담양IC에서 자동차로 5분

연못이 있는 카페

담양 읍내에서 남쪽으로 약 7km 떨어져 있다. 주차장에 차를 세우고 사자 석상을 지나면 양옆으로 고요하고 맑은 물이 담긴 연못이 등장한다. 4개의 직사각형 연못이다. 연못은 마치 거울 같다. 기다랗게 누운 카페 건물을 비추고, 하늘도 담고 있다. 멋진 포토 존이다. 사람들이 건물 또는 연못을 배경으로 사진 찍기에 바쁘다. 물은 피사체를 빛나게 해주기 때문에 사진이 아름답게 나온다. 연못 옆에는 프라이빗한 야외 좌석이 있다. 실내도 야외만큼 넓은 편이다. 일반 좌석과 룸 좌석이 함께 준비되어 있다. 테라스를 갖추고 있어서 분위기가 여유롭다. 가격대는 조금 높은 편이다. 2층은 노키즈 존이다.

내가 그곳에 오르는 이유는
그곳에 네가 있기 때문이다.
산신제를 지내던 영봉
노고단에선 나도 풍경이 된다.

초보자도 걷기 좋은

노고단

전남 구례군 토지면 반곡길 42-237

061-783-1507

05:00~17:00

성삼재주차장 이용

국립공원공단 예약 시스템 https://reservation.knps.or.kr/

찾아가기 순천완주고속도로 구례화엄사IC에서 자동차로 30분

지리산을 가본 사람은 안다. 지리산은 어머니의 치맛자락을 닮았다는 것을 말이다. 산이 높고 골짜기가 치맛주름처럼 펼쳐져 있어 그 어떤 산보다 광활하다. 높고 넓은 지리산은 다양한 얼굴을 하고 있다. 지리산을 오르는 길은 수없이 많다. 어느 곳으로 가든 지리산의 멋진 풍경을 만날 수 있다.그중에서 초보자도 쉽게 오를 수 있는 곳이 노고단이다. 노고단(1,507m)은 천왕봉(1,915m), 반야봉(1,734m)과 함께 지리산 3대 봉우리 중 하나이다. 제단을 만들어 산신제를 지내던 영봉으로, 우리말로는 '할미단'이라고 하는데 여기서 할미는 '국모신'을 말한다. 노고단에 오르는 가장 좋은 방법은 성삼재까지 자동차로 이동하여 주차장에 주차하고, 거기서부터 노고단으로 출발하는 것이다. 성삼재에서 노고단대피소까지 약 2.2km의 임도를 걷고, 약 300m의 돌계단을 오르면 노고단고개이다. 가는 길은 비교적 완만하고 널찍하여 쉬엄쉬엄 걷기 좋다.

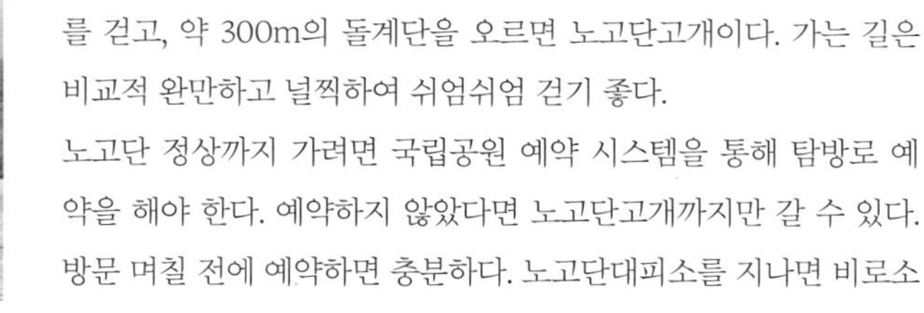

노고단 정상까지 가려면 국립공원 예약 시스템을 통해 탐방로 예약을 해야 한다. 예약하지 않았다면 노고단고개까지만 갈 수 있다. 방문 며칠 전에 예약하면 충분하다. 노고단대피소를 지나면 비로소

산행이 시작되는 느낌이 든다. 여기서부터는 천천히 걸어가면서 주변 풍경을 둘러보자. 경사가 조금씩 심해지면서 다른 봉우리들이 발아래 보이기 시작한다. 고도가 높아지면서 호흡이 가빠지고, 키 작은 나무들이 점점 많아진다. 어느새 발걸음 가볍게 만들어 줄 나무로 된 데크 길이 눈에 들어온다. 흙길의 부드러움은 없지만 나무 데크 길이 나름대로 자연과 어우러져 아름다운 풍경이 되어 주기도 한다.그렇게 데크 길 따라 20여 분(700m) 오르면 정상이다. 노고단 정상은 때론 멋진 풍경을 선사하지만, 언제나 광활한 풍경을 보여주지는 않는다. 운무가 깔려 정상 풍경이 가릴 수도 있다. 그래도 바람이 시원하게 불어오고 안개가 살포시 얼굴에 닿으면 마음이 정화된다.

노고단 산행길은 때로 세심한 준비가 필요하다. 봄부터 가을까지는 크게 상관없지만, 겨울부터 3월까지는 지리산국립공원 전남사무소(061-7800-7700)에 혹시 도로 통제가 없는지 미리 확인하고 방문하는 게 좋다.

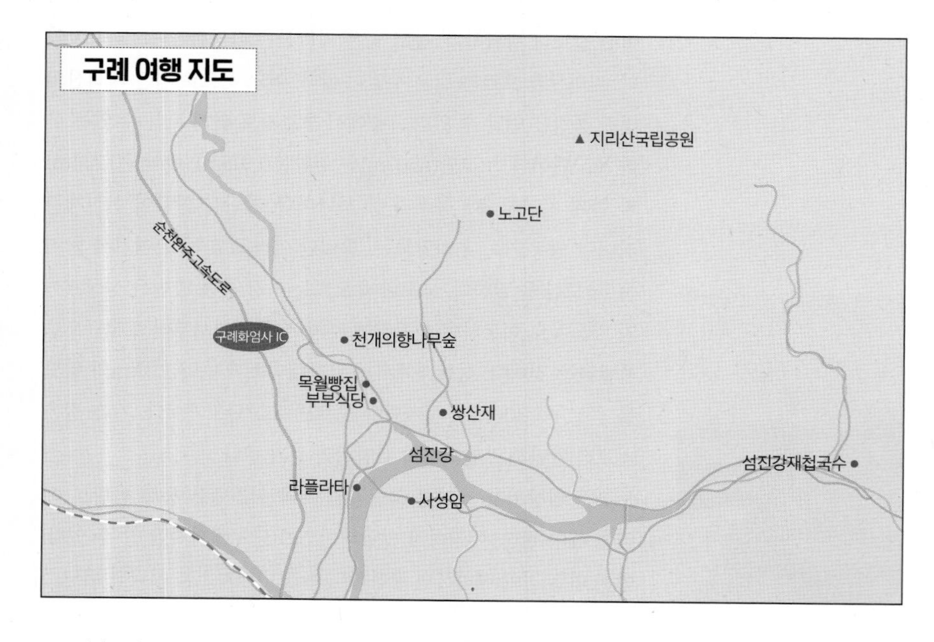

천개의향나무숲

전남 구례군 광의면 천변길 12
061-783-1004 10:00~17:00(화요일 휴무)
₩ 대인 5,000원, 소인 3,000원, 반려견 5,000원
길가 주차 **찾아가기** 순천완주고속도로 구례화엄사IC에서 자동차로 7분

자연을 담은 정원

이미 많이 알려진 곳에 갔을 때와 잘 알려지지 않은 곳을 갔을 때의 느낌은 다르다. 알려진 곳에선 '역시 명불허전'이구나 하며 감탄하지만, 알려지지 않은 곳에서 멋진 풍경을 만나면 '왜 이곳을 일찍 알지 못했을까'하는 안타까움이 섞인 감탄을 하게 된다. 천개의향나무숲은 후자에 해당한다. 구례에서 그리 많이 알려지지 않은 곳이다 보니 큰 기대 없이 찾아가게 되었다. 크게 실망하지 않기를 바라며 조심스럽게 천천히 걷기 시작했다. 입구를 지나자마자 엄청나게 큰 나무가 반겨준다. 5,400여 평의 땅에 줄지어 선 향나무숲 사이로 산책로가 나 있다. 1천 그루에 달하는 향나무는 그 자체로 멋진 풍경이다. 느리게 걷다 보면 저절로 마음이 차분해진다. 잘 다듬어진 정원이 아니라 최대한 자연의 모습 그대로 둔 민간 정원이다. 마음껏 느림보가 되고 싶은 늘보정원, 100년 넘은 감나무 세 그루가 인상적인 오색정원, 허브향으로 가득한 향기정원, 잡념이 사라지는 멍석정원 등이 있어 여행자를 힐링의 세계로 안내한다. 한 바퀴 돌고 나서 입구의 카페에서 커피 한 잔 마시며, 천개의향나무숲길을 걸은 뒤의 여운을 만끽해 보자.

쌍산재

전남 구례군 마산면 장수길 3-2
010-3635-7115 11:00~16:30(화요일 휴무)
₩ 입장료 10,000원(음료 제공) 전용 주차장
ⓘ **찾아가기** 순천완주고속도로 구례화엄사IC에서 자동차로 13분

구례의 새로운 핫 플레이스

쌍산재는 운조루, 곡전재와 함께 구례의 3대 고택 중 하나이다. 16,500㎡의 면적에 90여 칸에 이르는 크고 작은 15채의 전통 한옥이 들어서 있다. TV 예능 프로그램 <윤스테이> 촬영지로 등장하면서 구례의 새로운 핫 플레이스로 떠올랐다. 입구에 들어서면 오른쪽으로 아담한 한옥 세 채가 서로 마주 보며 옹기종기 서 있다. 건물들은 자연을 거스르지 않고, 그 안에 편안하게 앉아있는 느낌을 준다. 대나무 숲길을 따라 돌계단을 올라가면 또 다른 세상이 열린다. 계단 초입에 호서정이라는 정자가 나오는데, 3층 석축 위에 마치 하늘로 날아갈 듯한 모습을 하고 있다. 정자에 앉으면 댓잎이 바람에 나부끼는 소리가 소슬하게 들려 운치가 있다. 계단을 다 오르고 나면 넓은 잔디밭이 나온다. 가정문을 지나면 비로소 쌍산재가 나온다. 고택 자체도 아름답고 화초와 나무들도 멋스럽다. 정원은 화려하지 않고 단정한 느낌을 주며, 약용식물이 많다. 쌍산재 옆에는 청원당이라는 연못이 있고 연못을 돌아서 나가면 경암당이 나온다. 경암당 왼쪽의 영벽문으로 나가면 사도저수지가 반겨준다. 풍경이 근사하다.

오산사성암

전남 구례군 문척면 사성암길 303 061-781-4544
사성암 주차장 이용 혹은 사성암 마을버스 주차장에 주차 후 마을버스(왕복 3,400원) 타고 사성암까지 이동
찾아가기 순천완주고속도로 구례화엄사IC에서 자동차로 23분

바위와 절묘하게 어우러진 절집

오산(541m)은 구례군 문척면에 있는 산이다. 주변의 다른 산보다 높지는 않으나, 휘돌아 흐르는 섬진강을 조망할 수 있고, 지리산 정령치 일대와 노고단 일대 등을 조망할 수도 있다. 게다가 가깝게는 발아래 펼쳐진 구례읍내와 시원한 들판까지 조망할 수 있다. 이렇게 전망 좋은 오산 꼭대기에 사성암이 자리를 잡고 있다. 사성암이라는 이름은 이곳에서 의상대사, 원효대사, 도선국사, 진각국사 등 고승 네 명이 수도하였다는 데서 유래되었다. 높은 바위 사이에 약사전이 들어서 있고, 바위와 계단으로 이어진 건물들이 절묘하게 산과 어우러져 독특한 풍경을 만들어 낸다. 사찰의 전각들이 모두 바위를 품고 있거나, 바위의 틈 사이에 있거나, 아니면 바위 위에 올라앉아 있다. 그래서 숨바꼭질하듯 걸으며 무엇이 나올지 기대하는 재미가 쏠쏠하다. 중간중간 고개를 돌려 주변 풍경을 바라보는 즐거움도 놓치지 말자. 약사전 건물 내 암벽에 새겨진 마애여래입상은 아쉽게도 유리 벽을 통해서 볼 수 있다. 마치 고무판을 조각칼로 긁어 작업한 듯한 느낌을 준다. 원효대사가 선정에 들어 손톱으로 새겼다는 전설이 전해지고 있다.

RESTAURANT

섬진강재첩국수

전남 구례군 토지면 섬진강대로 4276 061-783-2547
09:00~19:00(목요일 휴무)
₩ 재첩국수 8,000원, 재첩회(대) 40,000원
주차 가능 ⓘ **찾아가기** 순천완주고속도로 구례화엄사IC에서 자동차로 22분

섬진강 재첩의 부드러운 속살

섬진강재첩국수는 섬진강을 따라 이어지는 19번 도로에서 피아골로 들어가는 삼거리 조금 못미처 자리하고 있다. 재첩국수를 주문하면 재첩국수와 4가지 반찬이 함께 나온다. 재첩국수의 면모가 만만치 않다. 커다란 대접에 잘게 썬 부추가 듬뿍 담겨 있고 가운데 하얀 국수가 섬처럼 솟아있다. 그 위에 재첩이 가득 올라가 있다. 재첩과 재첩 국물이 결국은 재첩국수의 포인트이다. 면발은 사실 어딜 가나 차이가 별로 없다. 담백하고 깔끔한 국물과 섬진강에서 채취한 재첩의 부드러운 속살이 어우러져 이 국수 한 그릇을 빛나게 만들어준다.

RESTAURANT

부부식당

전남 구례군 구례읍 구례2길 30 0507-1345-9113
11:00~14:00(월요일 휴무)
₩ 다슬기 수제비 10,000원, 다슬기 무침(대) 40,000원
공영주차장 ⓘ **찾아가기** 순천완주고속도로 구례화엄사IC에서 자동차로 11분

상큼한 다슬기 무침과 칼칼한 수제비

메뉴는 다슬기 무침과 다슬기 수제비뿐이다. 그야말로 다슬기와 수제비에 집중하겠다는 주인의 의지가 읽히는 대목이다. 다슬기 무침과 수제비를 주문하면 단출한 반찬에 공깃밥이 나온다. 다슬기무침은 상큼하고 신선하다. 싱싱한 채소에 건강한 다슬기가 듬뿍 들어가 있다. 아삭하게 씹히는 채소와 부드러운 다슬기의 조화가 그만이다. 다슬기 수제비 국물은 청양고추가 들어가 칼칼하면서도, 깔끔한 맛이 입안을 개운하게 한다. 찰지고 쫀득한 수제비는 밀가루 냄새가 전혀 나지 않고 국물을 잘 머금었다. 오후 2시까지 영업하며, 그마저도 재료가 소진되면 일찍 가게 문을 닫는다. 서둘러야 맛볼 수 있다.

CAFE & BAKERY

목월빵집

📍 전남 구례군 구례읍 서시천로 85 📞 0507-1400-1477
🕓 10:00~18:00(토·일 브레이크타임 12:30~13:30/15:00~15:30, 월요일 휴무) ₩ 3,000원~12,000원 🚗 주차요원의 안내에 따라 주차 ⓘ **찾아가기** 순천완주고속도로 구례화엄사IC에서 자동차로 8분

천연 효모로 발효시킨 빵

이 집이 유명하게 된 것은 구례에서 생산되는 밀을 사용하여 빵을 만들고, 달걀과 우유를 사용하지 않고 천연 효모로 발효시킨 빵을 전문적으로 판매하기 때문이다. 뷰가 좋거나 인테리어가 예쁘거나 한 것은 아니지만, 빵 자체로 충분한 경쟁력을 가지고 있다. 11:00, 11:30~13:30, 13:30~15:30, 이렇게 하루 세 번 빵이 나온다. 토요일과 일요일엔 중간에 브레이크타임이 두 번이나 있으므로 시간을 잘 맞춰서 가야 한다. 빵은 물론 다 맛있다. 가게에 도착하면 일단 케치테이블 웨이팅 등록기에 등록부터 하는 게 좋다. 실내 분위기는 뉴트로 감성을 담고 있으며, 손때 묻은 탁자와 오래된 소품들에서 정감이 느껴진다.

CAFE & BAKERY

라플라타

📍 전남 구례군 구례읍 산업로 270 📞 061-782-2701
🕓 10:00~18:00(토,일 19:00까지, 연중무휴)
₩ 6,000원~7,500원 🚗 전용 주차장
ⓘ **찾아가기** 순천완주고속도로 구례화엄사IC에서 자동차로 17분

섬진강 뷰의 대형 카페

휴게소였던 건물을 리모델링하여 카페로 만들었다. 건물 규모가 꽤 크고, 섬진강 뷰라 인기가 좋다. 주차장도 널찍하다. 내부에 들어서면 시원하고 넓은 공간이 시선을 압도한다. 탁자와 탁자의 간격이 여유로워 옆좌석의 대화가 신경 쓰일 일이 없다. 건물 뒷면 창문 너머로 섬진강이 보인다. 넓은 잔디마당도 있어 날씨가 좋은 날에는 마당을 거닐며 커피를 마셔도 좋다. 루프톱의 빈백 자리나 테이블 좌석에 앉아 강바람을 맞으며 힐링의 시간을 즐길 수도 있다. 가까운 곳에 섬진강 대나무숲이 있어 산책을 즐기기 좋다. 시그니처 메뉴는 수제빈바닐라라떼, 솔트크림라떼, 너티크림라떼이다.

유달산 노적봉 아래로 서양식 붉은 벽돌 건물이 보인다.
목포근대역사문화관 1관이다. 옛 일본영사관 건물이다.
여기에서 3분쯤 아래로 걸어가면 근대역사문화관 2관이 나온다.
옛 동양척식주식회사 건물이다.
근대의 흔적이 스며든 목포 원도심을 걷다 보면 슬픔이 자꾸 눈에 밟힌다.
유달산에서 불어온 바람이 마음을 스치고 지나간다.

목포근대역사관 1관 & 2관

목포근대역사관 1관 전남 목포시 영산로29번길 6
목포근대역사관 2관 전남 목포시 번화로 18
목포근대역사관 1관 061-242-0340 목포근대역사관 2관 061-270-8728
09:00~17:30(입장 마감 17:00, 월요일 휴무)
₩ 성인 2,000원, 청소년 1,000원, 어린이 500원
인근 공영주차장 이용
찾아가기 목포IC에서 자동차로 17분

목포를 생각하면 애달픈 노래 〈목포의 눈물〉이 떠오르고, 유달산이 생각난다. 그래서 애잔하고 마음이 촉촉해진다. 한마디로 목포는 감성의 도시다. 광주가 현대사의 아픔을 간직하고 있다면, 목포는 근대사의 아픔을 품고 있다. 근대의 흔적이 스며든 원도심을 걷다 보면 목포의 슬픔이 자꾸 눈에 밟힌다. 유달산은 목포의 상징이다. 유달산 동쪽 끝자락에 노적봉이 있다. 임진왜란과 이순신 장군에 얽힌 이야기도 전해오고, 〈목포의 눈물〉에도 등장하는 유명한 봉우리이지만, 실제 높이는 해발 65m로 그리 높지 않은 바위산이다. 노적봉 아래로 서양식 붉은 벽돌 건물이 눈에 띈다. 목포근대역사문화관 1관이다. 이 건물은 목포 최초의 서양식 건물이자, 목포에서 가장 오래된 건물이다. 목포항이 개항한 지 3년 후인 1900년에 일본영사관 건물로 지어졌다. 해방 후에는 목포시청, 목포시립도서관, 목포문화원 등으로 문패를 바꿔 달다가 2014년부터 목포근대역사관 1관으로 사용하고 있다. 목포진으로 불리던 조선시대부터 근대에 이르는 목포의 역사를 살펴볼 수 있다. 특히 개항장 시절과 일제강점기의 목포 역사를 살펴보기 좋다. 이 건물 뒤에는 일본의

태평양 전쟁 준비 흔적을 보여주는 방공호가 있다. 태평양 전쟁 때 미국의 공습을 피하기 위해 만든 방공호로 높이와 폭 2m가량에 길이는 82m에 이른다. 방공호 안으로 진입하면 사이렌이 울리고, 안쪽에는 굴을 파기 위해 강제 동원된 조선인들의 힘겨운 모습을 재현해 놓았다. 1관 앞에서는 평화의 소녀상을 찾아볼 수 있다.

근대역사관 1관을 나와 한 블록만 걸어가면 근대역사관 2관이 나온다. 1관 입장권을 구매하면 2관도 관람할 수 있다. 근대역사관 2관은 구 동양척식주식회사 목포 지점으로 사용되던 건물이다. 동양척식주식회사는 조선의 쌀을 수탈하여 일본으로 가져가는 일을 하던 곳이다. 후기 르네상스 양식에 장방형 평면의 2층 석조 건물로 일본을 상징하는 모양이 여러 곳에 새겨져 있다. 현재 이곳은 전시관으로 이용되고 있다. 1층에서는 건물 변천사에 따른 역사를 살펴볼 수 있으며, 2층에서는 캐릭터와 영상 그래픽 등으로 일제강점기 당시 목포와 일제에 저항한 독립운동의 역사를 전시하고 있다.

목포해상케이블카

◎ 전남 목포시 해양대학로 240(북항 승강장) ✆ 061-244-2600 ◷ 월~목 09:30~18:00, 금·토 09:30~19:00(연중무휴, 강풍이나 천재지변 시 휴무) ₩ **일반 캐빈** 대인 24,000원, 소인 18,000원 **크리스털 캐빈** 대인 29,000원, 소인 23,000원 ⛍ 전용 주차장(케이블카 이용 시 3시간 무료) ⓘ **찾아가기** 목포IC에서 자동차로 11분

유달산과 바다가 발아래에

목포해상케이블카는 2019년 9월 6일 개통하였다. 목포시 북항에서 출발하여 유달산을 거쳐 다도해를 가로지른다. 길이 3.23㎞, 최고 높이는 155m로, 우리나라에서 손에 꼽히는 케이블카이다. 유달산 주변에서 바다를 가로지르는 케이블카를 바라보고 있노라면 실제가 아니라 영화의 한 장면처럼 이색적이고 비현실적이다. 북항에서 출발한 케이블카는 중간 기점인 유달산을 향해 힘차게 오른다. 유달산을 넘어가는 노정은 그야말로 유달산을 품는 시간이다. 하늘에서 내려다보는 유달산과 목포 시내 모습이 꿈속 같다. 유달산을 오르고 싶다면 유달산 정거장에서 내릴 수 있다. 유달산을 가뿐하게 오른 케이블카는 고하도를 향하여 내리막길을 달리기 시작한다. 이번에는 바다와 섬과 목포대교가 발아래 풍경이 된다. 일몰이 없어도, 그 자체만으로 너무나 근사하고 멋진 풍경이 된다. 그렇게 힘차게 내달린 케이블카는 고하도에 닿는다. 고하도는 이순신 장군이 정유재란 때 한동안 머물렀던 곳이다. 판옥선을 겹겹이 쌓아 놓은 듯한 전망대가 솟아있고, 해상 데크 길이 있어 걷기도 아주 좋다.

서산동시화마을

전남 목포시 해안로127번길 14-2
061-270-8599(목포역 관광안내소)
주변 공영주차장 이용
찾아가기 목포IC에서 자동차로 17분

70~80년대 풍경을 만나다

서산동은 유달산과 목포항 사이에 있는 언덕 마을이다. 이 언덕에 시화마을이 있다. 서산동시화마을은 목포의 70~80년대 모습을 볼 수 있는 곳이다. 시화마을은 연희네 슈퍼에서 출발한다. 연희네 슈퍼는 영화 <1987>에서 대학생 연희가 엄마, 외삼촌과 더불어 살던 장소로 나왔던 곳이다. 원래 문구사였으나 폐업한 상태였는데, 이곳을 촬영 장소로 활용했다. 지금도 촬영 당시의 모습이 남아있어 서산동을 찾는 사람들은 연희네 슈퍼 앞에서 기념사진 찍는다. 연희네 슈퍼 앞을 지나면 시화마을이 나온다. 그리고 좁다란 골목길이 이어지는데, 골목 벽에는 아기자기하고 귀여운 그림이 그려져 있다. 이곳 주민들의 애환과 사랑과 눈물이 배어 있는 시도 찾아볼 수 있다. 이곳에 사는 사람들 마음이 그 누구보다 따뜻하였음을 시를 통해 느낄 수 있다. 계단을 오르다 보면 점점 시야가 트이고 마침내 바다가 보이기 시작한다. 시화골목을 빠져나오면 맨 위에 있는 보리마당이 나온다. 보리마당에 서면 서산동시화마을과 바다가 만든 풍경을 시원하게 만끽할 수 있다. 낮은 지붕과 바다와 섬들이 하나의 풍경이 된다.

갓바위와 갓바위문화타운

전남 목포시 용해동 산86-24(갓바위)
061-274-3655(목포자연사박물관)
06:00~23:00(동절기 07:00~21:00, 기상악화 시 휴무)
공영주차장
찾아가기 목포IC에서 자동차로 15분

바람과 비와 세월이 만들었다

갓바위는 경북 팔공산에도 있다. 차이가 있다면 팔공산 갓바위는 인위적으로 만든 불상이고, 목포의 갓바위는 자연이 만든 것이다. 갓바위는 영산강 하구의 해수와 담수가 만나는 곳에 있다. 해식작용(파도나 조류의 영향으로 해안선 가까이에 있는 지표와 바위 등이 깎이는 현상)과 풍화작용으로 형성되었다. 생김새가 삿갓을 쓴 사람처럼 보인다고 하여 갓바위라고 부르기 시작했다. 2009년 천연기념물로 지정되었다. 갓을 쓴 두 사람이 바다를 보고 서 있는 형상인데, 가장 아름다울 때는 야간조명이 켜진 이후다. 조명이 비치면 실제로 갓을 쓴 사람처럼 보인다. 자연이 만든 명승이 인공의 빛을 만나 더 매력적인 모습으로 다가온다.
갓바위 가까운 곳에 갓바위문화타운이 있다. 갓바위문화타운은 문예역사관을 비롯하여 목포자연사박물관, 목포도자박물관, 남농기념관, 목포문학관, 목포문화예술회관, 개항선언상징탑, 옥공예전시관 등의 문화시설이 모여있는 곳이다. 입암산 아래 형성되어 있는데 목포의 문화가 집약된 곳이라고 불러도 손색이 없는 문화의 거리다. 다양하고 신기한 볼거리들이 가득하다.

RESTAURANT

조선쫄복탕

전남 목포시 해안로 115 061-242-8522
08:00~20:00(라스트오더 19:00, 연중무휴)
₩ 15,000원~20,000원 가게 앞 주차장
찾아가기 목포IC에서 자동차로 16분

정갈한 밑반찬, 팔팔 끓인 복어탕

조선쫄복탕은 서산동 시화마을과 멀지 않은 목포여객선터미널 근처에 있다. 졸복은 우리나라 연안의 암초 지대에 사는 물고기로 황갈색 등에 크고 작은 흑갈색 반점이 있다. 좁쌀 같은 돌기가 온몸을 덮어 까칠까칠한 것이 특징이다. 복어의 한 종류로 크기는 보통 20cm 내외이다. 조선쫄복탕은 관광객뿐만 아니라 현지인의 발길도 끊이지 않는 졸복탕 맛집이다. 밀복탕, 참복지리탕, 검복지리탕 같은 메뉴도 있지만 사람들은 대부분 졸복탕을 주문한다. 정갈하게 밑반찬이 나오고 팔팔 끓인 졸복탕이 하얀 김을 내며 나온다. 복어탕 위엔 싱싱한 미나리가 올라가 있다. 벽면에 붙어 있는 '졸복탕 먹는 법'을 따라 하면 좋다.

RESTAURANT

독천골

전남 목포시 미항로 197 061-283-9991
10:40~21:40(21:10 라스트오더, 연중무휴)
₩ 육회낙지탕탕이 45,000원, 낙지호롱이 36,000원
가게 앞 또는 주변 공영주차장
찾아가기 목포IC에서 자동차로 13분

육회낙지탕탕이와 낙지호롱구이

독천골은 낙지요리 전문점으로 방송에 여러 번 소개된 맛집이다. 아파트 단지가 몰려있는 하당지구에 있다. 대표 메뉴는 육회낙지탕탕이와 낙지호롱구이다. 신안에서 공수한 뻘낙지를 사용한다. 육회낙지탕탕이는 신선한 낙지를 잘게 자르고 소고기 육회와 함께 잘게 썬 고추와 참기름을 둘러 내오는데, 육회와 낙지의 환상적인 궁합이 일품이다. 특히 육회는 부드럽고 향기가 나는 듯 아주 고소하다. 싱싱한 낙지는 힘이 느껴져 먹는 즐거움을 제대로 느낄 수 있다. 육회낙지탕탕이는 오롯이 이것만 먹어야 제맛을 알 수 있다. 낙지호롱이는 조금 매콤하고 달큼한 맛이 나 술안주로 먹으면 제격이다. 목포의 맛을 제대로 알 수 있는 맛집이다.

CAFE & BAKERY

대반동201

전남 목포시 해양대학로 59 유달유원지 2층
0507-1437-8908 월~수 09:30~21:00, 목~일 10:00~22:00(연중무휴) ₩ 6,000원~29,000원
갓길 주차 혹은 도보 4분 거리의 유달유원지 주차장 이용
찾아가기 목포IC에서 자동차로 13분

목포대교와 해상케이블카가 한눈에

목포의 대표적인 드라이브 코스인 해양대학로 변에 있는 카페이다. 지금은 폐쇄된 유달해수욕장 앞에 있다. 바로 옆에는 목포스카이워크가 있고, 목포해양대학이 가까운 곳에 있다. 대반동201이 유명하게 된 것은 바로 전망 때문이다. 테라스에 앉으면 목포대교가 시원하게 들어오고 멀리 목포해상케이블카가 유유히 흘러간다. 커피 한잔 놓고 풍경을 바라보는 것만으로도 힐링이 되고 위안이 되는 그런 곳이다. 잠시 나와 스카이워크 한 번 걸어보고 와도 된다. 카페지만 파스타, 리소토, 샌드위치, 피자, 치킨 그리고 맥주까지 즐길 수 있다. 대반동 201의 숫자 201은 이(2) 세상에 오직(0) 하나(1)뿐인 카페라는 의미이다.

CAFE & BAKERY

커피창고로

전라남도 목포시 평화로 51 061-284-7439
10:00~23:00(연중무휴)
₩ 커피와 음료 4,000원~7,000원, 에그타르트 2,000원(1개)
주변 공영주차장 이용
찾아가기 목포IC에서 자동차로 18분

에그타르트 맛집

목포 평화광장 근처에 있는 카페이다. 목포뿐 아니라 전국적으로 에그타르트 맛이 좋기로 이름난 곳이다. 바삭하면서도 부드러운 맛이라 추천할 만하다. 이 집의 커피 또한 맛이 좋다. 사람마다 취향이 다를 수 있지만, 커피가 중간 정도의 질감에 쓴맛이 덜해 좋다. 카페 분위기는 다소 고전적이면서도 동화 속에 온 듯한 느낌이 난다. 노란 조명과 청록색으로 칠한 기둥과 벽이 먼저 눈길을 끈다. 그리고 작은 나무와 책꽂이, 그리고 앤티크 소파와 쿠션이 편안함을 준다. 전체적으로 인테리어가 따뜻하고 아늑하다. 더치 커피와 다양한 차와 음료도 즐길 수 있다.

신안군 안좌도에 딸린 반월도와 박지도
이 두 섬에 가면 모든 게 보랏빛이다.
휴지통도, 지붕도, 도로도, 바다를 건너는 다리도 보랏빛이다.
이 섬에 가면 꿈결을 걷는 듯한 몽환 여행을 할 수 있다.

퍼플섬과 퍼플교

전남 신안군 안좌면 소곡두리길 257-35(안좌 퍼플섬 매표소)

061-271-7575

상시 개방(연중무휴)

₩ 만 19세 이상 5,000원, 만 13세 이상~만 18세 이하 3,000원, 만 7세 이상~만 12세 이하 1,000원, 보라색 의상(상의, 하의, 우산, 모자, 신발) 착용 시 무료

박지도 무료 주차장, 퍼플섬 마을공동주차장 이용

찾아가기 서해안고속도로 목포IC에서 박지도 무료 주차장까지 1시간

신안군은 모두 1,025개의 섬으로 이루어져 있다. 그중에서 유인도가 72개이고, 무인도가 953개이다. 신안군에 소속된 섬은 우리나라 전체 섬의 약 25%를 차지한다. 신안군은 1,000개가 넘는 섬을 갖고 있어 1,004섬이라고도 불린다.

그 많은 섬 가운데 보랏빛으로 꾸며진 섬이 있다. 온통 보라색이다. 마을의 지붕도, 휴지통과 도로도, 하다못해 가게의 그릇까지도 보라색이다. 우리가 퍼플섬이라고 부르는 바로 그 섬이다. 퍼플섬은 안좌도의 부속 섬인 반월도와 박지도를 통틀어 이르는 말이다. 2021년 유엔세계관광기구(UNWTO)로부터 '세계 최우수 관광 마을'에 선정되었고, 세계적인 아이돌 그룹 BTS의 팬 컬러가 보라색이라 주목받기도 했다. 이 마을의 테마 색깔이 보라색이 된 건 반월도와 박지도에서 많이 나는 도라지와 꿀풀, 콜라비가 보랏빛이기 때문이다. 퍼플섬에는 어린 왕자 포토 존, BTS 포토 존 등이 있으며, 봄과 여름이 되면 보라색 유채와 라벤더가 피어나 마을 곳곳을 아름답게 수놓는다.

퍼플섬에 가려면 입장료를 조금 내야 한다. 매표소는 안좌도의 두리선착장과 '안좌 퍼플섬', 이렇게 두 군데에 있다. 안좌도의 퍼플

섬 매표소서부터 보랏빛 세상이 시작된다. 안좌도와 반월도, 박지도는 바다 위에 놓인 보라색의 해상보행교로 서로 연결된다. 안좌도에서 380m에 이르는 '문 브릿지'를 건너면 반월도이다. 반월도에서 박지도까지는 약 915m의 퍼플교가 또 이어진다.

퍼플교를 걷고 있으면 그야말로 바다 한가운데를 걸어가는 기분이다. 퍼플교는 평생 박지도에서 산 김매금 할머니가 걸어서 섬을 나가고 싶다는 소망에서 시작되었다. 다리 곳곳에 포토 존이 있고, 마음 따뜻해지는 글귀도 만날 수 있다. 보라색 다리 위에 서서 바닷바람을 맞으며 바다 내음을 맡고 있으면 기분이 특별해진다.

박지도에 도착하면 보라색 4인승 전동 키트가 눈에 띈다. 보라색 전동 키트를 타고 보라색 섬을 돌아보는 재미 또한 남다르다. 박지도에서 다시 안좌도까지는 약 547m의 퍼플교를 건너야 한다. 다리로 연결된 3개의 섬을 걷는 거리만 해도 약 1.8km에 달한다. 쉬엄쉬엄 걸으면 1시간 30분 내외의 시간이 소요된다.

신안증도태평염전과 태평염생식물원

전남 신안군 증도면 지도증도로 1083-4
061-275-1596 염전 24시간(연중무휴), 박물관 09:00~18:00(마지막 입장 17:00), 식물원 10:00~18:00(11월~3월 휴무) ₩ 무료 태평소금 주차장 이용
찾아가기 서해안고속도로 함평IC에서 56분

슬로시티 증도의 보물들

2007년 국제슬로시티연맹은 증도를 아시아 최초의 슬로시티로 지정했다. 그러면서 증도의 갯벌염전은 반드시 지켜야 할 유산이라고 강조했다. 염전은 증도의 상징이고, 또 인류의 소중한 자산이다. 증도태평염전은 가까이에서 염전을 구경하고 사진을 찍고 소금 채취 광경을 체험할 수 있도록 구성돼 있다. 하얀 염전은 햇빛을 받으면 거울처럼 빛난다. 염전으로 들어가는 입구에 소금박물관이 있다. 초창기 소금 창고로 쓰던 곳을 박물관으로 만들었다. 소금의 역사와 소금이 만들어지는 과정을 살펴볼 수 있다. 태평염전 체험장 건너편에는 태평염생식물원이 있다. 함초와 칠면초 등이 자라고 있는 식물원이다. 약 110,000㎡의 염전 습지에 70여 종의 염생식물이 군락을 이루고 있다. 염생식물을 관찰할 수 있도록 생태 관찰로를 만들어 놓았다. 소금밭전망대에 올라가면 태평염생식물원의 아름다운 전경을 제대로 볼 수 있다. 이곳에 서면 평범해 보이던 습지가 한 폭의 그림 같다. 바둑판처럼 반듯하게 구획된 염전과 염전체험장도 한눈에 들어온다. 해가 질 무렵이면 염전을 물들이며 사라지는 석양을 함께 볼 수 있는데, 그 광경 또한 일품이다.

1004섬분재정원

전남 신안군 압해읍 무지개길 330 061-240-8778
09:00~17:00(16:00 매표마감, 월요일 휴무)
₩ 어른 10,000원, 청소년 5,000원, 어린이 2,000원
바다 바로 앞 전용 주차장
찾아가기 서해안고속도로 목포IC에서 자동차로 26분

바닷가의 자연 친화적 생태공원

압해도는 신안의 출발점이자 중심이 되는 섬이다. 천사섬분재공원은 압해도 송공산 남쪽 기슭에 있다. 아름다운 다도해가 훤히 내려다보이는 곳에 있는 자연 친화적 생태공원이다. 분재공원이지만 분재만 있는 건 아니다. 공원 입구에서 가운데 길을 따라 걸어 들어가면 오른쪽으로는 여러 개의 화원이 있고, 왼쪽으로는 분재정원을 비롯하여 유리온실과 미술관 등이 있다. 야외에 있는 분재들은 크기는 적당하고, 모양이 자연스럽다. 분재정원을 지나면 유리온실이 나온다. 유리온실에서는 다양한 매화를 비롯하여 동백나무를 구경할 수 있다. 이어 최병철 분재기념관을 지나면 멋진 저녁노을미술관이 나온다. 차분히 그림 감상하며 잠시 여유를 찾은 다음 다시 나와 화원을 둘러보면 된다. 화원은 초화원, 야생화원, 해당화원, 장미원 등이 있다. 만약 겨울이라면 산 위쪽으로 올라가 애기동백 군락지를 구경하길 추천한다. 5천여 그루의 애기동백이 반겨줄 것이다. 입구에서 바로 애기동백 군락지 쪽을 먼저 가 돌아보는 것도 좋다. 산책의 즐거움을 느낄 수 있다.

기동삼거리벽화

전남 신안군 암태면 기동리 677-1
061-243-2171
찾아가기 서해안고속도로 목포IC에서 자동차로 38분

동백 피면 더 아름다운 벽화

기동삼거리는 암태도 중앙에 있다. 압해도에서 천사대교 지나 2번 국도를 따라 계속 직진하면 나온다. 삼거리에서 오른쪽으로 가면 자은도로 갈 수 있고 왼쪽으로 가면 팔금도를 거쳐 안좌도와 퍼플섬으로 갈 수 있다. 이 삼거리 정면 담장에 보이는 벽화가 기동삼거리벽화이다. 특별할 것 없는 동네를 벽화 하나가 유명하게 만들었다. 유명 화가의 그림이 아니다. 그런데도 신안을 생각하면 이 동백 머리 벽화가 제일 먼저 떠오른다. 벽화의 주인공은 암태도의 평범한 노부부이다. 노부부가 흰색 담장에서 살며시 웃고 있다. 평온하고 수수하고 인자한 모습이 우리네 부모 모습 그대로다. 쑥스러워하는 것 같기도 하고, 소박하게 웃는 것 같기도 하고, 표정이 오묘하다. 이 벽화의 하이라이트는 머리이다. 까만 머리카락 대신 붉은 꽃이 핀 동백을 그려놓았다. 기막힌 것은 담장 안에 동백나무 두 그루가 서 있는데, 벽화의 동백 머리 부분과 이어져 나무와 벽화가 하나로 연결된다는 것이다. 담장 안 나무와 담장 외벽의 동백 머릿그림이 하나처럼 보이게 하는 착시현상이 이 벽화의 핵심이다. 동백 피는 계절이 되면 벽화는 더 아름답고 풍성해진다.

RESTAURANT

증도안성식당

- 전남 신안군 증도면 증도중앙길 43 061-271-7998
- 08:30~21:00(연중무휴)
- ₩ 짱뚱어탕 12,000원, 낙지백합탕 65,000원
- 가게 앞 주차장
- **찾아가기** 서해안고속도로 함평JC에서 자동차로 46분

자부심 넘치는 짱뚱어탕

증도면 소재지에 있는 식당이다. 가게 안으로 들어서면 나이 지긋한 할머니가 주문받는다. 전라도 사투리가 진하게 묻어나는 말투가 찰지고 정감이 간다. 음식을 주문하면 깔끔하고 정갈한 밑반찬이 나온다. 반찬은 계절에 따라 조금씩 종류가 달라진다. 짱뚱어탕에 대한 주인장의 자부심이 대단하다. 짱뚱어를 삶아 으깬 뒤 국물에 된장을 풀고 시래기와 호박, 각종 양념을 넣고 끓인 것이다. 짱뚱어를 잘못 삶으면 비린내가 날 수 있는데 이 집 음식은 비린내가 전혀 나지 않아 즐겁게 먹을 수 있다. 된장을 풀어 구수하고, 속이 무겁지 않고 편한 느낌을 준다.

RESTAURANT

갯마을식당

- 전남 신안군 증도면 증도중앙길 40-2 061-271-7528
- 10:30~21:00(연중무휴)
- ₩ 꽃게무침 15,000원, 백합탕 35,000원
- 바로 옆 농협주차장 이용
- **찾아가기** 서해안고속도로 함평JC에서 자동차로 47분

꽃게무침과 백합탕

증도 안성식당과 마찬가지로 증도면 소재지에 있다. 안성식당 북동쪽 대각선 방향, 증도북신안농협 바로 옆 건물이다. 외관도, 원목 스타일의 내부 인테리어도 깔끔한 편이다. 밑반찬은 우리가 흔히 볼 수 있는 것들이지만, 플레이팅에서 주인의 깔끔함이 엿보인다. 이 집은 꽃게무침이 유명하지만, 따끈한 국물이 있는 백합탕도 맛있다. 백합은 조개 중의 조개라고 하여 참조개라 불리는데, 해감을 마친 큼지막한 백합을 넣고 간을 하여 끓여낸다. 특별한 조리법이 있는 건 아니지만, 뽀얗게 우러난 깔끔하고 시원한 국물 맛이 일품이다. 조선 시대엔 임금님 수라상에 올라갔던 음식이다. 한 숟갈 입에 넣으면 신비할 정도로 입맛을 당긴다.

CAFE & BAKERY

농부애빵마시쿠만

전남 신안군 압해읍 압해로 401 061-246-4662
09:00~18:00(월요일 휴무)
₩ 6,000원~6,500원 주차장 있음
찾아가기 서해안고속도로 목포IC에서 자동차로 7분

맛있는 무화과 빵

압해도 초입, 압해초등학교 근처에 있다. 정원에 야자수가 있어서 퍽 인상적이다. 실내로 들어서면 넓은 창이 있어 환하고 따뜻한 느낌이 든다. 붉은 벽돌 벽에 화분을 많이 놓아 마치 작은 식물원 느낌을 준다. 입구엔 작은 풍금이 한 대 놓여있고, 그 옆에 기타도 세워놓았다. 다양하고 맛있어 보이는 빵들 앞에 서면 누구나 빵 고르느라 손길이 바빠진다. 카페의 주인은 압해도 출신으로 서울에서 17년간의 직장생활을 마치고 고향으로 돌아와 무화과 농사를 짓다가 베이커리를 창업하게 되었다. 직접 재배한 무화과를 넣어 빵을 굽기 때문에 건강하고 싱싱한 맛을 즐길 수 있다. 카페 옆 정원에서는 고즈넉한 분위기를 즐기기 좋다.

CAFE & BAKERY

소금항카페

전남 신안군 증도면 지도증도로 1053-11
061-261-2277 하절기(4월~11월) 09:30~18:00(동절기 17:00, 연중무휴) ₩ 3,500원~6,000원 전용 주차장
찾아가기 서해안고속도로 함평JC에서 자동차로 48분

바다가 정원이다

소금항카페는 태평염전과 태평염생식물원과 가까운 곳에 있다. 소금항은 1953년부터 태평염전의 천일염을 실어나르는 배가 정박하던 항구의 이름이다. 소금항카페는 태평염전에서 사용하던 나무를 재활용하여 만들었으며, 덕분에 카페 모습도 태평염전의 소금 창고와 비슷한 느낌이다. 소금항카페는 뷰가 끝내준다. 카페에 앉으면 바다가 정원이다. 물이 가득 차거나 물이 빠지거나 바다를 발밑에 두고 커피 마시는 기분을 만끽할 수 있다. 당연히 창가 쪽 자리가 제일 인기가 많다. 풍경이 가장 멋진 시간은 일몰 때이다. 테라스에도 자리도 있어 멋진 풍경을 감상하기 좋다. 대표 메뉴는 단짠의 조화가 절묘한 소금 아이스크림이다.

운림산방은 우리나라 후기 남종화의 성지다.
한자 뜻을 풀면 구름이 숲을 이룬 산골 작업실이란 뜻이다.
예술가의 감성이 진하게 묻어나는 이름이다.
연못과 배롱나무, 산과 한옥이 어우러진 풍경이 한 폭의 산수화 같다.

조선 후기 문인화가
이곳에서 나왔다

운림산방

- 전남 진도군 의신면 운림산방로 315
- 061-540-6262
- 3월~10월 09:00~18:00, 11월~2월 09:00~17:00(월요일, 1월 1일, 설·추석 명절 휴무)
- ₩ 성인 2,000원, 청소년 1,000원, 어린이 800원
- 전용 주차장
- **찾아가기** 남해고속도로 서영암IC에서 자동차로 53분

운림산방은 조선 후기 남종화의 대가인 소치 허련(1808~1892)이 살고 작업하던 곳이다. 전라남도 진도군 의신면 사천리 쌍계사 옆 첨찰산 자락에 있다. 이곳에서 소치 일가 직계 4대의 화맥이 200여 년 동안 이어졌다. 남종화란 17세기 명나라에서 정립된 동양화의 한 화파로 북종화와 대비된다. 주로 화공이 그린 그림을 북종화, 사대부 또는 문인이 그린 그림을 남종화라고 한다. 이런 까닭에 남종화를 다른 말로 문인화 또는 남종문인화라고 부르기도 한다. 남종화는 수묵과 색이 엷은 물감을 주로 사용하였기에 그림이 간결하고 온화하다.

진도 운림산방은 우리나라 후기 남종화의 성지다. 아름다운 풍광과 담백한 남종화를 산책하듯 만날 수 있는 보물 같은 여행지이다. 허련은 49세 때 한양 생활을 그만두고 진도에 내려와 운림산방을 짓고 살았다. 그는 이곳에서 그림을 그리고 저술 활동을 했다. 이후 2대 허형, 3대 허건, 4대 허문까지 이어지며 남종화의 대를 이었다. 그리고 한 집안사람인 의재 허백련이 이곳에서 그림을 익혔다.

운림산방이란 구름이 숲을 이룬 산골 작업실이란 뜻이다. 예술가의

감성이 진하게 묻어나는 이름이다. 실제로 어느 계절에 가든 운림산방은 산과 한옥과 배롱나무와 연못이 어우러져 한 폭의 산수화를 보는 것 같다. 이곳을 찾는 사람들은 운림산방의 연못 쪽으로 먼저 향한다. 연못 중앙의 동그란 섬에 배롱나무가 솟아있고, 그 뒤편으로는 한옥으로 지은 소치 화실이 보인다. 그리고 첨찰산 봉우리가 병풍처럼 배경이 되어 준다. 사람들은 연지를 둘러보고 풍경을 감상한 후에 소치 화실과 고택으로 향한다. 마지막으로 향하는 곳은 소치기념관과 전시관이다. 소치 1관이 소치기념관이다. 소치 허련과 얽힌 모든 걸 볼 수 있는 곳이다. 그의 작품은 물론 명사들과 주고받은 한시 첩과 서책, 그리고 소치 일가의 삶과 예술을 담은 동영상 콘텐츠도 감상할 수 있다. 소치 2관은 소치 일가 직계 화가들의 전시실이다. 2대부터 5대에 이르기까지 직계 후손들의 작품이 전시되어 있는데, 우리나라 남종화의 변화를 감상할 수 있다.

ONE MORE **여기도 좋아요!** 

이충무공승전공원과 진도타워

진도타워 전남 진도군 군내면 만금길 112-41 061-542-0990 3월~10월 09:00~18:00, 11월~2월 09:00~17:00(연중무휴) ₩ **입장료** 1,000원 **케이블카** 일반 캐빈 대인 편도 13,000원(왕복 15,000원) 소인 편도 11,000원(왕복 13,000원) 크리스털 캐빈 대인 편도 16,000원(왕복 18,000원) 소인 편도 14,000원(왕복 16,000원) 전용 주차장 **찾아가기** 남해고속도로 서영암IC에서 자동차로 40분

명량대첩을 기념하다

이충무공승전공원은 진도대교 옆에 있다. 이곳에서는 다른 어떤 동상보다 역동적이고 사실적인 이순신 장군 동상을 만날 수 있다. 판옥선 모형도 찾아볼 수 있다. 그곳에서 소용돌이치는 울돌목이 바로 보인다. 울돌목이란 '소리를 내어 우는 바다 길목'이란 순우리말로, 물살이 세고 소용돌이가 크게 쳐서 그 소리가 해협을 뒤흔들 정도라 해서 붙은 이름이다. 이곳이 명량대첩의 현장이다.

공원에서 진도대교 쪽으로 고개를 돌리면 산 위에 높은 탑이 보이는데 그곳이 망금산(106m) 정상에 세운 진도타워이다. 타워 앞에는 이순신명량대첩승전광장이 있다. 승전광장에서는 이순신 장군과 부하들이 전투하는 자세를 취한 조각과 동상을 찾아볼 수 있다. 멀리서 보면 진도타워는 배처럼 보이는데 판옥선을 모티브로 만들었다. 높이 60m에 지상 7층으로 된 타워 안에 홍보관, 전시관, 전망대, 휴식 공간 등을 갖추었다. 진도와 해남을 잇는 명량해상케이블카 탑승장이 진도타워에 있다. 7층으로 먼저 올라가서 전망을 구경한 후 2층 전시관, 1층 홍보관 순으로 관람하면 된다.

나절로미술관

전남 진도군 임회면 진도대로 3886 0507-1310-8841
09:00~18:00(월요일 휴무)
₩ 성인 10,000원, 학생 5,000원
주차 가능
찾아가기 남해고속도로 서영암IC에서 자동차로 60분

폐교가 미술관으로

진도군 남쪽 임회면 여귀산 아래에 있는 미술관이다. 한국화가 이상은 씨가 폐교된 상만초등학교를 개조하여 만들었다. 날 것 그대로의 예술을 만나고 싶다면 이곳이 제격이다. 나절로는 '스스로 흥에 겨워 즐거움'이란 뜻의 전라도 사투리이다. 이상은 화가의 호이기도 하며, 자유분방한 내면적 예술세계를 표현하는 곳이란 뜻을 함유하고 있다. 미술관도 그의 호처럼 자유분방하다. 그러나 정원과 조형물, 아름다운 숲길이 있어서 산책하는 즐거움이 남다르다. 미술관이지만 상업적인 시설은 없다. 자유분방한 정원과 산책로, 그리고 이상은 화가의 작품이 있을 따름이다. 미술관 안으로 들어서면 아직도 복도와 교실 바닥이 그대로 남아 있다. 특이하게도 이상은 화가의 작품에는 제목이 없다. 사인이나 낙관도 없다. 나절로미술관은 제목처럼, 어디에도 얽매이지 않는 순수한 화가의 흔적으로 가득하다. 그야말로 자유분방한 예술인의 집이다.

세방낙조

- 전남 진도군 지산면 가학리 산27-3
- 061-544-0151(진도군청 문화관광과)
- ₩ 무료 전용 주차장
- **찾아가기** 남해고속도로 서영암IC에서 자동차로 70분

진도 최고의 일몰 포인트

세방낙조는 진도의 낙조 조망 일번지이다. 이곳에 이르는 해안도로 또한 '우리나라에서 꼭 가봐야 할 아름다운 자전거길 100선'에 선정되었다. 미국의 이름난 드라이브 코스에서 따와 흔히 진도의 시닉 드라이브 코스라고 불린다. 이 길은 진도군 서해안 쪽 다도해의 아름다운 섬들을 한눈에 볼 수 있는 해안도로이다. 진도 시닉 드라이브 코스의 종점이자 시작점이 세방낙조 전망대이다. 세방낙조 전망대 앞으로 크고 작은 섬이 떠 있는데 그 이름들이 예사롭지 않다. 스님들이 입는 의복에서 따온 가사도, 손가락 섬이라고 불리는 주지도, 발가락 섬이라고 불리는 양덕도, 신들이 모여 산다는 신도 등 불교 색채의 이름들이 즐비하다. 섬의 전설은 전망대 안내판에 소개되어 있다. 세방낙조 전망대에 서면 바다와 하늘이 만나고 그 아래 점처럼 섬이 떠 있다. 낙조가 시작되면 여기저기서 감탄사가 터져 나온다. 모두 핸드폰을 꺼내 드는 데, 사진의 주인공은 사람이 아니라 석양이다. 경이로운 자연 앞에서 모두 말을 잃고 석양 속으로 빠져든다. 붉은빛이 내려앉은 바다의 섬들은 말없이 풍경이 되어 준다.

RESTAURANT

그냥경양식

전남 진도군 진도읍 철마길 3-8 061-544-2484
11:10~20:00(브레이크타임 15:30~17:00, 월요일 휴무)
₩ 돈까스 9,000원, 함박스테이크 11,000원
인근 공영주차장 이용
찾아가기 남해고속도로 서영암IC에서 자동차로 47분

송가인이 추천한 맛집

유명 가수 송가인은 진도 출신이다. 진도 음식점들은 송가인이 다녀간 사실을 꽤 자랑스럽게 여긴다. 이곳도 그런 식당 중 하나이다. 송가인이 방송에서 맛있다고 하여 더욱 유명해졌다. 진도군청에서 남쪽으로 도보 3분 거리에 있다. 그냥경양식은 이름처럼 평범한 보통의 식당이 아니다. 무려 100년 식당으로 선정된 전통 깊은 맛집이다. 대표 메뉴는 돈가스이다. 음식을 주문하면 금방 수프가 나오고 이어서 돈가스가 나온다. 돈가스 크기가 압도적이다. 바삭하고 기름기가 적어 담백하다. 고기가 부드럽게 잘 씹힌다. 느끼함을 잡아주는 깍두기와 배추김치가 반찬으로 나온다.

RESTAURANT

콩밭에

전남 진도군 진도읍 남동1길 62-21 0507-1329-5550
07:30~20:00(브레이크타임 15:00~16:30, 수요일 휴무)
₩ 순두부+영양돌솥밥 9,000원, 두부전골(대) 45,000원
진도 전남병원 옆 공영주차장
찾아가기 남해고속도로 서영암IC에서 자동차로 47분

집밥처럼 맛있는 손두부 맛집

진도 전남병원 바로 옆에 있는 손두부 전문점이다. 여행하다 집밥 생각이 날 때 들르면 좋은 식당이다. 김, 계란말이와 콩나물, 겉절이, 새우마늘종볶음, 가지무침 등 8가지가 밑반찬이 먼저 나온다. 간이 세지 않아 입맛에 딱 맞는다. 솥밥을 바로 지어서 내어오기 때문에 시간이 조금 걸리긴 하지만, 밑반찬을 맛보며 기다리면 된다. 순두부찌개가 먼저 나오고 이어서 밥이 나온다. 포슬포슬하게 잘 익은 잡곡밥이 나오는데 밥 냄새가 먹기도 전에 침부터 고이게 만든다. 갓 지은 밥을 먹는 것만으로도 충분히 집밥의 향기를 느낄 수 있다. 먼 여행에 지쳤다면 몸에 좋은 순두부와 집밥을 챙겨 먹어보자.

CAFE & BAKERY

도캐도캐

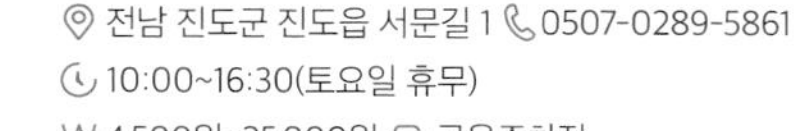

전남 진도군 진도읍 서문길 1 0507-0289-5861
10:00~16:30(토요일 휴무)
₩ 4,500원~25,000원 공용주차장
ⓘ **찾아가기** 남해고속도로 서영암IC에서 자동차로 47분

진돗개 모양의 도캐빵

진돗개는 우리나라 천연기념물로 지정되었을 뿐만 아니라 세계의 명견으로도 등재된 우수한 품종이다. 카페 도캐는 진돗개를 소재로 한 빵과 굿즈로 유명한 곳이다. 진도군청에서 멀지 않은 곳에 있다. 공간이 매우 협소하다. 카페 중앙에 있는 테이블에 한 팀이 앉으면 남은 좌석은 창밖을 보고 앉아야 하는 자리뿐이다. 그런데도 도캐빵 덕에 진도를 찾는 사람들의 필수 코스가 되었다. 도캐빵은 커피 앙금이 든 진돗개 모양의 작은 빵이다. 오직 이 집에서만 만든다. 부드럽고 향이 좋아 커피와 잘 어울린다. 진돗개 홀더와 엽서 등 진돗개 캐릭터 상품도 있다.

CAFE & BAKERY

나노로그스토어

전남 진도군 지산면 인지독치1길 21-1
0507-1492-1220 11:00~17:00(연중무휴)
₩ 6,000원~7,500원 길 건너 공용주차장
ⓘ **찾아가기** 남해고속도로 서영암IC에서 자동차로 60분

빨간 벽돌 건물에 눈에 띄는 인테리어

진도 읍내가 아닌 지산면 소재지에 있는 카페이다. 송가인이 나온 지산초등학교 옆에 있는 덕에 입소문을 타면서 은근히 인기몰이하고 있다. LA 감성 물씬 풍기는 빨간색 벽돌 외관이 농촌 주택가에서 단연 돋보인다. 건물 전면에 카페 이름을 영문으로 커다랗게 써놓았다. 외관만큼이나 인테리어도 눈에 띈다. 콘크리트를 그대로 드러낸 인더스트리얼 인테리어가 퍽 인상적이다. 합판으로 만든 탁자와 의자, 팝아트 요소를 곁들인 포스터와 그림들, 빈티지 풍 거울과 장식장 등 여러 면에서 개성이 돋보인다. 시그니처 메뉴는 솔티바닐라구름라떼이고, 아메리카노와 아인슈페너, 진도 대파를 넣은 잠봉뵈르도 인기가 좋다.

백련사에는 하얀 연꽃이 없다.
대신 매년 봄이면 추운 겨울을 이겨낸 붉은 동백이
백련보다 더 아름답게 피어난다.

백련보다 아름다운 동백이 피어난다

백련사와 동백

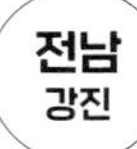

- 전남 강진군 도암면 백련사길 145
- 061-432-0837
- 전용 주차장
- **찾아가기** 남해고속도로 강진무위사IC에서 자동차로 17분

백련사는 강진군 도암면 만덕산(해발 408m) 중턱에 자리하고 있다. 800년대에 창건했다고 하나 정확한 기록은 없다. 신라 시대에는 산 이름에서 따다 만덕사라 불리다가, 고려 희종 7년부터 백련사로 불리기 시작하여 오늘에 이르렀다. 절 앞은 구강포인데, 구강포는 아홉 군데 물길이 한곳으로 모이는 곳이다. 구강포는 강진만의 옛 이름이다. 한때는 절 이름에 절 '寺' 자를 쓰지 않고, 모일 '社' 자를 사용하였다. 이는 고려 무인 정권 시절 타락한 불교를 바로잡기 위해 원묘국사 요세가 백련결사를 일으킨 것을 기리기 위해서였다.
백련사의 절경은 초봄에 시작되어 4월까지 이어진다. 동백이 피고 지는데 그 모습이 슬프도록 아름답다. 수령이 500~600년 된 동백이 8,000여 그루나 된다. 강진으로 유배를 온 다산은 백련사와 동백나무 숲을 자주 산책했다고 전해진다. <신증동국여지승람>에는 백련사에 대해 '온 골짜기가 소나무와 잣나무이고, 가는 대와 왕대 그리고 동백나무가 어울려 사시가 하나같이 푸른빛이니 참으로 절경이다'라고 소개되어 있다.

백련사라는 절 이름만 보면 하얀 연꽃이 가득 피어 있을 것 같지만, 백련사에는 연꽃이 없다. 대신 매년 봄이면 추운 겨울을 이겨낸 동

백이 백련보다 더 아름답게 피어난다. 여수 오동도, 구례 화엄사, 고창 선운사, 서천의 마량리까지 충청도와 남도 곳곳이 동백나무 숲이지만 지금까지 백련사만 한 곳은 드물다. 백련사 동백 숲은 주차장부터 사찰 코앞까지 이어진다. 특히 절 왼편에 있는 동백 숲이 압권이다. 사적비를 지나 허물어진 옛 토성을 넘으면 이윽고 고목 같은 동백나무가 빽빽하게 숲을 이루고 있다. 짙푸른 녹음이 우거져 동백나무 숲으로 들어가면 하늘이 잘 보이지 않을 정도로 울창하다.

담양 부사를 지낸 임억령은 '백련산 동백가'라는 시에서, 동백이 떨어진 것을 보고 마치 들불이 난 것 같다고 표현했다. 백련사의 동백이 얼마나 붉고 많았으면 그렇게 보였을까. 꽃이 떨어지고 난 후에 가도 백련사 동백숲은 창창하게 아름답다. 백련사 동백숲 앞에는 야생차밭도 있다. 그곳을 지나 만덕산 고개를 넘으면 다산초당이 나온다. 동백숲에서 다산초당까지 거리는 약 1km이다.

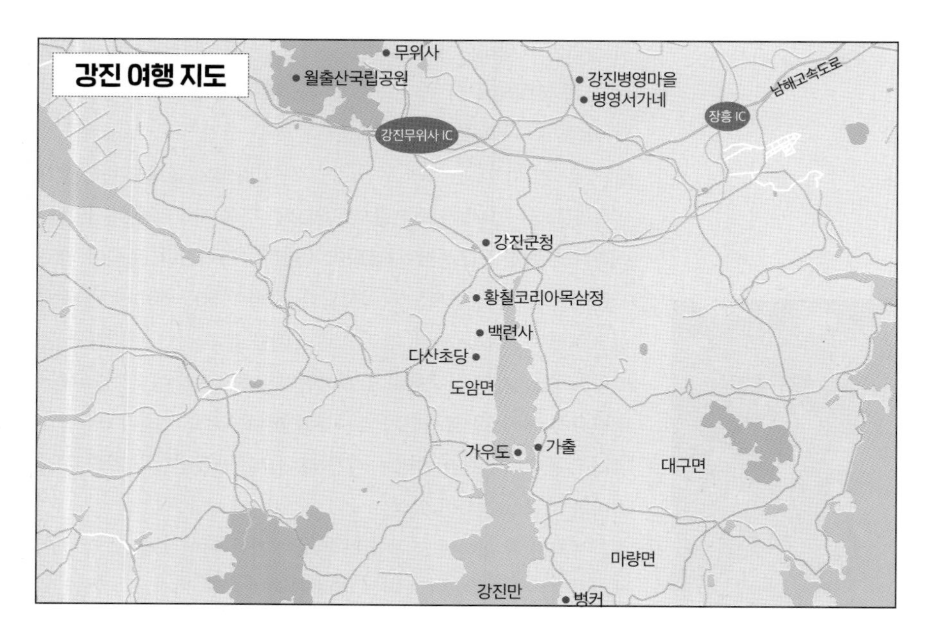

다산초당

전남 강진군 도암면 다산초당길 68-35
061-430-3911 09:00~18:00(연중무휴)
₩ 무료 전용 주차장
찾아가기 남해고속도로 강진무위사IC에서 자동차로 18분

다산의 꿈과 철학을 새기다

다산초당은 만덕산 중턱에 있다. 정약용이 강진에서 유배 생활을 할 때 머물렀던 곳이다. 정면 5칸, 측면 2칸의 기와집이 있고, 그 옆에 작은 연못이 있다. 초당(草堂)인데 기와집이라 의아하겠지만 이는 1957년 초당을 복원할 때 기와로 중건했기 때문이다. 다산은 유배 생활 18년 중 8년은 읍내에 머물렀다. 이후 1818년 귀양에서 풀릴 때까지 10여 년간 다산초당에서 생활하면서, 〈목민심서〉, 〈경세유표〉 등 600여 권에 달하는 책을 저술했다. 이곳은 그야말로 정약용에게 있어 애증의 장소가 아니었을까 싶다. 귀양살이는 힘들었지만, 덕분에 정약용은 조선 최고의 학자로 거듭날 수 있었으니 말이다. 정약용이 '정석(丁石)'이라고 직접 새겼다는 바위, 정약용이 직접 만든 연못 연지 석가산, 다산이 물을 떠먹었던 약천, 그리고 차를 끓이던 넓적한 바위 다조를 다산초당 4경으로 꼽는다. 다산초당에서 백련사로 넘어가는 길이 있다. 다산과 혜장 스님의 우정이 녹아있는 오솔길이다. 약 1km 정도로 30~40분이면 걸을 수 있다. 고개를 넘어가면 뒤로는 만덕산이, 앞에는 강진만의 푸른 바다가 보인다.

무위사

◎ 전남 강진군 성전면 무위사로 308 ☏ 061-432-4974
₩ 무료 🚗 전용 주차장
ⓘ **찾아가기** 남해고속도로 강진무위사IC에서 자동차로 9분

무위의 세계로 들어온 듯

전남 강진군 성전면 월출산 남쪽 아래에 있다. 다산 정약용은 기암절벽이 기묘한 절경을 연출하는 월출산을 크고 날카로운 뿔이 몇 개 꽂힌 것 같다고 표현했다. 617년 원효대사가 절을 짓고 '관음사'라고 부르고, 875년(헌강왕 1년)에는 도선국사가 중건하여 '갈옥사'라고 하였다고 하나, 정확한 기록은 없다. 10세기에 절 이름이 무위갑사로 바뀌었다. 그 뒤 이름이 몇 번 더 바뀌었다가 1555년 무위사로 개칭되었다. 일반적인 사찰이 대웅전이 중심이 되는 것과 다르게, 무위사는 극락보전이 중심인 절이다. 극락보전은 사후세계(극락세계)를 주관하는 아미타여래를 본존으로 모신 법당이다. 이 절의 하이라이트는 국보 13호인 극락보전이다. 1476년에 지어졌으며 수덕사 대웅전과 건축 형식이 비슷하다. 더하거나 뺄 것 없는, 그 자체로 이미 완결성을 가진, 사람에게 비유하면 지성과 덕, 그리고 감성까지 겸비한 지식인 같은 매력적인 건축이다. 무위사는 벽화의 사찰이다. 극락보전 후불벽화와 후벽 벽화, 그리고 보존각의 벽화 모두가 보물로 지정되어 있다. 보존각의 벽화는 1955년과 1979년 해체하여 보관하다가 2006년 보존 처리를 한 후 관람객에게 공개하고 있다. 절 부근에 넓고 풍경이 아름다운 차밭이 있다.

가우도

◎ 전남 강진군 도암면 신기리 산31-2 ☏ 061-430-3312(강진군 문화관광과) ◷ **짚트랙** 09:30~17:30 **모노레일** 10월~2월 09:00~16:30, 3·9월 09:00~17:00, 4월~8월 09:00~18:00(성인 3,000원, 청소년·어린이 1,500원) 🚗 가우도 망호출렁다리 주차장, 가우도 저두출렁다리주차장 ⓘ **찾아가기** 남해고속도로 강진무위사IC에서 가우도 망호출렁다리 주차장까지 자동차로 25분

강진의 떠오르는 명소

가우도는 얼마 전부터 떠오르는 강진의 새로운 명소이다. 가우도는 강진만에 있는 섬 여덟 개 가운데 유일한 유인도이다. 강진읍 보은산이 소의 머리에 해당하고 섬의 생김새가 소의 멍에에 해당한다고 하여 가우도라고 부르게 되었다. 강진만은 뭍으로 길게 들어와 강진군을 양쪽으로 갈라놓는다. 가우도는 그런 강진만의 중간지점에 자리하고 있다. 섬의 동쪽 대구면과는 저두출렁다리(청자다리, 438m)로 연결되고, 섬의 서쪽 도암면과는 망호출렁다리(다산다리, 716m)로 연결되어 있어서, 바다 위를 산책하는 기분으로 걸어서 들어갈 수 있다. 가우도 안의 절벽과 절벽을 연결하는 가우도출렁다리도 유명하다. 반원처럼 휘어진 길이 150m 정도의 아담한 다리다. 스릴감이나 아찔함이 넘치는 건 아니지만 색다른 즐거움을 맛볼 수 있어 좋다. 해안선을 따라 조성된 생태탐방로 '함께해(海)길'(2.5km)은 산과 바다를 감상하며 걸을 수 있는 천혜의 트레킹 코스로 섬 전체를 돌아볼 수 있다. 걷는 데 1시간 정도 소요된다. 모노레일과 짚트랙을 타고 가우도를 즐길 수도 있다.

RESTAURANT

병영서가네

전남 강진군 병영면 병영성로 73 061-434-0892
11:00~20:00(브레이크타임 14:50~17:00, 화요일 휴무)
₩ 14,000원~30,000원 전용 주차장
찾아가기 남해고속도로 강진무위사IC에서 자동차로 14분

돼지불고기와 솥밥이 주는 행복

강진군의 병영면과 병영마을은 옛 병마절도사의 영(營)이 있던 곳이다. 병영마을엔 전라도의 군수권을 총괄했던 '병영성지'가 남아있다. 병영마을은 돌과 흙을 번갈아 쌓은 담장으로 유명하다. 이 마을에는 예로부터 귀한 손님이 오면 돼지불고기를 대접하는 전통이 있었다. 병영서가네는 이런 전통을 이어가는 식당이다. 대표 메뉴는 가마솥연탄불고기백반이다. 남도 음식답게 눈이 휘둥그레질 만큼 다양하고 맛있는 반찬이 테이블을 가득 채운다. 연탄 불맛이 나는 돼지불고기와 고등어구이, 된장국, 갓 지은 솥밥이 입을 행복하게 해준다. 1인분을 주문하든 2인분을 주문하든 가격은 30,000원이고, 3인 이상 주문하면 1인당 14,000원이다.

CAFE & BAKERY

벙커

전남 강진군 마량면 까막섬로 73 0507-1356-6556
10:30~19:00(월요일 휴무)
₩ 4,500원~16,000원 갓길 주차
찾아가기 남해고속도로 강진무위사IC에서 자동차로 30분

그네가 있는 바닷가 카페

벙커는 강진만 우측 맨 아래쪽 마량면 바닷가에 있는 카페다. 마당 곳곳에 서 있는 야자수가 이국적이다. 그네와 파란 파라솔이 바다와 어우러져 있는 모습도 인상적이다. 그네에 몸을 싣고 힘차게 발돋움하면 가우도 앞바다가 밀려왔다 밀려가는 풍경이 여간 아름다운 게 아니다. 건물 3층과 옥탑에 카페가 있다. 엘리베이터를 타고 올라가거나 앞마당 끝에 있는 계단으로 올라가야 한다. 카페는 넓지 않지만 아기자기하게 꾸며놓았다. 바다가 잘 보이는 창가에 포토 존이 있다. 커피는 물론 티라미수와 블루베리 요구르트 스무디 등도 맛있다.

가출

전남 강진군 대구면 중저길 15-20
0507-1373-3510 09:30~18:30(연중무휴)
₩ 에스프레소 4,900원, 수제대추차 7,000원, 빠네로제파스타 18,000원 전용 주차장
ⓘ **찾아가기** 남해고속도로 강진무위사IC에서 자동차로 21분

가우도의 전망 좋은 카페

카페 가출은 가우도를 산책한 후 들러 쉬기 좋은 카페이다. 대구면에서 가우도로 들어가는 청자다리(저두출렁다리) 입구에 있다. '가출'이라는 카페 이름이 눈길을 끈다. 집을 나간다는 의미가 아니라 "가우도 출렁다리에서 시간을 노래하다."라는 말의 줄임말이다. 카페 앞에는 요트 '가출호'도 있고, 바닥을 파랗게 칠한 풀장도 있다. 여름에는 아이들이 풀장에서 놀기도 한다.
마당을 지나 카페로 들어서면 사방이 탁 트여 전망이 아주 좋다. 카페에 앉으면 청자다리와 가우도 풍경이 시야에 들어온다. 가우도의 아름다운 풍경을 즐기기에 입지가 독보적이다. 멋진 풍경을 감상할 수 있어서 그럴까? 커피 맛도 좋지만, 쉼표 같은 여유가 더없이 소중하게 느껴진다. 햇살이 좋은 봄, 가을엔 실내보다 야외 테이블에서 풍경과 자연을 만끽하길 추천한다. 살랑살랑 바람이라도 불면 행복감이 한 뼘은 더 차오른다. 해 질 무렵엔 석양과 어우러진 가우도와 카페 갯벌이 창밖으로 보여 퍽 낭만적인 분위기가 난다. 다양한 커피는 물론 딸기라테, 수제대추차, 크림김치볶음밥, 빠네로제파스타 등을 판매한다.

PART 6

부산 · 대구 경북·경남

해운대의 해변열차에 몸을 싣는 순간
그림 같은 바다 풍경이 와락 다가온다.
동백섬, 광안대교, 이기대, 오륙도
부산의 절경이 차례로 다가와 당신에게 안긴다.

낭만 싣고 달리는 해변열차

해운대블루라인파크

- 부산광역시 해운대구 청사포로 116
- 051-701-5548
- 09:00~19:00(연중무휴)
- ₩ 1회 탑승권 8,000원, 2회 탑승권 12,000원, 모든역탑승권 16,000원
- 미포정거장 주차장, 송정정거장 주차장(블루라인파크 이용 시 2시간 무료)
- **찾아가기** ①**미포정거장** 부산 지하철 2호선 중동역 7번 출구에서 도보 10분
  ②**송정정거장** 부산 동해선 송정역 2번 출구에서 도보 10분

해운대 블루라인파크는 해운대 미포에서 청사포 지나 송정해수욕장에 이르는 4.8km 구간의 옛 동해남부선 폐선로를 친환경적으로 재개발한 해변열차이다. 이 관광열차에 몸을 싣고 동쪽 부산의 수려한 해안 절경을 감상하며 달리노라면 사람들이 부산을 왜 좋아하는지 알게 된다. 송정해수욕장에 도착하여 두 눈 가득 바다를 담고 해변을 거닐면 굳이 낭만을 따로 찾을 필요가 없다. 덕분에 블루라인파크는 지난 2020년 7월부터 운행을 시작하였는데, 지금은 부산의 새로운 명소로 떠올랐다. 미포정거장, 달맞이터널, 청사포정거장, 다릿돌전망대, 구덕포, 송정정거장까지 모두 여섯 개의 정거장이 있다. 이 여섯 개의 정거장 중 매표소가 있는 정거장은 미포와 청사포, 그리고 송정정거장 세 곳이다. 해변열차를 타기 위해서는 티켓을 구매해야 하는데 1회 탑승권과 2회 탑승권이 있고, 자유롭게 원하는 정거장에 내렸다 다시 탈 수 있는 모든 역 탑승권이 있다. 왕복을 원한다면 2회나 모든 역 탑승권을 구매하면 된다. 여행계획에 맞는 승차권이 뭔지 잘 생각해서 판단하자. 모든 역 탑승권을 구매하면 원하는 곳에 내려 자유롭게 걸어 다니며 산책을 즐기

는 여행의 묘미를 맛볼 수 있어 좋다.

해변열차는 두 칸짜리의 작은 열차로 열차에 오르면 8명이 앉을 수 있는 기다란 나무 의자가 2단으로 놓여 있고, 모든 좌석은 바다 쪽을 향하고 있다. 2열 벤치가 1열보다 높게 설치되어 있어 어느 자리에서나 탁 트인 바다 풍경을 한눈에 담기 좋다. 어디에 앉아도 시원한 풍경을 볼 수 있지만 많은 사람은 앞 좌석에 앉으려고 걸음을 빠르게 옮긴다. 시속 15km의 느린 속도로 운행되며, 바다 위를 달리는 듯한 기분을 만끽할 수 있다. 청사포정거장과 다릿돌전망대는 아름다운 포토존이 있어 많은 사람이 찾는다. 청사포는 일출, 초저녁의 저녁달, 등대 등이 유명하다.

해변열차와 함께 스카이캡슐도 운행한다. 스카이캡슐은 해운대 절경을 7~10m 높이에서 관람할 수 있어 그림 같은 풍경을 마음에 담기 좋다. 미포정거장에서 청사포까지 2km를 운행하는 데, 4인까지 탑승할 수 있으며 낭만적인 추억으로 남는다. 동백섬, 광안대교, 이기대, 오륙도 등 아름다운 풍경과 바다를 함께 조망하는 기분이 남다르다.

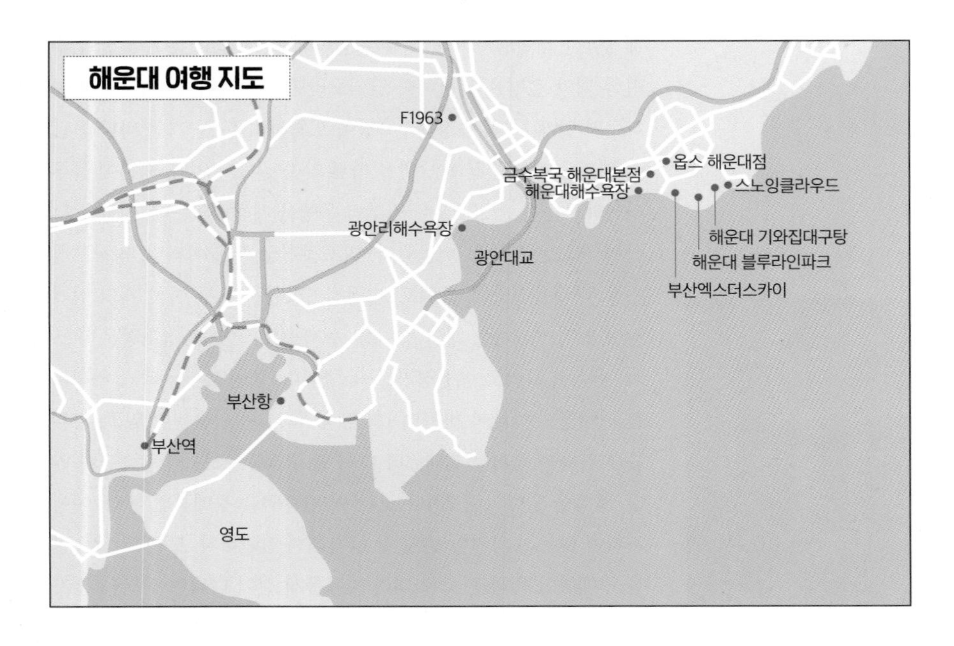

ONE MORE 여기도 좋아요!

F1963

부산광역시 수영구 구락로123번길 20 051-756-1963
09:00~21:00(연중무휴) 전용 주차장(상업시설 이용 시 무료 주차 3시간) **찾아가기** 부산 지하철 3호선 망미역에서 택시 4분, 부산 지하철 2호선 수영역에서 택시 6분
http://www.f1963.org/

철강공장이 복합문화시설로 부활했다

F는 Factory를 의미하는 것이고, 1963은 이 공장이 설립된 해이다. 옛 공장 부지에 세워진 복합문화시설로, 1963년에 세워져 2008년 공장이 멈추기까지, 부산의 대표적인 와이어 공장이었던 고려제강 수영공장이었다. 지금도 공장의 느낌이 남아있다. 공장 특유의 지붕과 골조, 기름때가 얼룩진 바닥과 오래된 목재 트러스 등 공장이었던 본래의 특성을 최대한 유지하려고 한 노력이 엿보인다. 2008년 공장이 문을 닫으면서 시가지 한 가운데에 방치되었으나, 2016년 공장의 일부 공간이 부산비엔날레 특별전시장으로 이용되면서 새로운 변모를 시작하게 되었다. 그리고 '복합문화공간 F1963'으로 다시 태어났다. 건물을 허물지 않고 골조를 유지한 상태에서 새로움을 더했다. 허물어진 공장 벽은 그대로 두었고, 콘크리트 구조물은 발판으로 재활용했다. 그렇게 공장의 정체성을 유지하고, 그 안에 새로운 문화 콘텐츠를 채웠다. 건물은 그물망 모양의 메탈 소재 벽으로 둘러싸여 있다. 건물 내부에는 서점 예스24와 카페 테라로사가 있고, 그 밖에 갤러리, 공연장, 중정 등이 있어 여유를 즐기기 좋다. 실외의 잘 꾸며진 정원도 눈길을 끈다. 공장 건물 왼쪽에 현대모터스튜디오와 금난새뮤직센터가 있다.

해운대해수욕장

부산광역시 해운대구 해운대해변로 264
051-749-5700
연중무휴
해운대해수욕장 주차장, 해운대광장 공영주차장
찾아가기 부산 지하철 2호선 해운대역에서 도보 8분

최치원도 감탄한 아름다운 풍경

국내 해수욕장을 대표하는 곳으로 여름 피서철이면 어김없이 뉴스에 등장하여 얼마나 많은 사람이 피서를 떠났는지를 보여준다. 독일의 한 방송사에서 세계 3대 해수욕장 중 하나로 소개하기도 했다. 해운대라는 이름은 통일신라의 문인 최치원이 소나무와 백사장이 어우러진 이곳의 경치에 감탄해 자신의 호인 해운(海雲)에서 따다 붙인 것이다. 해운대해수욕장은 동해와 같이 갯벌이 없고 수심과 파고가 적당하여 연령, 성별, 국적을 불문하고 많은 사람이 좋아한다. 백사장의 길이는 약 1.5km이며 너비는 70~90m이다. 평균수심이 1m 내외로 해수욕하기에 아주 적합하다. 또한, 해수욕장 주변에 숙박시설과 음식점 등이 즐비하여 여행객들의 편의를 위한 조건도 충분히 갖추고 있다. 해운대해수욕장은 피서철이 지나 해수욕장이 폐장한 이후에도 많은 사람이 즐겨 찾는다. 계절에 상관없이 사시사철 꾸준히 사랑받는 이유는 해운대가 가진 아름다움 때문이다. 고층 건물이 형성되면서 해가 진 이후 해운대에서 바라보는 불 밝힌 스카이라인은 이곳을 더욱 특별하게 만들었다. 바다와 어우러져 낭만을 선사하고 추억을 남겨준다. 주변에 블루라인파크, 동백섬, 오륙도, 달맞이고개 등이 있다.

부산엑스더스카이

부산광역시 해운대구 달맞이길 30 051-731-0098~9
10:00~21:00(연중무휴)
₩ 성인 27,000원, 어린이 24,000원(12세 이하)
전망대 & 시그니엘 호텔 공용 주차장(전망대 이용 시 2시간 무료)
찾아가기 부산 지하철 2호선 중동역에서 도보 12분

하늘에서 만난 바다

부산엑스더스카이는 부산에서 가장 높은 전망대이다. 서울롯데월드타워에 이어 국내에서 두 번째(411.6m) 높이로, 부산의 새로운 관광명소로 떠올랐다. 해운대해수욕장과 불과 1분 거리에 있는 해운대엘시티 더샵랜드마크타워에 있다. 입장권을 구매하여 엘리베이터 스카이크루즈에 탑승하면 엑스더스카이 여행이 시작된다. 1층에서 100층까지 단 56초 만에 마치 고속전철을 탄 것처럼 매끄럽게 올라간다. 목적지인 100층에 도착하면 시원한 뷰가 압권이다. 바다 뷰는 물론이고 도심 뷰까지 볼 수 있어서 가슴이 뻥 뚫리는 기분이 든다. 100층에는 유리 바닥 아래로 해운대 해변이 바로 보이는 쇼킹브릿지가 있고, 전시 공간 갤러리 더 스카이도 있다. 하지만 최고는 창밖으로 보이는 해운대해수욕장과 광안대교, 동백섬 그리고 푸른 하늘이다. 너무나 아름답다. 99층에서는 야외 테라스로 나가볼 수 있다. 부산에서 가장 높은 곳에서 바깥 공기를 마시는 기분이 짜릿하다. 그리고 99층에는 레스토랑 스카이 99와 전 세계 스타벅스 매장 중 가장 높은 378m에 자리 잡은 스타벅스 엑스더스카이점도 있다. 98층에는 기념품 숍이 있다. 98층에서 1층으로 내려오는데 48초면 충분하다.

RESTAURANT

금수복국 해운대본점

부산광역시 해운대구 중동1로43번길 23
1층 051-742-3600 **2층** 051-742-7749
1층 24시간 영업 **2층** 11:00~22:00(연중무휴)
₩ 20,000원~50,000원 전용 주차장 **찾아가기** 부산 지하철 2호선 해운대역 1번 출구에서 도보 10분

50년 넘은 복국 맛집

해운대구청 가까운 곳에 있는 복국 전문 식당이다. 1970년에 문을 열어 반세기의 역사와 전통을 가졌다. 3층짜리 노포 느낌의 식당이지만 실내는 깔끔하다. 1층은 24시간 운영되며 뚝배기에 담긴 복국을 맛볼 수 있다. 2층에서는 고품격 복어 코스요리를 맛볼 수 있고, 3층은 단체 연회석이다. 찌개 끓이는 뚝배기를 복국에 처음 도입했다. 식사 시간에는 대기 줄이 길게 늘어선다. 식탁 위 티슈 케이스에는 복국을 맛있게 먹는 방법에 대한 안내문이 붙어 있다. 메뉴는 복국과 복요리로 나뉜다. 복국은 복어의 종류에 따라 가격이 다르다. 복국에는 두툼한 살이 오른 복어와 아삭한 콩나물, 미나리가 들어있는데 국물이 정말 깔끔하다.

RESTAURANT

해운대기와집대구탕

부산광역시 해운대구 달맞이길104번길 46
051-731-5020 08:00~21:00(설, 추석 휴무)
₩ 15,000원 주차장 있음
찾아가기 해운대해수욕장에서 자동차로 5분

대한민국 명품 대구탕 맛보세요

달맞이고개 올라가다 보면 나오는 대구탕 전문점이다. 메뉴가 대구탕 한 가지이다. 낮은 처마에 개량한 기와집, 시골 외할머니네 집 같기도 한 분위기지만 해운대에서 알아주는 맛집이다. 간판 옆 대문을 들어서면, 몇 개의 건물이 이어져 있어 겉보기보다 공간이 꽤 넓다. 식사 시간대에는 번호표를 받고 기다리기가 기본이다. 주문하면 단출하고 깔끔한 밑반찬이 먼저 나온다. 이어 대구탕이 나오는데 스테인리스 대접에 무심한 듯 담겨 나오지만, 맛은 끝내준다. 뽀얀 국물에 첫눈에 보기에도 엄청 살이 많은 대구와 손바닥만 한 무가 들어있고, 고명처럼 파가 살짝 올려져 있다. 역시나 국물은 깔끔하기 이를 데 없고, 두툼한 살은 부드럽기 그지없다.

CAFE & BAKERY

옵스 해운대점

- 부산광역시 해운대구 중동1로 31
- 051-747-6886 08:00~22:00(연중무휴)
- ₩ 3,000원~18,000원
- 해운대구청 주차장이나 해운대시장 공영주차장 이용
- **찾아가기** 부산 지하철 2호선 해운대역에서 도보 5분

부산의 3대 베이커리

해운대구청 건물 뒤쪽에 있는 17년 전통의 베이커리이다. 넓지 않은 매장에 가득한 깔끔하고 고소한 빵 냄새가 기분을 좋게 만든다. 대표 메뉴는 성인 남자 주먹 크기의 슈크림빵이다. 바삭하고 고소한 슈 안에 천연 바닐라 슈크림을 흘러넘칠 만큼 가득 채워 만들었다. 쳐다만 봐도 달콤하고 부드러운 맛이 입맛을 당긴다. 인기 메뉴 중 하나인 학원전은 '학원 가기 전 먹는 엄마가 만들어 준 카스텔라'라는 의미를 담고 있다. 부드럽고 달콤한 맛으로 아이들이 좋아한다. 테이블에 앉아 커피와 베이커리를 함께 맛볼 수도 있다. 부산에만 8개의 분점이 있는 부산 3대 베이커리로 꼽히는 곳이니 해운대에 가면 꼭 한번 들러보자.

CAFE & BAKERY

스노잉클라우드

- 부산광역시 해운대구 달맞이길117번가길 120-30, 6층
- 0507-1408-8256 10:00~22:00(연중무휴)
- ₩ 5,000원~9,000원 주차장 있음
- **찾아가기** 해운대에서 자동차로 10분

시원한 바다 뷰의 루프톱 카페

스노잉클라우드는 달맞이길 언덕에 있는 달맞이공원 해월정 맞은편 건물에 있다. 대중교통이 조금 불편한 위치이긴 하지만 이런 불편만 감수한다면 맛있는 커피를 마시며 근사한 뷰를 즐기기 좋다. 스노잉클라우드는 건물 6층에 있는 루프톱 카페이다. 엘리베이터에서 내려 카페 안으로 들어가면 세련되고 깔끔하게 정리된 인테리어가 눈길을 끈다. 대리석으로 된 탁자가 카페 가운데 놓여있고 그 옆으로는 편안해 보이는 소파와 의자들이 놓여있다. 스노잉클라우드는 실내뿐 아니라 야외 테라스도 있어 날씨가 좋은 날에는 시원한 바다 뷰를 즐기기 좋으며, 밤에는 부산야경도 눈에 담을 수 있다. 아주 맑은 날에는 청사포와 대마도까지 보일 정도이다.

노래하는 음유시인 김광석
주옥같은 노래 가사가 스며드는 골목에서
추모하고 기리고 그리워하다.

김광석 노래가 들리는
골목길

김광석다시그리기 길

- 대구광역시 중구 대봉로 6-11
- 053-218-1053
- 연중무휴
- ₩ 입장료 없음
- 김광석길 공영주차장 이용
- **찾아가기** 대구 지하철 2호선 경대병원역 3번 출구에서 도보 8분

겨우 서른한 살의 나이에 요절한 김광석을 떠올리면 가슴이 아프다. 그를 사랑했던 사람이라면 누구나 그가 하회탈처럼 웃고 있는 모습을 기억할 것이다. 환하게 웃고 있는 그의 모습을 보고 있노라면 그의 노래가 귓가에 울려 퍼지는 듯하다. 잔잔하게 심금을 울리던 목소리, 지금도 그의 노래를 많은 사람이 좋아한다. 덕분에 그가 태어난 동네에 그를 기리는 벽화 거리가 생겼고, 사람들은 잊지 않고 그곳을 찾아가 그의 노래를 들으며 그를 기린다. 대구 대봉동 방천시장 인근에 '김광석다시그리기길'이 생긴 것은, 그가 태어나서 다섯 살 때 서울로 이사 가기 전까지 이곳에 살았기 때문이다. 김광석다시그리기길은 2010년 조성되었다. 길 이름은 그의 앨범 '다시 부르기'(1993)에서 따다 '김광석다시그리기길'이라 붙인 것이다. 이 거리는 수성교에서 송죽미용실까지 약 350m로, 곳곳에 그의 삶과 음악을 테마로 한 벽화가 그려져 있다. 그가 새겨진 벽화나 조형물을 찬찬히 들여다보고 노랫말을 자세히 읽으며 걸어도 시간이 그리 오래 걸리지 않는다.

이 벽화 거리에 들어서면 그의 노래가 들려오는 듯하다. 그림들이 사

실적으로 그려져 있어, 실제 그를 만나는 듯한 느낌이 든다. 그가 이 자리에서 생생한 모습으로 우리에게 노래를 불러줄 수 있다면 얼마나 좋을지, 아쉬운 마음에 젖어 들게 된다. 노래하며 즐거워하는 모습, 기타를 치며 흥겨워하는 모습, 주옥같은 노래 가사가 모두 추억이 되어 방울방울 떠오른다. 그의 노래 가사는 그야말로 한편의 서정시와 같다. 그의 노래는 리듬도 좋지만, 가사 또한 돋보이는 곡들이 많다. 가사를 정확하게 전달하는 깊은 그의 목소리가 노래의 서정성을 더욱 높여준다. 그를 그리워하며 이 길을 걷다 보면 골목길을 따라 들어선 조그만 가게들이 눈에 들어온다. 가게들은 그가 활동하던 80~90년대의 분위기를 풍기고 있어 시간여행을 하는 듯한 느낌이 든다. 김광석다시그리기길 끝자락엔 '김광석 스토리 하우스'(대구 중구 동덕로8길 14-3)가 있다. 2017년 설립된 김광석 전시 기념관으로 그의 삶과 음악에 관한 모든 걸 체험할 수 있는 곳이다. 이곳에서는 김광석을 추모하는 관객들의 마음을 만날 수 있고, 그의 생전 목소리를 들을 수 있고, 그의 성장기를 되돌아볼 수 있어 마음이 따뜻해진다.

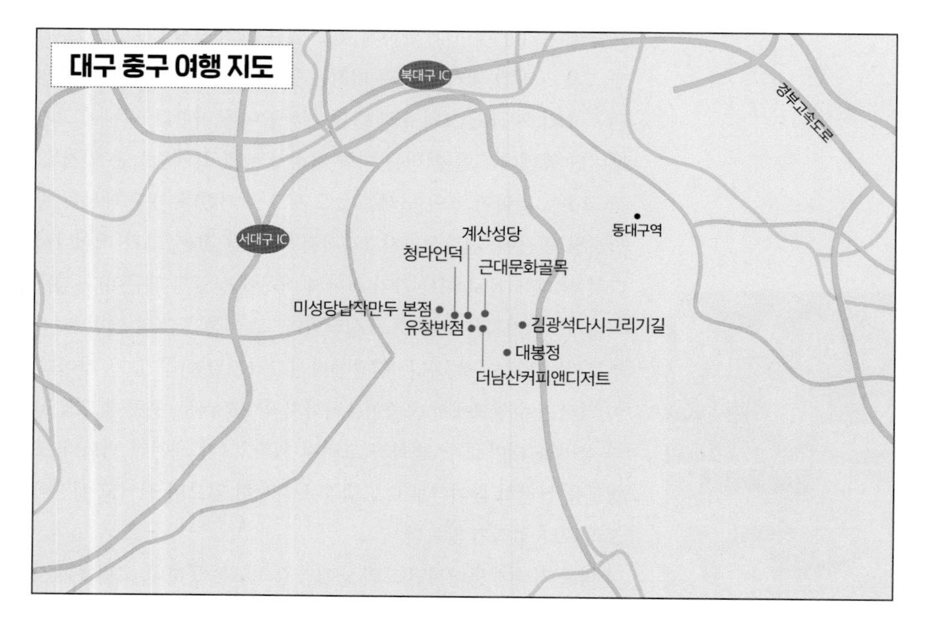

계산성당

◎ 대구광역시 중구 서성로 10
☏ 053-254-2300 ◷ 06:30~21:30
🚗 성당 북쪽의 매일빌딩 유료주차장 이용
ⓘ **찾아가기** 대구 지하철 1·2호선 반월당역 18번 출구에서 도보 6분

로마네스크 양식의 아름다운 성당

계산성당은 대구시 중구 계산오거리 부근, 근대 골목이 시작되는 청라언덕 동쪽 아래 평지에 있다. 계산성당과 청라언덕 사이에 있는 3·1운동계단을 내려오면서 동쪽을 바라보면 계산성당의 아름다운 자태가 한눈에 들어온다. 지금 계산성당은 주변 고층 건물에 의해 그 위용이 좀 줄어들긴 했지만 그래도 우뚝 솟은 두 개의 첨탑이 인상적이다. 성당은 원래 한옥식 십자형 목조건물로 지어졌으나 화재로 전소되어 새로이 고딕식으로 지어졌다. 계산성당은 서울과 평양에 이어 세 번째로 세워진 고딕 양식이 가미된 로마네스크 양식의 성당이다. 성당의 설계는 명동성당을 건축하고 전주 전동성당을 설계한 프와넬 신부가 맡았고 스테인드글라스는 프랑스에서 직접 공수해 왔다. 1902년 12월 1일 외부 공사를 완료하고 그 이듬해 축성식을 거행하였다. 계산성당은 대구 지역에 있는 유일한 1900년대 초기 건축물이지만, 그 아름다움은 어디에 내놔도 빠지지 않는다. 계산동 성당의 오른편 정원에는 수령 100년 된 감나무가 한그루 있는데, 이는 대구의 천재 화가 이인성(1912~1950)의 그림 <계산동 성당>에 등장하는 나무로 유명하다. 계산성당은 1950년에 박정희 대통령이 결혼식을 올린 장소이기도 하다.

청라언덕

대구광역시 중구 달구벌대로 2029
053-627-1337(연중무휴) 동산병원 주차장 이용(30분에 1,000원, 추가 10분당 400원)
찾아가기 대구 지하철 2·3호선 청라언덕역 9번 출구에서 도보 5분

이국적인 벽돌집 3채

청라언덕은 대구 근대문화골목이 시작되는 곳으로, 미국 선교사들이 살던 사택 3채가 있는 곳이다. 그래서 대구 기독교 100년의 역사가 시작된 곳이기도 하다. 박태준 작곡·이은상 작사의 가곡 <동무 생각>의 가사에도 청라언덕이 등장한다. '청라언덕'이라는 이름은 선교사 사택이 푸른 담쟁이(청라, 靑蘿)로 덮여 있어서 붙여진 것이다. 입구에서 청라언덕으로 향하는 좁은 길을 따라 들어서면 미국식 가옥 블레어 주택(대구유형문화재 26호)이 나온다. 2층 규모의 블레어 주택 옆에는 커다란 비석이 있다. 비석에는 청라언덕에 대한 개요와 <동무 생각> 가사가 적혀있다. 그곳에서 조금 더 안쪽으로 들어가면 미국 캘리포니아 남부에서 유행하던 주택 양식의 챔니스 주택(대구유형문화재 25호)이 있다. 챔니스 주택 아래쪽에는 사시사철 햇살이 비치는 은혜정원이 있다. 청라언덕에 살던 선교사와 가족 14명의 유해가 이곳에 안장됐다. 은혜정원 북동쪽의 스윗즈 주택(대구유형문화재 24호)은 여성 선교사 마르타 스윗즈가 살던 곳이다. 현재 이들 주택은 대구의 근대사를 보여주는 박물관으로 쓰인다. 블레어 주택은 교육·역사박물관, 챔니스 주택은 의료박물관, 스윗즈 주택은 선교박물관이 됐는데, 지금은 무기한 휴관 중이다.

근대문화골목

- 대구광역시 중구 국채보상로102길 66(쌈지공원 안내소)
- 053-661-3327(쌈지공원 안내소)
- **이상화 고택** 하절기 매일 09:00~18:00, 동절기 09:00~17:30
- **찾아가기** 대구 지하철 2·3호선 청라언덕역 9번 출구에서 도보 5분

대구 근대문화의 발자취

대구 근대문화골목은 청라언덕에서 시작된다. 현재 청라언덕엔 미국 선교사들의 사택으로 지어진 세 채의 이국적인 벽돌집이 남아있는데, 모두 대구유형문화재로 지정되어 있다. 청라언덕에서 내려가는 길 왼쪽엔 제일교회가 있다. 제일교회는 1933년 미국 선교사들에 의해 세워진 대구 최초의 기독교 교회이다. 그 옆으로 난 샛길이 3.1운동계단이다. 다소 경사가 급한 계단으로 3·1운동 당시 학생들이 일본 경찰을 피해 집결지인 서문시장으로 이동했던 길이다. 3·1운동계단을 내려오면 건너편에 계산성당이 있다. 이 지역에서 가장 오래된 주교좌성당으로 김수환 추기경이 서품받은 곳이다. 계산성당 남쪽에 항일시인 이상화 고택과 서상돈 고택이 있다. 이상화는 1939년부터 1943년에 사망할 때까지 이곳에 살았다. 서상돈은 보부상을 하면서 돈을 벌어 국채보상운동을 주도했던 인물이다. 그리고 계산성당 북동쪽에 있는 작가 김원일의 '마당 깊은 집'을 둘러본 후, 약령시 한의약박물관을 지나면 진골목이 나온다. 진골목은 근대 골목 투어의 하이라이트로 당시 경상도 최고의 부자들이 살던 곳이었다. 전체 거리는 2km 정도로 약 2시간 소요된다.

RESTAURANT

미성당납작만두 본점

대구광역시 중구 명덕로 93 053-255-0742
화~금 10:30~21:00, 토·일 10:30~20:00(월요일 휴무)
₩ 4,500원~5,500원 인근 공영주차장(대구 중구 남산로 2) 이용 **찾아가기** 대구 지하철 3호선 남산역 2번 출구에서 도보 5분

60년 전통의 납작만두 성지

대구 고유의 음식인 납작만두는 본래 극소량의 부추나 당면이 만두소로 들어가 아주 얇고 납작하다. 기름에 지지듯이 구워서 고춧가루와 양파를 넣은 간장을 뿌려서 먹는데, 이 맛의 매력을 알지 못하는 사람에게는 그냥 밍밍한 밀가루 맛 만두에 불과할 수도 있다. 납작만두는 매운 떡볶이나 쫄면, 또는 라면과 만나면 비로소 별미가 된다. 미성당은 1963년부터 영업을 시작한 60년 전통의 납작만두 성지와도 같은 곳이다. 가로수에 가려져 간판조차 잘 보이지 않지만, 내공 있는 맛집이다. 가게 안으로 들어서면 아담하고 평범한 분식점인데, 항상 많은 사람으로 북적인다. 포장해 가는 사람들도 많다.

RESTAURANT

유창반점

대구광역시 중구 명륜로 20 053-254-7297
11:00~19:30(연중무휴) ₩ 5,000원~30,000원
도로변 주차 가능(12:00~14:00)
찾아가기 대구 지하철 1·2호선 반월당역 19번 출구에서 도보 6분

중화비빔밥과 중화짬뽕 전문점

유창반점은 1977년에 영업을 시작한 중국 요리 집으로, 계산오거리에서 명륜로 방향으로 약 300m 떨어진 대로변에 있다. 대표 메뉴 중의 하나는 중화비빔밥이다. 중화비빔밥은 오징어와 소고기에 불맛을 입힌 후 채소, 양념을 넣고 볶은 밥이다. 실하고 살 많은 오징어와 버섯, 소고기, 새우가 가득 들어있다. 양념이 골고루 잘 배도록 비벼서 먹으면 된다. 전체적으로 단맛이 조금 강하고 매콤하다. 이곳을 찾는 손님들이 즐겨 먹는 또 하나의 메뉴가 바로 중화짬뽕이다. 목이버섯을 비롯하여 새우, 고기 등 여러 가지 재료가 들어가며, 빨간 국물이 입맛을 자극한다. 면발이 쫄깃하고 국물이 걸쭉하다.

CAFE & BAKERY

대봉정

대구광역시 중구 명덕로 249 053-252-3338
10:00~22:00(연중무휴)
₩ 4,000원~12,000원 전용 주차장
찾아가기 대구 지하철 3호선 건들바위역 1번 출구에서 도보 3분

정원이 아름다운 베이커리 카페

건들바위공원을 마주 보고 서면 가파른 언덕 위 우거진 나무 사이로 건물이 보이는데, 그곳이 바로 대봉정이다. 납작하고 둥그런 돌을 이용한 건물이 멋스럽다. 무엇보다 대봉정을 아름답게 만드는 것은 바로 건물 앞뒤로 늘어선 나무들이다. 수령이 오래된 듯 나무의 높이와 굵기가 모두 예사롭지 않다. 도심 속에 이런 곳이 있다니 기쁜 일이 아닐 수 없다. 대봉정 실내에 들어서면 창밖으로 보이는 나무들이 그림 같다. 맛있는 베이커리와 커피 향이 빚어내는 하모니가 어우러져 더 멋진 풍경이 된다. 실내뿐 아니라 나무들이 숲을 이룬 곳곳에도 테이블이 있다. 카페와 더불어 독립서점, 갤러리, 피자가게, 꽃가게 등도 함께 있어 규모가 꽤 크다.

CAFE & BAKERY

더남산커피앤디저트

대구광역시 중구 달구벌대로414길 20
0507-1358-1022 10:00~22:00(연중무휴)
₩ 4,500원~12,500원 전용 주차장 **찾아가기** 대구 지하철 1·2호선 반월당역 19번 출구에서 도보 5분

맛있는 커피와 함께 즐기는 여유

더남산커피앤디저트는 반월당역과 가까운 남산동 주택가의 베이커리 카페다. 조금 허름한 골목길을 들어서면 의외로 규모가 제법 큰 카페가 나온다. 더남산커피앤디저트 건물은 ㄱ자형으로 되어 있는데, 왼편의 예스24 건물과 연결되어 ㄷ자형 건물로 보인다. 더남산커피앤디저트와 예스24 건물 사이의 공간은 작은 정원으로 꾸며져 있다. 실내는 널찍한 데다 천장이 높고 인테리어는 고급스럽다. 무엇보다 예스24와 연결되는 통로 쪽에 마련된 계단식 좌석이 아주 멋스럽다. 벽면을 책장으로 채운 계단식 좌석에 앉은 사람들의 모습이 이국적이면서도 운치가 있다. 서점에 들러 좋은 책 한 권 고른 후 이곳에서 커피 한 잔의 여유를 즐기기 좋다.

사유원은 내면 여행의 성지이다.
나뭇가지처럼 뻗은 산책로를 걷고,
수목원에 숨은 건축을 유심히 살피노라면
문득 평화가 찾아오고 따뜻함이 차오른다.

사유원

- 대구광역시 군위군 부계면 치산효령로 1150
- 054-383-1278
- 09:00~17:00(월요일 휴무)
- ₩ 평일 50,000원, 주말 및 공휴일 69,000원
- 전용 주차장
- **찾아가기** 상주영천고속도로 동군위IC에서 자동차로 3분

사유원은 2021년 9월에 개장한 수목원이자 산지 정원이다. 우리나라에서는 보기 드물게 자연과 수준 높은 건축을 더불어 체험할 수 있는 매력적인 곳이다. 수목원 이름은 삼국시대 불상 '반가사유상'에서 따왔다. 사유원이라는 수목원 이름에서 알 수 있듯이 건축을 세심하게 살피고 자연을 깊이 받아들이며 내면 충만하게 사색하기 더없이 좋은 공간이다. 사유원에서는 조금 느리게 걷고, 조금 천천히 사색하길 권한다. 그래야 자연과 건축, 공기와 분위기까지 온전히 느끼고 공유할 수 있다.

사유원에는 모던하고 매력적인 건축물 10여 점이 숨바꼭질하듯 숨어있다. 숨어있다는 말을 등성이와 골짜기에서 저마다의 모습으로 관람객의 사유를 자극하고 있다고 바꾸어도 좋겠다. 건축물 자체가 시선을 내면으로 향하며 조용히 사유하고 있는 것처럼 보이기도 한다. 한편으로는 독립적인 작품이 되기도 하고, 다른 한편으로는 자연과 조화를 이루어 애초에 거기에 있었던 것처럼 매혹적인 풍경이 되기도 한다. 이들 건축은 내로라하는 건축가가 디자인했다. 우리나라의 대표적인 건축가 중 한 명인 승효상과 건축계의

노벨상이라 일컫는 프리츠커상을 수상한 포르투갈의 알바로 시자가 그들이다.
승효상은 출입구인 치허문을 비롯하여 명정, 사담, 오당과 와사, 첨단, 금오유현대, 현암 등을 설계했다. 알바로 시자는 내심낙원, 소요헌, 소대를 디자인했다. 하지만 그 건축물을 누가 설계했는가는 그다지 중요하지 않다. 이보다 더 중요한 건 건축물이 주변 풍경, 그러니까 사유원의 자연과 아름답게 공존하고 있다는 사실이다. 그냥 발길 닿는 대로 걸으며 자연과 어우러진 건축물을 보고 느끼는 것만으로도 마음에 한 뼘 이상의 여유가 생긴다. 사유원에는 여러 갈래 산책로가 있다. 산책로는 나무에서 가지가 나오듯 사유원 이곳저곳으로 뻗어간다. 가장 짧은 목련길을 비롯하여 백일홍길, 모과길, 고송길이 당신을 사색의 시간으로 초대한다. 어느 길을 선택하든 느리게 걷다 보면 예상치 못한 풍경에 가슴이 벅차오를 것이다. 카페에서 감상하는 풍경도 매력적이다. 사유원은 걷거나 무심히 풍경을 보고 있으면 저절로 겸손해지고 마음이 따듯해지는 곳이다. 문득 평화로움을 느끼고, 내면에 찾아온 행복감에 잔잔한 기쁨을 경험하는 곳, 사유원은 그런 곳이다.

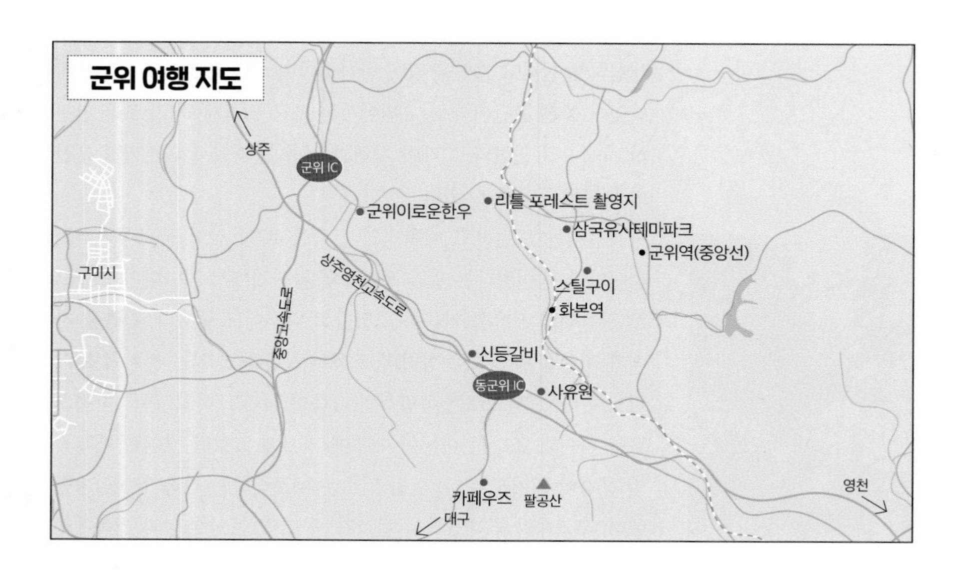

화본역

대구광역시 군위군 산성면 산성가음로 711-9
1588-7788 09:00~17:00(연중무휴)
₩ 무료 전용 주차장
찾아가기 ①상주영천고속도로 동군위IC에서 자동차로 8분 ②사유원에서 자동차로 9분

추억이 피어나는 간이역

화본역은 대구광역시 군위군 산성면 화본리에 있던 중앙선의 간이역이었다. 1936년 완공되어 1938년 2월 1일부터 보통역으로 출발하였으나, 2024년에 중앙선 철도 복선 전철화 공사가 완료되면서 86년 만에 폐역되었다. 군위군과 코레일은 화본역을 옛 모습 그대로 복원하였다. 역사로 들어서면 옛날 사진과 소품들이 반겨준다. 어릴 때 추억이 몽글몽글 피어난다. 화본역에는 옛 증기 열차에 물을 공급하던 급수탑이 완전한 모습으로 남아있다. 역사를 지나고 선로를 건너 왼쪽 길로 조금만 내려가면 급수탑을 만날 수 있다. 1899년부터 1967년까지 증기기관차에 물을 공급했다. 높이는 25m, 지름이 4m이다. 가까이 다가가면 엄청난 규모에 놀라게 된다. 내부까지 들어갈 수 있어서 급수탑의 구조를 이해하는 데 도움을 준다. 내부 벽면에는 '석탄 정돈, 석탄 절약'이라는 글씨가 뚜렷이 남아있다. 세월의 흐름이 느껴진다. 급수탑 안에는 하얀 천마 조각상과 창밖을 바라보는 소녀상이 설치되어 있다. 역 앞에는 박해수 시인의 '화본역 시비'가 있으며, 역사의 왼쪽에는 새마을호 동차를 활용하여 만든 레일 카페가 있다. 기차 여행의 추억을 떠올리기 안성맞춤인 공간이다. 카페는 주말과 공휴일에만 운영한다.

삼국유사 테마파크

대구광역시 군위군 의흥면 일연테마로 10 054-380-3964 10:00~18:00(월요일 휴무) ₩ 8,000~15,000원 전용 주차장 **찾아가기** ①상주영천고속도로 동군위IC에서 자동차로 14분 ②사유원에서 자동차로 16분

우리의 신화 속으로

<삼국유사>는 고려 후기의 승려 보각국사 일연이 전승돼 오던 우리 고대의 역사와 신화, 설화를 담은 책이다. <삼국사기>와 더불어 우리 고대사의 양대 사료이다. 차이점은 <삼국사기>가 정사를 중심에 두었다면, <삼국유사>는 신화와 설화 같은 신비롭고 기이한 이야기가 많다. 일연 스님이 <삼국유사>를 편찬한 곳은 군위군에 있는 인각사라는 절이다. 인각사는 신라 선덕여왕 11년(642년)에 의상대사가 창건했다. 일연 스님은 95세의 노모를 모시기 위해 인각사로 와서 <삼국유사>를 저술하였다고 전해진다.

삼국유사 테마파크는 이름처럼 <삼국유사> 속 이야기를 주제로 만든 테마파크이다. 테마파크로 들어서는 순간부터 삼국유사에서 영감을 얻은 다양한 조형물이 나타난다. 정문인 가온문을 지나면 17m 높이의 신화목이 나타난다. 단군신화의 신단수를 모티브로 만든 것이다. 신화목 근처엔 해룡 열차 승차장이 있다. 이 열차를 타면 조금 더 편하게 테마파크를 구경할 수 있다. 전시관에 가면 체험과 관람을 통해 삼국유사에 나오는 이야기 전반에 대해 이해할 수 있다. 웅녀 탄생 설화를 재현한 웅녀동굴도 볼만하다. 즐길 거리도 다채로운데, 해룡 열차 외에 해룡 슬라이드, 해룡 물놀이장, 국궁 체험장을 꼽을 수 있다.

리틀 포레스트 촬영지

◎ 대구광역시 군위군 우보면 미성5길 58-1 ☏ 054-380-6230 ₩ 무료 🚗 혜원의 집 근처 마을 주차장
ⓘ **찾아가기** ①상주영천고속도로 동군위IC에서 자동차로 17분 ②사유원에서 자동차로 19분

잠시 멈춰도 좋아!

<리틀 포레스트>는 교사를 꿈꿨으나 취업에 실패한 주인공 혜원이 고향으로 내려가 음식과 자연, 친구를 통해 조금씩 상처를 치유해 가는 과정을 그린 힐링 영화이다. 원작은 이가라시 다이스케의 일본 만화이다. 영화는 주로 군위군 우보면 미성리에서 찍었다. 혜원은 직접 키운 농작물로 한 끼 한 끼 음식을 만든다. 직장을 그만두고 낙향해 사과를 키우는 재하, 도시를 꿈꾸는 시골 농협 창구 직원 은숙과 재잘재잘 어울리며 사계절을 보낸다. 큰 사건이나 특별한 반전은 없다. 시간이, 계절이, 풍경이, 쉼표 같은 혜원의 삶이 따뜻하고 평화롭게 흘러간다. 관객은 그러나 이 소소한 이야기에서 행복감을 느끼고, 자신의 삶을 돌아보게 된다.
자연에 깃들어 잠시 쉬어가는 혜원의 일상은 의외로 큰 반향을 일으켰다. 영화의 감동과 가시지 않는 여운이 사람들을 영화 촬영지로, 10년 가까이 지난 지금도 이끌고 있다. 영화는 주로 군위군 우보면 미성리에서 찍었다. 혜원의 집은 산자락 아래에 있다. 혜원의 집 뒤로는 산자락과 산자락이 만나 골짜기를 이루고, 집 앞으로는 구천(九川)이 흐르고 그 너머로 들판이 펼쳐져 있다. 화단이 혜원의 집으로 가는 길을 안내한다. 마치 혜원이의 손길이 닿은 듯한 느낌이 든다. 집은 영화에 나오는 그대로다. 부엌에는 촬영 때 사용한 양념통들이 자리를 지키고 있다. 금방이라도 혜원이 나타나 요리할 것 같다.

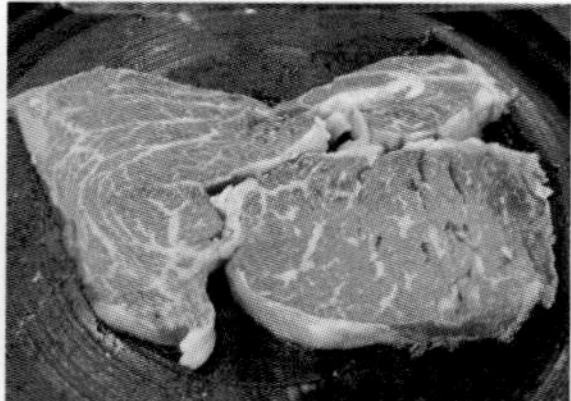

RESTAURANT

군위이로운한우

대구광역시 군위군 효령면 간동유원지길 14
054-382-9800 11:00~20:00(연중무휴)
₩10,000원~40,000원 전용 주차장
찾아가기 ①상주영천고속도로 동군위IC에서 자동차로 17분 ②사유원에서 자동차로 18분

축산 농민들이 직영한다

이름 그대로 한우 고깃집이다. 군위군 효령면 간동유원지 옆에 있다. 이곳은 일반 음식점과 운영 방식이 조금 다르다. 군위 지역의 한우작목반 농가들이 영농법인을 설립하여 직영한다. 2008년 처음 문을 열었다. 식당으로 들어가면 먼저 정육점이 보인다. 정육점에서 자신이 먹고 싶은 소고기 부위를 직접 주문한 후 식당으로 들어가면 된다. 식당 내부가 널찍하고 좌석 간격이 넉넉하다. 식당에서는 기본 상차림 비용을 받는다. 정육점 가격에 고기를 판매하는 정육식당의 형태인 셈이다. 자리에 앉으면 고기와 함께 기본 반찬과 상추, 깻잎, 풋고추가 나온다. 쌈 채소가 신선하다. 나물이 신선하고 깨끗하다. 식사 메뉴로는 냉면, 소면, 된장찌개가 있다.

RESTAURANT

신등갈비

대구광역시 군위군 부계면 치산효령로 1414
0507-1492-3789 10:30~20:30(화요일 휴무)
₩10,000원~60,000원 전용 주차장
찾아가기 ①상주영천고속도로 동군위IC에서 자동차로 1분 ②사유원에서 자동차로 3분

야들야들한 등갈비묵은지찜

고깃집 같기는 한데 식당 이름이 애매해서 선뜻 의미를 모르겠다. 첫 글자 '신'이 '새로운'이라는 뜻인가 했더니 매울 신(辛)이란다. 신등갈비는 군위에서 매운 등갈비 음식으로 유명한 곳이다. 대표적인 메뉴로는 등갈비묵은지찜, 등갈비감자탕, 등갈비구이가 있다. 이 중에서 등갈비묵은지찜의 인기가 제일 많다. 묵은지와 돼지등갈비를 넣고 푹 끓여 내온다. 테이블에서 한 번 더 끓여 먹는다. 등갈비 여덟 쪽이 나오는데, 미리 챙겨준 비닐장갑이 필요 없을 만큼 고기가 야들야들하다. 묵은지는 신맛과 단맛, 고소한 맛까지 날 만큼 풍미가 좋다. 묵은지를 잘게 찢어 고기, 쌀밥과 함께 먹으면 더 맛있다. 국물은 얼큰하고 칼칼해서 속이 저절로 풀리는 것 같다.

CAFE & BAKERY

스틸301

대구광역시 군위군 산성면 산성가음로 996
0507-1354-0303 10:30~18:30(첫 번째 화요일 휴무)
₩ 6,000원~7,000원 전용 주차장
찾아가기 ①상주영천고속도로 동군위IC에서 자동차로 12분 ②사유원에서 자동차로 13분

폐공장을 대형 카페로

삼국유사 테마파크에서 자동차로 3분 거리에 있는 공장형 대형 카페이다. 주차장도 크지만, 넓은 잔디밭과 카페 규모에 놀라게 된다. 주차장을 포함한 전체 넓이가 5,400평이나 된다. 몇 해 전 폐공장을 리모델링해 카페로 만들었다. 주차장에 차를 세우고 카페로 향하면 정원 같은 넓은 잔디밭이 먼저 보인다. 운치 있게 구부러진 소나무 한 그루가 멋스럽다. 카페로 들어서면 크기에 놀라고, 도서관에 들어선 듯 차분한 분위기에 한 번 더 놀란다. 창으로 보이는 바깥 풍경이 너무 아름답다. 창문이 액자 프레임 같다. 잔디정원과 굽은 소나무가 한 폭의 그림처럼 보인다. 창문을 향해 앉은 사람들의 뒷모습이 하나의 풍경이 된다. 카페 옆은 커다란 캠핑장이다.

CAFE & BAKERY

카페우즈

대구광역시 군위군 부계면 한티로 2034
054-383-0889 11:00~19:00(월 17:30까지, 수~금 18:00까지, 화요일 휴무) ₩ 5,000원~12,000원 전용 주차장 **찾아가기** ①상주영천고속도로 동군위IC에서 자동차로 8분 ②사유원에서 자동차로 10분

팔공산 계곡 옆 카페

팔공산 북쪽 자락에 있는 계곡 전망 정원 카페이다. 팔공산에서 북쪽으로 길을 잡은 물은 동산계곡을 지나 한보저수지에서 잠시 머물렀다가 다시 남천으로 흘러 들어간다. 카페우즈는 한보저수지 아래 남천 옆에 있다. 카페는 남천을 바라보고 있다. 넓은 바위와 그 사이 계곡을 보면서 커피 한 잔의 여유를 즐기기 좋다. 카페는 꽤 넓은 잔디마당을 갖추고 있어서 반려동물과 같이 가도 좋다. 주차장 옆 카페에도 좌석이 있지만, 건물 밖에도 야외 테이블이 있다. 계곡을 따라 길게 조성된 정원에 쭉 테이블을 배치해 놓았다. 계곡 뷰 좌석에 앉으면 물소리를 들으며 한결 여유롭게 커피를 마실 수 있다. 한적한 산골로 여행 온 기분이 들어 마음이 절로 가벼워진다.

신라 조경예술의 절정을 보여주는 곳
낮보다 야경이 더 아름답다.
연못에 비친 임해전이 특히 환상적이다.
어둠이 내리면, 동궁과 월지로 낭만 야행을 떠나자.

자박자박 낭만 야행을 떠나자 **동궁과 월지**

- 경북 경주시 원화로 102
- 054-750-8655
- 매일 09:00~22:00(입장 마감 21:30)
- ₩ 1,000원~3,000원
- 전용 주차장
- **찾아가기** ①KTX 경주역에서 택시 17분 ②경부고속도로 경주IC에서 자동차로 7분 ③첨성대에서 도보 15분

©경주시청

동궁은 신라 때 반월성 북동쪽에 있었던 별궁이다. 경주에서 야경이 가장 아름다운 곳으로, 저녁 무렵이면 야경을 감상하기 위해 사람들이 동궁으로 모여든다. 동궁과 월지에 관한 이야기는 〈삼국사기〉에 비교적 자세하게 남아있다, 〈삼국사기〉 기록에 따르면 신라 왕실은 삼국을 통일한 직후인 서기 674년(문무왕 14년)에 월지를 만들었다. 679년에는 월지 주변에 왕자가 머물 동궁을 건축하였다. 지금은 동궁이라고 부르지만, 신라 때 이름은 임해전이었다. 임해전은 바다 옆에 있는 전각이라는 뜻이다. 바다가 없는데 바다 옆에 전각이 있다고 했다. 이는 은유적인 표현이다. 백제에서는 이보다 몇십 년 앞서 왕궁 남쪽에 태자궁을 지었다. 연못도 만들었는데, 그게 궁남지이다. 궁남지에도 망해루와 망해정이라는 전각이 있었다. 아마도 신라는 백제의 태자궁과 궁남지에서 영감을 얻어 동궁과 월지를 만든 듯하다. 마찬가지로 궁남지의 망해루와 망해정에서 힌트를 얻어 전각 이름을 임해전이라 지은 게 아닌가 싶다.

동궁은 왕자의 거처였으나 나라에 경사가 있거나 귀한 손님을 대접할 때 연회 장소로 사용하기도 했다. 바로 옆에 바다를 닮은 연못

이 있었으니 연회 장소로는 그만이었을 법하다. 하지만 동궁은 경순왕 때 후백제 견훤의 침략에 시달리자, 왕건을 초청하여 위급한 상황을 호소하며 잔치를 베풀었던 굴욕의 장소이기도 하다. 동궁과 월지는 한동안 안압지라 불렸다. 고려 때 몽골 침입 이후 방치된 월지에 갈대가 무성하고, 오리와 기러기들이 날아다니자, 조선의 묵객들이 이를 보고 '오리와 기러기가 있는 연못'이라고 하여 안압지라 부르게 된 것이다.

월지는 동서 약 200m, 남북 약 180m에 이르는 제법 큰 네모형 연못이다. 〈삼국사기〉에 "궁 안에 연못을 파고 가산을 만들고 화초를 심고 기이한 짐승들을 길렀다."라는 기록이 나온다. 연못 안에는 발해만 동쪽에 있다고 여기는 삼신도를 본떠 크기가 다른 섬 세 개를 만들어 놓았다. 지금은 비록 기이한 짐승은 없지만, 어떤 짐승이 이런 멋진 곳에 살았는지 상상하게 된다. 해가 지면 동궁과 월지 야경을 즐기기 위해 많은 이들이 찾는다. 자박자박, 서라벌 야행을 즐겨보자.

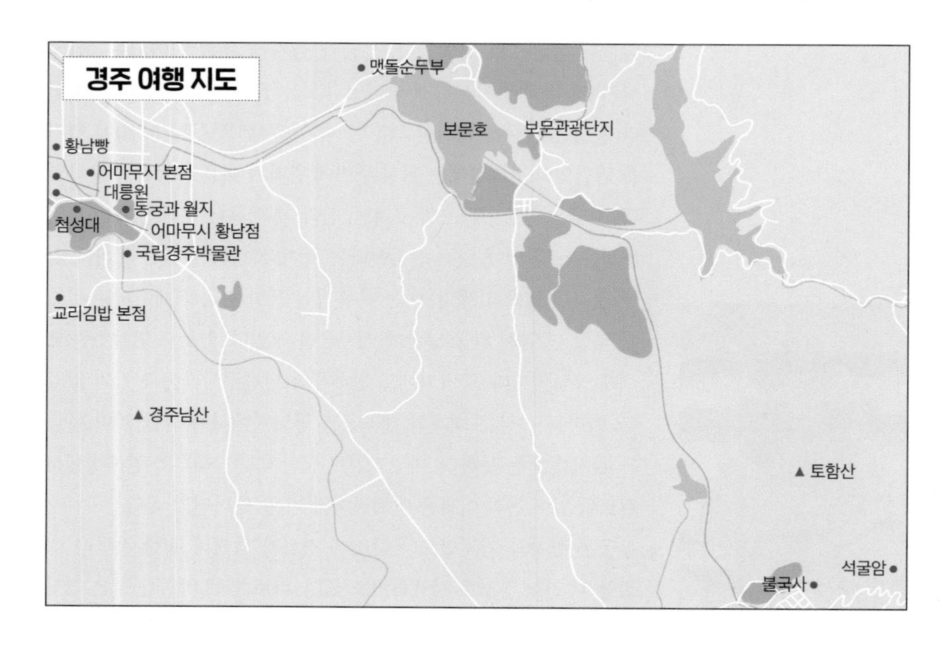

ONE MORE 여기도 좋아요!

대릉원

경북 경주시 계림로 9
054-772-6317 매일 09:00~22:00
₩ 성인 1,000원~3,000원 대릉원 주차장
찾아가기 ①경주고속버스터미널에서 도보 11분
②첨성대에서 도보 5분

©경주시청

©경주시청

독특하고 비현실적인 풍경

경주는 왕릉의 도시다. 경주에는 55기의 신라 시대 왕릉이 있으며, 왕족과 귀족의 능까지 합치면 약 150기가 흩어져 있다. 그중에서도 하이라이트는 단연 대릉원이다. 경주 중심가 황리단길 동쪽에 있으며, 첨성대, 동궁과 월지, 국립경주박물관에서 가깝다. 대릉원에는 제주의 오름 같은 커다란 고분들이 모여 있다. 고분 23기가 모여 독특하고 비현실적인 도심 풍경을 연출해 준다. 이 능을 지나면 또 다른 능이 나타나는 게 첩첩 이어지는 산봉우리를 보는 것 같다. 고분들은 주택가와 상가에 바로 인접해 있다. 경주는 산 자와 죽은 자의 공간이 공존하는 독특한 도시이다. 대릉원이라는 이름은 '미추왕을 대릉에 장사 지냈다.'라는 삼국사기의 기록에서 따왔다.
대릉원은 넓이가 약 12만 평으로 경주의 고분군 중에서 규모가 가장 크다. 특히 남북 길이 120m에 높이가 23m인 황남대총이 압권이다. 두 개의 봉분이 잇닿아 있어 표주박을 엎어놓은 듯한 모양이다. 황남대총 발굴 과정에서 금관, 금동관, 은관, 장신구, 은제 허리띠, 장신구 등 유물 2만여 점이 나왔다. 천마도가 나온 천마총은 대릉원에서 유일하게 내부 관람을 할 수 있다. 고분 안으로 직접 들어가 시신을 안치한 방과 금관·천마도·금 허리띠 같은 출토 유물을 구경하는 재미가 특별하다.

첨성대

경북 경주시 인왕동 839-1
₩ 무료 대릉원 주차장
ⓘ **찾아가기** 대릉원에서 도보 5분

동양에서 가장 오래된 천문대

대릉원 남동쪽에 있는 첨성대(국보 31호)는 동양에서 가장 오래된 천문대이다. 신라 선덕여왕(재위 632년~647년) 때 세웠다. 높이 9.17m, 밑지름 4.93m, 윗지름 2.85m로 유연한 곡선을 이루고 있다. 사용한 돌은 모두 362개로, 1년의 음력 일수와 같다. 몸통 돌은 27단인데, 신라 27대 왕인 선덕여왕을 뜻한다. 꼭대기의 우물 정(井)자 모양 돌까지 더하면 28단인데, 이는 기본 별자리 28수를 상징한다. 정(井)자 돌의 각 면은 정확히 동서남북을 가리킨다. 석단 중간엔 정남향으로 네모난 창이 나 있다. 사다리를 타고 창 안으로 들어가 천문을 관측한 것으로 보인다. 첨성대에 쓰인 돌은 콘크리트보다 2배 이상 강하다는 화강암이다. 석재와 석재 사이엔 접착제를 하나도 사용하지 않았다. 그런데도 아직도 굳건하다. 신라인들의 지혜와 기술에 놀라울 따름이다.
유채, 국화, 핑크뮬리……. 첨성대 주변 정원엔 계절마다 아름다운 꽃이 핀다. 화사한 꽃들이 첨성대와 어우러져 황홀하고 이국적인 풍경을 연출한다. 낮 풍경도 멋지지만, 보드라운 주황빛 조명을 받은 야경도 무척 매혹적이다. 첨성대 부근의 커다란 나무를 배경으로 사진을 찍으면 그림처럼 멋진 야경 사진을 얻을 수 있다.

불국사

경북 경주시 불국로 385 054-746-9913
매일 09:00~17:00 ₩ 무료 불국사 주차장
찾아가기 ①경부고속도로 경주IC에서 자동차로 18분
②경주 시내에서 10번, 11번 버스 이용. 30~40분 소요

한국 불교 건축의 꽃

"불국사는 석조 기단과 목조 건축이 잘 조화된 고대 한국 사찰 건축으로 그 가치가 특출하다." 1995년 유네스코는 불국사를 세계문화유산으로 선정하는 이유를 이렇게 설명했다. 정확한 표현이다. 불국사는 건축 기술, 창조성, 예술성 등 여러 면에서 한국 불교 건축의 절정을 보여준다. 경덕왕(재위 742~765) 때 재상이었던 김대성이 책임을 맡아 창건했다. 불국사는 석단 위에 자리하고 있는데, 석단 위는 부처의 세계이고 아래는 범부의 세계이다. 불국사는 완공 당시 2천여 칸에 달하는 대가람이었다. 그러나 임진왜란 때 왜군의 방화로 전소되었다. 1604년 중수를 시작한 뒤 19세기 초까지 여러 차례 수리하였다. 불국사는 청운교, 백운교, 연화교, 칠보교, 석가탑, 다보탑, 금동비로자나불좌상 등 국보급 유물을 여럿 보유하고 있다.
여러 유물 중에서 가장 사랑받는 주인공은 대웅전 앞마당을 지키는 석가탑과 다보탑이다. 석가탑은 단순한 조형미가 돋보이고, 다보탑은 정교한 창의성이 남다르다. 게다가 닮은 구석이 없는 두 개의 탑이 빚어내는 긴장미와 조화로움이 특별하다. 석가탑은 다보탑을 탓하지 않고, 다보탑은 석가탑을 밀어내지 않는다. 대웅전 앞마당은 불국사에서 가장 멋진 공간이다. 석굴암도 같이 둘러보길 권한다.

RESTAURANT

교리김밥 본점

경북 경주시 탑리3길 2 054-772-5230
08:30~17:30(월,화,목,금), 08:30~18:30(토,일), 수요일 휴무 ₩ 8,000원~16,500원 전용 주차장, 오릉 주차장
찾아가기 대릉원과 황리단길에서 택시 4분

풍부한 재료가 주는 깊은 맛

교리김밥 본점은 원래 교촌마을에 있었으나 2020년 3월, 오릉 근처로 이전하였다. 오릉 맞은편 도로 옆에 있어서 찾기도 쉽다. 신축건물이라 외부와 내부 모두 깔끔하다. 포장해 가는 손님이 많아 식사 공간은 그리 넓지 않다. 교리김밥은 다른 김밥집과 달리 양념하지 않은 맨밥을 사용한다. 김 위에 꼬들꼬들한 맨밥을 얇게 펴고 그 위에 살짝 절인 오이와 조린 우엉, 볶은 햄을 넣는다. 달걀 지단은 다른 집보다 두 세배 많이 넣는다. 밥은 전체 양의 30% 정도 되고, 나머지는 속 재료로 꽉 채운다. 여러 재료가 어울려 깊게 퍼지는 향이 입안을 행복하게 한다. 부추가 들어간 잔치국수도 김밥과 함께 맛보기를 추천한다.

RESTAURANT

맷돌순두부

경북 경주시 북군길 7 054-745-2791
08:00~21:00(브레이크타임 16:00~17:00, 목요일 휴무)
₩ 12,000원~15,000원 가게 앞 주차장
찾아가기 첨성대와 대릉원에서 자동차로 11분, 보문단지와 경주월드에서 자동차로 8분

국산 콩으로 만든 고소한 순두부

경주에서 이름난 순두부 전문점이다. 보문단지 근처 동궁원 건너편 순두부 골목에 있다. 건물을 새로 지어 깨끗하며, 직원들이 맞춤 옷차림을 하는 등 서비스에서 전문성이 느껴진다. 주요 메뉴는 순두부와 순두부찌개, 해물파전, 모두부, 바비큐샐러드이다. 순두부찌개를 주문하면 비지찌개를 중심으로 밑반찬 여섯 개를 타원형으로 배치하는데, 그 모습이 마치 꽃송이 같다. 곧이어 날달걀 한 개와 펄펄 끓는 순두부찌개가 나온다. 새우 외에 다른 부재료를 넣지 않아 국물 맛이 깔끔하다. 순두부는 아침마다 국산 콩을 직접 맷돌로 갈아서 만들기에 입자가 조금 크다. 그래서 더 감칠맛이 돌고, 식감도 아주 좋다.

CAFE & BAKERY

황남빵

경북 경주시 태종로 783 054-749-7000
매일 08:00~22:00
₩ 20개 24,000원 전용 주차장
찾아가기 대릉원 후문에서 도보 4분, 첨성대에서 도보 11분

국내산 팥의 향과 맛이 그대로

1939년부터 황남동에서 국화 모양 빵을 만든 100년 기업이다. 몇 해 전 옛 건물을 헐고 깔끔한 건물로 신축하였다. 안으로 들어가면 제빵사 10여 명이 분주하게 빵을 만드는 모습이 눈에 들어온다. 황남빵은 국산 팥을 사용하여 만든다. 반죽과 팥소의 무게 비율이 약 3:7이다. 빵 껍질이 두껍지 않아 밀가루 냄새가 없고, 빵이 식어도 부드럽다. 황남빵의 지름은 약 3cm 정도로 한입에 먹기도 좋다. 황남빵을 가장 맛있게 먹는 방법은 현장에서 구매하여 바로 먹는 것이다. 빵에 따끈한 온기가 남아있을 때 먹으면 국산 팥의 진한 향과 맛을 제대로 느낄 수 있다. 팥소가 따끈하고 은은하게 달콤한 맛이라 질리지 않는다. 대릉원 후문에서 가깝다.

CAFE & BAKERY

이스트앵글 베이커리카페

경주시 양남면 해변공원길 4 054-771-4131
주중 10:00~20:00(주말 10:00~21:00, 연중무휴)
₩ 6,000원~10,000원 전용 주차장
찾아가기 불국사에서 자동차로 40분

푸른 바다를 그대 품 안에

경주 시내에서 자동차로 약 1시간 정도 떨어진 양남면 바닷가에 있다. 해변을 따라 많은 카페가 들어섰지만, 특히 이스트앵글은 탁월한 오션 뷰를 자랑한다. 앞에는 시원한 동해가 펼쳐져 있고, 왼쪽으로는 햇빛에 반짝거리는 해변 마을의 알록달록한 지붕들이 멋진 풍경을 만들어 준다. 3층 규모의 베이커리 카페로 1층에는 실내와 실외에 좌석이 있으며, 2층부터는 노키즈 존이다. 3층은 루프톱인데 바람이 좀 세지만 멋진 사진을 얻을 수 있다. 카페로 들어서면 달콤한 빵 냄새가 먼저 다가와 반긴다. 매일 11시부터 12시 사이에 빵이 나온다. 유기농 밀가루를 사용하여 맛이 담백하면서도 부드럽고 달콤하다. 눈이 시리게 푸른 바다가 커피 맛을 돋우어 준다.

유네스코가 인정한 600년 전통 마을
초가와 기와집의 조화가 아름다운 마을을 걷노라면
조선 시대로 돌아간 듯 기분이 특별하다

오래된 마을을 걷는 즐거움

안동하회마을

경북 안동시 풍천면 전서로 186
054-852-3588
4~9월 09:00~18:00, 10~3월 09:00~17:00
1,500원~5,000원
전용 주차장
찾아가기 ①KTX 안동역에서 택시 17분 ②중앙고속도로 서안동IC와 남안동IC에서 자동차로 17분

하회마을은 유네스코 세계문화유산이자 안동의 대표 브랜드이다. 유네스코는 세계문화유산 등재 이유를 다음과 같이 밝혔다. "하회마을은 잘 보존된 씨족 마을로, 조선 시대의 유교 문화를 가장 잘 보여주고 있다." 하회마을이 처음 세상에 등장한 건 고려 말이다. 허 씨와 안 씨, 그리고 풍산류씨 세 씨족이 어울려 살았으나 14세기~15세기 이르러서는 풍산류씨가 중심을 이루었고, 18세기 이후엔 류 씨만 남았다. 하회마을은 서애 류성룡(1542~1607)이 태어난 곳이다. 그는 훗날 임진왜란을 수습한 뒤 낙향하여 임진왜란의 원인과 전황을 기록한 〈징비록〉(국보 제132호)을 집필하였다. 징비록은 미리 징계하여 후환을 경계한다는 뜻이다.

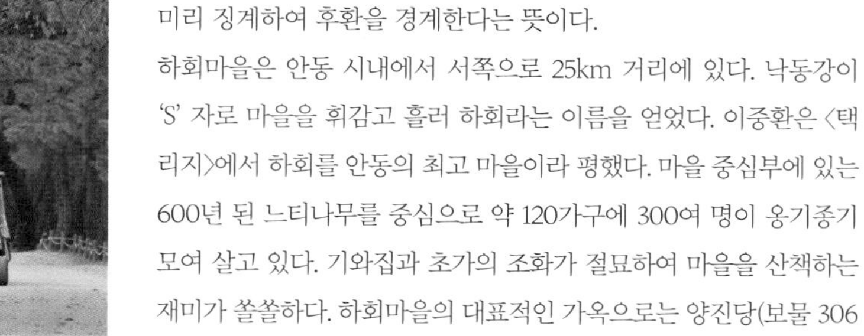

하회마을은 안동 시내에서 서쪽으로 25km 거리에 있다. 낙동강이 'S' 자로 마을을 휘감고 흘러 하회라는 이름을 얻었다. 이중환은 〈택리지〉에서 하회를 안동의 최고 마을이라 평했다. 마을 중심부에 있는 600년 된 느티나무를 중심으로 약 120가구에 300여 명이 옹기종기 모여 살고 있다. 기와집과 초가의 조화가 절묘하여 마을을 산책하는 재미가 쏠쏠하다. 하회마을의 대표적인 가옥으로는 양진당(보물 306

호)과 충효당(보물 제414호)을 꼽을 수 있다. 양진당은 풍산류씨의 대종가로 류 씨가 처음 하회마을에 자리 잡았던 곳에 있다. 사랑채는 고려 건축양식이고, 안채는 조선의 양식이다. 99칸이었다고 전해지는데, 현재는 53칸만이 남아있다. 충효당은 서애 류성룡의 종택으로 그의 사후에 지었다.

하회마을 산책 후에는 마을 북서쪽 강변에 있는 만송정 솔숲으로 가자. 수령 100년이 넘은 소나무 100여 그루가 그윽한 솔향을 뿜어낸다. 솔숲 건너편에는 해발 64m의 절벽 부용대가 있다. 낙동강과 어우러진 절벽 모습이 한 폭의 그림 같다. 배를 타고 강을 건너 부용대에 오르면 하회마을 풍경을 한눈에 넣을 수 있다. 하회별신굿탈놀이를 구경하는 일도 잊지 말자. 안동 양반들의 허위와 권위 의식을 날카롭게 풍자하여 서민들의 억눌린 마음을 달래는 탈놀이로, 마을 초입에 있는 전수관에서 관람할 수 있다. 공연은 1시간 정도이다. 하회마을과 더불어 둘러봐야 할 곳이 서원 건축의 절정으로 꼽히는 병산서원이다. 만대루에서 바라보는 병산과 낙동강 풍경이 절경이다. 7폭 산수화가 따로 없다. 하회마을에서 자동차로 10분 거리에 있다.

월영교

⊙ 경북 안동시 석주로 203
◷ 분수 가동 4월~10월 말 토·일 12:30, 18:30, 20:30(20분 가동) 🚗 월영 공영주차장
ⓘ **찾아가기** ①KTX 안동역에서 택시 17분 ②중앙고속도로 서안동IC에서 자동차로 24분

애절한 사랑의 다리

월영교는 안동댐 수문 아래에 있다. 길이 387m, 너비 3.6m의 목책 인도교로 국내에서 가장 긴 나무다리다. 신발 모양의 곡선형 다리로 중간쯤에 '월영정'이라는 정자가 있다. 교각의 분수와 야간 조명이 어우러지면 풍경이 무척 황홀하다. 물안개라도 피어오르면 선경이 따로 없다. 월영교는 이른 아침이나 조명이 들어오는 초저녁이 더 아름답다. 월영교는 풍경만큼 아름다운 스토리도 품고 있다. 1998년 안동대학교 박물관은 고성이씨 집안의 무덤에서 보존 상태가 좋은 남자 미라를 발견했다. 주인공은 31세에 요절한 이응태였다. 미라 머리맡에서 특이한 미투리와 아내가 쓴 편지가 출토되었다. 그의 아내는 삼과 자신의 머리칼을 엮어서 미투리를 만들었다. 그리고 사랑의 마음을 담은 한글 편지를 써서 남편과 함께 묻었다. "여보, 다른 사람들도 우리처럼 서로 어여삐 여기고 사랑할까요? 남들도 정말 우리 같을까요?" 그녀는 편지 속에서 자신을 원이 엄마라 표현하고 있다. 남편을 사랑하는 마음이 450여 년이 지나 세상에 전해졌고, 이 사랑 이야기를 월영교에 담았다. 그래서 다리를 미투리 모양으로 만든 것이다. 다리 건너편에 안동호반나들이길이 조성되어 있다.

낙강물길공원

◎ 경북 안동시 상아동 423
☏ 054-850-4203
낙강물길공원 주차장
ⓘ **찾아가기** ①월영교에서 택시 2분, KTX 안동역에서 택시 19분 ②중앙고속도로 서안동IC에서 자동차로 25분

한국의 지베르니

월영교 북쪽 1.5km 지점에 있는 매혹적인 비밀의 숲속 정원이다. 정원이 서정적이고 아름다워 한국의 지베르니라고 불린다. 지베르니는 프랑스 파리에서 약 75km 떨어진 곳에 있는 마을인데 인상주의 화가 클로드 모네가 작품활동을 한 곳으로 유명하다. 공원 입구엔 메타세쿼이아와 전나무가 빽빽하게 들어서 있어 아늑함을 준다. 그 모습을 보고 있으면 마치 키가 큰 멋진 남자들이 서 있는 것 같다. 그 속으로 들어가면 아담한 못이 있다. 연못 가운데에서 작은 분수가 원을 만들며 떨어진다. 분수보다 더 인기 좋은 곳은 돌다리이다. 연못의 모양이 항아리 목처럼 좁아지는 곳에 돌다리가 있는데 이곳에서 사진을 찍기 위해 많은 사람이 줄을 선다. 연못에서 나오면 넓은 잔디광장이다. 고개를 들면 산 중턱에서 인공 폭포가 시원한 물줄기를 쏟아내며 눈과 귀를 즐겁게 해준다. 잔디광장을 지나 위쪽으로 고개를 들면 단풍나무숲이 보이고 그 아래로 작은 오솔길이 보인다. 안동댐으로 오르는 데크 길이다. 길을 다 오르면 곧 안동루가 보인다. 안동루에 오르면 안동댐 아래 월영교로 이어지는 낙동강의 물줄기가 시야 가득 들어온다.

도산서원

◎ 경북 안동시 도산면 도산서원길 154 ☏ 054-856-1073
◷ 2월~10월 09:00~18:00, 11월~1월 09:00~17:00
₩ 1,000원~2,000원 🚗 도산서원 주차장
ⓘ **찾아가기** 중앙고속도로 풍기IC, 영주IC, 서안동IC에서 자동차로 45~50분

한국 정신문화의 성지

한국 정신문화의 정수로 꼽히는 퇴계 이황(1501~1570)의 학문과 덕행을 기리는 서원이다. 안동 시내에서 북동쪽으로 30여km 떨어진 도산면 토계리에 있다. 자동차로 약 40분 걸린다. 산자락 경사진 곳에 건물을 오밀조밀하게 배치하여 산의 품에 안긴 듯 아늑하다. 서원은 크게 도산서당 영역과 도산서원 영역으로 나누어진다. 도산서당은 퇴계가 직접 설계하여 후학을 가르치며 학문을 연구했던 곳이다. 딱 세 칸의 소박한 건물로 1561년 지었다. 넓지 않은 공간에 정원도 가꾸었다. 서당 앞마당 작은 연못 '정우당'에 연꽃을 심었고, 산기슭에는 작은 단을 쌓아 매화, 대나무, 소나무, 국화 등을 심고 '절우사'라 이름 지었다.
1570년 퇴계가 사망하자 1574년 사당인 상덕사(보물 제211호)를 지어 퇴계의 위패를 모셨다. 더불어 강학의 중심 건물인 전교당(보물 제210호), 기숙 시설인 동재와 서재를 지어 1576년 도산서원을 완성하였다. 전교당 정문의 '도산서원' 현판은 선조의 명으로 조선 중기의 명필가 한석봉이 썼다. 서원 앞 낙동강 건너편엔 정조 때 치른 지방별과(地方別科)를 기념하여 세운 시사단이 섬처럼 서 있다.

RESTAURANT

일직식당

경북 안동시 경동로 676 054-859-6012
08:00~21:00(월요일 휴무)
₩ 13,000원~15,000원 식당 뒤 유료주차장
ⓘ **찾아가기** ①KTX 안동역에서 택시 15분 ②중앙고속도로 서안동IC에서 자동차로 20분

명인이 절인 간고등어

안동 시내 옛 안동역 근처에 있다. 문을 연 지 50여 년의 역사를 자랑한다. 안동은 바다와 멀어 예로부터 생선에 소금을 뿌려 절이는 방법이 발달했다. 그중에서 대표적인 게 간고등어이다. 소금으로 생선을 절이는 사람을 간잡이라고 하는데, 고등어 한 마리에 뿌리는 소금의 양은 약 20g 정도다. 이 정도의 소금이어야 맛있는 간고등어가 된다. 일직식당은 간잡이 명인 이동삼 씨가 절인 제대로 된 간고등어구이정식을 맛볼 수 있는 곳이다. 2인분을 주문해야 고등어 한 마리가 나온다. 두툼하게 살이 오른 간고등어를 알맞게 구워 촉촉함이 살아 있다. 이동삼 명인이 절인 간고등어를 구매할 수도 있다.

RESTAURANT

헛제사밥까치구멍집

경북 안동시 석주로 203 054-855-1056
10:00~21:00(브레이크타임 15:00~16:00)
₩ 14,000원~40,000원 전용 주차장
ⓘ **찾아가기** ①월영교에서 도보 2분 ②KTX 안동역에서 택시 17분

30년 전통의 제사 음식 전문점

월영교 주차장 맞은편에 있는 30년 된 전통의 헛제삿밥 전문 식당이다. 원래 안동민속촌에 있는 가옥에서 영업을 시작하였는데, 그 가옥이 2001년 문화재로 지정되면서 현재의 위치로 이전하였다. 헛제삿밥은 우리나라 제사 음식문화에서 출발했다. 제사 후 밥과 함께 먹던 음식을 제사가 없는 날에 만들어 먹어서 헛제삿밥이라고 부른다. 헛제삿밥이 안동의 대표 음식으로 자리 잡은 건 유서 깊은 이 고장의 유교 문화와 관련이 있다. 유기그릇에 담긴 각종 나물과 흰 쌀밥, 어물과 고기를 끼워 익힌 산적, 고기와 무를 넣고 끓인 탕국이 나온다. 음식에 제사와 유교 문화라는 인문적인 스토리가 더해져 먹는 기분이 색다르다.

RESTAURANT

옥야식당

경북 안동시 중앙시장2길 46 054-853-6953
08:30~19:00 ₩10,000원
안동중앙신시장 유료주차장
찾아가기 월영교에서 택시 7분, KTX 안동역에서 택시 16분

50년 전통의 해장국 전문점

안동 시내의 중앙신시장에서 영업을 시작한 지 50년이 넘은 전통의 해장국집이다. 가게 밖에 나온 솥단지가 이 집이 해장국 맛집임을 알려준다. <수요미식회>에 나왔을 만큼 현지인과 외지인들에게 두루 인정받고 있다. 반찬이라야 김치와 무, 양파절임, 마늘과 고춧가루가 전부지만, 해장국에 고기 고명과 커다란 선지 덩어리가 가득해 푸짐하고 맛있다. 굵은 대파가 듬뿍 들어있어 국물이 시원하고 깔끔하면서도 은근히 단맛이 느껴진다. 청양고추의 칼칼함이 뒷맛을 마무리 해준다. 기호에 따라 마늘과 고춧가루를 더 넣어도 된다. 테이블 간격이 좁고 해장국집이 대부분 그렇듯 다른 손님과 합석할 때도 있는 게 조금 아쉽다.

CAFE & BAKERY

맘모스베이커리

경북 안동시 문화광장길 34 054-857-6000
08:30~19:00 ₩3,000원~47,000원
건물 뒤편 안동중앙문화의거리 상인회 공영주차장
찾아가기 월영교에서 택시 6분, KTX 안동역에서 택시 17분

인기 폭발 '크림치즈빵'

안동 시내 문화의 거리 중심가에 있다. 대전 성심당, 군산 이성당과 함께 전국 3대 빵집으로 꼽히는 곳이다. 1974년에 처음 문을 열었고, 2011년엔 '미슐랭 가이드' 한국 편에 소개되기도 했다. 실내로 들어서면 후각을 자극하는 빵 냄새에 바로 빵을 고르게 된다. 가장 인기 있는 메뉴는 '크림치즈빵'이다. 치즈가 푸짐하게 들어가 있어서 식감이 부드럽고 폭신하다. 워낙 인기가 좋아 나오기 바쁘게 팔려나간다. 매장에서 먹으면 따뜻하고 향기가 제대로 살아 있는 빵을 즐길 수 있다. 맘모스제과는 유행을 좇기보다는 간결하고 선명한 맛을 추구한다. 대부분 안동 지역 농산물로 빵을 만든다.

한국 불교 건축의 절정!
부석사에 간 사람은 누구나 두 번 감동한다.
무량수전의 아름다움에 탄성을 지르고
하늘 아래 펼쳐진 산하의 절경에 다시 한번 감탄한다.

부석사

경북 영주시 부석면 부석사로 345
054-633-3464
일출~일몰까지(연중무휴)
무료
부석사 공영주차장
찾아가기 중앙고속도로 풍기IC에서 자동차로 28분

부석사는 신라 문무왕 16년(676년)에 의상대사(625~702)가 당나라에서 화엄 사상을 연구하고 돌아와 왕명을 받아 세운 사찰이다. 봉황산 중턱에 자리한 천년고찰로 한국 건축의 고전이라 불린다. 봉황산의 좁고 가파른 땅에 세운 사찰이지만, 계곡의 지형 따라 오밀조밀 짜임새 있게 건물을 배치해 편안하고 안락한 느낌을 준다. 무량수전 서쪽에, 공중에 떠 있는 큰 바위가 있는데, 이 바위에서 영감을 받아 절 이름을 '부석'이라고 지었다. 이 바위는 의상을 연모하던 선묘라는 여인이 의상이 이곳에 절을 창건하려 할 때 도움을 주려고, 이 돌을 들어 올려 사교의 무리를 물리쳤다는 창건 설화가 깃든 바위이다. 실제로 부석사 경내에는 선묘를 모신 건물인 선묘각이 있다.

부석사가 의상이 창건한 당시부터 이렇게 멋진 건축물로 구성되어 있었던 것은 아니다. 세월이 흐르는 내내 하나씩 더하여 짓고, 수리하고, 중창하여 지금의 모습이 되었다. 이런 까닭에 통일신라시대의 유물은 물론 고려 때의 유물까지 찾아볼 수 있다. 통일신라시대의 유물은 무량수전 앞 석등, 석조여래좌상, 3층 석탑, 당간지주, 석조 기단 등이다. 무량수전, 조사당, 소조여래좌상, 조사당 벽화, 고려 각판, 원

융국사비 등은 고려 때의 유물이다. 이 가운데 무량수전 앞 석등, 무량수전, 조사당, 소조여래좌상, 조사당 벽화 등은 모두 국보이다. 부석사 무량수전은 경북 안동의 봉정사 극락전과 함께 우리나라에서 가장 오래된 목조 건축물로 꼽힌다. 부석사는 깊은 역사와 아름다운 건축, 수많은 문화재 등이 있는 산속의 사찰이다. 2018년 '산사, 한국의 산지 승원'이라는 명칭으로 통도사, 봉정사, 법주사, 마곡사, 선암사, 대흥사 등과 함께 세계문화유산으로 지정되었다. 일주문에서 천왕문 지나고 범종루와 안양루 지나면 무량수전이다. 배흘림기둥으로 유명한 무량수전은 부처의 집답게 숭고하고 깊지만, 구석구석 아름다움이 배어 있어 더 특별하다. 아름답지만 화려하지 않고, 우아하되 도도하지 않다. 하지만, 부석사의 매력은 아직 끝나지 않았다. 무량수전에 매료되었다면, 이번에는 뒤돌아 절 아래를 바라보자. 산 아래 펼쳐진 첩첩의 봉우리들, 소백산맥의 산들이 파도처럼 물결친다. 절 건축은 아름답고, 산하는 감동적이다. 이렇듯 부석사는 궁극의 아름다움 두 개를 극적으로 보여준다.

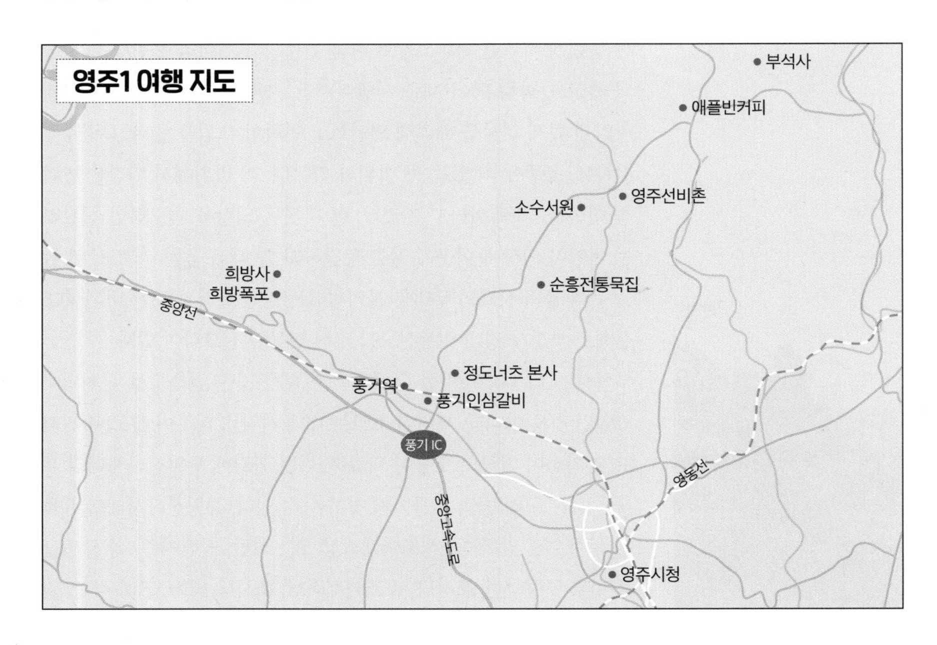

ONE MORE 여기도 좋아요!

소수서원

경북 영주시 순흥면 소백로 2740 054-634-3310
11월~2월 09:00~16:00, 3월~5월·9월~10월 09:00~17:00, 6월~8월 09:00~18:00
₩ 1,000원~3,000원 소수서원 주차장
찾아가기 중앙고속도로 풍기IC에서 자동차로 13분

소나무 숲이 절경이다

소수서원(사적 제55호)은 우리나라 최초의 사액서원이다. 사액서원이란 왕이 서원 이름을 쓴 현판을 하사하여, 공인된 교육기관으로 인정받은 서원을 말한다. 소수서원은 당시 풍기 군수였던 주세붕(1495~1554)에서부터 시작된다. 주세붕은 1543년 이 지역 출신 성리학자 안향의 사당을 지어 그의 위패를 봉안하고, 사당 동쪽에 백운동서원을 만들었다. 백운동서원이 공인받은 서원이 되어 널리 알려진 것은 퇴계 이황 덕분이다. 1550년 풍기 군수로 재임 중이던 퇴계 이황의 건의로 명종이 친필 사액을 내리면서 소수서원이라 불리게 된 것이다. '소수'란 '이미 무너진 교학을 다시 이어 닦게 하라'는 뜻을 담고 있다. 이 옛 서원을 사람들이 잊지 않고 찾는 이유는 서원 주변 자연 풍경이 아름답기 때문이다. 특히 주세붕이 심었다는 아름드리 소나무가 볼만하다. 그는 풍기 군수로 부임하면서 1,000여 그루의 소나무를 심었는데, 지금은 150그루 정도만 남아있다. 서원 동쪽에 흐르는 죽계 계곡 주변도 아름답다. 주세붕이 '경' 자를 새겨 넣었다는 경자바위(敬字岩)와 그 옆의 취한대까지, 선비들의 시 읊는 소리가 들리는 듯하다. 우리나라의 서원 9곳이 세계문화유산에 등재되었는데, 소수서원도 그중 하나이다.

영주선비촌

경북 영주시 순흥면 소백로 2796 054-638-6444
09:00~18:00(6월~8월 19:00까지, 11월~2월 17:00까지, 연중무휴) ₩ 1,000원~3.000원(소수서원+선비촌 통합요금, 체험비 별도) 영주선비촌 주차장 **찾아가기** 중앙고속도로 풍기IC에서 자동차로 13분 www.sunbichon.net

선비정신과 전통문화 체험하기

소수서원에 주차하고 서원 경내를 거쳐 죽계 계곡을 따라 산책하듯 걸어가다 보면 영주선비촌이 나온다. 예로부터 영주는 선비의 고장으로 불리는데, 이는 주자학을 처음 우리나라에 도입한 안향이 태어난 곳인 데다, 조선 개국 당시 유학을 근본으로 조선의 제도를 새롭게 정립하는 데 크게 이바지한 정도전의 고향이기도 하기 때문이다. 영주는 이처럼 훌륭한 선비를 많이 배출하였고, 주세붕이 설립한 백운동서원(소수서원)은 조선의 서원문화를 이끄는 원동력이 되었다. 영주선비촌은 선비정신을 높이고 사라져 가는 전통문화를 재조명하기 위해 조성된 곳이다. 죽계교를 건너면 선비촌이 나온다. 약 17,460평의 면적에 마을 입구의 저잣거리와 기와집 7가구, 초가집 5가구, 누각 1동 등으로 구성되어 있다. 입구에 들어서면 1900년대 초에 지은 ㄷ자형 기와집 김상진 가옥과 해우당 김낙풍이 1875년에 지은 ㅁ자형 기와집 해우당이 있다. 그 앞으로 선비촌에서 규모가 가장 큰 인동장씨 고택과 두암 고택이 있는데 이 두 가옥이 선비촌의 중심 건물이다. 선비촌에서 한옥 숙박도 할 수 있고, 사군자·공예·관혼상제 예절 배우기 등 여러 프로그램도 운영한다. 자세한 것은 홈페이지에서 확인할 수 있다. 선비촌종가집이라는 음식점도 있다.

희방사와 희방폭포

경북 영주시 풍기읍 죽령로1720번길 278
054-638-2400
₩ 입장료 무료 희방사 주차장
ⓘ **찾아가기** 중앙고속도로 풍기IC에서 자동차로 16분

꿈에서 노니는 듯한 풍경

희방폭포는 소백산맥의 최고 봉우리인 비로봉(1,439m)으로 올라가는 길목에 있다. 높이 28m로 경북 내륙지방에서 가장 큰 폭포이다. 소백산의 영봉 중 하나인 연화봉(1,383m)에서 발원하여, 희방계곡으로 흘러내리는 물줄기가 요란한 굉음과 물보라를 일으키며 수직 암벽을 타고 떨어지는 모습이 장관이다. 폭포 정상 위에는 시원한 경치를 한눈에 조망할 수 있는 길도 만들어져 있는데, 조선 전기의 학자 서거정(1420~1488)은 이곳 풍경을 보고 '하늘이 내려준 꿈에서 노니는 듯한 풍경'이라 말했다. 희방사 입구부터 약 200m만 올라가면 되며, 걸어서 약 15~20분 정도 걸린다. 폭포 옆의 암벽에 설치된 철계단을 타고 올라가면서 폭포가 떨어지는 모습과 소(沼)를 볼 수 있다. 희방폭포 옆의 돌계단을 따라 15~20분 정도 더 걸어가면 희방사가 나온다. 희방사는 소백산 기슭 해발 850m 높이에 있는 사찰로 신라 선덕여왕 12년(643년)에 두운대사가 창건했다. 원래 이곳은 훈민정음 원판과 월인석보 1, 2권의 판목을 보존하고 있었으나 아쉽게도 한국전쟁으로 소실되었다. 지금은 희방사 동종(경북유형문화재 226호)과 월인석보 책판이 경내에 보존되어 있다.

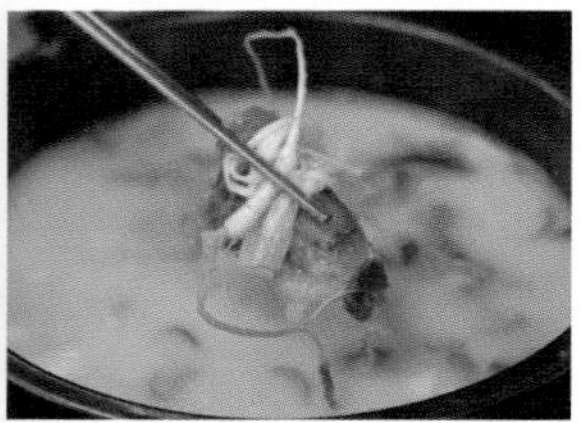

RESTAURANT

풍기인삼갈비

경북 영주시 풍기읍 소백로 1933 0507-1384-2382
09:00~20:00(연중무휴)
₩ 15,000원~48,000원 가게 앞 주차장
찾아가기 중앙고속도로 풍기IC에서 자동차로 3분

모든 메뉴에 인삼을 넣었다

풍기인삼은 해발 400~500m의 고원지대에서 내륙성 한랭기후의 영향을 받으며 자라, 조직이 단단하고 인삼 향이 강하며 유효 사포닌 함유량이 많은 것으로 유명하다. 풍기인삼갈비집은 음식을 통해 인삼의 효능을 느낄 수 있는 곳으로, 아침마다 시장에 가서 직접 눈으로 보고 인삼을 고른다. 풍기인삼을 밥과 찌개, 깍두기, 후식까지 모든 메뉴에 넣어 요리한다. 식당은 부석사와 소수서원으로 가는 길목에 있으며, 넓은 주차장도 있어서 많은 사람이 즐겨 찾는다. 인기 메뉴는 갈비탕인데 인삼과 대추가 듬뿍 들어있고, 뽀얀 국물의 깔끔하고 진한 맛이 일품이다. 저렴하고 맛있는 인삼돼지갈비도 인기가 좋은데, 기본 3인분부터 주문할 수 있다.

RESTAURANT

순흥전통묵집

경북 영주시 순흥면 순흥로39번길 21 054-634-4614
10:00~19:00(라스트오더 18:30, 명절 휴무)
₩ 9,000원 전용 주차장
찾아가기 ①중앙고속도로 풍기IC에서 자동차로 11분 ②부석사에서 자동차로 23분

전통 방식으로 만든 메밀묵

부석사 가는 길 순흥면 소재지에 있는 묵집이다. 1970년대부터 묵밥만 만든 곳으로 유명하며 언론에도 여러 번 소개되었다. 옛날부터 내려온 전통적인 방법으로 메밀묵을 제조하여 판매한다. 식당 입구에는 커다란 나무가 서 있고, 그 아래 붉은 황토로 투박하게 지은 토담집이 있다. 메밀묵은 메밀을 맷돌에 곱게 갈아 가마솥에서 묵을 쑨 다음 하룻밤을 식혀야 먹을 수 있는 슬로우푸드다. 묵밥을 주문하면 밑반찬이 나오고, 집에서 담근 간장으로 간을 맞춘 멸치육수에 메밀묵이 가득 담겨 나온다. 묵 위엔 송송 썰어낸 신김치와 상큼한 무생채가 올려져 있고, 구운 김 가루와 깨소금이 듬뿍 뿌려져 있다. 특별할 게 없는 메뉴지만 은근히 맛있다.

CAFE & BAKERY

정도너츠 본점

경북 영주시 풍기읍 소백로 2000 054-636-0061
매일 09:00~19:30
₩ 4,000원~25,000원 전용 주차장
찾아가기 중앙고속도로 풍기IC에서 자동차로 5분

인삼도넛과 생강도넛 먹고 가세요

영주시 풍기읍에서 순흥면과 부석면으로 이어지는 소백로는 영주 여행 주요 루트이다. 인삼으로 유명한 풍기, 소수서원과 선비촌이 있는 순흥면, 무량수전이 있는 부석사까지 이어진다. 중앙고속도로 풍기IC를 빠져나와 풍기읍을 왼쪽에 두고 5분쯤 달리면 중독성 강한 도넛으로 유명한 정도너츠가 나온다. 본사에 있는 매장이다. 원래는 1982년 정아분식집으로 문을 열었는데, 생강도넛을 만들어 팔면서 입소문을 타고 유명해지기 시작했다. 찹쌀에 생강을 넣어 쫄깃하고 독특한 맛을 낸다. 메뉴는 생강도넛, 수삼을 넣은 인삼도넛, 페퍼민트와 세이지 등을 이용한 허브도넛, 영주 사과를 넣은 사과도넛 등 11가지나 된다. 풍기 읍내에도 매장이 있다.

CAFE & BAKERY

애플빈커피

경북 영주시 부석면 부석사로 1 054-632-4013
10:00~21:00(매달 1,3번째 일요일 휴무)
₩ 4,000원~5,500원 가게 앞 주차
찾아가기 ①중앙고속도로 풍기IC에서 자동차로 23분
②부석사에서 자동차로 7분

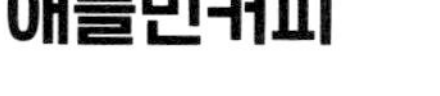

영주 사과로 만든 애플파이

애플빈커피는 영주 사과로 만든 애플파이와 애플 티를 맛볼 수 있는 곳이다. 한적한 부석면 소재지에 노란색으로 포인트를 준 하얀 건물에 들어서 있다. 서울에 살다 고향으로 돌아온 젊은 부부가 운영하는 데, 남편은 커피를 볶고, 아내는 파이를 만든다. 애플빈의 수제 애플파이는 완벽한 로컬 푸드다. 부모님이 직접 재배한 당도 높은 부사 사과로 파이를 만든다. 설탕을 넣지 않고 오로지 사과만을 얇게 썰어 파이 반죽 위에 듬뿍 올린 뒤 오븐에 30분 정도 구워낸다. 파이 하나에 들어가는 사과만 4~5개다. 오븐에서 구워진 애플파이는 설탕이 들어가지 않아 달지 않고 사과 향과 맛이 물씬 풍긴다. 생각만 해도 군침이 도는 맛이다.

한때, 무섬마을 외나무다리는
마을과 세상을 이어주는 유일한 통로였다.
장마 때면 불어난 물에 다리가 휩쓸려 가기 일쑤였다.
그때마다 사람들은 힘을 합해 다시 다리를 놓았다.
폭 1m 남짓, 길이 약 150m. 외나무다리는 지난 350년 동안
무섬마을을 바깥세상과 아슬아슬 연결해 주었다.

곡선을 그리는 다리,
추억으로 안내하다

무섬외나무다리

경북 영주시 문수면 탄산리 766
054-634-0040
무섬마을 주차장
찾아가기 중앙고속도로 영주IC에서 자동차로 17분

무섬마을은 영주의 하회마을이다. 낙동강이 하회마을을 감싸듯 영주에서는 내성천이 무섬마을 3면을 감싸고 흐른다. 1666년 박 씨가 처음 터를 잡았다. 그 후 김 씨가 들어와 박 씨와 결혼하면서 두 집안의 집성촌이 되었다. 전체 40여 가구 중에서 30여 채가 조선 후기 양반 가옥이다. 무섬마을에 가려면 중앙고속도로에서 영주IC로 나와 영주 시내 초입에서 문수면 방향으로 향한다. 수도리 전통마을 표지판이 나오면 이를 따라가면 된다. 무섬마을은 처음에는 '물섬마을'이라 불렸다. 낙동강 지류인 내성천에 폭 안긴 자태가 영락없는 물속의 섬이다. 물 위에 떠 있는 섬은 아니지만 보기에는 섬처럼 보인다. 삼면은 내성천과 대면하고 있고 뒤로는 태백산 끝자락과 이어진다. 무섬마을은 2013년 국가민속문화재로 지정되었다. 무섬마을로 들어가려면 수도교를 건너거나 마을 뒤편에 자리한 무섬교를 통해야 한다. 이 두 다리가 무섬마을과 바깥세상을 이어주는 통로이다. 이들 다리가 놓이기 전에는 내성천에 놓인 외나무다리가 유일한 통로였다. 외나무다리로 꽃가마 타고 시집왔다 죽으면 그 다리로 상여가 나갔다. 불과 40여 년 전까지만 해도 무섬마을의 안과 밖을 이어주는 통로는 외나무다리 하나밖에 없었다. 장마가 지면 다리는 불어난 물에 휩쓸려 가기 일쑤였다. 그때마다 마을 사

람들은 힘을 합해 다시 다리를 놓았다. 폭 1m 남짓, 길이 약 150m. 외나무다리는 지난 350년 동안 마을 사람들을 바깥세상과 연결해 주었다.

1979년 현대적 교량이 건설되면서 외나무다리는 역사의 뒤안길로 사라졌다. 교통은 비교할 수 없을 만큼 편리해졌으나 그 무렵부터 마을 사람들은 마음 한쪽이 허전함을 느꼈다. 이심전심, 그들은 외나무다리를 그리워하고 있었다. 결국 마을 주민과 출향민들이 힘을 모아 다시 외나무다리를 놓았다. 다리는 예전 모습 그대로, 'S'자 모양으로 부드러운 곡선을 그리며 내성천을 건넌다. 무심히 정겨운 다리를 보고 있으면 저절로 마음이 촉촉해진다. 문득, 저 다리가 우리를 1970년대로 데려다 줄 것 같은 느낌이 든다. 우리의 이런 마음을 알았을까? 해마다 10월에는 외나무다리를 추억하고 전통문화를 체험할 수 있는 '영주 무섬외나무다리 축제'가 열린다. 다리 위에서 공연도 하고 전통 혼례와 상여 행렬 재연행사도 벌인다.

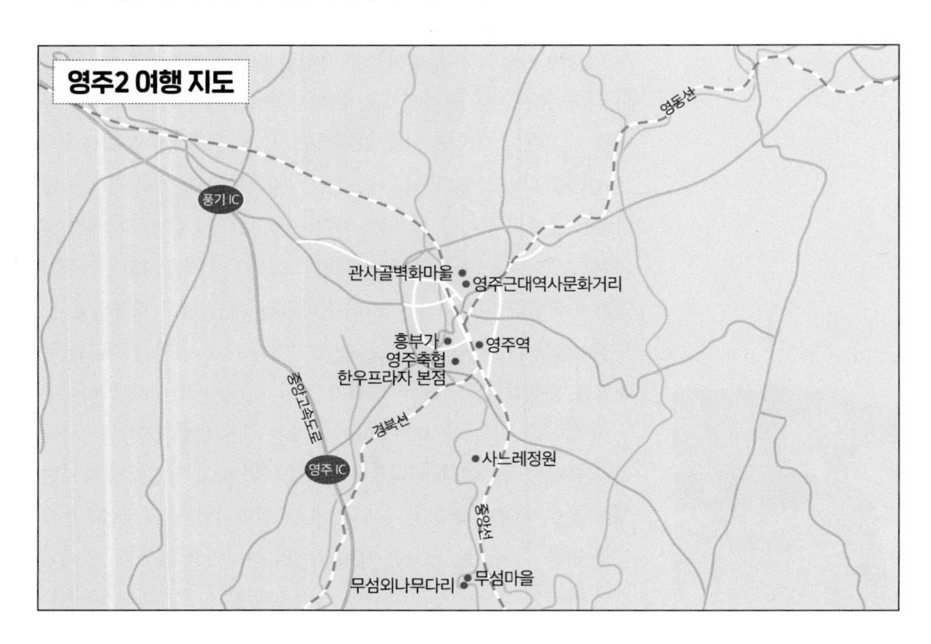

무섬마을

경북 영주시 문수면 무섬로 238-3(무섬마을 관광안내소)
054-638-1127
마을 입구 주차장
찾아가기 중앙고속도로 영주IC에서 자동차로 16분

연화부수형, 길지 중의 길지

중앙고속도로를 타고 내려오다 단양을 지나면 선비의 고장 경북 영주이다. 영주와 이웃한 안동 하회마을과 경주의 양동마을은 전국적으로 유명한 양반 마을이다. 두 마을보다 규모가 작고 유명세도 뒤지지만, 영주에도 고즈넉한 양반 마을이 있다. 내성천 물줄기가 북쪽, 서쪽, 남쪽, 삼면을 감싸고 흐르는 무섬마을이다. 무섬마을은 물이 태극 모양으로 돌아나간다. 음양의 조화가 좋아 자식이 잘되고 의식이 풍족하다고 여겨지는 지형이다. 게다가 지형이 하회마을처럼 물 위에 활짝 핀 연꽃 모양의 땅인 '연화부수형(蓮花浮水形)'이라 길지 중의 길지로 꼽힌다. 무섬마을의 역사는 하회나 양동마을보다 짧은 편이다. 1666년(현종 7년) 반남 박씨가 정착하면서 마을이 시작되었고, 이후 선성 김씨 사위가 정착하면서, 박씨와 김씨 두 집안이 모여 사는 집성촌이 되었다. 무섬마을은 하회마을처럼 북적거리거나 번잡스럽지 않아 좋다. 그래도 40여 가구 중에서 100년이 넘는 가옥이 16채나 된다. 반남 박씨 입향시조가 지은 만죽재, 선성 김씨 입향시조가 지은 해우당 등을 포함해 9채가 지방문화재이다. 한옥 스테이를 할 수 있으며, 마을 안에 카페와 식당도 있다.

관사골벽화마을

경북 영주시 두서길44번길 13
054-639-6601(영주시 관광개발단)
재능리틀어린이집(두서길 73) 바로 옆에 주차장 있음
찾아가기 중앙고속도로 영주IC에서 자동차로 13분

달동네가 산책 코스로

관사골은 영주 시내 북쪽 영주동에 있다. 1935년 일제강점기 중앙선 철도 공사에 동원된 공병대 기술자들의 숙소가 있던 곳이다. 서른 채 남짓이었다는 관사 중에서 예전 모습을 거의 완벽하게 간직하고 있는 건 5호와 7호 두 채다. 두 관사는 보존 상태가 양호하며 국가등록문화재로 지정되었다. 해방 이후와 6·25전쟁 직후에 관사 뒤편 산자락에 무허가 판잣집들이 우후죽순처럼 들어서기 시작했다. 한동안 이곳은 비탈진 사면을 따라 누추한 집들이 들어선 관사골 달동네였다. 2016년 정부의 취약지역 생활 여건 개선 사업으로 미로 같던 길이 정비되고 공동주차장이 설치되었다. 또 담벼락에 벽화를 그려 넣어, 산동네를 산책하는 즐거움을 누릴 수 있게 되었다. 굽이굽이 마을 길을 오르며 땀이 맺힐 즈음 눈이 확 트이며 정자가 나타난다. 정자가 있는 곳은 부용공원으로, 공원 남쪽의 바위 절벽 부용대에서 이름을 따왔다. 부용대라는 이름은 조선 명종 때 풍기 군수로 있던 퇴계 이황이 이곳의 빼어난 경치에 반해 지어준 것이다. 부용대에서 바라보는 소백산 능선이 아름답고, 옹기종기 모여 있는 영주 시내 시가지 풍경도 한눈에 들어온다. 일출이나 일몰 무렵 이곳에 올라오면 그 감동은 두 배가 된다.

영주근대역사문화거리

경북 영주시 광복로 47
054-634-3105
영주1동 행정복지센터 주차장 이용(영주장로제일교회 옆)
찾아가기 중앙고속도로 영주IC에서 자동차로 14분

그 시절을 담고 있는 거리

영주근대역사문화거리는 영주의 근대생활사를 보여주는 역사 문화공간이다. 관사골 7호 관사 부근에서 근대역사문화거리가 시작된다. 이후 남쪽으로 조금 내려와 영주동 근대한옥을 지나 광복로의 영광이발관, 풍국정미소, 영주제일장로교회 부근까지 이어진다. 근대역사문화거리에는 70~80년 전의 시간이 그대로 남아 있다. 이 거리에 철도관사가 있고, 근대한옥이 있고, 풍국정미소가 있고, 80년 내력의 영광이발관, 지역 주민들의 삶과 역사가 담겨 있는 영주제일교회가 있다. 모두 국가등록문화재이다. 풍국정미소는 1940년대 광복로 일대에 30개가 넘던 정미소의 기억을 담고 있는 곳이다. 일제강점기인 1940년경 설립되었는데, 쌀 3000 가마니를 창고에 쌓아놓고 쉬지 않고 발동기를 돌리던 시절이 있었다. 영광이발관은 1930년대에 건너편에 있던 국제이발관에서 시작되었다. 1970년 광복로 도로 확장 과정에서 현재 위치로 이전하였다. 영광이발관으로 이름을 바꾸고 지금까지 50년 넘게 영업하고 있다, 영주제일장로교회는 서양의 고딕양식을 차용한 근대건축물이다. 지역 주민들의 구심점 노릇을 하며 영주의 근대화에 기여하여 그 의미가 크다.

RESTAURANT

흥부가

경북 영주시 대학로 92 054-638-2094
11:00~14:30(연중무휴)
₩ 17,000원~ 35,000원 골목길 주차
찾아가기 중앙고속도로 영주IC에서 자동차로 10분

아삭하고 고소한 육회비빔밥

영주 흥부가는 경북전문대학 인근에 있는 육회비빔밥 전문점으로 TV 프로그램 <생활의 달인> 맛집으로도 유명하다. 식당 내부로 들어가면 사방의 벽마다 A4용지가 붙어 있다. 이곳을 찾았던 손님들이 음식을 맛있게 먹고 난 후 소감을 적은 것들이다. 한두 장이 아니라 수백 장은 될 것 같은 용지가 벽면을 가득 채우고 있어, 마치 글씨로 장식한 벽지처럼 느껴진다. 육회비빔밥을 주문하면 밑반찬이 나오는데 가짓수가 11가지나 되며, 플레이팅이 깔끔하고 정갈하다. 맛이나 가짓수가 한정식집 밑반찬 부럽지 않을 정도이다. 메뉴는 생고기육회비빔밥과 불고기육회비빔밥이 있으며, 각자의 취향에 맞게 주문하면 된다. 생고기육회비빔밥은 신선한 채소와 싱싱한 육회가 한데 어우러져 아삭하고 고소한 맛을 자랑한다. 아주 특별한 맛이다. 이곳에서는 갓 도축한 소고기만을 엄선하여 육회비빔밥을 만드는데, 슬쩍 보아도 선홍빛을 띠는 것이 얼마나 신선도가 좋은 고기인지 알 수 있다. 생고기 특유의 냄새는 이 집만의 노하우로 잡아낸다. 거기에 비법 양념장까지 더해져 씹을수록 고소하고 은근한 단맛이 난다.

RESTAURANT

영주축협한우프라자 본점

경북 영주시 한정로 10 0507-1367-6720
11:00~21:00(브레이크타임 15:00~16:00, 연중무휴)
₩ 8,000원~50,000원 건물 뒤쪽 주차장
ⓘ **찾아가기** 중앙고속도로 영주IC에서 자동차로 5분

마블링이 예술이다

영주축협한우프라자 본점은 영주IC에서 영주시 방면으로 약 5km 떨어진 곳에 있다. 식당이 있는 건물 1층에는 마트와 은행이 있고, 3층에는 영주축협 사무실이 있고, 2층 전체를 식당으로 이용하고 있다. 식당으로 들어가면 살짝 긴장될 정도로 넓으며, 깔끔하면서도 세련된 느낌의 인테리어가 돋보인다. 가족 단위 손님을 위한 칸막이 테이블과 단체 손님을 위한 대형 테이블로 구성되어 있다. 주문하면 숯불이 들어오고 밑반찬으로 양념게장과 샐러드, 명이나물, 쌈 채소, 인삼 튀김이 나온다. 대바구니에 고기가 담겨 나오는데 마블링이 예술이다. 물론 고기는 육질이 부드럽고 고소한 맛이 느껴져 많이 먹어도 물리지 않는다.

CAFE & BAKERY

사느레정원

경북 영주시 문수면 문수로1363번길 30
054-635-7474 11:00~19:00(월요일 휴무)
₩ 4,000원~7,500원 정문 앞 주차
ⓘ **찾아가기** ①무섬마을에서 자동차로 7분 ②중앙고속도로 영주IC에서 자동차로 11분

마음의 쉼터, 아열대 식물원 카페

사느레정원은 아열대 식물원 카페이다. 조경 경력 20년의 주인이 귀촌하여 취미로 조경하다가, 아열대 식물의 매력에 빠져 3년간 제주도와 동남아를 돌아다니며 아열대 식물을 구해 만들었다. 식물원에는 직접 구해온 바나나와 하귤, 파파야 등 100여 종의 아열대 식물이 자라고 있다. 정문으로 들어가는 길부터 포토 존이다. 양옆으로 길게 늘어선 숲길을 따라 들어가면 단아한 한옥 카페가 나온다. 카페 앞에 온실과 정원이 있다. 온실에는 다양한 아열대 식물, 인공폭포, 연못이 있고 사이사이로 차를 마실 수 있는 테이블이 놓여있다. 잘 다듬어진 정원에도 그네, 벤치 등 소품과 테이블이 있어, 가볍게 산책하듯 걸으며 여유를 즐기기 좋다.

수선사는 절집보다 정원이 더 아름다운 사찰이다.
연꽃이 소담하게 핀 연못, 굽고 휜 나무로 만든 다리,
희희낙락 바람이 머물며 노니는 평화로운 잔디 마당.
무욕의 정원이다. 가능하면 비워 두었다. 고요하고 정갈하다.
수선사에선 소곤소곤 나누는 말소리도 풍경이 된다.

수선사

- 경남 산청군 산청읍 응석봉로154번길 102-23
- 055-973-1096
- 09:00~18:00(연중무휴)
- 입장료 없음
- 전용 주차장
- **찾아가기** 통영대전고속도로 산청IC에서 자동차로 10분

언젠가 TV에서 정원이 예쁜 몇 곳을 소개하는 프로그램을 본 적이 있다. 그중에 눈에 확 들어오는 곳이 있었는데, 그곳이 산청의 수선사이다. 어느 여름날, 스님 혼자서 정원의 잡초를 뽑고 계셨다. 그때이 절을 처음 알게 되었다. 기회가 되면 꼭 가보고 싶었다.

수선사는 산청 시내에서 그리 머지않은 기산(616m) 아래에 있는, 소나무와 잣나무 숲으로 둘러싸인 작은 사찰이다. 수선사 입구에 들어서면 주차장이 먼저 나온다. 이 주차장 옆에 독특하게 생긴 건물이 있는데, 그곳이 그 유명한 수선사 명품 화장실이다. 신발을 벗은 뒤 실내화로 갈아신고 들어가야 하는 곱디고운 화장실이다. 수선사로 인도하는 일주문 역할을 하는 작은 문은 현판에 '여여문'이라고 새겨져 있다. 얼핏 보기엔 특이한 글씨체라 읽기 쉽지 않아 그냥 지나쳤는데, 안내문에 보니 '평등하고 고요한 세상으로 들어가는 문'이라는 뜻을 담고 있었다. 여여문 지나 경내로 들어서면 연못이 나온다. 연못 위에는 사람 냄새 물씬 나는 나무다리가 그림처럼 얹어져 있다. 그냥 숲에 굴러다니는 나뭇가지를 그 모습 그대로 가져다 엮어 만든 듯한 다리이다. 나무 난간이 독특하다. 자연 그대로

의 모습을 잘 살려 오히려 이국적인 느낌마저 든다. 다리도 그렇고 난간도 그렇고 무엇하나 굽지 않은 게 없다. 곧고 굵은 나무를 선별한 것이 아니라 그냥 그때그때 가까이 있는 재료를 사용하여 만든 것 같다. 무심한 듯, 신경 쓰지 않은 듯 만든 다리가 오히려 마음을 편안하게 만들어 준다.

연못을 지나 위로 올라가면 비로소 정원이 나오고 작은 전각 두 개가 눈에 들어온다. 넓은 잔디정원을 보니 가슴이 시원해진다. 간혹 바람이 머물며 노닌다. 잔디정원은 많은 것으로 채우지 않고, 가능하면 비워 두었다. 무욕의 정원이다. 작은 연못, 그 연못에 드리운 소나무, 작은 석탑, 극락보전으로 가는 길에 놓인 얇은 돌이 모두 그림 같다. 극락보전도 크기가 다른 사찰의 법당 절반 정도 크기에 불과하다. 법당이 정원을 압도하지 않으므로 모든 게 평화롭다. 웅장한 건물도 없고 대들보 같은 나무도 없다. 그냥 평범하고 소박하고, 그래서 고요하고 정갈하다. 수선사에선 소곤소곤 나누는 말소리도 하나의 풍경이 된다.

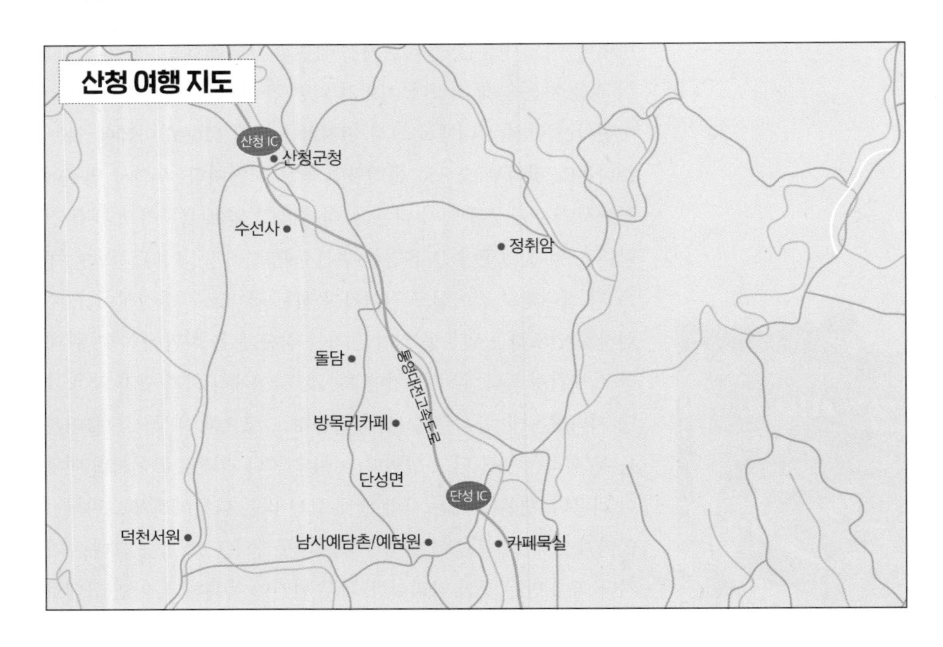

ONE MORE 여기도 좋아요!

남사예담촌

경남 산청군 단성면 지리산대로2897번길 10
070-8199-7107
₩ 무료 전용 주차장
ⓘ **찾아가기** 통영대전고속도로 단성IC에서 자동차로 4분

한국에서 가장 아름다운 마을

2011년 한국에서 가장 아름다운 마을 제1호로 지정될 만큼 아름다움을 잘 간직하고 있는 전통 마을이다. 예담이라는 말은 예스러운 담장이라는 뜻이기도 하고, 옛 선비의 기상과 예절을 닮아가자는 뜻이기도 하다. 남사예담촌은 담장이 멋지다. 돌담을 따라 마을의 안길을 걸어보면 옛날로 돌아간 듯한 느낌을 받는다. 별다른 장식을 하지 않았지만, 우리나라 담장의 아름다움을 느낄 수 있다. 모두 똑같은 담장 같지만, 골목을 돌아서면 또 다른 풍경이 나온다. 마을 안에는 본래의 모습을 잘 간직한 40여 채의 기와집이 흙담 길을 따라 이어진다. 담장은 전체의 길이가 3.2km에 달한다. 돌과 진흙을 번갈아 쌓아 소박하고 운치가 흐른다. 흙 담장은 그 가치를 인정받아 국가등록문화재 281호로 지정되었다. 이씨고가(경남문화재자료 제118호)는 마을에서 가장 오래된 집이다. 이씨고가로 가는 길에는 흙 담장이 양쪽으로 서 있고, 골목 중간쯤에 회화나무 한 쌍이 서로 몸을 교차하며 자라고 있다. 부부 나무라고도 불리는 이 나무는 수령 300년이 넘었다. 인생 샷 포인트이다. 이씨고가 외에도 문화재로 지정된 옛집이 여럿 있는데 집마다 구조와 정원이 달라 구경하는 재미가 쏠쏠하다.

정취암

◎ 경남 산청군 신등면 둔철산로 675-87
☏ 055-972-3339
🚗 정취암 주차장
ⓘ **찾아가기** 통영대전고속도로 산청IC에서 자동차로 24분

아름다운 비경, 영험한 바위

정취암은 대성산(593m)의 8부 능선쯤에 있는 암자이다. 산청의 대표적인 비경 9곳 가운데 제8경으로 꼽힌다. 정취암을 찾아가는 길은 험하다. 좁고 경사진 길이 구불구불 이어진다. 주차장에 차를 세우고 정취암으로 들어서려는데 발아래 펼쳐진 전망이 일품이다. 무엇이 그토록 아름답기에 산청 비경의 하나로 꼽혔을까 궁금했는데 굳이 절 안으로 들어가지 않아도 이미 충분히 그 아름다움을 알겠다. 암자는 기암괴석에 걸쳐있는 듯하다. 울퉁불퉁한 바위들이 불쑥 솟아있고 그 안에 조용히 암자가 자리하고 있다. 아담한 전각들이 바위와 잘 어우러져 있다. 정취암의 주 전각은 관음보살을 모신 원통보전이다. 원통보전 옆 소나무 아래에는 거북이 바위가 있다. 영귀암이라 불리는 이 바위는 영험하다고 소문이 나 많은 사람이 기도를 올린다. 정취전을 지나면 오른편에 삼성각이 나오고 그 옆에는 책바위가 있다. 전각들은 좁은 공간에 입체적으로 층층이 절묘하게 자리를 잡고 있다. 응진전 옆으로 난 길을 따라 올라가면 정취암을 내려다볼 수 있는 너럭바위가 나온다. 바위 위에 만월정이라는 정자가 있다. 만월정에 서면 정취암의 완성된 조망을 한눈에 담을 수 있다.

덕천서원

◎ 경남 산청군 시천면 남명로 137 ✆ 055-970-6000
◷ 상시개방(연중무휴)
₩ 무료 🚗 갓길 주차
ⓘ **찾아가기** 통영대전고속도로 산청IC에서 자동차로 21분

남명의 학덕을 기리다

안동이 퇴계의 고을이라면 산청은 남명의 고장이다. 퇴계학파는 성리학의 이론적 심화를 중시하였고, 남명 학파는 성리학의 실천과 의를 중시하였다. 남명 학파의 이러한 정신은 임진왜란 때 많은 의병을 배출하는 기반이 되었다. 덕천서원은 1576년 남명의 학덕을 기리기 위해 제자들이 그가 강학하던 자리에 세운 서원이다. 광해군 1년(1609년)에 현판과 노비, 토지를 하사받아 덕천이라는 사액서원이 되었다. 흥선대원군에 의해 철폐되었다가 1930년대에 다시 복원되었다. 덕천서원 앞에는 수령 450년이 넘은 은행나무가 우뚝 서 있다. 정문인 시정문을 지나 안으로 들어서면 정면에 경의당이 있고, 오른쪽으로 우뚝 선 배롱나무가 눈에 띈다. 배롱나무 가지들이 마치 땅에 닿을 듯이 늘어져 있다. 아름답고 붉은 꽃들이 흩뿌려져 있는 것 같아 더없이 환상적이다. 그 모양이 멋지고 기품이 있으며 꽃의 색이 화려하고 밝다. 가지마다 붉은 꽃이 피어 아름답고, 바닥에도 낙화가 원을 그리고 있다. 땅과 나무에 모두 꽃이 만발하니 그 가운데 서 있기만 해도 절로 행복해진다. 경의당 마루에 걸터앉아 바라보는 배롱나무가 한없이 어여쁘다.

RESTAURANT

돌담

경남 산청군 단성면 호암로 806-5 055-973-5478
11:00~19:30(연중무휴)
₩13,000원~50,000원 전용 주차장
찾아가기 통영대전고속도로 산청IC에서 자동차로 21분

흑돼지소라찜에 스파게티면

산청군 단성면의 시골 분위기 물씬 나는 식당이다. 하지만 가게 내부는 깔끔하게 잘 정리되어 있다. 테라스 좌석은 숲속에 캠핑 온 느낌을 주므로 날이 좋을 땐 야외에 앉는 것이 운치가 있다. 주메뉴는 흙돼지소라찜이다. 목이 칼칼해지도록 매콤한 맛이다. 그런데 중독성이 있다. 도저히 멈출 수 없는 매운맛이다. 돼지고기는 부드럽고 소라는 꼬들꼬들한데, 안 맞을 것 같은 조합이지만 의외로 아주 잘 어울린다. 흙돼지소라찜을 다 먹은 후에는 남은 국물에 스파게티와 치즈를 넣어서 먹는다. 매콤한 한국식 양념에 이태리식 스파게티 사리는 의외의 조합이지만 맛있어서 먹지 않으면 후회한다.

RESTAURANT

예담원

경남 산청군 단성면 지리산대로2897번길 10-4
055-972-5888 11:30~18:00(연중무휴)
₩10,000원~20,000원 남사예담촌 주차장
찾아가기 통영대전고속도로 산청IC에서 자동차로 19분

남사예담촌 안의 맛집

남사예담촌에 있는 식당이다. 주차장에서 가까운 곳에 있다. 전통 한옥으로 지은 깔끔한 외관에, 실내는 대들보와 서까래가 그대로 드러나 있어 아늑하고 편안한 느낌을 준다. 정식과 산채비빔밥, 두부와 수육을 맛볼 수 있다. 직접 재배한 유기농 식자재로 만든 천연 조미료를 이용하여 맛을 내므로 건강한 맛을 느낄 수 있다. 기본으로 제공되는 반찬들이 특별하지는 않지만, 간이 딱 적당해서 좋다. 무엇보다 따끈한 부추전이 아주 맛있다. 비빔밥은 5가지 나물과 볶은 소고기가 든 대접에 밥을 넣고 고추장으로 쓱쓱 비비면 맛있게 된다. 나물들이 부드럽고 고소하다. 비빔밥 한 그릇 먹고 나면 건강해지는 느낌이 든다.

CAFE & BAKERY

방목리카페

경남 산청군 단성면 석대로281번길 229-30
055-974-8881 10:00~20:00(연중무휴)
₩ 5,000원~7,000원 전용 주차장
찾아가기 통영대전고속도로 산청IC에서 자동차로 21분

감탄이 나오는 전망

카페가 지리산의 품 안에 있어서 제법 경사진 길을 올라가야 한다. 주차장에 도달했다고 끝난 것이 아니다. 주차장에서 카페까지 다시 돌계단을 올라야 한다. 주차장 주변이 온통 숲이다. 돌계단을 따라 올라가면 단아한 한옥이 눈에 들어온다. 숨을 돌리기 위해 잠시 뒤돌아보는 순간 발아래 펼쳐진 전망에 감탄이 절로 나온다. 하얀색 건물이 카페 메인 건물인데, 이곳에 흔들의자 포토 존이 있다. 커다란 유리창 밖으로 멋진 풍경이 내려다보이는 곳에 흔들의자를 하나 놓았다. 사람들은 주문하고 나서 커피가 나올 때까지 그곳에 줄을 서서 사진 찍느라 여념이 없다. 바깥에는 파란 하늘을 배경 삼아 사진 찍을 수 있는 천사 포토 존이 있다.

CAFE & BAKERY

카페묵실

경남 산청군 단성면 성철로102번길 43
0507-1303-2920 11:00~19:00(화요일 휴무)
₩ 4,500원~9,000원 카페 앞 갓길 주차
찾아가기 통영대전고속도로 산청IC에서 자동차로 18분

아담하고, 정겹고, 따뜻한

카페묵실은 단성묵곡생태숲 맞은편에 있다. 카페에서 멀지 않은 곳에는 성철스님 생가지와 기념관도 있어 커피 한 잔 마시고 가볍게 산책을 할 수 있어 좋다. 카페는 돌로 만든 석축 위에 버섯들이 옹기종기 자라고 있는 듯한 귀여운 건물에 들어서 있다. 내부는 다소 고풍스러운 느낌을 주는 문과 구불구불하지만 자연스러운 느낌의 나무 기둥이 드러나 있어 분위기가 정겹다. 홀도 있고 좌식 방도 있어 아담하고 따뜻한 느낌을 준다. 창가에 앉으면 아기자기하게 꾸민 앞마당 쪽 정원을 볼 수 있어 좋다. 대표 메뉴는 '기름병 밀크티'이다. 기름병에 담아 판매하는 수제 밀크티인데 맛과 향이 강한 편이다. 단맛을 좋아한다면 추천할 만하다.

남해독일마을 옆에 이국적인 원예 마을이 생겼다.
프랑스, 핀란드, 일본, 영국풍 정원이 당신을 반겨준다.
여러 정원을 감상하다 보면 마치 세계여행을 하는 기분이 든다.

이국적인 정원 마을로의 초대 **원예예술촌**

- 경남 남해군 삼동면 예술길 39
- 055-867-4702
- 09:00~16:00(화요일 휴무)
- ₩ 2,000원~6,000원
- 전용 주차장
- **찾아가기** ①남해고속도로 사천IC에서 자동차로 53분, 하동IC에서 40분
  ①남해금산에서 자동차로 23분

남해는 일점선도(一點仙島)라는 별칭을 가지고 있다. 조선 중기의 문신 김구가 한 말이다. 그는 기득권 세력이 조광조를 비롯한 신진 사대부를 숙청한 기묘사화(1519) 때 남해로 유배되었다. 김구는 아름다움에 반해 남해를 신선이 사는 섬에 비유했다. 이 말은 남해의 풍광이 얼마나 아름다운지를 말해준다. 예전의 남해도 아름다웠지만, 오늘의 남해는 아름다운 풍경에 이국적인 장소까지 더해져 매력이 더 풍부해졌다. 대표적인 곳이 독일마을과 원예예술촌이다. 원예예술촌과 독일마을은 길 하나 사이에 두고 마주 보고 있다. 남해에 갔다면 반드시 들러봐야 할 필수코스이다.

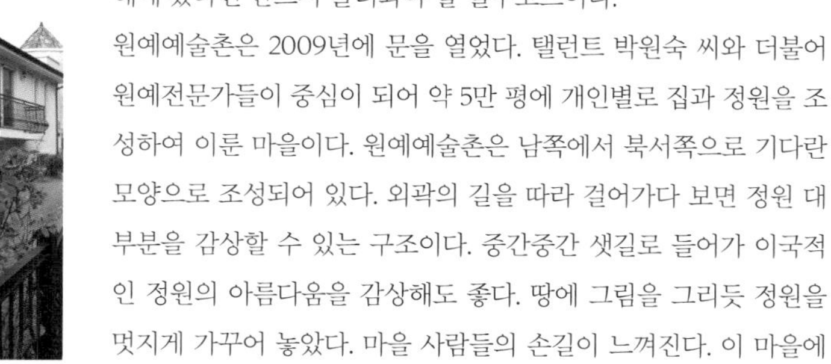

원예예술촌은 2009년에 문을 열었다. 탤런트 박원숙 씨와 더불어 원예전문가들이 중심이 되어 약 5만 평에 개인별로 집과 정원을 조성하여 이룬 마을이다. 원예예술촌은 남쪽에서 북서쪽으로 기다란 모양으로 조성되어 있다. 외곽의 길을 따라 걸어가다 보면 정원 대부분을 감상할 수 있는 구조이다. 중간중간 샛길로 들어가 이국적인 정원의 아름다움을 감상해도 좋다. 땅에 그림을 그리듯 정원을 멋지게 가꾸어 놓았다. 마을 사람들의 손길이 느껴진다. 이 마을에

서는 일본식 혹은 유럽식 등 다양한 테마정원을 만날 수 있어 마치 세계여행을 하는 기분이 든다. 입구에서 조금만 들어가면 일본과 프랑스와 핀란드, 영국풍의 정원이 나온다. 야자수, 풍차, 꽃 지붕, 덩굴 등으로 아름답게 꾸민 정원들을 보면 한 폭의 작품을 감상하는 기분이다. 정원을 만드는 것은 땅이라는 도화지에 그림을 그리는 예술 행위 같다는 생각이 든다. 걷다가 담장 너머로 고개를 길게 빼고 들여다보고 싶어진다. 각국의 정원을 지나 더 안쪽으로 들어가면 박원숙 카페가 나오고, 그곳을 지나 살짝 오르막길을 오르면 사람 옆얼굴을 닮은 하하바위가 나온다. 뒤이어 전망 데크가 나오는데, 전망 데크에서는 독일마을의 아름다운 풍광을 한눈에 담을 수 있다. 그리고 체험 문화관 지나 코스가 끝나는 지점에 다다르면 지붕에 풀이 난 풀꽃 지붕이 눈에 들어온다. 색다른 집이라 눈길을 끈다. 이리저리 걸어 다니며 호젓한 분위기에서 힐링을 만끽하기 좋다. 차분하게 프로 원예인들의 손길을 체험해 보자.

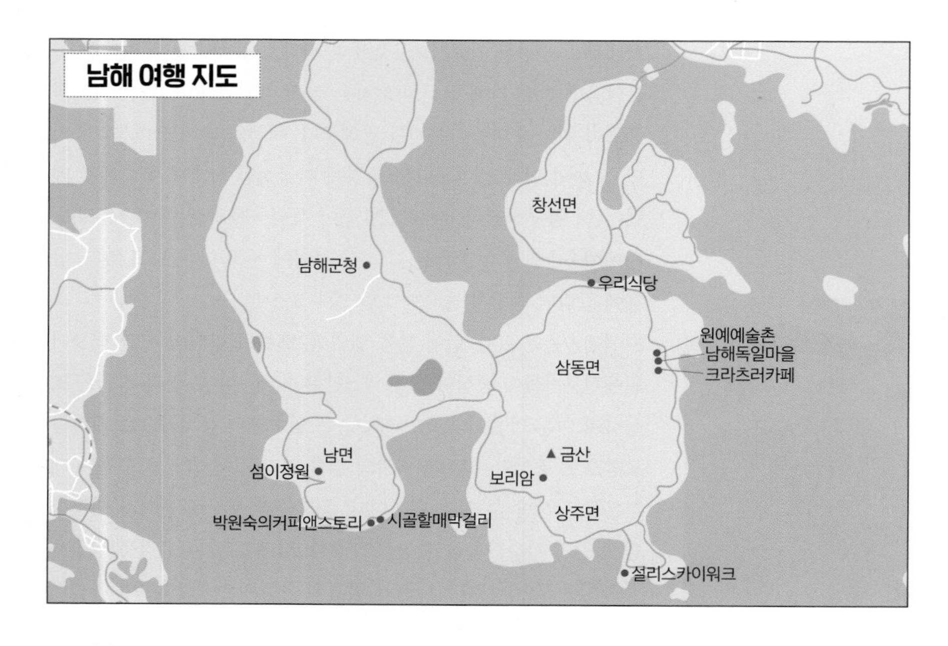

남해독일마을

경남 남해군 삼동면 물건리 1074-2
055-867-8897(관광안내소)
전용 주차장
찾아가기 ①남해고속도로 사천IC에서 자동차로 53분, 하동IC에서 40분 ①남해금산에서 자동차로 23분

독일에 온 듯 이국적이다

남해독일마을은 삼동면 물건리 원예예술촌 바로 남쪽에 있다. 경승지나 자연경관은 아니지만, 남해군에서 손에 꼽히는 대표 관광지이다. 독일마을은 우리나라 근대화의 여정에서 빼놓을 수 없는 파독 광부와 간호사의 이야기가 담긴 곳이다. 1960년 초반 독일로 갔던 간호사와 광부가 은퇴 후 귀국하여 이곳에 자리를 잡았다. 인위적으로 땅을 깎아내지 않고, 비스듬한 산자락 지형을 따라 집을 지었다. 산을 등진 채 바다를 향해 있어서 산속에 들어앉은 듯 편안한 느낌을 준다. 마을이 바다를 바라보고 앉아 있으므로, 어디를 가도 전망이 좋다. 독일마을에 가면 놀라운 점 하나를 발견할 수 있다. 마을 어디에서도 전깃줄을 볼 수 없다는 것인데, 처음부터 경관을 고려하여 전기 시설을 모두 지하에 매설한 까닭이다. 독일마을의 아름다운 전경을 방해받지 않고 볼 수 있어 좋다. 게다가 주황색 뾰족지붕을 이고 있는 집들이 옹기종기 모여있어서 원예예술촌보다 더 이국적인 느낌을 풍긴다. 마을의 음식점에서 독일식 음식과 맥주를 마음껏 즐길 수 있다. 또한 독일문화 체험도 할 수 있다.

보리암과 금산

경남 남해군 상주면 보리암로 665
055-862-6115(보리암) 04:00~17:00(동절기 05:00~16:00, 연중무휴) ₩ 1,000원(보리암) 복곡탐방지원센터
찾아가기 ①남해고속도로 사천IC에서 자동차로 57분, 하동IC에서 40분 ②남해독일마을에서 자동차로 27분

영험함이 깃든 암자와 기암괴석

비단 금과 메 산. 남해 금산(705m)은 비단처럼 우아하고 화려하다. 원효대사가 이 산에 보광사라는 절을 세웠기에 원래는 절 이름을 따 보광산이라 불렀다. 산 이름이 바뀐 건 조선 초이다. 이성계가 이 산에서 백일기도를 올린 뒤 왕위에 올랐다는 이야기가 전설처럼 전해져온다. 이성계는 이 산의 영험함에 보답하기 위해 비단을 두른 산이라는 최상급 이름을 지어주었다. 금산이 유명한 이유는 산 어깨쯤에 있는 보리암 덕이 크다. 보리암은 양양의 낙산사, 강화의 보문사와 더불어 우리나라 3대 관음 사찰로 대접받는다. 여기에 여수의 향일암을 더해 4대 관음 도량이라고 부르기도 한다. 관음 사찰이란 관세음보살을 섬기는 절이다. 관세음보살은 세상의 소리를 보는 보살이라는 뜻이다. 쉽게 말해 중생의 소원을 들어주거나 어려움에서 구해주는 보살이다. 보리암에서 바라보는 전망이 절경이다. 가까이는 산줄기와 기암괴석이, 멀리서는 푸른 바다가 절경을 완성해 준다. 보리암 아래에 있는 금산산장은 SNS 핫플이다. 이곳에서 바라보는 전망도 절경이라 저절로 마음이 웅장해진다. 금산산장의 해물파전과 메밀김치전병 맛이 아주 좋다. **금산산장** 남해군 상주면 보리암로 691, 055-862-6060, 07:00~18:00(연중무휴)

설리스카이워크

경남 남해군 미조면 미송로303번길 176
070-4231-1117 10:00~17:00(기상악화 시 휴무)
₩ 1,000원~2,000원(그네 3,000원~4,000원)
전용 주차장 **찾아가기** 남해독일마을에서 자동차로 20분, 남해금산에서 자동차로 32분

아름다운 남해가 한눈에

최근 지자체들은 관광객 유치를 위해 다양한 관광시설을 설치하고 있다. 그중에서 인기 있는 것이 출렁다리와 스카이워크이다. 남해에도 가볼 만한 스카이워크가 있다. 설리스카이워크이다. 남해군 미조면 송정리에 설치된, 전국 최초의 비대칭형 캔틸레버 교량에 만든, 스카이워크이다. 비대칭형 캔틸레버는 한쪽 끝은 고정되고 다른 끝은 받치지 않은 보를 말한다. 길이 79.4m, 폭 4.5m, 주탑 높이는 36.3m이다, 캔틸레버 구조는 43m로, 전국에서 가장 긴 캔틸레버 구조물이다. 압권은 38m 높이의 스윙 그네이다. 보는 것만으로 짜릿하다. 설리스카이워크 위에 서면 남해의 아름다운 섬과 맑고 깨끗한 바다가 그림처럼 펼쳐진다. 사방 어느 곳을 보든 천하 절경이다.

| Travel Tip | 섬이정원, 다랑논에 가꾼 정원

섬이정원은 남면 평산리의 다랑논에 들어선 자연 친화적인 정원이다. 약 5만 평 땅에 유럽식 정원 여러 개를 만들었다. 크고 작은 정원들은 분할돼 있으면서 연결되어 있고, 연결되어 있으면서 정원마다 조금씩 다른 아름다움을 뽐낸다. 하늘연못정원은 섬이정원의 하이라이트이다. 파란 하늘이 연못에 담기고, 멀리 산 능선 사이로 보이는 남해의 쪽빛 바다가 배경이 되어준다. 섬이정원은 흔히 보아온 농촌 풍경 같기도 하고, 때론 이국적인 풍경이 펼쳐지기도 하는, 다양한 매력을 품은 정원이다.

경남 남해군 남면 남면로 1534-110 010-2255-3577 08:00~18:00(연중무휴) ₩ 5,000원 전용 주차장
찾아가기 남해독일마을에서 자동차로 35분, 남해금산에서 자동차로 32분

RESTAURANT

시골할매막걸리

경남 남해군 남면 남면로679번길 17-37
0507-1324-8381 08:00~20:00(연중무휴)
₩ 9,000원~20,000원 다랭이마을 제1주차장(도보 8분)
ⓘ **찾아가기** 남해독일마을에서 자동차로 39분, 남해금산에서 자동차로 37분

남해의 토속적인 음식 맛보기

남해의 다랭이마을은 비정형의 계단식 논과 쪽빛 바다가 어우러져 이국적인 풍경을 만들어내는 곳이다. 층층의 논들은 바다를 바라보고 앉아 있다. 그 중심에 마을이 있고, 구불구불한 비탈길을 따라 집들이 바다를 향해 옹기종기 모여있다. 시골할매막걸리는 다랭이마을 맨 아래쪽에 있다. 남해의 토속적인 음식을 맛볼 수 있는 곳이다. 주인 할머니가 설흘산 찾는 등산객을 대상으로 막걸리를 팔면서 입소문을 타기 시작하다가, 다랭이마을이 유명해지면서 메뉴를 늘려 식당이 되었다. 정식과 다양한 안주를 판매하고 있으며, 더불어 막걸리도 팔고 있다. 정식은 2인분 이상만 주문할 수 있다. 테라스에 앉으면 바다가 정원이 된다.

RESTAURANT

우리식당

경남 남해군 삼동면 동부대로1876번길 7
055-867-0074 08:30~20:00(연중무휴)
₩ 15,000원~50,000원 주차장 있음
ⓘ **찾아가기** ①남해고속도로 사천IC에서 자동차로 34분, ② 남해독일마을에서 자동차로 10분

죽방렴 멸치 요리

남해 창선도와 남해도 사이에는 23개의 죽방렴(대나무 그물을 세워 물고기를 잡는 전통적인 어구)이 마치 학의 날개처럼 사방에 설치돼 있다. 그래서 이곳과 가까운 남해군 삼동면 지족항 인근에 10여 개의 멸치 음식점이 몰려있다. 그중에서 우리식당은 40년이 넘은 노포로 멸치쌈밥의 원조라고 해도 과언이 아니다. 죽방렴 멸치를 사용하여 비법 육수와 우거지로 만든다. 조미료를 쓰지 않고 천연 양념을 넣어 자작하게 지져낸다. 텁텁하지 않고 개운하며, 멸치 비린내가 전혀 나지 않아 맛이 일품이다. 이것을 친환경 상추에 쌈을 싸 먹으면 최고의 멸치쌈밥이 된다. 멸치회무침도 맛보아야 한다. 깔끔한 맛이 안주로도 제격이다.

CAFE & BAKERY

크란츠러카페

◎ 경남 경남 남해군 삼동면 독일로 46 ☏ 0507-1323-8382
◷ 09:00~22:00(연중무휴)
₩ 5,000원~36,000원 🚗 전용 주차장
ⓘ **찾아가기** 설리스카이워크에서 자동차로 21분, 남해금산에서 28분, 다랭이마을에서 36분

바다가 창문에 가득

크란츠러는 독일마을에 있는 브런치 카페이다. 건물이 필로티 구조인데, 1층은 주차장이고 2층과 3층이 매장이다. 3층에는 루프톱도 있다. 사방으로 탁 트인 유리창이 실내 깊숙이 햇빛을 받아들인다. 남쪽으로는 남해의 푸른 바다가 창문에 가득하다. 공간이 넓고 좌석이 넉넉하다. 소규모 인원을 위한 테이블을 창가에 주로 배치하였고, 단체 손님을 위한 기다란 원목 테이블도 있다. 카페 곳곳에 사진 찍기 좋은 포토 존까지 있다. 커피와 음료뿐만 아니라 베이글, 치킨, 햄버거, 감자튀김, 소시지샐러드, 커리부어스트, 슈바인학세 등을 판매한다. 시간 여유가 있다면 독일 맥주까지 즐기며 기분 좋은 시간을 보낼 수 있다.

CAFE & BAKERY

박원숙의커피앤스토리

◎ 경남 남해군 남면 남면로679번길 28-1
☏ 055-862-7862 ◷ 09:00~18:00(연중무휴)
₩ 5,000원~7,000원 🚗 다랭이마을 제1주차장(카페까지 도보 6분) ⓘ **찾아가기** ①남해금산과 독일마을에서 자동차로 37분 ②섬이정원에서 16분

바다 감상하며 커피 한 잔

남해 다랭이마을 한가운데에 있다. 이곳에서 바라보는 뷰는 애써 찾아온 보람을 외면하지 않는다. 마을 한가운데 있지만 홀로 튀지 않고 다랭이마을 품에 잘 안겨있는 느낌을 주어 좋다. 정원부터 아름답다. 카페로 들어가는 계단식 길이 부드러운 곡선형으로 이어져 있어 운치가 있다. 실내는 아담하다. 한쪽에 박원숙이 출연했던 드라마의 방송 대본과 사진들이 정리되어 있어 구경하는 잔재미가 있다. 널찍한 테라스에도 테이블이 있는데 남해의 바다 풍경을 두 눈 가득 담고 차 한 잔 마시는 즐거움을 마음껏 누리기 좋다. 테라스엔 커다란 나무, 귀여운 고양이, 알록달록하고 귀여운 의자도 있다. 원예예술촌에도 매장이 있다.

쉬지 않고 바람이 분다.
왜 이곳이 바람의 언덕인지 증명이라도 할 태세다.
섬, 등대, 유람선, 푸른 바다…….
하지만 눈앞 풍경이 모든 바람을 압도한다.
사람들이 풍차를 배경으로 사진을 찍는다.
사람들이 웃는다.

바람의언덕

- 경남 거제시 남부면 갈곶리 산14-47
- 055-639-4163
- 24시간 운영(연중무휴)
- ₩ 무료
- 유료 주차장(당일 3,000원)
- **찾아가기** ①통영대전고속도로 통영IC에서 자동차로 50분
  ②거가대교 서단에서 자동차로 60분

거제도는 제주도에 이어 우리나라에서 두 번째로 큰 섬이다. 해안선 길이만 따지면 제주도보다 더 길고 복잡하다. 원래 독립된 행정구역이었으나, 1914년에 통영시에 편입되었다가, 1953년에 다시 거제군이 되었다. 1989년 장승포가 시로 승격되어 분리되었다가, 1995년 거제군과 장승포시가 통합되어 거제시가 되었다. 1971년 거제와 통영을 잇는 거제대교가 생기면서 육지와 연결이 되었다. 2010년엔 거제와 가덕도를 잇는 거가대교가 개통되면서 부산과도 연결되었다. 바람의언덕은 거제시의 남부, 해금강으로 가는 관문 도장포 마을에 있다. 해금강과 외도로 가는 유람선을 탈 수 있는 도장포유람선 선착장을 지나면 넓은 광장이 나온다. 문어 다리 모양 구조물, 커다란 남자와 개가 서 있는 동상이 보인다. 그곳에서 오른쪽으로 보이는 언덕이 바람의언덕이다. 나무로 된 데크 계단을 따라 올라가면 바람이 점점 세진다. 마침내 언덕에 올라서면 시원한 전망이 펼쳐진다. 그 사이에도 바람은 쉬지 않고 분다. 이곳이 왜 바람의 언덕인지 증명이라도 할 태세다. 그야말로 바람의 세상이다. 하지만 눈 앞에 펼쳐지는 풍경이 모든 바람을 압도한다. 눈부

시도록 파란 바다가 마음 사이사이 똬리를 튼 잡념을 말끔히 털어내 준다. 비로소 나는 오롯이 나로 남는다.

바람이 거세지만 언덕 위 풍경은 한가롭기 그지없다. 섬도, 등대도, 유람선도, 바람마저도 한가롭게 바다 곁을 지키고 있다. 뒤를 돌아보면 풍차가 눈에 들어온다. 사람들이 풍차를 배경으로 옹기종기 모여 사진을 찍는다. 사람들 얼굴이 밝다. 카메라 앞에서 웃는다. 바람이 가득 찬 이 텅 빈 언덕에서 작은 행복이 몽글몽글 피어난다. 사람들은 저 미소를 안고, 행복감을 가슴에 품고 일상으로 돌아갈 것이다. 여행의 기억을 되새기며 그렇게 내일을 살아갈 것이다. 여행은 힘은, 참으로 세다.

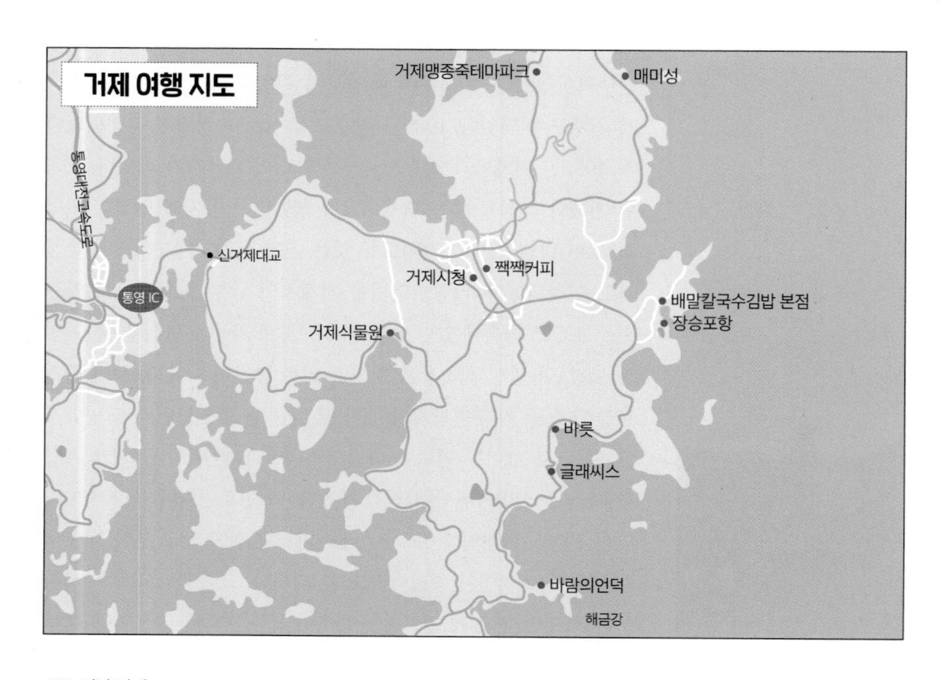

ONE MORE 여기도 좋아요!

매미성

◎ 경남 거제시 장목면 대금리 290 ☏ 055-639-4178
₩ 무료 🚗 주차 가능(거제시 장목면 대금리 26-5, 매미성까지 도보 5분, 무료)
ⓘ **찾아가기** ①바람의 언덕에서 자동차로 60분 ②통영대전 고속도로 통영IC에서 자동차로 50분

거제 바닷가의 하얀 성

2003년 불어닥친 태풍 매미는 거제에도 엄청난 피해를 주었다. 이때 매미로 인해 경작지를 잃은 주민 백순삼 씨가 자연재해로부터 작물을 지키려는 순수한 마음에서 바람벽을 지어 올렸는데, 이 바람벽이 오늘날 거제의 명물이 된 매미성이다. 누가 오늘 이처럼 명소가 될 것을 예상할 수 있었겠는가? 당사자도 아마 그런 생각은 하지 않았을 것이다. 그저 자식처럼 아끼는 농작물이 태풍 피해를 보지 않도록 해야겠다는 일념뿐이었으리라. 매미성의 절대적인 인기는 평범하고 작은 어촌 마을을 북적이도록 만들었다. 주차장에서 '바람의 핫도그'가 있는 골목으로 들어와 마을을 가로질러 걷다 보면 바닷가의 하얀 매미성이 나타난다. 세련되지는 않지만, 남해의 푸른 바다를 품은 그 자체로 아름답다. 백순삼 씨가 네모난 돌을 쌓고 시멘트로 메워가며 만든 성이다. 튼튼하고 나름 미적인 감각이 엿보인다. 성에서 바라보는 바다는 평화롭다. 매미성은 태풍이 부는 날에도 고요와 평화가 깃들어 있다고 한다. 서툴지만 도면 하나 없이 오롯이 맨몸으로 쌓아 올린 농부의 진득한 고집과 노력에 경의를 표하고 싶어진다.

거제맹종죽테마파크

경남 거제시 하청면 거제북로 700 055-637-0067
3월~10월 09:00~18:00, 11월~2월 09:00~17:30(연중무휴) ₩ 2,000원~4,000원 전용 주차장
찾아가기 ①바람의 언덕에서 자동차로 55분 ②매미성에서 자동차로 15분

대숲에서 체험하는 죽림 테라피

우리나라에서 대나무로 가장 유명한 곳을 꼽으라면 대부분 담양 죽녹원을 떠올릴 것이다. 하지만 대나무에도 여러 종류가 있고, 종류에 따라 자라는 지역도 다르다. 죽녹원의 대나무는 담죽이라 부르는 솜대인데, 공예제품에 많이 사용된다. 줄기가 검은 오죽이 자라는 곳은 강릉 오죽헌이 유명하다. 제주 한라산에 자라는 우리나라 특산종 조릿대도 있고, 죽순을 먹을 수 있는 맹종죽도 있다. 맹종죽은 대나무 중 가장 굵고, 주로 거제에서 재배된다. 맹종죽테마파크는 거제시 하청면 외항마을 야산에 있다. 약 99,000㎡ 면적에 맹종죽 3만 그루가 자라고 있다. 1926년 신용우 씨가 일본에서 3주의 맹종죽을 들여와 심은 것이 그 시작인데, 지금은 우리나라 맹종죽의 80%가 이곳 거제에서 생산되고 있다. 맹종죽테마파크 매표소를 지나면 곧장 대나무숲이 시작된다. 대나무숲에 들어서면 훨씬 시원하게 느껴지는데, 이는 대나무숲이 외부 온도보다 약 4~7도 정도 낮기 때문이다. 숲에 들어서면 굳이 목표를 정하지 않고 걸어도 괜찮다. 울창하게 솟은 맹종죽 사이를 걷다 보면 절로 힘이 나고 발걸음이 가벼워진다. 가만히 귀 기울이면 대나무숲을 스치는 바람 소리가 파도 소리처럼 들린다.

거제식물원

경남 거제시 거제면 거제남서로 3595 055-639-6997
09:30~16:00(월요일 휴무), 09:30~17:00(3월~10월)
09:30~16:00(11월~2월) ₩ 성인 5,000원, 청소년 4,000원, 어린이 3,000원 전용 주차장
찾아가기 ①바람의 언덕에서 자동차로 33분 ②매미성에서 자동차로 33분

열대온실 크기가 무려 축구장 5배

거제식물원은 2020년 1월에 개장한 거제의 새로운 명소이다. 단일 온실 기준 국내 최대 규모(4,468㎡)로 축구장 5개 크기와 맞먹는 엄청난 규모를 자랑한다. 열대온실 정글돔과 식물문화센터, 야외정원 등으로 구성되어 있는데, 정글돔을 구경하는 것으로 끝내는 게 보통이다. 거제식물원이 유명해진 데에는 식물원 자체보다는 정글돔 때문이다. 정글돔은 실내에 들어가 사진을 찍으면 더 멋진 곳이라는 걸 알게 된다. 어느 방향에서 찍어도 천장의 유리 조각이 근사한 배경이 되어준다. 정글돔 천장은 높이가 압도적이다. 기둥 없이 유리 조각 7,472장을 이어 붙여 높이 30m 돔을 만들었다. 돔에 들어서면 국내에서는 쉽게 볼 수 없는 흑판수와 보리수 등 300여 종의 열대 식물이 관람객을 반겨준다. 싱그럽게 자란 식물들은 저마다의 자태를 뽐낸다. 인공바위가 유난히 많아 마치 석부작의 확대판 같은 느낌이 든다. 특히 새 둥지 포토 존에서는 사진을 찍기 위해 늘 긴 줄이 늘어서 있다. 새 둥지에 앉아 사진을 찍으면 유리 천장이 멋진 배경이 되어준다. 정글돔 폭포도 인기 좋은 포토 존이다.

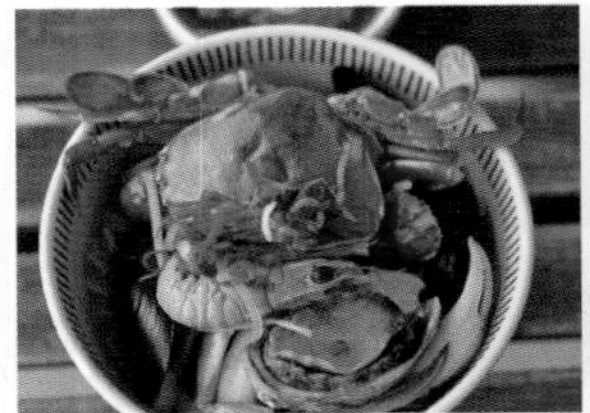

RESTAURANT

바릇

경남 거제시 일운면 거제대로 1806 0507-1370-7139
10:00~15:00(월, 수, 목, 금), 토·일 17:00까지, 화요일 휴무
₩ 13,000원~60,000원 주차장 있음
찾아가기 ①바람의 언덕에서 자동차로 23분 ②매미성에서 자동차로 35분

거제 최고의 오션 뷰 라면집

바릇은 거제 남동부 망치몽돌해수욕장 근처에 있는 인기 만점의 해물라면 맛집이다. 성수기에는 보통 한두 시간 웨이팅이 기본이다. 실내에는 휴양지 느낌이 나는 테이블이 놓여있고, 창밖으로 푸른 바다가 펼쳐져 있다. 식당 앞 테라스는 바다가 앞마당이다. 식사하다가 바다를 바라보면 감탄이 절로 나온다. 이 집의 시그니처 메뉴는 해물라면과 문어라면이다. 해물라면이 나오면 라면이 보이지 않아 그릇 속을 자꾸 들여다보게 된다. 전복, 딱새우, 꽃게, 홍합이 라면 위를 점령하여 덮어버렸기 때문이다. 일반 라면과 달리 해물이 많이 들어있어 육수의 감칠맛이 일품이다. 국물에 말아 먹기 좋은 문어밥도 함께 먹으면 좋다.

RESTAURANT

배말칼국수김밥 본점

경남 거제시 장승포로 2 0507-1417-6067
09:30~17:30(수요일 휴무) ₩ 4,000원~10,000원
바로 옆 장승포 유람선 터미널 주차장 이용
찾아가기 ①바람의 언덕에서 자동차로 42분 ②매미성에서 자동차로 25분

배말, 보말, 톳으로 만든 별미

배말칼국수김밥 본점은 거제 장승포동 문화예술회관 교차로 모서리에 있다. 이 집은 배말로 맛을 낸 김밥과 칼국수로 유명한 곳이다. 배말톳김밥은 거제와 통영에서 채취한 배말과 보말을 우린 물로 지은 밥에 싱싱한 톳을 넣어 만든다. 우선 그 모양새부터 예쁘고, 보기만 해도 군침이 돈다. 배말은 따개비, 애기삿갓조개라고도 불리며 오염되지 않은 갯바위에 서식한다. 보말은 바다고둥이다. 배말과 보말은 쉽게 맛보기 힘든 별미이자 특별식이다. 배말칼국수는 배말을 듬뿍 갈아 넣어 국물이 약간 파르스름하고, 싱싱한 바다의 맛이 진하게 느껴진다. 배말의 감칠맛이 칼국수와 어우러지면 여행의 즐거움이 배가 된다.

CAFE & BAKERY

글래씨스

경남 거제시 일운면 거제대로 1514-17 0507-1321-1531
10:30~18:30(연중무휴)
₩ 6,000원~9,000원 주차장 있음
찾아가기 ①바람의 언덕에서 자동차로 20분 ②매미성에서 자동차로 40분

야자수가 있는 이국적인 풍경

거제 남동쪽 일운면에 있는 베이커리 카페이다. 구조라유람선터미널에서 자동차로 10분 거리에 있다. 주차하고 돌아서면 이국적인 야자수가 제일 먼저 반겨준다. 카페로 들어가는 길 양옆으로 야자수가 호위병처럼 줄지어 서 있어 기분이 상큼하다. 카페에 들어서면 온통 하얀색이라 눈의 나라에 온 듯하다. 하얀색으로 칠해진 실내에 노란색 작은 등이 별처럼 떠 있다. 통창으로 하늘과 바다가 훤히 보여 실내가 밝고 깨끗하게 보인다. 실내는 2층으로 되어 있는데, 2층 창가에 앉으면 카페 앞마당, 야자수, 야외 테이블, 바다와 하늘이 이국적 풍경으로 다가와 제대로 여행을 즐기는 기분이 든다.

CAFE & BAKERY

짹짹커피

경남 거제시 거제중앙로8길 8 0507-1395-0486
10:00~22:00(연중무휴) ₩ 5,000원~8,000원
건물 뒤편 전용 주차장
찾아가기 ①바람의 언덕에서 자동차로 38분 ②매미성에서 자동차로 23분

빈티지 감성이 매력적인 카페

짹짹커피는 바닷가가 아닌 거제시의 중심가에 있다. 뷰는 별 볼 일 없지만, 꼭 한번 가봐야 할 카페이다. 도심 속 골목에 자리 잡았는데, 짹짹거리는 새소리가 들려오는 곳이라, 짹짹커피라고 이름 지었다. 지은 지 50년 이상 된 옛 농협창고를 리모델링하여 카페로 만들었다. 게다가 카페 안은 70년이 넘은 스피커를 설치하여 빈티지 감성을 살렸다. 건물 외벽에는 농협이라는 글자가 아직도 선명하고, 출입문도 녹색 문을 그대로 두었다. 이곳에서는 나폴리식 에스프레소인 빌리 에스프레소를 맛보기를 추천한다. 에스프레소를 경험해 보지 못한 사람도 한번 맛을 보면, 그 맛과 향에 반하게 될 것이다.

찾아보기

숫자 · 영어 알파벳

1004섬분재정원 374
38Coffee 99
at267 287
F1963 399
LCDC SEOUL 131

ㄱ

가비가배 173
가우도 391
가출 393
감꽃마을토종순대 238
갓바위 367
갓바위문화타운 367
강경근대거리 288
강릉선교장 57
강화풍물시장 217
개심사 248
개항장누리길 206
개화예술공원 264
갯마을식당 376
거제맹종죽테마파크 472
거제식물원 473
걸구쟁이네 204
경기도잣향기푸른숲 147
경기전 310
경포해수욕장 56
계산성당 407
고당 141
고려궁지와 고려궁성곽길 219
고석정 103
고창면옥 고창본점 336
고창읍성 330
곤지암도자공원 195
골든트리 149
곰골식당 278
곰배령 96
곳 59
공산성 272
공세리성당 235
관사골벽화마을 448
광명동굴 174
광명전통시장 177
광한루원 341
교리김밥 본점 426
구드래돌쌈밥 286
구룡사 72
구름산추어탕 180
구름위의 산책 231
국립공주박물관 275
국립부여박물관 283
국립아세안자연휴양림 161
군산근대역사문화거리 327
군위이로운한우 418
궁남지 280
그냥경양식 384
근대문화골목 409
글래씨스 475
금산 464
금수복국 해운대본점 402
금왕돈까스 본점 124
기동삼거리벽화 375
기스카이워크 64
기와집순두부 140
기형도문학관 179
길상사 118
김광석다시그리기길 404
김병종미술관 338
김영애할머니순두부 50

ㄴ

나노로그스토어 385
나절로미술관 382
낙강물길공원 432
낙화암 284
난포 132
남사예담촌 455
남이섬 145
남해독일마을 463
넓은들 337
노고단 354
농부애빵마시쿠만 377

ㄷ

다산초당 389
다우랑 312
단양강잔도 224
당진면천읍성 243
대관령양떼목장 60
대릉원 423
대반동201 369
대봉정 411
대천해수욕장 267
더남산커피앤디저트 411
더숲초소책방 117
더티트렁크 157
덕인관 352
덕천서원 457
도담삼봉 228
도담삼봉가마솥손두부 230
도산서원 433
도캐 385
독천골 368
돈암서원 293
돌담 458
동강국제사진제 80
동강사진박물관 80
동궁과 월지 420
동동국수 196
동아서점 49
동학사 277
동화가든 58
두물머리 139

디뮤지엄 129
땡스덕베르베르의 집 337
뚝방국수 352
뜨레돌체 99

ㄹ

라꾸에스타 197
라루체 279
라플라타 361
라플란드 157
레드브릿지 165
레이크힐제빵소 295
루덴시아테마파크 202
리리스카페 271
리틀 포레스트 촬영지 417

ㅁ

마곡사 276
마량리동백나무숲 301
마장호수둘레길 158
마장호수출렁다리 158
만나식당 294
만리포해수욕장 260
만천하스카이워크 227
맘모스베이커리 435
매미성 471
매화촌해장국 98
맷돌순두부 426
메타세쿼이아가로수길 349
메타프로방스 350
명문제과 345
명성황후생가 203
명월집 212
명장시대 181
명주사고판화박물관 73
목월빵집 361
목인박물관목석원 115
목포근대역사관 1관 362
목포근대역사관 2관 362
목포해상케이블카 365
몽산포제빵소 263
무섬마을 447
무섬외나무다리 444
무위사 390
물의정원 134
뭉치네풍천장어전문 336
뮤지엄산 68
미메시스아트뮤지엄 155
미성당납작만두 본점 410

ㅂ

바닷가탕집 270
바람의 언덕 468
바릇 474
박가네 82
박원숙의커피앤스토리 467
발왕산 64
발왕산케이블카 64
방림메밀막국수 66
방목리카페 459
배말칼국수김밥 본점 474
백담사 95
백담황태구이 98
백련사 386
백련사 동백 386
백제문화단지 285
밴댕이가득한집 220
뱀사골계곡 342
벌집 58
벙커 392
베이커리밤마을 279
베테랑칼국수 313
벽초지수목원 163
병영서가네 392
보광사 162
보령충청수영성 269
보리곳간 230
보리나라학원농장 334
보리암 464
보사노바커피로스터스 51
보원사지 253
보타니 164
부부식당 360
부산엑스더스카이 401
부산집 344
부석사 436
부소산성 284
부암동돈가스집1979 116
북악산도성길 123
불국사 425
브레디포스트 성수점 133
블루보틀성수 133
블룸카페 303
비둘기낭폭포 166
쁘띠프랑스 146

ㅅ

사느레정원 451
사니다카페 75
사유원 412
산비탈손두부 172
산속등대 319
산정호수 171
산정호수빵명장 173
산토리니 91
삼국유사 테마파크 416
삼악산호수케이블카 88
서남만찬 344
샘밭막국수 90
서도역 343
서문김밥 220
서산동시화마을 366
서산마애삼존불 252
서울숲 126
석파정서울미술관 110
선동보리밥 124
선샤인랜드 292
선운사와 도솔암 333
선유도 322
선유도해수욕장 325
설리스카이워크 465
섬이정원 465
섬진강재첩국수 360
성공회강화성당 218
성북동 고택 여행 122
성북동빵공장 125

성수연방 130
세계꽃식물원 237
세방낙조 383
소금문학관 291
소금산 잔도 71
소금산그랜드밸리 71
소금항카페 377
소문난해물칼국수 302
소바식당 132
소쇄원 351
소수서원 439
소양강스카이워크 87
소이산 104
소하고택 181
속삭이는자작나무숲 92
속초관광수산시장 47
수선사 452
수연산방 122, 125
수원화성 182
수정냉면 302
수종사 138
순흥전통묵집 442
스노잉클라우드 403
스틸301 419
시골밥상 262
시골통닭 287
시골할매막걸리 466
시장정육점식당 278
신두리해안사구 256
신등갈비 418
신륵사 198
신리성지 240
신성리갈대밭 296
신안증도태평염전 373
신정식당 238
심우장 118
심학산도토리국수 156
쌍산재 358

ㅇ

아그로랜드태신목장 245
아담원 345
아뚜드스윗 221
아미미술관 244
아원고택 314
아침고요수목원 142
아키라커피 213
안동하회마을 428
안반데기 52
애플빈커피 443
어랑손만둣국 106
언덕마루가평잣두부집 148
엔드투앤드 59
엘림커피 67
여주옹심이 204
연양정원 205
영릉 201
영성각 본점 255
영월장릉 81
영월한반도지형 79
영은미술관 194
영주근대역사문화거리 449
영주선비촌 440
영주축협 한우프라자 본점 451
예담원 458
옛날짜장만사성 212
오가네막국수 74
오산사성암 359
오성제 317
오스갤러리 321
옥녀봉 291
옥야식당 435
온달관광지 229
온정리닭갈비금강막국수 본점 148
옵스 해운대점 403
외암민속마을 232
외옹치바다향기로 48
외할머니솜씨 313
우렁이박사 246
우리식당 466
우리옛돌박물관 121
운림산방 378
원대리자작나무숲 93
원예예술촌 460
원조엄마네 188
월미바다열차 210
월영교 431
월정사 65
월정사전나무숲길 65
월화원 187
위봉산성 318
유창반점 410
윤동주문학관 114
이내 239
이상원미술관 84
이성당 329
이스트앵글 427
이종석별장 118
이충무공승전공원 381
이태리동 188
인경화이트하우스 107
인주한옥점 239
인천아트플랫폼 211
일직식당 434

ㅈ

자연을 닮은 사람들 320
자하손만두 116
장릉보리밥집 82
장원막국수 286
장춘닭개장 246
장항송림산림욕장 300
장항스카이워크 300
전동성당 309
전주한옥마을 306
젊은달와이파크 76
정도너츠 본점 443
정약용유적지 137
정지영커피로스터즈 장안문점 189
정취암 456
제물포구락부와 인천시민애집 209
제이드가든 89
조선쫄복탕 368
조양방직 214
조점례남문피순대 312
죽녹원 346
죽도상화원 268

죽여주는동치미국수 140
중동호떡 329
증도안성식당 376
지동시장 186
지린성 328
지장산막국수 본점 172
지혜의 숲 153
진도타워 381
진저보이해미 255
짹짹커피 475

ㅊ

창의문뜰 117
책마을해리 335
천개의향나무숲 357
천리포수목원 259
천진암성지 193
첨성대 424
청라언덕 408
청령포 81
청옥산육백마지기 63
청운공원 114
청초수물회 50
청초호 44
초원사진관 326
최명희문학관 311
최미자소머리국밥 196
최순우옛집 118
춘천통나무집닭갈비 90
출렁다리쌈밥 164
충현박물관 178
치악산황장목숲길 72
칠성조선소 44

ㅋ

카페감자밭 91
카페느리게 83
카페달 83
카페대너리스 141
카페디아즈 189
카페라온 321
카페로톤다 75
카페묵실 459
카페산 231
카페소예르 353
카페연월일 67
카페옥담 353
카페우즈 419
카페은하수 107
카페팟알 213
카페피어라 247
카페화산 303
커피인터뷰강경 295
커피창고로 369
코랄커피 271
코미호미 149
콩밭에 384
크란츠러카페 467

ㅌ

태안해양유물전시관 261
태평염생식물원 373
통일동산두부마을 156

ㅍ

파타타 197
판교시간이멈춘마을 299
퍼플섬과 퍼플교 370
평이담백뼈칼국수 철원점 106
풍기인삼갈비 442
프로방스마을 154
피나클랜드수목원 236
피노키오와다빈치 146
필례약수숲길 97
필례약수터 97
필무드 165

ㅎ

하니쌈밥 270
하슬라아트월드 55
한성본가 74
한여울길1코스 105
한일옥 328
한탄강주상절리길잔도 100
한탄강지질공원센터 169
한탄강하늘다리 166
해미읍성 251
해미읍성왕꽈배기 254
해미호떡 254
해어름 247
해운대기와집대구탕 402
해운대블루라인파크 396
해운대해수욕장 400
해피준카페 263
허엽 58
헛제사밥까치구멍집 434
헤이리예술마을 150
호호아줌마 262
홀츠가르텐 205
홍두깨칼국수 180
화담숲 190
화본역 415
화성행궁 185
화심순두부 본점 320
화적연 170
환기미술관 113
황남빵 427
황산옥 294
황장목 72
황태회관 66
흥부가 450
희방사와 희방폭포 441
희소식 221